Report of International Science and Technology Development

# 2017
# 国际科学技术发展报告

中华人民共和国科学技术部

·北京·

**图书在版编目（CIP）数据**

国际科学技术发展报告.2017 / 中华人民共和国科学技术部编著. —北京：科学技术文献出版社，2017.8
ISBN 978-7-5189-3109-5

Ⅰ.①国… Ⅱ.①中… Ⅲ.①科学发展—研究报告—世界—2017 Ⅳ.①N11

中国版本图书馆 CIP 数据核字（2017）第 180979 号

**国际科学技术发展报告·2017**

策划编辑：周国臻 责任编辑：赵 斌 崔灵菲 白建刚 责任校对：文 浩 责任出版：张志平

出 版 者 科学技术文献出版社
地 址 北京市复兴路15号 邮编 100038
编 务 部 （010）58882938，58882087（传真）
发 行 部 （010）58882868，58882874（传真）
邮 购 部 （010）58882873
官方网址 www.stdp.com.cn
发 行 者 科学技术文献出版社发行 全国各地新华书店经销
印 刷 者 北京地大彩印有限公司
版 次 2017 年 8 月第 1 版 2017 年 8 月第 1 次印刷
开 本 710×1000 1/16
字 数 568千
印 张 26.75 插页8面
书 号 ISBN 978-7-5189-3109-5
定 价 98.00元

## 《国际科学技术发展报告·2017》编辑委员会



## 《国际科学技术发展报告·2017》课题组成员

# 序

当前，全球科技创新进入高度活跃期，正以前所未有的速度和力量影响世界经济社会发展，重塑各国竞争格局，已成为各国“硬实力”和“软实力”的关键决定力量。世界各国竞相把推动和依靠科技创新作为共同的战略选择，应对经济社会挑战，提升国家竞争力，推动世界迈向以包容、普惠、协同、共享为主要特征的创新经济时代。

当前，新一轮科技革命和产业变革越来越清晰地呈现在我们面前。一些重要基础科学领域沿着更宇观、更微观、更人本的方向加快演进，推动科学发展进入大科学时代，学科交叉、技术融合、创新协同深入推进，高度融合会聚成为新一轮科技革命的显著特征。前沿技术呈现多点群发的集群式创新态势，人工智能、虚拟现实、量子计算、精准医疗、脑科学、能源存储等新技术日新月异，颠覆性技术不断涌现，新的产业组织形态和商业模式层出不穷，以智能、绿色、健康为特征的新一轮产业变革势不可当，将给人们的生产方式和生活方式带来革命性影响。科技创新成为驱动未来经济增长的核心动力，颠覆性创新呈几何级渗透扩散，对传统产业产生“归零效应”，科技正在以更加深刻的力量塑造新规则、新赛场、新秩序。同时，新一轮科技革命和产业变革对未来发展也带来很大的不确定性，经济社会生活的安全稳定面临前所未有的挑战。

当今世界，面对科技发展新趋势，主要国家都在寻找科技创新的突破口，抢占未来科技经济发展的先机，科技创新已成为各国共同的战略选择。一是突出战略引导和系统创新，强调创新的包容性、普惠性、全民参与和成果共享。各国高度重视以科技创新为核心的创新战略的顶层设计，体系化、协同化、高效率地系统推进创新，致力于保持和构建先发优势，向创新强国、全球创新领导者的目标努力。二是多措并举加强创新治理，推动更多机构和人员参与到创新政策的设计、实施和评估过程中，形成政府引领、全社会高度协同为核心的创新治理方式。三是瞄准战略前沿，强化在人工智能、新材料、新能源、先进汽车、信息技术、生物技术、机器人技术等重点科技领域的前瞻部署，积极抢占未来发展制高点。四是强化企业在创新中的主体作用，通过财政资助、税收优惠、金融支持、程序简化、环境优化等多种举措鼓励企业开展科技创新，提升企业的创新意愿和能力。五是发挥地区优势，加速创新要素在特定区域集聚，着力培养各类研究机构、企业、孵化器、加速器等共生共融的“创新区”“创新热地”，支持新兴产业集群，着力打造区域经济增长新引擎。

党的十八大以来，以习近平同志为核心的党中央始终站在时代前沿、国家前途和民族命运的战略高度，把创新摆在国家发展全局的核心位置，提出一系列新理念新思想新战略，做出一系列重大决策部署，形成了指导新时期科技工作的行动纲领，拓展了创新发展的新境界。深入学习贯彻习近平总书记系列重要讲话精神和治国理政新理念新思想新战略，一定要准确把握科技创新的国际新趋势，特别是要科学预见和高度重视人工智能、基因编辑等颠覆性技术带来的变革性影响，加强战略前沿领域的前瞻部署，实现从跟跑向并行、领跑的战略性转变。为此，我部组织专题研究组对国际科技发展的动向、世界科技前沿领域的进展及主要国家科技创新情况进行了分析研究，形成了《国际科学技术发展报告2017》，希望能为我国科技工作者提供决策参考。

科学技术部党组成员、副部长 黄卫

# 前　言

“国际科学技术发展报告”从 20 世纪 80 年代开始发布，延续至今，已经有 30 多年的历史了。报告由科技部国际合作司与中国科学技术信息研究所共同组成专题研究组，在我国驻外使领馆科技处（组）的配合下，对当年世界各国科技发展的最新趋势和动向进行全面调研和分析，是国内介绍世界科技新发展的重要报告之一。

《国际科学技术发展报告・2017》共分四部分。第一部分主要对 2016 年的国际科学技术发展动向进行综述，包括世界科技创新的新态势和新格局，各国科技创新战略和规划的动向，公共科研体系的转型变革，政府促进企业创新的举措，全球科技投入、人才发展和科技外交的新趋势；第二部分主要选择一些重点科技领域的国际发展状况进行较深入的综合介绍，包括气候变化、清洁能源、生命科学和生物技术、信息通信技术、航天及先进制造与材料等；第三部分介绍了美国、加拿大、墨西哥、巴西、智利、欧盟、英国、法国、爱尔兰、荷兰、比利时、挪威、瑞典、芬兰、丹麦、德国、瑞士、意大利、奥地利、捷克、塞尔维亚、保加利亚、俄罗斯、白俄罗斯、日本、韩国、印度尼西亚、越南、泰国、印度、巴基斯坦、以色列、哈萨克斯坦、新西兰、南非、埃及等国家和地区 2016 年的科技发展概况。第四部分提供了最新的科技统计数据。

在撰写本书的过程中，我们参阅了大量的政府机构、国际组织及知名研究机构的公开报告，也引用了国内外许多期刊的资料。由于涉及资料很多，报告中未一一列出被引用文献的名称，谨表歉意。

由于时间和编写人员水平所限，本书难免有疏漏之处，敬请读者批评指正。

“国际科学技术发展报告”课题组

## 第一部分　国际科学技术发展动向综述

## 第二部分　国际科技热点追踪与分析

## 第三部分 主要国家和地区科技发展概况

## 第四部分 附 录

# 第一部分

# 国际科学技术发展动向综述

本部分主要对近几年尤其是2016年的国际科学技术发展动向进行综述，包括全球科技创新格局的调整与变化、主要经济体的科技创新战略部署、促进企业创新的手段、科技人力资源发展的特点等。

# 世界科技创新呈现新态势和新格局

当前，全球经济尚未完全回归正轨，世界各国经济增长的动力仍显不足，依靠科技创新打造新的增长动力，创造新的经济增长点，成为各国的共同选择。同时，人口老龄化和健康、气候变化、能源和资源短缺等全球性挑战日益增加，世界各国正共同致力于应对各种传统和新兴挑战。创新成为当今时代的鲜明主题，新一轮科技和产业革命风起云涌，颠覆性创新成果大量涌现，科技创新对经济增长的贡献突出，科技创新的全球化态势日益加剧。

## 一、全球科技创新进入空前密集活跃期

全球经济社会发展面临各种严峻挑战，特别是经济低迷和再次衰退的阴影仍然驱之不散。未来经济增长低迷和生产力水平低下成为世界各国普遍关心的问题，通过创新避免陷入持续低增长模式成为各国的普遍诉求。世界主要经济体依靠科技创新打造新的增长动力，创造新的经济增长点，推动了新一轮科技和产业革命的迅猛发展，以科技创新为引领和先导，全球创新进入一个前所未有的密集活跃期。

新一轮技术和产业变革迅猛发展，其发生的速度之快、规模之大，恐怕已经远远超出了人们的想象，它带来的影响非常深远，甚至可能是颠覆性的。大量新兴技术不断涌现，许多领域的重大技术突破，如人工智能、机器人、物联网、大数据、云计算、虚拟现实和增强现实、自动驾驶汽车、3D 打印、纳米技术、生物技术、材料科学、能源存储和量子计算等，将使科技发展的速度显著提升，人们互联的可能性成倍增加，深刻影响经济社会发展和人们的生活。世界每一个国家、每一个产业、每一个人都将无一例外受到影响。新技术、新产业、新业态和新模式的发展，成为世界主要国家提升产业竞争力和国家整体实力的关键。

无论是世界科技创新强国，还是后发的新兴经济体，都把科技创新提上重要

日程，依靠科技创新支撑和促进经济社会发展，为经济增长和社会持续发展创造新活力和新动力。2016 年 20 国集团（G20）对创新增长做出一致的新承诺，对于引领和促进全球科技创新的发展发挥重要作用。2016 年 9 月举办的 G20 领导人杭州峰会，就依靠创新推动世界经济增长达成了共识，描绘了构建创新、活力、联动、包容的世界经济的新愿景。此次峰会的一项关键成果就是发布了《20 国集团创新增长蓝图》，将创新置于突出位置，一致承认以科技创新为核心的广义创新，是推动全球可持续发展的主要动力之一，在诸多领域发挥着重要作用，包括促进经济增长、就业、创业和结构性改革，提高生产力和竞争力，为民众提供更好的服务并应对全球性挑战。G20 承诺要进一步推动创新，致力于打造创新生态系统，并通过《2016 年 20 国集团创新行动计划》，制定鼓励创新的指导原则和行动。《20 国集团创新增长蓝图》还重视新工业革命、数字经济等带来的新突破、新机遇，强调要抓住技术突破为全球经济增长带来的历史性机遇，通过创新提升中长期增长潜力，努力从根本上寻找世界经济持续健康增长之道。2016 年 11 月还召开了第 1 次 G20 科技创新部长会议，20 个成员国、6 个嘉宾国及有关国际组织官员与会，会议发布了《20 国集团科技创新部长会议声明》，强调了创新对推动全球经济增长、可持续发展和促进 20 国集团科技创新合作与对话的重要作用。各国承诺在创新驱动增长的政策和实践、创新创业、科技创新合作的优先领域和模式、科技人力资源与创新人才交流方面采取一致行动。

## 二、科技创新对经济增长做出突出贡献

科技创新已经成为各国经济增长的重要支撑和动力源泉，在世界经济复苏进程中发挥了重要作用。世界各国虽然面临经济压力，但仍积极投入研发，力避影响科技发展。经济低迷对世界研发投入的影响有限。总体而言，世界各国研发投入增长速度超过了 GDP 增速。2013 年全球研发投入总额为 1.671 万亿美元，2008 年为 1.269 万亿美元，2003 年为 8360 亿美元，十年来翻了一番。2008—2013 年年均增长率为 5.7%，2003—2013 年年均增长率为 7.2%。全世界专利申请量和授权量都迅速提升。2016 年 11 月发布的《世界知识产权指标》年度报告显示，2015 年全世界创新者提交的专利申请量达 290 万件，比 2014 年增长了 7.8%，专利申请量连续第 6 年保持增长。世界专利授权量的增速也很快，2015 年约为 124 万件，比 2014 年增长了 5.2%，是 2012 年以来的最快增速。

科技创新对世界经济做出了重大贡献。以知识和技术密集型产业为例，2014 年十大知识和技术密集型产业产值占到世界 GDP 的 29%，仅商业、金融和信息服务这三大知识密集型服务业产值就占到世界 GDP 的 17%。发达国家知识和技术密集型产业产值占比较高，平均为 34%，尤以美英两国最高，美国为 39%，英

国 37%。欧盟、加拿大和日本的知识和技术密集型产业产值占比为 30%～31%。发达国家知识密集型服务业在经济中占比高，对经济增长的贡献大。知识和技术密集型产业对发展中国家的经济也有较大贡献，尤以土耳其最为突出，知识和技术密集型产业产值占比达到 25%。巴西、中国、印度、墨西哥和南非知识和技术密集型产业产值的占比介于 19%～20%。

## 三、创业成为促进经济增长和就业的重要途径

创业已经成为国家经济增长和繁荣的重要因素。创新型创业使世界各国的财富不断增加，“蛋糕越做越大”，因此已经成为增加人民福祉的重要途径。如果说创业曾经是经济衰退时期对失业率高的一种临时性应对，那么今天，创业已经发展成为一种永久性的转变，成为一种就业的途径。2007 年以来全球创业增加的趋势一直延续下来，2010 年和 2011 年创业趋势明显提升，而且这种趋势一直延续至今。创业已经成为一种常态，创业人数和新创企业数量都有显著上升趋势，带来的经济效益也有明显增长。以美国为例，美国大学技术管理者协会的数据表明，2001—2013 年，美国新创企业的数量持续增长，同期创业企业的技术许可收入也持续增加。有效的许可数量从 2001 年的 18 845 项增加到 37 445 项，增长了 1 倍。

数字技术的飞速发展是近年来创业尤其是创新型创业增长的一大原因。近年来，随着 3D 打印、云计算、开源软件、计算机辅助设计等新技术的迅猛发展，创业的技术动力和便利性迅速增加。技术利用的便利性，再加上世界各国为促进创业而采取的各项政策措施，专业化的咨询和服务，社会文化环境的不断优化，基础设施的改善等，使得创业的生态环境不断得到优化。各种因素的相互影响和作用促进了创新型、高增长企业蓬勃发展。总体上看，数字经济发达的经济体往往创业表现也较好。美国、英国、瑞典、新加坡、丹麦和澳大利亚等创业指数得分高的国家，也拥有强劲的数字经济。数字化程度高的国家和地区，如东亚的新加坡、中国香港、韩国、日本、马来西亚等因其数字技术应用程度高，创业表现也更好。根据《2016 年全球创业指数》对 160 个国家和地区创业表现的评价，创业指数排名前 10 位的国家和地区依次是美国、加拿大、澳大利亚、丹麦、瑞典、中国台湾、冰岛、瑞士、英国、法国。进入前 10 名的国家和地区中，除美加外，多数是欧洲国家。中南美洲和加勒比地区创业表现最好的国家是智利，在全球排第 16 位。撒哈拉以南的非洲地区，创业表现最好的国家是南非，列全球第 52 位。印度尼西亚、丹麦、瑞典、匈牙利的创业表现增长速度全球领先。一般而言，创业表现与 GDP 密切相关，高收入国家往往也拥有良好的创业生态。当然也有一些例外，如海湾国家和挪威等国的财富主要来自其自然矿产资源，这

些国家 GDP 高，与其创业表现关系不大。

风险资本在创新创业，特别是新兴的高技术企业的投资方面发挥了重要作用。2005—2013 年，全球风险资本总额一直保持在 320 亿～500 亿美元。2014 年全球风险资本总额迅猛增长，达到 790 亿美元。美国是全世界吸引风险资本最多的国家，2014 年风险资本投资高达 490 亿美元。中国居第 2 位，为 130 亿美元。接下来是欧洲和印度，分别为 90 亿美元和 50 亿美元。

从创业人群的年龄构成看，创业群体往往是年轻的、数字技术接纳能力强的群体。据统计，2007 年以来，25 ～34 岁年龄组人群在所有创业者中占比最高。35 ～44 岁年龄组人群在这期间创业的增长最快。年轻人接纳新技术特别是数字技术的能力很强，尤其是真正与数字技术一起成长的一代年轻人，他们善于利用移动 APP、分享经济、大数据及数字世界带来的各种机遇，因而成为非常活跃的创业人群。

## 四、创新要素在全球加速流动

创新要素在全球加速流动，创新人才、资金、产品等呈现全球化、网络化趋势。创新要素的跨境流动带来了跨境贸易、外来直接投资及知识产权国际许可等知识和技术溢出效应，使得国际研发溢出效应的重要性凸显。

第一，科技创新人才在全球范围的流动明显增加。据统计，全球约 3% 的人口住在出生国以外的国家，且人们在不同国家间流动的速度正在加快，高学历、高技能人才的全球流动尤为显著。1990—2010 年，经合组织（OECD）地区拥有小学教育水平的低技能移民数量上升了 40% ，而拥有大学学历的移民人数则上升了 130% 。OECD 国家从世界各地（特别是非 OECD 国家）吸引的高技能移民数量显著增加。仅 2010 年，OECD 国家就吸引了约 2800 万高技能工作者。OECD 国家的人口只占全球 1/5，但这些国家吸引了全球 2/3 的高技能移民。截至 2010 年，美国、英国、加拿大和澳大利亚吸引了约 70% 前往 OECD 国家定居的高技能移民，其中，美国吸纳了 1140 万高技能移民，约占 OECD 国家高技能移民总数的 41% 。在 2010 年前，英国是高技能移民的最大输出国，而在 2010 年，这一地位被印度（210 万）和菲律宾（150 万）所取代。与此同时，中国的高技能移民流出数量也高达 140 万。1990—2010 年，阿尔及利亚、俄罗斯、孟加拉国、罗马尼亚、委内瑞拉、乌克兰、巴基斯坦、印度等国高技术人才的外流显著增加。

第二，随着全球共同应对重大挑战，国际科技合作日益活跃，科学研究活动的国际化趋势越来越明显。根据最新发布的自然指数，过去 4 年中，越来越多在顶级学术期刊发表的科研论文是跨国合作或跨研究院所合作的结果。最新统计数字显示，2012—2015 年，在 68 本顶级学术期刊上发表的论文中，由多个国家作者合作完成的论文数量从 2012 年的 21 460 篇增至 2015 年的 24 951 篇，上升了 16%。如果从研究机构角度计算，这期间由多个研究机构学者合作完成的论文数量增长了 23%。不同学科领域的国际合作情况存在差异，生命科学等领域的国际合作和全球化趋势最为显著。融入全球科研网络大大有助于提升一国科技论文的影响力。

第三，研发创新和专利活动分布于更多国家，国际专利活动趋于活跃。研发创新和专利活动从原来高度集中在发达国家，开始向更多国家和地区扩散，跨国申请专利明显增加。亚洲专利局受理的专利申请量逐步增加，从 2005 年占世界的 50.2% 提高到 2015 年的 61.9%。从美国专利商标局授予的专利来看，美国专利授予本国人的比例有所下降，而日本及发展中国家获得美国专利的比例有所增加。根据世界知识产权组织最新数据，世界二十大专利局，15 个专利局的专利申请量呈现增长趋势。2015 年，中国（+18.7%）、印度尼西亚（+14.1%）、俄罗斯（+12.9%）、墨西哥（+12%）、澳大利亚（+10.2%）等国知识产权局（专利局）的专利受理量实现两位数增长。印度、新加坡、加拿大及欧洲专利局的专利受理量也有显著增长，2015 年比 2014 年增长了 4% 以上。中低收入国家中，专利受理量迅猛增长的国家包括莫桑比克（+70%）、孟加拉国（+16%）、土耳其（+14.6%）、越南（+13.2%）。中国、俄罗斯、土耳其专利受理量的增长主要是由于本国人专利申请增加所致。其他专利局专利受理量增长的主要原因是外国人的专利申请增加。另外，发展中国家的创新者越来越注重 PCT 国际专利申请。2015 年 PCT 国际专利申请量为 217 231 件，比 2014 年增长了 1.4%。中国的 PCT 国际专利申请量增长了 16.8%，美国却下降了 7.1%。科技创新活动和创新成果的全球分布都在发生变化。

## 五、全球科技创新格局深刻调整变化

长期以来，以美日欧为主导的全球科技创新格局，如今正在发生深刻调整变化，全球科技创新日益呈现多中心化趋势。美国、日本和欧洲一些传统科技强国继续保持其在科技创新领域的优势和领导地位，同时，亚洲的新兴经济体，南美、中东和北非的一些新兴科学力量及欧洲的一些小国，科技创新实力都在迅猛增长。新的参与者和领导者的出现，使得世界科技创新格局不断调整，科技创新中心从集中在西方国家，开始向全世界更广泛的地区扩散。

美国、日本及欧洲的瑞士、德国、瑞典、英国等连续数年在世界竞争力排名中名列前茅。而且欧洲的荷兰、瑞典和英国的经济表现都进一步提升（但英国的表现是基于脱欧之前的数据）。亚洲的新加坡、中国香港地区也有非常好的表现。根据世界经济论坛 2016 年 9 月发布的《2016—2017 年全球竞争力报告》，世界各大新兴经济体的表现总体呈现上升趋势，中国目前保持在世界排名第28位的位置，是全球新兴经济体中最具竞争力的。印度、俄罗斯和南非的排名均有所上升，分列第39、第43、第47位。巴西是唯一一个排名略有下降的金砖国家。此外，亚洲的韩国、中国台湾地区也具有独特优势。传统强国、新兴经济体及其他一些国家和地区通过大力投入科技创新，获得了显著的回报。这些国家在科技论文产出、科技论文的影响力、专利申请量及科技成果产出方面表现卓越，成为活跃在世界各地的科技创新中心。科技创新活动从高度集中于发达的高收入经济体，转向中国、巴西、印度和南非等部分中等收入经济体，中等收入经济体也成为重要的科技创新力量。同时，一些欠发达国家也认识到科技对于推动经济发展、解决可持续发展问题的重要作用，因而加强了科学研究及科学方法和科研成果的应用。

创新资源仍主要掌握在发达国家，但新兴经济体的创新资源拥有量明显上升。美国、日本及欧洲等传统科技强国，在世界科技创新的新版图中仍然处于重要领导地位，掌握着大量创新资源。美国、日本和欧盟研发投入之和占全世界的60%左右。中国、韩国、印度等亚洲国家正不断加大研发投入，对人才的培养和吸引力度也在增加。美国、日本及欧洲在创新资源方面的优势地位近十年下降较为明显。美国是世界第一研发大国，2013年研发投入总额为4561亿美元，占世界的27%；中国大陆居第2位，为3365亿美元，约占世界的20%。日本和德国分列第3和第4位，但与美中两国相去甚远。日本为1602亿美元，占世界的10%；德国为1010亿美元，占6%。接下来排在第5至第15位的依次是韩国、法国、俄罗斯、英国、印度、中国台湾、巴西、意大利、加拿大、澳大利亚和西班牙。这些国家和地区的研发投入介于690亿美元（韩国）和190亿美元（西班牙）之间。第三梯队韩国、法国、俄罗斯、英国、印度的研发投入占世界的比例为2%～4%；第四梯队从第10至第15位的研发投入占世界的比例为1%～2%。亚洲国家研发投入的增长非常明显。包括中国大陆、日本、韩国、印度和中国台湾在内的东亚、东南亚及南亚国家和地区研发投入占世界的比例从2003年的27%增长到2013年的40%左右。同期，美国研发投入占世界的比例从35%降至27%，欧盟研发投入占世界的比例从25%降至20%。中韩两国2003—2013年研发投入增长非常迅速，中国年均增长率为19.5%（扣除通胀因素为17.2%），韩国为11.1%。从研发投入强度（研发投入占GDP的比例）来看，韩国和以色列成为世界研发投入强度最高的国家，研发投入强度高达4.2%。日本研发投入强度居世界第3位，为3.5%。接下来排在第4至第10位的是芬兰（3.3%）、瑞典（3.3%）、丹麦（3.1%）、中国台湾（3.0%）、瑞士（3.0%）、奥地利（3.0%）和德国（2.9%）。美国研发投入强度2009年曾达到历史峰值（2.81%），但到2013年又下降至2.72%。法国研发投入强度为2.2%。发达国家的科技人力资源优势也很显著。高技术人才移民主要的目的地仍然是发达国家。在瑞士居住的约57%的科学家、澳大利亚约45%的科学家、美国约38%的科学家是外来移民。外国人占美国博士学位获得者的比例增长很快，1961—1970年约占17%左右，到2010年已接近40%。而且在美获得学位的外国学生有2/3以上选择学成后继续留在美国。2010年，美国27%的内科和外科医生及35%以上的医务工作者是在外国出生的。在美获得博士学位的中国学生有93%毕业后继续留在美国。英国国家健康服务系统（NHS）雇用的人员来自世界约200个国家，并有26%的医生最初不是英国公民。

美国、日本、欧洲等传统科技强国的创新领先地位稳中有降，中国、印度、韩国创新绩效显著提升。毋庸置疑，美国的科技创新总体上仍然占据世界霸主地位。日本企业的创新表现非常突出。在欧洲大陆，创新能力最强的要数德国、法国、英国和北欧国家。英国南部、丹麦北部、德国南部及法国的创新表现尤为突出。在亚洲，中国、印度和韩国等国的创新能力增长非常迅速，但与美国、日本、欧洲尚存很大差距。2012年，全世界三方专利的总数大约为5.2万件。2003—2012年，美国、欧盟和日本三方专利各占世界总数的30%左右，总计占到世界三方专利总数的近90%。中国、韩国等国三方专利的占比有所提升，但与长期占据领先地位的美国、日本、欧洲差距悬殊。中国目前三方专利占世界总数的4%，韩国占6%。从企业创新的情况看，以专利申请量、专利申请授权成功率、专利组合的全球覆盖率及专利影响力等指标来评价的汤森路透全球百强创新企业几乎被日本、美国和欧洲企业包揽。日本企业上榜数量最多，有40家企业；其次是美国，有35家企业上榜。欧洲上榜企业数量从18家增加到20家，其中，法国独占鳌头，共有10家企业上榜。另外，德国4家，瑞士3家，韩国3家，瑞士、荷兰、比利时、加拿大和中国台湾各1家。2014年中国大陆企业华为曾首次跻身该排行榜，但遗憾的是，2015年中国大陆再度无缘该榜单。从人才培养情况看，以中国、印度为代表的亚洲国家在理工科人才培养和科技人才供应方面显示出优势。最新统计数据显示，全世界授予的科学和工程领域大学第一学位的总数为640万人，其中，中国（23%）和印度（23%）就占了近一半。欧盟占了21%，而美国只占9%。2012年中国有近一半大学第一学位是科学与工程领域的学位，而美国大学第一学位是科学与工程的只占33%。2000—2012年，中国授予的科学与工程学士学位数量增长了300%。同期，美国和欧洲授予的科学与工程学士学位数量只是略有增长，日本则略有下降。不过，中国和印度的人才红利尚未得到全面释放，面向发达国家的人才流失仍然很严重。

欧美国家高科技产品大量出口，特别是知识和技术密集型商业服务出口呈现大量盈余。发展中国家产业结构不断优化，知识和技术密集型产业占比不断提高。在高技术制造方面，美国仍稳居世界第一的位置，占世界总额的29%。中国高技术制造产品占世界的27%，已于上一个十年末超越日本和欧盟，成为世界第二。在知识和技术密集型服务（包括商业、金融和信息服务）方面，美国知识和技术密集型服务业全球第一，占世界总额的33%；接下来是欧盟，占世界的25%。中国知识和技术密集型服务业发展迅速，目前占世界的10%，已超过日本占据世界第三的地位。欧盟作为一个整体，在知识和技术密集型商业服务出口方面世界领先。美国仅次于欧盟。2004—2013年，欧美知识和技术密集型商业服务出口均翻了一番，欧盟达到5000亿美元，美国达到2710亿美元。中国和印度知识和技术密集型产业出口增长非常迅速，2013年两国占全球知识和技术密集型产业出口额的比例均达到7%。巴西、印度、越南等国高技术制造业出口增长迅速，尤以越南高技术出口增速最快，2007—2014年增长了12倍。

（执笔人：黄军英）

# 主要经济体抓紧科技创新战略部署

## 一、科技创新成为各主要经济体发展战略的重要着力点

当前，世界主要经济体越来越把科技创新作为经济社会发展的主要动力源泉及提升国际竞争力的重要手段。世界各国加强科技创新战略部署，密集出台政策措施，大力投资研发和重大科技计划，科技创新进入前所未有的高度活跃期。2016 年，世界各国依靠科技创新谋求经济增长新动力的战略部署进一步加强，以应对经济社会挑战、提升国际竞争力为目标的科技创新战略正在引领全球科技创新驶入快车道。

第一，科技创新日益成为世界主要经济体推动经济增长的重要抓手。当前，世界经济增长整体动力不足，为寻求新的经济增长动力，越来越多的国家将科技创新作为国家战略，着力依靠科技创新培育新产业、创造新就业，开拓新的增长机遇。美国奥巴马政府对科技创新的重视程度是美国历史上绝无仅有的。奥巴马执政 8 年留下的一项重要政治遗产就是《美国创新战略》。《美国创新战略》2009 年出台并于 2011 年和 2015 年两次修订，是美国政府通过科技创新促进经济增长的重大战略部署，对于引领美国经济走出危机发挥了重要作用。日本重视前瞻性、战略性部署，提出要抢先布局，不断催生创新，力求成为大变革时代的领头羊。2016 年 1 月日本发布《第 5 期科技基本计划（2016—2020）》确立了未来 5 年科技创新发展的路线图，提出要把日本建设成为“世界上最适宜创新的国家”。欧盟各成员国秉持创新理念，加强科技创新，并将科技创新作为支撑经济社会发展的重要力量源泉。英国提出要通过打造世界最好的科研、创新与商业环境及服务，确保英国经济的长期繁荣。澳大利亚《国家创新和科学议程》强调科技创新对经济各个部门的关键作用，指出要依靠创新创造经济增长的新源泉，

创造高薪就业岗位，以把握和创造新一轮经济繁荣。韩国 2015 年发布了第 3 期科技计划，加大了国家研发投资，明确要发展战略技术，打造新兴产业。

第二，科技创新成为应对社会挑战的重要途径。当今世界，人口老龄化、气候变化和环境恶化、能源和资源短缺等问题越来越突出，科技创新成为解决这些问题、实现社会可持续发展的必然选择。为此，许多国家将实现科技创新的包容、分享、普惠确立为发展目标。日本《第 5 期科技基本计划（2016—2020）》明确了国家科技创新政策的中长期定位，强调要应对国家经济社会发展的重大挑战。该计划在全世界率先提出了打造“超智能社会”的愿景，注重深化科技创新与社会的关系，提出要在合适的时间将合适的产品和服务准确地提供给合适的人，精确应对各种社会需求，使所有人都能够享受高品质服务，跨越年龄、性别、区域、语言等界限，使每个人都能够安居乐业。《美国创新战略》第 3 版提出要发展“包容性创新经济”，将创新的参与者和受益者扩大到前所未有的范围。欧盟在创新型联盟建设的进程中，积极倡导智慧型、可持续和包容性增长理念。欧盟《2020 战略》明确要应对七大社会挑战，包括卫生健康，农业、海洋与生物经济，能源安全，智能交通，气候变化、环境保护、资源有效利用与原材料，反思性社会（Reflective Societies），社会稳定与安全等。德国高技术战略强调要发展若干高技术领域，以应对社会挑战。爱尔兰《创新 2020 战略》强调要依靠科技创新改善人们生活，并带来健康、社会和环境效果。英国强调巩固其科技在世界的领先优势，并将科技优势转化为经济优势，以支撑经济增长及社会可持续发展。

第三，科技创新成为提升国际竞争力的重要战略选择。一方面，发达国家依靠科技创新保持在全球的领先地位，欧美国家和日本仍是全球科技创新的领头羊。例如，日本提出要率先建设“超智能社会”，要积累技术和知识，并在知识产权和国际标准化方面抢占先机。加拿大 2014 年年底出台科技创新政策报告《抓住机遇，向科技创新迈进》，强调要调整科技战略，强化加拿大在全球科技创新中的领先地位。2016 年 6 月又启动了加拿大创新议程，调动全社会力量参与创新，希望将加拿大发展成为全球创新中心。美国强调要保持全球科技创新领先地位，致力于发展先进的基础设施，采取各项措施吸引海外企业回迁，并积极促进国际贸易，帮助企业进入国际市场，提升本国企业的国际竞争力。另一方面，新兴经济体和许多发展中国家力争通过向创新转型，提升自身竞争力，缩小与发达国家在科技和经济实力上的差距。2016 年，俄罗斯颁布的《俄罗斯联邦科技发展战略》强调要增强俄罗斯的主权独立和国际竞争力；俄罗斯实施的“国家技术计划”注重基础性源泉知识、探索性研究、产品和服务应用研究，并提出要在若干领域实现技术领先，如无人机、神经技术产品等。巴西出台《国家科技创新战略（2016—2019）》，强调要缩小与发达国家的技术差距，明确提出要重点发展可再生能源、空间、信息通信技术等领域。另外，墨西哥的“科技创新特别计划（2014—2018）”、秘鲁2014年提出的“未来国家生产多样化计划”、泰国的“科技创新十年计划”、土耳其的“第十个五年发展计划（2014—2018）”等都强调通过研发和创新提升国家的竞争力。

## 二、重大基础前沿领域部署持续加强

世界主要国家注重对创新基础要素的投资，在预算紧张的情况下，大力支持研发，力避影响科技创新。各国政府普遍认为，要在激烈的国际竞争中取胜，必须大力加强科技创新投资。全球研发支出总体呈上升趋势，全球研发投入总额在2003—2013年翻了一番，年均增长率为7.2%，超过了GDP的增长速度。美国仍然是世界第一研发大国，中国居第2位，中国的研发投入接近欧盟的总和。2013年全球研发总投入为1.67万亿美元，中国约占20%，仅次于美国（27%）；日本居第3位，占10%；德国第4位，占6%；接下来是韩国、法国、俄罗斯、英国和印度，分别占全球研发投入总额的2%～4%。从研发投入强度（研发投入占GDP的比例）来看，许多国家都致力于提高研发投入强度，中国和韩国研发投入强度十年间几乎增长了1倍。研发投入强度最高的是韩国和以色列，两国2013年都达到4.2%。美国和欧盟都在致力于为实现研发投入强度达到3%的目标而努力。日本在《第5期科技基本计划（2016—2020）》中提出，未来5年日本研发投入强度要达到4%，政府研发投资占GDP的比例要达到1%。

世界主要国家高度重视重大、基础、前沿领域的战略部署，加大了对高风险、高回报研究的支持，颠覆性技术创新成为新一轮技术部署的重点。美国奥巴马政府重视基础研究，提出了三大基础研究资助机构预算翻番的目标。日本提出为夯实科技创新基础实力，要推进产生卓越知识的学术研究和基础研究，加大对各种研发活动的资助力度。各国注重前瞻规划和前沿领域部署，在有望赢得未来竞争的关键技术领域加强了研发投入。《美国创新战略》强调加快健康技术、纳米技术、先进制造技术、清洁能源、空间技术、高性能计算、智慧城市技术等领域的重大技术突破，以期产生变革性影响，应对国内外重大挑战。德国瞄准技术前沿和未来需求，目标是要利用技术创新塑造和引领未来市场。德国高技术战略指出，关键技术是创新活动的推动力量，是新产品、新工艺和新服务的基础，德国未来的经济活力取决于能否确保在生物与纳米技术、微电子、光学技术、微系统、空间技术及信息通信技术等领域的主导地位。英国重视对科技的长远考虑和支持，希望通过关键领域的创新，抓住未来潜在的增长机遇。日本《第5期科技基本计划（2016—2020）》提出，为提升“超智能社会”的竞争力，要战略性推进基础性技术研发，以便夯实本国竞争力的基础。例如，“超智能社会”服务平台所需的基础性技术及有助于创造新优势的基础性技术等。韩国提出推进五大领域120项国家战略技术（含30项重点技术）的开发。俄罗斯从反危机管理转向注重创新，其核心战略意图就是继续加强传统优势领域的实力，同时力争在纳米技术、生物技术、先进制造等新兴技术领域占据一席之地。

世界主要国家高度重视高风险、高回报研究，这类研究往往带来颠覆性技术创新，对经济社会发展带来革命性影响。奥巴马执政期间的一大举措就是效仿国防先进研究计划局（DARPA）的成功模式，在能源部创建了能源先进研究计划局（ARPA-E），资助了大量能源领域的高风险研究项目。另外，美国政府增加了对国立卫生研究院（NIH）、国防先进研究计划局（DARPA）的资助，重视对国家航空航天局（NASA）空间探索先进技术的投资。日本着力推进具有挑战性的研发项目——“颠覆性技术创新计划”（ImPACT）并将该计划的做法向相关政府部门管辖的研发项目推广。ImPACT始于2014年，是一个综合性科技创新计划，主要促进高风险、可能带来巨大冲击的研发活动。《第5期科技基本计划（2016—2020）》将ImPACT计划支持的领域从最初的12个扩大到16个。

## 三、产业共性技术开发获得大力支持

世界主要经济体在那些有望创造新就业、新产业的领域，加强了科技创新部署，为提升国家整体实力和产业竞争力提供重要支撑。世界各国面向未来，着力发展对一个产业或多个产业及企业产生深刻影响的产业共性技术。这些产业共性技术往往属于竞争前技术，是基础研究向商业应用转化的基础。产业共性技术是对整个行业或产业技术水平、产业质量和生产效率都会发挥迅速的带动作用，具有巨大的经济和社会效益的一类技术。

第一，各国政府重视产业共性技术的广泛应用和强大带动作用，瞄准新兴产业和国际竞争前沿，从战略层面进行重点部署。《美国创新战略》强调未来产业创造性和前瞻性战略部署，将纳米技术、材料基因组、机器人、大数据研发、先进能源、先进制造等作为优先领域给予大力支持。日本《第5期科技基本计划（2016—2020）》明确提出要战略性地加强产业共性技术、设施设备和信息基础。政府要面向广大用户的需求，推进产业共性技术研发和可在多个领域应用的研发。日本科技创新综合战略面向2030年部署信息通信技术、纳米技术、环保技术等核心跨领域技术，希望这些技术成为增强日本产业竞争力的源泉。欧盟强调发展产业通用的使能技术，包括信息通信技术、纳米技术、材料技术、生物技术、空间技术及先进制造技术等，以保持产业领先地位。英国政府与研究创新界根据本国科技实力确定了英国研究水平世界一流、产业应用广泛、商业潜力极大的八大技术，包括大数据和高能效计算、合成生物学、再生医学、农业科技、能源及储能、先进材料及纳米技术、机器人及自治系统、卫星及航天技术应用。

第二，产业共性技术研发强调最大限度地调动各方力量开展协作，而且往往采用公私合作模式（PPP）。例如，巴西 2016 年 1 月签署的《科技创新法律框架》注重通过公私合作模式进行创新技术研发，鼓励联邦和州政府通过研发投资、财政激励、采购合同等对企业提供支持。美国奥巴马政府从 2009 年以来逐步部署落实的国家制造业创新网络，注重公私合作，通过政府投入撬动私营资金投入。该网络内的每个制造业创新研究所能获得 7000 万～1.2 亿美元联邦资金，根据其技术资本密集度及重点领域，资助年限为 5 ～7 年。要求私营部门至少按照 1：1 的比例匹配资金。根据设计宗旨，这类研究所预计要在 7 年后通过会员费、知识产权许可、合同研究及服务费等赚取收入，实现持续运营。

第三，注重科研设施和资源共享，网络化和高度协作对于促进产业共性技术开发和商业化起到重大推动作用。发达国家普遍重视大型科研基础设施共享共用，有些已经形成了良好的运作机制。例如，美国能源部国家实验室管理的大型科研基础设施、国家科学基金会支持的大型科研设施，加拿大创新基金会支持的关键科研设施等。在科研设施和资源共享、创新主体协作方面，各国还在不断探索新路径。日本政府 2016 年提出要根据《对于促进特定先进大型研究设施共用的法律》，对最先进的大型研究设施提供支持，促进产学官广泛共用，并建立相关机制，促进相关技术开发。另外，数据库、计量标准、生物遗传资源等知识库的共享也对产业共性技术开发至关重要。巴西《科技创新法律框架》鼓励公立科技创新机构将其实验室、设备、技术诀窍等与私营部门分享，并允许公立科研机构科研人员从企业获得劳动报酬。美国国家制造业创新网络中各个制造业创新研究所的科研基础设施均可供其成员单位共享，由科学家、工程师和行业专家组成的全时员工负责管理。美国制造业创新研究所还鼓励来自各类企业的代表分享其实践经验，开展各种类型的教育和劳动力培训活动，通过促进网络化和联合合作，促进网络内成员的增值协作及关键技术的开发和商业化应用。

## 四、信息和智能技术布局进一步提速

信息技术迅猛发展并加快与其他技术的融合，应用领域进一步扩大，智能化正在掀起继机械化、电气化、自动化之后的新一轮技术和产业变革的浪潮，有望成为未来的重要主导技术。世界各国强调要充分利用信息通信技术潜力，抢抓数字化、网络化所带来的机遇，融计算、网络和物质系统于一体的信息物理系统、智慧城市、人工智能等代表了新技术的发展方向，一批重大战略计划部署实施。服务机器人、自动驾驶汽车、无人机、智能穿戴设备等领域的新产品和新服务不断涌现，在持续提升人类生活质量、增进人类福祉方面展现出超乎想象的力量。

日本2016年提出的“超智能社会”建设构想以全新理念引领科技和社会发展，其一系列技术部署有望推动信息技术与智能网络向社会各个应用领域渗透和扩大，新兴技术对社会的影响将在未来不断走向深入。美国一直重视对“网络与信息技术计划”的投资，该计划于1991年启动以来受到历任政府的重视。在此基础上，奥巴马政府又先后启动了“国家机器人计划”（2011）、“大数据研发计划”（2011）、“国家战略计算计划”（2015）、“国家先进无线研究计划”（2015）等。2015年9月美国启动了“智慧城市计划”。2016年10月美国政府对人工智能做出重大部署，发布关于人工智能的未来的报告，并启动了“国家人工智能研发战略计划”。加拿大于2016年6月发布《加拿大信息技术战略规划（2016—2020）》，明确了加拿大发展信息技术的总体战略目标，其中包括云计算等领域的具体发展规划。2016年英国继续实施“数字经济研究计划”，促进企业对信息技术的应用。英国还发布了英国机器人研发系列白皮书，探讨未来机器人技术的发展方向，以及机器人技术带来的社会、经济、道德及法律等方面的潜在影响。英国政府科学办公室于2016年11月发布《量子时代：技术的机遇》和《人工智能：未来决策的机遇与影响》两份政策报告，明确提出要抢抓信息和智能技术发展机遇，巩固英国在这些领域的技术领先地位和产业优势。法国重点推进大数据开发、人机协作和物联网三大领域。德国“智能网络化战略”致力于教育、能源、卫生、交通和公共管理等领域的智能网络化。美欧日等发达国家继续引领自动驾驶汽车、智能建筑、智能电网等新一代智能系统的发展。

与此同时，智慧城市建设继续升级，美日欧引领未来城市发展新理念。旧金山、纽约、东京、巴塞罗那、阿姆斯特丹、伦敦、维也纳、斯德哥尔摩等城市已成为世界领先的智慧城市，它们以成熟的智能交通、普及的高速宽带网络、高效的智能建筑等著称。印度、巴西等发展中国家也已开始部署智慧城市建设，推动城市朝更智能、更先进的方向发展。印度提出2022年前建设百座智慧城市的目标，并首批选择20个城市，每个城市每年资助10亿卢比。同时，发达国家的智慧城市发展继续升级，一方面致力于推广智慧城市建设最佳实践，另一方面进一步谋划未来城市发展蓝图，特别强调城市技术创新、社会包容和民生改善。德国和美国分别于2015年和2016年年初提出了建设未来城市的目标和设想。德国“未来城市研究和创新战略议程”（FINA）着眼于建设二氧化碳零排放、能源和资源高效利用、适应气候变化、宜居、具有社会包容性的未来城市。美国2015年9月启动的“智慧城市计划”，强调对城市技术创新的支持。美国总统科技顾问委员会（PCAST）2016年2月又向总统提交报告《技术与未来城市》，呼吁联邦政府采取协调行动，在智慧城市理念上更进一步，通过技术创新促进基础设施现代化，改进城市运行和服务，从而改善民生。PCAST还建议美国国家科技委员会成立专门的分委会协调城市科技计划，引导基础设施等方面的研发更多地面向数据及信息通信技术。

信息和智能技术大发展的同时，相关的安全风险成为空前挑战，网络安全受到高度重视。随着网络空间与物质世界的深度融合，智能网络无处不在，网络攻击带来的基础设施、物质系统的损失会更严重，经济社会及人民生活受到网络攻击影响的潜在风险更大。因此，保障基础设施和智能网络的安全，是事关国计民生、企业兴衰和人民福祉的关键。为确保国家经济社会安全，美国于 2016 年 2 月启动了“网络安全国家行动计划”，设立了增强国家网络安全委员会，并设立了联邦首席信息安全官一职，专门负责网络安全政策、规划及实施。另外，美国启动了“2016 联邦网络安全研发战略计划”，推动网络安全相关技术研发。德国联邦经济部已经实施了“可信云技术计划”，并初步形成了一批云计算创新安全使用的共性基础技术。日本《第 5 期科技基本计划（2016—2020）》提出要研发网络攻击检测和防御技术、认证技术、控制系统安全保障技术、加密技术、物联网安全保障计划等，以确保基础设施和智能系统的安全。

（执笔人：黄军英）

# 公共科研体系正在进行转型变革

公共科研体系往往从事更长远、风险更高的研究及有更大潜力转化为无形社会利益的项目，在国家创新体系和科学决策中发挥了至关重要的作用。当前，新一轮科技产业变革正在孕育兴起，科学研究与组织方式正在数字化、全球化、科学界自身和应对大挑战的驱动下发生变革。在公共预算承压、经济社会挑战巨大、国际科技创新竞争加剧的背景下，越发需要提高公共科研资金使用效率，调动私营资金进入公共科研领域，投资大挑战、大前沿、大设施、大数据，使科学事业更开放，加速公共科研成果商业化，努力构建卓越、开放、融合、敏捷、高效的公共科研体系，完善科研治理。不过，政策制定者们持续面临的难题是，如何在不同科学领域之间、长期需求与短期需求之间、大科学和小科学之间、基础设施和人才之间、一流研究人员与青年研究人员之间平衡资源分配。

## 一、经济社会大形势致使公共科研体系转型

作为公共科研的主要资助方，各国政府提供的经费平均占到高等教育和政府研发总支出的90%。在经济增长放缓、预算承压的背景下，公共研发预算趋向平缓，甚至在一些大国开始下滑，任何政府开支缩减都将给公共科研带来诸多挑战。美国大学的联邦研发投资出现了自20世纪70年代初以来最长时间的下滑，2015年较2011年高峰下降13%。长期的国际趋势表明，除非强劲的经济增长推动政府开支的复苏，否则公共科研可用的公共资金可能仅会缓慢增长，甚至稳定在当前水平。此外，政策优先事项之间存在互斥关系。例如，企业创新政策与研发税收激励政策日益得到政府重视和更多资金支持，令公共研发预算承受更多压力。公共科研体系在开发新知识、新技能方面将继续发挥引领作用，但在公共预算承压、经济社会挑战巨大、国际科技创新竞争激烈的背景下，正在经历转型。

## （一）采用多种方式提升公共科研资金使用效率

科学进步及其带来的新机遇，不断加剧的全球人才与创新资源竞争，以及更加紧张的公共财政资源，促使各国政府确定公共科研的财政投入重点，或集中加以资助。韩国研发投资占国内生产总值比重达 4.3%，投资效率仅为美国的 1/3。2016 年，韩国政府提出，要成立“科学技术战略会议”，以自上而下的方式对核心科技政策、项目、部门间的不同提案进行协调，以切实提高研发投资效率。为确保政府研发投资产生最大价值，英国筹划建立一个单一的战略性的研究和创新资助机构。澳大利亚新设的创新与科学理事会负责就创新和科学的战略优先重点及投资提供建议。

部分国家审视其科研政策，以提升公共资金使用效率。2016 年，加拿大政府设立了独立专家组，由其对基础科学联邦政府资助情况全盘评估，就如何优化基础科学研究资助方式向科学界和民众征询意见，调研世界各国资助科研活动的最佳做法，并就如何改善联邦科学计划及倡议提供建议，以确保政府资助的科研项目具有战略性和有效性，并注重满足科学家的需求。由于美国联邦各部门制定的相关科研监管法律法规近几十年来急剧增多，有些重复、冲突，并未达到改善问责、提高科研效率、增加科研安全的目的，使研究人员花费大量时间遵守相关规则。美国国家科学院应美国国会要求，成立专门委员会审查相关法规和政策，并于 2016 年发布《优化国家学术研究投入：21 世纪新的监管框架》报告，提出了一系列政策建议，以提高美国科研事业的生产率和联邦政府投资的回报率。

另一个明显的全球性趋势是，加大竞争性资助，同时将稳定性、长期性的机构核心资助（机构事业费）与业绩挂钩，实行绩效导向型科研资助体系，并倾向于采用更多的契约安排，如绩效合同、绩效指标协议等工具，使公共科研活动面向国家科研重点，并提高科研绩效。这一趋势近期在加拿大、爱尔兰、意大利、新西兰等国得以增强。爱尔兰实行绩效导向型科研资助体系，根据自评估和同行评议情况，10% 的机构事业费是按机构绩效分配的；意大利把 13% 的机构事业费按照绩效指标进行分配。新西兰扩大绩效导向型科研资助体系，相应经费增加 2 倍。尽管有关绩效指标的局限性（包括测度失灵、数据收集成本、测度范围、严重扭曲行为）会继续引发争议，但是，绩效导向型科研资助体系会进一步延续发展势头。

然而，对大学和公共实验室长期的机构核心资助的侵蚀及用短期竞争性项目资助取代机构核心资助的做法，造成了对通过短期合同聘用流动、廉价的博士生和博士后研究人员的大量需求，导致了“二元劳动力市场”的产生。一方面，著名研究人员高薪，往往拥有永久的公务员职位或公共雇员合约；另一方面，为卓越中心或竞争性资助研究项目工作的廉价的临时工作人员越来越多，没有长期工作的安全感，获得长期职位或终身职位的机会渺茫，职业前景暗淡，这在研究人员职业生涯早期最突出。

## （二）努力调动私营资金进入公共科研领域

各国政府仍将是公共科研的主要资助者，但是企业也可以增加研究资金投入，一方面反映出政府资金存在缺口，另一方面也反映出产业界对知识互补与风险共担的兴趣。企业参与度增加还有望加强学术研究的市场前景。但是，这也可能导致短期行为增加，使大部分精力用于渐进式研究而非奠基性的突破性研究。当前，研发税收激励政策越来越多地被用于吸引私营资金进入公共科研领域，鼓励私营部门向大学和公共科研机构委托研发工作。其他手段还包括开展法律、行政和规制改革，发放创新券，对公共支持项目设置共同出资最低限额，统块资金①分配机制鼓励第三方出资。德国的《学术自由法》允许非大学科研机构更多地利用第三方资金，日本最新推出的特定研究开发法人制度和特定国立大学法人制度赋予特定研究开发法人和特定国立大学法人更大自主权。爱尔兰政府向研究中心提供额外资金，鼓励吸引产业合作方参与公共财政支持的研究项目。

国际金融危机以来，随着财政预算紧缩和新的公共管理思潮的兴起，许多国家正在采取新的治理安排，特别是把公私合作（PPP）机制作为战略性政策工具，通过资助联盟、联合研究计划、联合研究中心来促进公私合作，从私营部门调动新资金，寻找公共目标与私营目标的结合点，发挥公私各方最大效能。英国近期向大规模战略性公私合作项目“英国研究投资基金”注入 5 亿英镑支持科研设施建设，带动私营部门投入 10 亿英镑。欧盟“联合技术计划”（JTIs）是欧盟新的重大公私合作创新专项，预计在今后 7 年内从私营部门调动研发资金 120 亿美元。

慈善机构、基金会和慈善家已成为大学科研越来越重要的资助者。美国一流大学的年度研究资金约 30% 来自科学慈善。科学慈善还明显集中于特定的基础和转化研究领域及前沿科学研究机构，这在健康领域特别突出。科学慈善虽然规模较小，但在补充公共资金不足方面发挥着越来越重要的作用。许多国家制定了鼓励科学慈善捐赠的税收政策。

## （三）追求科学卓越仍是科技大国的共同选择

科学追求卓越，就是引领人类不断接近真理，就是使人类不断创造新的未来。“卓越”已成为国际性的公共政策语汇和目标，各国政府从战略投资规划、

---

① Block grant，属于稳定性支持（机构核心资助，即机构事业费）的一部分，实行视绩分配，大学和科研机构获得后可自主支配。

资助机制与资助计划设置、卓越研究中心建设、科研基础设施投资、科研诚信建设、顶尖人才等方面采取措施，为赢得未来做准备。

在通往美国国家科学基金会（NSF）成立一百周年的道路上，美国国家科学基金会2016年绘就未来发展蓝图，确定了六大科研前沿和三大资助进程改革。英国一直把打造卓越的科学基础作为英国经济增长、繁荣与人民福祉的核心，英国研究理事会（RCUK）联合发布了《2016—2020年战略投资规划》。欧盟“地平线2020”计划把追求卓越科学作为三大支柱之一。

为了取得变革性研究成果，美国国家科学基金会拟开展资助机制改革，即注重支持融合会聚研究，拟新设“NSF 2050：综合基础基金”支持高风险、高回报的长远研究。美国国家科学基金会计划，将通过远景规划方式，系统吸纳科技界的智慧和想象力，为该基金下显示度极高且具有变革性影响的科研资助计划制订科研议程；将支持大胆、长远、基础性的研究问题，为突破性的科学和工程研究奠定基础；将打破常规资助方式，将以创新的方式实现跨界、填补空白，不断推进新前沿。英国继续坚持其良好的双重资助体系，把稳定性的绩效导向型机构核心资助和竞争性的项目资助相结合，并计划进一步完善“科研卓越评估”框架。

许多国家政府还纷纷斥巨资，以公开竞争、择优资助方式，分批建设一流卓越研究中心。德国新的卓越计划将投入5.33亿欧元长期资助大学开展卓越研究。加拿大第一研究卓越基金将在未来10年投资15亿加元，帮助本国大学在研究领域超越全球，为本国带来长期经济优势。挪威的卓越研究中心计划注重培育突破性成果，关注交叉学科建设，采用“5年+5年”模式，支持最优秀的科学家进行国际一流的长期研究。芬兰政府对第7批卓越研究中心计划（2018—2025）将重点支持突破性研究和具有杰出潜力的年轻研究人员，鼓励高回报、高风险研究，将资助周期从6年延长到8年。

为使研发成果达到全球最高水平，开拓新未来，日本政府向承担战略任务、在国际竞争中有望领先全球的研究开发法人赋予“特定国立研究开发法人”地位，着力打造世界一流国家实验室，于2016年推出了《促进特定国立研究开发法人研发的特别措施法》和《促进特定国立研究开发法人研发的基本方针》，明确了促进特定国立研究开发法人研发的基本方向：研发成果要基于国家战略，达到世界最高水平；普及应用研发成果，汇集来自产学官各界的人才、知识、资金等，形成先导基地；实施和开展先导机制，推动科学技术创新；确保研发管理迅速、灵活、自主、自律。

此外，欧洲研究基础设施战略论坛（ESFRI）发布了《欧洲研究基础设施战略论坛路线图2016》；韩国希望到2017年将基础研究占公共研发支出的份额提升到40%；日本提出建设具备世界最高教育和研究水平的卓越研究生院；加拿大等许多国家继续在全球延揽世界顶尖人才；欧盟与科学界共筑科研诚信最高标准；英国八大机构联手加强科研诚信建设。

### （四）科研政策议程更加重视环境和社会挑战

可持续增长、老龄化社会、环境压力特别是气候变化、能源安全、水资源与食品安全、各种健康问题等许多挑战迫在眉睫。OECD 的最新调查也表明，越来越多的 OECD 国家和新兴经济体将实现可持续增长或解决社会挑战列为科技创新政策优先事项的重中之重，研究政策议程出现了向环境和社会挑战的大转向。自 2010 年以来，国家研究政策的“绿化”在许多国家变得越来越显著，大多数国家继续将环境问题、气候变化和能源提上议事日程。健康和人口结构变化也仍是重要挑战，特别是对于日本、德国、法国等人口老龄化的发达国家而言。欧盟“地平线 2020”计划聚焦于健康、人口结构变化、食品安全、可持续发展、清洁能源、绿色交通、气候行动、社会包容与安全等一系列社会挑战。

这一重新定位也反映在公共研发预算中。过去数十年公共研发预算已经转向与环境和健康相关的目标，相应的国家政府研发支出增速快于其他民用目的。从公共研发预算看，美国、英国和加拿大的政策明显重视健康研发，墨西哥、日本和韩国则优先考虑能源研发。特别是，英国政府还斥资 15 亿英镑专门设立了“全球挑战研究基金”，支持英国一流研究人员开展旨在应对全球性挑战、符合国家需求的国际研究。

不过，许多环境和社会挑战是结构模糊的棘手问题，有很大的不确定性，不是只通过科学技术就能解决的，而是需要以“系统创新”思想为指导，从科学研究、技术创新、规制创新、市场创新、社会创新等方面同时发力。对未来的政策制定而言，更加重要的是要清楚地描述科学在促进社会技术转型、应对这些挑战中的适当作用，并相应地调整政策预期。

### （五）应对经济挑战亟须加强公共科研商业化

公共科研商业化已是国家科技创新政策的一个重要目标，已是大学和公共实验室的一项关键职能。在经济增长乏力的背景下，各国政府都更加注重应对眼前的经济紧急态势，有越来越多的政策举措致力于加快公共科研成果转化，更多地寻求将公共科研与企业需求更好地结合起来。2016 年，法国高等教育与研究部、经济部和投资总署联合发布《更多地开发，更好地开发：法国创新新政十项措施》文件，目标是简化实验室与企业的关系，并向技术转移参与者赋予相应职权。韩国国家科学技术审议会公布了五部门联合制定的《促进基础与原创研究成果推广方案》。

一是在战略性新兴领域兴建技术创新中心。许多国家在战略性新兴领域都兴建了国家技术平台、国家技术创新中心和卓越创新中心，作为连接企业和公共科研机构，并获取资源、技能和技术支持的实体与虚拟空间，缩小研究发现与后续商业化开发之间的缺口。美国国家制造业创新网络创建4年来，已经拥有9家关注颠覆性技术的技术创新中心和1300多名成员，2016年还发布了《国家制造业创新网络计划战略规划》。专注于市场潜力大、英国研究水平世界领先的产业，英国到2016年年底已建成11个弹射中心。参照德国弗劳恩霍夫学会和英国弹射中心模式，加拿大改革国家研究理事会，法国将进一步扩大成功的卡诺研究所网络。

二是通过更为开放的公共科研和企业创新拓宽商业化渠道。许多国家政府激励企业加入科技创新联盟，开展合作研究。瑞士政府在重点领域支持建立产学研创新合作平台——国家主题网络。许多国家引入创新券制度，刺激中小企业灵活运用专业研究机构的研究服务和科研设施。欧盟的“创新快车道”试点，法国加大科研税收抵免，法国的公共科研与中小企业联合实验室、英国的“大学企业区”鼓励加强产学合作，加强技术研究伙伴关系。美国国家标准与技术研究院2016年发布《技术创新人员交流最终条例》，促进联邦实验室、大学和产业界之间的人员交流。

三是资助公共科研成果商业化的新方法大量涌现。德国的“科学研究的创新潜力验证”措施、欧洲研究理事会的“概念验证”计划，新西兰的“种子前期加速基金”、韩国的“研究成果商业化支援计划”、瑞士国家科研基金会和瑞士创新委员会首次联合实施的“桥”计划和英国研究理事会和英国创新署联合实施的“催化基金”等，为促进研究成果走向市场提供过渡性经费支持，支持研究人员基于项目研究成果获得从基础研究及休眠专利后续技术开发、技术验证、研发企业孵化到商业模式设计、市场研究、知识产权地位和商业机会分析、商业化资金上的支援。特别是2016年，德国科学联席会通过了总经费5.5亿欧元、期限10年的“创新型大学”资助计划，以加强高校在区域创新体系中的战略地位。

四是通过鼓励科技型创业促进公共科研成果商业化。许多国家对大学衍生的初创公司给予资助，如德国的“存在”（Exist）计划、奥地利的“种子资助”计划、荷兰的“技术伙伴种子基金”、英国的“大学挑战项目和科学创业挑战项目”、加拿大的“创意至创新补助金”。美国国家科学基金会的“创新团队”（I-Corps）创业培训计划模式已扩展至其他11家联邦机构，并借助“国家创新网络”在70多所大学得到实施。法国将开展《研究与创新法》评估，为“推动公共科研人员创办创新型企业”提供政策建议。

五是加强技术转移中介体系建设。有越来越多的科研中介（如技术转移办公室、专利基金、知识产权经纪人等）致力于使转化过程顺利、效率更高。同时也出现了包括技术转移“平台”在内的新安排，这些平台既有跨机构的（如法国技术转移加速公司），又有侧重于特定的研究或技术领域的。目前，荷兰、挪威等国仍在继续促进技术转移办公室的专业化；法国计划完善技术转移机构的治理方式，拉近它们与企业的距离。

六是注重运用知识产权工具促进产学研合作。唤醒源自公共科研成果的大量"沉睡专利"的办法之一是允许优惠使用这些专利。美国政府的"从实验室走向市场"倡议要求优化联邦资助的专利的管理，简化许可程序，对联邦研究机构和研究人员采取适当激励措施。制定标准的专利使用权转让许可协议也是流行的政策工具，以解决许可协议谈判麻烦的问题。爱尔兰政府发布的《国家知识产权协议（2016）》提供了一种制度和方法框架，让企业和科研组织之间的协作过程更直接。鉴于联合实验室多头管理、公共知识产权管理错综复杂，法国政府将优化、简化知识产权管理。

## 二、科学研究与传播方式正在发生深刻变化

当前，数字技术从根本上改变了开展科学研究和传播研究结果的方式，科学研究与组织方式正在数字化、全球化、科学界自身和应对大挑战的驱动下发生变革，在每个方面都变得更开放、更包容、更加跨学科。科学正变成由数据驱动的事业，大数据研究成为继实验科学、理论分析和计算机模拟之后新的科学研究范式。大型研究基础设施投资成为科技大国科技政策的优先重点，预示着新的大科学时代的来临。融合会聚范式更加明显，将以高度集成的方式应对大挑战。向开放科学体系的转型业已启动，将深刻影响研究和创新体系中的主体互动和整个科研循环的运转。

### （一）数字化和大数据将深刻影响科研实施方式

新兴技术正在开辟新的研究时代，技术变革特别是日益发展的数字化将影响研究方式。研究工作将日益自动化，并更多地利用机器人和快速处理技术来提高规模与效率。廉价的处理能力、较低的设备成本和大规模的数字化将使试验更快、更可负担，数字化将使复制速度更快、更保真。

大数据和数据算法正在产生海量数据，正在改变科研方法、科研工具、科研技能需求，并创造出新的研究领域。随着科学大数据解释和分析能力的获得，以及传感器在不同社会领域的大规模扩张和政府数据的迅速开放使得有更多的数据可用，由科学研究产生和可供科学研究使用的数据迅猛增加，大数据和数据驱动型研究在各学科无所不在，并在解决以前难以企及的科学挑战方面开辟了新可能。模式识别技术能加强因果关系分析，已在许多科学领域得到了直接应用。由计算机从大型多维数据库中抽取模式，再基于模式生成假设，最后再对假设进行

检验，将驱动许多科学领域的发展。数据驱动型研究从大数据着手，并可能利用来自不同研究领域的混合方法与算法，将为通过假设和“伟大理论”发展的传统方法提供补充，成为继实验科学、理论分析和计算机模拟之后的科学研究新范式。

美国国家科学基金会已把“驾驭面向 21 世纪科学和工程研究的大数据”列为其六大研究前沿之一。欧盟委员会研究称，数据将越来越多地走在研究想法的前面，并指导试验研究设计。欧洲是世界上最大的科学数据生产地，但基础设施不足、碎片化，导致科学大数据未被充分利用。欧盟委员会宣布，公私合作投资 67 亿欧元建设“欧洲开放科学云”，为科学界、产业界和公共部门提供世界一流的超级计算机、高速互联能力和领先的数据及软件服务，为广大欧洲研究人员和科技从业人员提供一个方便数据存储、共享和再利用的虚拟科研环境，从而充分利用大数据的价值。

大数据研究仍需要专门的基础设施和技能，也需要考虑大数据的长期存储成本。数据治理本身也面临许多关键挑战，包括数据的可用性、互操作性、可获取性、所有权、质量、可追溯性及隐私与安全性。

## （二）大型科研基础设施投资将催生大科学时代

科学本身高度依赖技术发展和越发昂贵的科研基础设施。大型科研基础设施在许多科学领域发挥着越来越重要的作用，能产生许多新发现，不仅为基础科学研究做出贡献，也为解决重大社会与环境挑战提供直接的科学支持。目前，绝大多数国家都把加强公共科研基础设施建设和发展列为国家科技政策的优先重点。美国提出将 2016 年公共科研基础设施预算增加 10%。《欧洲科研基础设施战略论坛路线图 2016》对未来 10 年泛欧科研基础设施的建设和发展进行战略部署，包括了重点支持建设的 21 个基础设施项目和重点支持运行的 29 个标志性基础设施。科研位势不断上升的东亚地区计划在未来 15 年进行多笔大型科研基础设施投资。在全球性挑战规模巨大、科学研究日益国际化、各科学领域对大型设备与试验需求强烈的驱动下，大型科研基础设施投资预示着“大科学”新时代的来临。

用于开发和维护分布式、数字化科研基础设施的科学投资也在加大。2016 年，欧盟宣布未来数年以公私合作方式投入 67 亿欧元建设“欧洲开放科学云”。美国国家科学基金会提出，协作型网络化科研基础设施对所有的科学和工程研究领域都至关重要，中型科研基础设施能带来全新的研究能力，将不仅支持小型基础设施项目和大装置项目，还会重视并支持包括协作型、网络化科研基础设施在内的中型基础设施建设。

大型科研基础设施在展示研究卓越方面极具潜力，也能吸引国外的智力投入、资金投入来共同发展、共同资助。由于建设和运行大型科研基础设施需要大量公共科研经费，科研基础设施领域是近年来从国际政策协调中受益较大的领域之一。欧洲科研基础设施战略论坛在确定欧洲内外优先重点及合作方面发挥了关键作用。欧洲科研强国也纷纷发布本国科研基础设施战略或路线图，与《欧洲科研基础设施战略论坛路线图 2016》对接。此外，“G8 +5 卡内基科学顾问组”已经建立了一个顾问组，任务是在全球大型科研基础设施的治理、资助及管理等事务方面达成一致的认识。

大型科研基础设施投资显示度高、政治吸引力强，但成本高昂，也存在挤掉成功但显示度较低的公共研发活动的风险。在未来预算承压的形势下，政府在资助“大科学”计划与单个研究人员驱动的项目之间、在资助昂贵的科研基础设施与资助研究人员之间面临权衡取舍的艰难抉择。

## （三）跨界融合会聚成为应对大挑战的关键策略

融合会聚是以高度集成的方式把众多知识领域的思想、研究方法和技术手段融合起来，是解决复杂问题、攻克新兴学科中知识难题的关键策略。有效的融合会聚研究范式是从一开始就框定具有挑战性的研究问题，并促进科研合作，是对传统的跨学科研究的升级，将会解决那些阻碍真正跨学科研究的技术、组织和后勤保障上的关键挑战。源自对当前全球科技变革的敏锐估计和对融合会聚处于关键转折期的判断，美国科学院近年来的数份重磅报告，包括《21 世纪的新生物学：确保美国领导即将来临的生物学变革》《会聚观：推动跨学科融合——加快生命科学与物质科学和工程学等学科的跨界》《知识、技术与社会会聚：超越纳米、生物、信息、认知技术会聚》都发出了这样的呼声。另外，复杂的全球社会挑战也内在要求研究要把自然科学、社会科学和人文科学等不同学术领域结合起来。

当前，科研资助机构越来越关注破除学科障碍，以回应社会大挑战，并促进颠覆性技术发展。美国国家科学基金会 2016 年指出，攻克当今的众多大挑战需采用融合会聚研究范式，将战略性地支持以创造知识或应对社会挑战为动机、并受益于会聚研究范式的研究计划和项目。英国 2016 年启动的科研资助体系改革力图将七大研究理事会会聚至单一的英国研究与创新总署中，以在跨学科、多学科研究方面引领全球，应对重大全球挑战。荷兰国家研究基金会的组织体系改革也是为了促进交叉融合研究。爱尔兰和挪威正在试验新的交叉融合研究项目评审遴选机制。挪威的“卓越研究中心计划”关注交叉学科建设，每个卓越研究中心是大学、学院和研究机构等产学研相结合的联合体。未来学科跨界融合交叉增加的趋势可能在选择和重构战略研究重点、会聚不同的科研参与者方面都会得以体现。

## （四）加快转向开放科学体系已成大势所趋

数字技术从根本上改变了开展科学研究及传播研究结果的方式，开放科学新范式正在兴起。科学家们渴望绕过缓慢的传统期刊渠道实现成果的快速发表，通过超越科学期刊的有限读者群来增加科学工作的影响力，迅速采用博客、社交媒体、多媒体等其他渠道传播和讨论工作成果，引发发表模式和成果认可模式的潜在改变。数字传播新渠道带来的可用替代指标有可能越来越多地与传统的文献计量学指标一起被用来评估研究的影响力，众智式出版后同行评议可能成为传统的出版前同行评议的一个有益补充，科学的数字化将推动对科学数据的更多访问和利用。科学与外界的联系越来越多，还涉及科研人员之外的更多人，使之参与科学，并加强理解、对话、监督、支持和信任，使科学从质疑声中受益，使科学能够反映社会诉求，为政府、志愿参与者及社会带来多重益处，并促进科学文化的培育。从科研议程设定和研究开始，到如何执行研究，再到如何发表研究结果、由谁如何使用研究结果，这样的“开放”会影响到科研循环的每个步骤。

实施开放科学政策，旨在提高研究质量和效率，增进科学与社会的合作和互动，使公共科研产生更大、更广泛的社会和经济影响。迎接开放科学时代，从经济、科学和道德角度都有很强的说服力。第一，开放获取能够提高公共科学投资的价值。例如，全球定位系统数据的开放给美国创造了一个价值 900 亿美元的产业，科研数据开放共享甚至能够像人类基因组计划那样催生新产业，欧洲分子生物学实验室生物信息学研究所仅通过免费共享科研信息每年为用户和资助者带来的收益（13 亿欧元）就超过了该所直接运营成本的 20 倍。第二，开放获取还可促进科学卓越、加强科研诚信。主要方式包括为更广泛的分析工作开放分享科研成果、允许新发现重新利用现有结果、促成多学科研究，而多学科研究是解决 21 世纪全球性问题时越发不可或缺的途径。第三，用纳税人的钱产生的科学研究成果是公共产品，公众有权看到公共投资所取得的研究结果。

目前，开放科学正在加速发展，已经成为许多国家科技政策的优先事项，也是未来两年 OECD 科技政策委员会的核心优先议题。从全球来看，近期的努力主要集中于就科研论文开放获取与科研数据开放共享做出政策指导和要求，并建立相应的法律制度。其他加强相关能力建设方面的举措包括建立储存库、系统和一站式网站门户，开展数据技能培训。

美国白宫科技政策办公室 2013 年发布的《关于增加联邦资助科研成果获取途径的备忘录》要求，确保联邦资助的研究成果以最大限度、最小限制地供公众、产业界和科学界获取和使用，年度研发资助经费在 1 亿美元以上的联邦机构都要制订开放获取计划。截至 2016 年年底，已有 19 个联邦部门制订了公众开放获取计划，占美国联邦研发支出的 98% 以上。已有 16 个联邦部门，要求研究人员须在学术出版物出版后12个月内确保公众能免费获取由联邦新资助的研究所产生的经同行评审的学术出版物，并指定了储存库和系统。已有13个联邦部门要求所有新研究项目都要有描述项目期间收集和长期保存、利用数据的数据管理计划，以促进科研数据开放共享和利用。为指导完善联邦资助研究成果的开放获取工作，美国国家科学技术委员会2016年还成立了开放科学部际工作组，由其促进各部门就共同感兴趣的主题开展部际协调与合作，确定可以采取哪些措施改进联邦资助的所有科学研究产出及支撑数据的保存、可发现性、可访问性和可用性，并确定通过开展国际交流和合作促进开放科学的机会。

欧盟委员会把“开放科学”作为欧盟科技创新政策的三大支柱之一，已经采取了一系列举措，包括：在“地平线2020”计划中使开放获取成为强制性规定，针对公共资助的学术期刊论文也要求从公众付费阅读模式转向作者付费发表、公众免费阅读模式，于2017年全面扩大科研数据开放制度，在法律层面提议完善相应的版权规定，在科研数据基础设施方面斥巨资建设“欧洲开放科学云”，在政策层面正在制定《欧洲开放科学议程》，在政策咨询方面启动了“开放科学政策平台”。

发达国家还注重推动从公众理解科学向公民参与科学转变。在信息技术进步和实验室设备成本急剧下降的推动下，科研事业也不再那么学院化，平民公众也在为科研献力。“公民参与科学”和众包这种开放创新方式已被美国政府机构和非政府组织运用起来，带动大量公众完成科研工作和任务。截至2016年年底，在整个美国联邦政府范围内，25家联邦机构支持的公民参与科学及众包计划已超过300项。2016年，美国联邦总务局还上线专门的网站，为有意参与公民参与科学实践和众包项目的政府工作人员和普通公众提供信息、资源和工具。一些欧洲国家也积极鼓励公民参与科学研究活动，还特别重视让公众参与科学对话和科研议程制定。

## 三、完善科研治理呈现新亮点和新趋势

政府和科研机构之间的资助安排和规制安排是实施公共科研政策最重要的渠道，是推动公共科研局面发生变化的重要因素。科研治理上的安排也将发挥关键作用。为提升本国科技创新体系效能，许多国家立足形势和需求，寻找新一轮科技体制改革的重要突破口。科技政策与管理正在日益数字化，连同大数据分析，将使科技创新决策和政策制定更加有据可依。设计思维和试验试点方式在公共政策领域兴起，旨在制定实施政策更敏捷、更创新。“负责任的研究与创新”治理理念影响力渐增，更加关注科学研究的道德和社会维度，更加重视公众参与政策制定。科学咨询机制使决策和政策制定更科学，需要更循证、更负责、更谨慎。

## （一）科技体制改革聚焦战略性、颠覆性和敏捷性

为构建更加卓越高效的科研创新体系，一些国家政府纷纷立足形势，针对本国重要的体制机制障碍，开展科技体制改革，有的注重加强统筹协调，有的注重支持颠覆性创新，有的注重使科研体系流畅敏捷运行。

英国政府 2016 年启动高等教育和科研体系重大改革，筹划建立一个战略性的资助机构——英国研究和创新总署，把 7 个研究理事会、英国创新署和英格兰高等教育拨款委员会在支持研究和知识交流方面的职能汇集起来，使科技创新管理体系在应对未来重大挑战中更具有综合性、战略性和灵活性，确保政府每年 60 亿英镑的科研和创新投资产生最大价值，使英国在多学科、跨学科研究和创新方面引领全球。澳大利亚政府设立创新与科学理事会，负责帮助政府完成 3 轮国家创新与科学议程。日本强化综合科学技术创新会议的司令部职能，已通过设立“科技创新预算战略会议”，对重要的跨部门政策进行重点预算分配。韩国政府提出设立“科学技术战略会议”，以自上而下方式对核心科技政策、项目、部门间的不同提案进行协调，以解决国家研发指挥塔职能薄弱、国家研发投资未能合理分配到位的问题。丹麦政府简化资助体系，把若干科研与创新资助机构并入丹麦创新基金会，保证各项目在整条价值链中都能获得支持。

为推进影响巨大的颠覆性技术的突破，美国多个部门和多个国家尝试效仿美国 DARPA 模式，设立相应的资助机构和基金，在赋予某些“特权”的前提下，把主要精力放在追求高风险、高回报的项目研发上。俄罗斯已经成立国防高级研究基金会，日本政府实施了《颠覆性技术创新计划》（ImPACT），英国政府提出设立“产业挑战基金”在一系列优先重点技术领域为英国研究人员设定可识别、待攻克的产业大挑战。

为使高等教育和研究体系更简洁、更流畅、更清晰，落实《高等教育和研究机构及其实验室运营简化行动》，2016 年，法国高等教育和科研部围绕学习、职业发展、研究和管理 4 条轴线发布 50 项改革措施，涉及学生、教学研究人员、研究人员和管理人员 4 类人员，目的是使学习更轻松，促进职业发展，使科研时间更多，使管理更敏捷。每项措施都列出了相关受益者、现状、问题解决方法、实施步骤与时间表。日本政府也强化科技创新实施体制，创设特定国立大学法人制度和特定研究开发法人制度，追求世界最高水准，以快速、灵活、高效、自律地应对各类科研特性的要求。

## （二）大数据分析会使科技政策制定更加于理有据

政府数据开放将有助于更好地追踪科技创新政策的决策和影响，科研管理的日益数字化带来了将覆盖不同活动及影响领域的数据集联系起来的新机会，新的

数字技术将会进一步促进各类数据的传播、关联和重用，新的商业性和非营利性数据基础设施（如 ResearchGate 和 Academia. edu 等提供类似 Facebook 社交服务的新公司）有可能在未来的科技创新数据基础设施开发中发挥关键作用。国际非营利项目“开放型研究者与投稿者识别码”（ORCID）力图为研究人员提供独一无二的身份识别码，使基金申请、论文提交等研究和创新活动得到更好的追踪，并创建新的分析数据，正被世界各地越来越多的科研资助机构和出版商集成到它们的系统中。

为了更好地支撑基于证据的科技创新政策制定工作，许多国家实施定量和定性的数据基础设施，有的作为更广泛的开放政府和大数据倡议的一部分，有的针对更具体的科技创新政策领域。例如，美国、日本等国最近 5 ～10 年启动的各种“科学政策学”或“科技创新政策学”项目，以开发模型、分析工具、数据与测度方法。为全面了解英国的科学和创新图景，为优化科研创新资源配置提供坚实的证据，英国研究理事会、英国创新署等机构 2016 年联合发布首份《英国知识与研究图景报告》。该报告提炼了可为战略决策提供信息支持、可促进科研创新资助机构识别最佳目标资助领域的一系列相关重要数据集的情况，提供了数据利用方式指南，并明确了要合作制订五年计划，以建立获取现有数据集的单一门户，以分享完善数据用户接口方面的最佳实践经验，以促进信息提取和信息可视化。

目前，科学与创新图景数据仍然碎片化，分散于政府部门和私营数据库中。要实现新的科技创新数据基础设施的潜能，仍面临着很大挑战，包括需要制定标准，以消除非结构化数据的歧义，并把非结构化数据关联起来。要使科技创新政策方面的管理数据发挥潜能，还需要有新的特殊的数据分析技能和能力及在整个政策周期中使用数据证据的文化，还需要有新方法促进数据的可视化、加深对数据的理解。

### （三）设计思维和试验试点使政策更敏捷、更创新

随着政府力图更敏捷、更具创新力，作为公共部门创新行动的一部分，在政策制定实施过程中，运用设计思维和采用试验试点的方法变得更加普遍。试点法、原型法和其他试验工具支持学习和总结经验，允许在投入大量资源之前“快速失败”，将越来越多被用来安全地实施新政策，将使政策创新的相关风险最小化。一些国家向丹麦的跨部门的思想实验室（Mind Lab）和英国的政策实验室（Policy Lab）等开拓者学习，计划建立“政策实验室”型单位，把设计理念应用于创新的公共服务中。实施这些改变并非易事，这既需要提高公务员对试验进行监测、评估和调整的一整套能力，也需要确保公共部门创新拥有可用的资源和能力。

## （四）“负责任的研究与创新”更加重视社会诉求

许多新兴技术有颠覆产业和社会的巨大潜力，也会带来风险和不确定性，并会引发许多重大伦理问题。科学技术变革带来的风险与道德影响会使更加广泛的社会更加积极地参与科学议程。公共价值作为评价科学研究的重要标准，会变得更加突出。从简单的公众教育转向使科技创新更好地与社会目标保持一致，科学治理方式的转变正在进行。政府需要使公众较早、经常性地加入研究进程，并就科技创新政策征求公众意见。

更加关注科学研究的道德和社会维度，已经体现在更加“负责任的研究与创新”（RRI）的政策制定中。在过去数年里，许多国家日益重视管理与新兴科技创新发展相关的风险和不确定性，日益重视与更广泛的社会开展合作，采用了自下而上的、参与式的方法来制定科技创新战略和科研政策，以预见和评估与研究及创新有关的可能影响及社会预期，使研究与创新更包容、更可持续。“负责任的科研和创新”原则已经渗透至许多政策议程、资助计划和治理安排，把伦理和社会方面的考虑融入创新进程。例如，为完成《生物技术产品监管体系现代化备忘录》规定的任务，在更新《生物技术产品监管体系协调框架》和制定长期战略过程中，美国环境保护局、食品药品管理局和农业部在 14 个月时间里对美国联邦生物技术产品监管体系进行了详细分析，包括审阅了 900 多条征集到的意见与评论，并与参加 3 次公开会议的公众人士进行了互动。美国政府 2016 年发布的大数据报告、隐私研究战略和人工智能报告也都体现了对伦理和社会方面的考虑。

不过，将“负责任的研究与创新”理念落实到新实践和新的治理安排中仍有挑战。科学家和政策制定者还有可能担心，这种治理模式方式将阻碍和延缓科学进程，并削弱国家研究机构的竞争能力。

## （五）科学咨询机制需要更循证、更负责、更谨慎

从短期的公共卫生紧急事件到人口老龄化、气候变化等长期挑战，再到科技创新战略政策制定，科学界还有义务就一系列问题向政府决策者和政策制定者提供证据和建议，高级科技顾问委员会、国家科学院和首席科学顾问正在成为主要途径。在欧盟委员会新的科学咨询机制下，高级科学顾问组集体取代了欧盟委员会首席科学顾问的角色，并注重与欧洲的国家科学院、学会及更广泛的科学界建立联系。为恢复国家科学顾问职位，迎来用科学知识支撑循证决策的新时代，加拿大特鲁多政府以公开征集提名方式遴选加拿大首席科学顾问，并就确定国家科学顾问履职所需的职权同美国、澳大利亚、新西兰、以色列和英国的官员进行了广泛咨询。

不过，迈向更负责的研究政策将很可能使学术事业受到更密切的监督批判，给科学界增加额外压力，要求其提供清晰、无歧义的答案和解决方案。科学咨询建议还可能引起更广泛的辩论，特别是在转基因、基因编辑、人造生命等敏感主题方面，甚至会产生异议。当科学证据、社会价值观、信仰、经济考虑、政策决策之间存在分歧，情形就变得十分紧张。科学咨询体系的国际维度也在得到加强，国际科学咨询机构的作用将继续扩张，将反映越来越多的全球性复杂问题，如气候变化、水—能源—食品安全、流行性传染病等。本国科学咨询体系之间及与国际科学咨询体系联系的加深，有利于更好地交流数据、信息、专业知识和良好实践。

（执笔人：刘润生）

# 促进企业创新成为各国重振经济的重要手段

## 一、企业创新呈现新的特点和趋势

随着世界经济的缓慢复苏，企业一改经济危机之后几年的创新颓势，创新意愿逐步增强，创新能力稳步提升。当前，全球企业创新呈现以下特点和趋势。

### （一）企业创新能力持续提升

随着世界经济的复苏，企业投资创新的意愿大大增强，全球企业研发投入增幅达到历史新高。欧盟发布的《2016 年全球工业研发投资记分牌》显示，2015/2016 财年，全球 2500 强企业研发投入达 6960 亿欧元，比上一财年增加 6.6%（其销售收入尽管下降了 3.7%）。增速较大的行业分别为：软件行业 12.3%、制药行业 9.8%、IT 硬件行业 7.6%，汽车制造行业 6.7%。

企业专利产出也呈现快速增加的趋势。2015 年，全球专利申请数量为 28.9 万件，较上一年增加 7.8%；全球商标申请数量为 598 万件，较上一年增加 15.3%（达到 2000 年以来的最快增长速度）；全球工业设计新申请数量为 87.3 万件，较上一年增加 2.3%，一改之前的快速下降趋势（2014 年较 2013 年下降了 10.2%）。在专利申请中，计算机技术所占的比例最高，其次是电子机械、数字通信、度量和医疗技术①。

全球企业创新正在形成一个良好的生态系统。一方面，跨国公司主导全球产业创新，保持技术领先优势。跨国公司在资金实力、研发能力、技术储备和人才等方面具备综合优势，近十多年来的创新态势相当积极。据欧盟发布的《2016 年

---

① 《World intellectual property indicator report 2016》。

欧盟工业研发投资记分牌》[①] 报告，排名全球前 100 位的研发企业投资占到整个 2500 强企业研发投资的 53. 1% ，前 50 强企业占 40% 。另一方面，中小企业的发展也非常迅速。数据显示，2007—2012 年，多数 OECD 国家企业研发中的中小企业占比提高，法国由 18% 增至 23% ，英国由 17% 增至 27% ，韩国由 22% 增至 24% 。美国由 2000 年的 8% 增至 2009 年的 16% 。

### （二）“跨界”创新受到企业高度重视

科技创新步伐日益加快、学科交叉融合快速发展、信息技术与传统产业跨界整合，这些趋势促使企业高度重视“跨界”创新，在已有的边界上搜寻整合的机遇，以抢占先机。谷歌在做大做强搜索引擎主体业务的基础上，已经跨界到机器翻译、智能手机、平板电脑、智能眼镜、自动驾驶汽车、无人机、远程医疗、人工智能、机器人等领域；索尼已经向健康领域跨界实现盈利；松下已经跨界到电池领域。英国的一项研究表明，相对于单单具备科学技能的企业而言，同时具备跨学科技能的“融合型”企业的销售额增长幅度高出 8% ，将突破性创新成果应用于市场的可能性高出 2% 。

企业的“跨界”创新往往是通过并购来实现的，并购可以快速提高企业的创新能力。例如，为增加谷歌搜索引擎的功能，谷歌 2005 年斥资 10 亿美元收购美国在线 5% 的股权，2006 年以 16. 5 亿美元收购影音内容分享网站 YouTube；为发展智能手机业务，谷歌 2012 年以 125 亿美元收购摩托罗拉移动业务，2013 年收购导航软件公司 Waze；为提升服务的安全性，谷歌 2012 年收购网络安全创业公司 VirusTotal，2014 年收购以色列信息安全创业公司 SlickLogin（该公司的技术使用智能手机和高频声波在网站上进行身份认证）；为发展其智能产品，谷歌 2013 年收购 Flutter，该公司的主要业务是手势识别技术。为加强算法和机器学习，微软收购了英国公司 Swiftkey，以增加其在这个领域的制胜筹码。

### （三）企业日益依赖高校和研究机构的基础研究

以往，企业面向未来 5 ～10 年的发展所开展的基础研究对外是不公开的，属于企业秘密，用于为长远发展打基础。然而，随着社会课题的复杂化及物联网等新技术的出现，产品开发过程不断加速，各大公司逐步转变做法，很多企业正在削减大型企业实验室，与高校和科研机构加强合作，以充分利用高校的基础研究成果、人才和创意。

尤其是 2008 年金融危机以来，由于来自竞争和投资者的压力递增，企业正在尽量减少不能直接实现成果转化的科研活动，通过委托研发、科研合作、吸引

---

① 《EU industrial R&D investment scoreboard 2016》。

高素质人才来利用公共资助的科学成果和资源。例如，日立为了解决面向“超智能社会”的课题，将基础研究中心 1/3 的人员派往东京大学、京都大学和北海道大学常驻；NEC 为开发模拟人脑的人工智能，与东京大学、大阪大学、产业技术综合研究所合作，将投入以往近 100 倍总额达数亿日元规模的资金用于产学研合作；三菱电机为强化人工智能与物联网技术的开发，加强了与大学的合作，2016 年与大学的共同研究项目数量是 2015 年的 1.5 倍。

### （四）中国企业创新位势不断提升

随着中国经济的快速发展，中国企业的创新能力和优势也在不断提升，其速度远超世界平均水平，其中，华为、百度、腾讯、中兴等企业更是受到世界瞩目。

在全球研发投入 2500 强企业中，2015/2016 财年中国上榜企业数由上一财年的 199 家增至 327 家，居全球第三，仅次于美国（837 家）和日本（356 家）；研发投资增速达 24.7%，远超欧美。以华为、百度、腾讯为代表的中国企业在麻省理工学院《科技创业》杂志的“全球最具创新力企业”、波士顿咨询公司的“全球最具创新力企业”、福布斯的“全球最具创新力企业”榜单中均榜上有名，成为中国企业中颇具创新力的典范。华为的表现尤其突出，2015 年研发投入达到 83.5 亿欧元（约合人民币 606 亿元），稳居世界第八，PCT 专利申请量 3898 件，位居世界第一，远高于世界第二的高通（2442 件）。

中国企业的创新优势主要体现在注重需求和快速应变的商业模式上。英国《金融时报》指出，中国企业采用了特色的发展模式，合理利用了人力成本、制造成本和市场规模的优势，“快速应变，在不断试错中发展”的商业模式让中国企业在市场竞争中击败西方同行。麦肯锡全球研究院指出，在关注客户、效率驱动的创新方面，中国处于优势。中欧国际工商学院指出，中国企业成功的主要经验包括：大胆实验，快速复制，发现和创造机会；注重当地市场需求；能够发现并快速利用新的机遇；设计简单产品，只提供关键功能等。

尽管取得了巨大进步，但中国企业仍暴露出许多不足，主要体现在：整体研发投入强度较低，在基于科学和工程的创新方面处于劣势。欧盟《2016 年全球工业研发投资记分牌》的数据显示，中国企业无论是从单个企业的研发投入金额还是研发投入强度都比美国企业和日本企业要差很多。从单个企业看，中国上榜企业的平均研发投入金额仅为 2500 强企业的平均研发投入金额的一半左右①；从研发投入强度来看，中国上榜企业的平均研发投入强度为 2.5%②，低于欧盟的

① 美国 837 家企业的研发投入金额占 2500 强企业研发投入总额的 38.6%，日本 356 家企业的研发投入金额占 14.4%，中国 327 家企业的研发投入金额仅占 7.2%。

② 2500 强企业的平均研发投入强度为 3.8%，100 强企业的平均研发投入强度为 6.7%。

3.2%、美国的5.8%和日本的3.3%。麦肯锡全球研究院《中国创新的全球效应》报告也指出，尽管中国企业长于客户创新和效率驱动的创新，但在基于科学和工程的创新方面，总体处于劣势。数据显示，2013年，在基于科学创新的品牌医药、生物技术、半导体设计和专用化学品行业中，中国品牌医药企业全球收入份额不到1%，另3个行业的全球收入份额均只有3%。

## 二、各国政府加大对企业研发的资助力度

金融危机使得企业收入和利润大为减少，大大降低了其投资研发和创新的意愿。为此，各国政府加大了对企业研发的资助力度（包括直接和间接资助）。从来自政府的资金占企业研发支出的份额来看，大多数国家的数值为10%～20%。加拿大、法国和匈牙利超过了25%，俄罗斯达到62%。从政府对企业研发的资助占GDP的份额来看，大多数国家的数值为0.1%～0.15%。其中，俄罗斯、韩国和法国的数值较大，政府对企业研发的资助占到GDP的0.35%以上。政府对企业研发的资助金额占政府研发预算的份额也在增加，而且，其增加速度高于投向公共研究的资金所占份额的增加速度。同时，研发税收的优惠力度也日益加大，而大多数国家的研发赋税收入总量都在增加。

### （一）直接资助

直接资助通常更多针对长期性研究，其资助工具包括研发补助、创新券等。

研发补助是最常见的资助手段，各国政府一般会针对企业设立专门的资助计划，通过竞争性程序把财政资金给予胜出者。近年来，公共资助计划的程序更为简便，以方便企业更容易竞争公共资金。2014—2016年，大多数国家和地区都简化了资助程序，包括加拿大、以色列、法国、欧盟、挪威、俄罗斯等。

英国创新署2016—2017财年投资5.61亿英镑，支持英国企业集中于特定领域的创新，具体包括新兴技术和颠覆性技术、健康和生命科学、制造和材料等领域，以培育新兴产业。美国主要通过小企业创新研究计划和小企业技术转移计划来资助小企业创新，每年提供的联邦研发经费超过25亿美元。欧盟主要通过“地平线2020”计划支持中小企业的创新，其瞄准的对象是拥有明确的商业化目标、有高增长和国际化潜力的创新型企业。2014—2020年，“地平线2020”计划将提供30亿欧元的资金，资助7500家中小企业把其创新推向市场。欧盟“地平线2020”计划的资助根据中小企业创新阶段的不同分为三类：一是在可行性评估阶段（阶段1），将提供资助支持企业对创新创意的技术可行性和商业化潜力进行评估，每个项目最高可获5万欧元的资助；二是在创新阶段（阶段2），将对已拥有健全战略商业计划的企业提供资助，支持其创新开发和示范，每个项目

资助金额为 50 万～250 万欧元；三是在商业化阶段（阶段 3），将帮助其与私人投资者和客户进行联系，支持其进一步获得欧盟的风险资金，并通过企业欧洲网络（EEN）向其提供一系列其他创新支持活动和服务，包括由有经验的企业导师向其提供免费指导等。截至 2016 年 10 月，欧盟通过“地平线 2020”计划支持欧盟创新型中小企业的研发创新投入达到 7.8 亿欧元。德国联邦经济能源部 2016 年年初启动了“支持专利和标准的知识和技术转移”（WIPANO）计划，投入 2300 万欧元，促进知识、技术和创意的转化。瑞士联邦经济教育科研创新部 2016 年追加投入 6100 万瑞士法郎，专用于支持中小企业创新活动，支持中小企业开展创新成果转化，加强对中小企业创新提供专家咨询和指导服务（创新创业导师）。

当前，很多国家和地区都在利用创新券来资助中小企业利用外部的知识和技术提升自己的创新能力。采用创新券的国家和地区包括美国、欧盟、英国、韩国、加拿大、新加坡、荷兰、意大利、比利时、爱尔兰、瑞典、瑞士等。所谓创新券，是针对本国中小企业经济实力不足、创新资源缺乏，高校和研发机构没有为中小企业服务的动力机制而设计发行的一种“创新货币”。政府向企业发放创新券，企业用创新券向研发人员购买科研服务，科研服务人员持创新券到政府财政部门兑现。创新券可分为普通券与专项券，普通券面向所有领域，专项券面向特定领域，如欧盟的绿色创新券、美国能源部的小企业券①。创新券的面额不大，从 2000 欧元到 50 000 欧元不等，一般要求企业匹配资金，如丹麦等国小面额创新券的配比要求是 1∶1.5，大面额创新券的配比要求是 1∶3。

近年来，创新券政策呈现出从“硬”创新向“软”创新扩展的趋势。早期的创新券，其政策任务侧重于技术创新等“硬”创新，现在则扩大到“软”创新方面，几乎涵盖全部知识和技能领域。欧盟的“绿色创新券计划”自 2005 年启动以来，经历了 3 代的发展：第 1 代绿色创新券主要资助中小企业与研究中心的技术合作；第 2 代创新券除了资助技术方面的合作之外，还资助关于企业创新和扩张方案、企业战略方面的建议等；第 3 代创新券的资助范围进一步扩展，所有关于技术和商业方面的建议都可列入资助范围。新加坡创新券计划刚推出时，只包括技术创新领域，后来扩展至生产率、人力资源和财务管理等领域，名称也从创新券改为创新与能力券。新加坡现行的创新券可以购买六大类技术领域的服务，包括技术研发、技术支持、技术培训、知识产权诊断、知识产权法律诊断及市场分析。

### （二）税收激励

税收激励作为一种间接资助手段，在促进企业研发和创新中发挥着越来越重要的作用。由于世界贸易组织对于国家的直接资助有限制，因此税收激励政策越

① http://www.greenovate-europe.eu/services/green-innovation-vouchers。

来越多地用作直接补贴的补充。与直接资助主要针对长期性研究和根本性突破不同，税收减免主要用于鼓励短期应用研究和渐进性创新。需要注意的是，不同国家税收激励在政府对企业研发资助中所占的比例存在很大的差异，荷兰、澳大利亚、日本、加拿大、爱尔兰、法国均超过了 70%，韩国、英国为 50% 左右，中国超过了 45%，美国为 30%，OECD 国家的平均数值为 33%。

近年来，各国在研发税收激励方面的举措呈现出以下特点。一是很多国家加大了税收激励的力度。法国、比利时和以色列的研发税收扶持力度提高了 25% 以上。二是简化申报程序。例如，加拿大在研发税收减免预申报审查方面提供咨询，帮助企业识别合格的研发支出，减少申报时间和成本。三是加大了研发税收减免的范围，包括研究支出税收减免、科学设备国外采购的进口关税优惠、研发资本收益的所得税优惠、高技能人员的个人所得税减免等。四是针对新兴产业给予税收优惠。韩国为培育新兴产业，2016 年开始实施“培育新产业税收制度”，规定无论是大企业还是中小企业，任何为物联网、智能汽车、生物等 10 多种新产业进行研发投资的企业都可以获得《税法》上最高水平的税收抵免比例（30%），而以前韩国大企业最高只能获得 20% 的税收抵免。

当前，一个突出的趋势是一些国家利用税收优惠政策来促进技术转移，其常用的工具是专利盒，对知识产权的收入给予税收优惠，以促进专利成果在本国商业化。专利盒制度尤其瞄准的是大型跨国公司，它们有能力制定全球最优化战略，从而把知识的生产和使用分开。英国专利盒制度的所得税率只有 10%，远低于 23% 的企业税率，这对英国制药企业等科技企业有巨大的吸引力。最近，印度尼西亚、爱尔兰、葡萄牙、泰国和土耳其都采用了对知识产权收入免税的制度。俄罗斯从 2015 年开始对知识产权保护和商业化带来的收入免除增值税。此外，一些国家对于产学研合作给予税收优惠。例如，意大利和拉脱维亚对于合作研发支出或从高校和公共研究机构购买的知识服务给予优惠政策，俄罗斯和波兰允许企业对从外面获取的新知识和新技术进行加速折旧①。

研发税收优惠政策不仅有助于增强本国企业投资研发的意愿，加大其研发投入，还有助于提高本国研究生态系统的吸引力，吸引外国研发中心进驻本国。然而，研发税收优惠政策也日益受到抨击，人们指责这种税收制度是一种有害的制度设计，它鼓励全球税收竞争，导致公司的利润转移和税基腐蚀。

## 三、为中小企业和创新型创业提供全方位支持

中小企业和创新型创业是最具活力的创新单元，对于提高国家的创新活力和

① 《OECD science technology innovation outlook 2016》。

增加高质量就业具有重要作用。近年来，很多国家对于中小企业和创新型创业提供全方位支持，以促进其发展。

## （一）帮助寻找新的融资渠道

近年来，随着经济的复苏和好转，银行贷款、风险投资及天使投资等外部资金相较以前更容易获得，但其增长速度并不快，而且不同国家差异很大。2014 年，只有少数几个国家的风险投资回到了危机前的水平，包括美国、韩国、俄罗斯、南非和匈牙利。美国私募股权市场的活力正在快速提升，2014—2015 年投资额增加了 1 倍。欧盟的情况则不如人意，尤其是在企业发展的早期阶段。相反，天使投资 2007—2015 年却普遍提升，美国、欧盟的天使投资集团数量和网络一直在稳定增加。2014 年，美国天使投资的数额达到约 241 亿美元。在很多新兴经济体中，天使投资集团及其活动也越来越多。

尽管风险投资、银行贷款等正在缓慢恢复，但受金融危机所带来的监管更加严格、信贷标准更高等方面的要求，以及风险投资有转向风险相对较低的后期阶段投资的趋势，中小企业仍面临艰难的融资困境。

在此背景下，各国政府都在设法寻找新的支持创新型创业的融资渠道。法国、意大利、荷兰、比利时及捷克等一些国家政府通过新设风险基金和母基金或者对其进行再投资来加强国内的股权市场。欧盟（法国、荷兰、波兰、西班牙）、澳大利亚、冰岛等一些国家和地区则通过新的投资计划来支持天使投资。欧盟自 2015 年启动"欧洲战略投资基金"（EFSI）以来，支持了创新能源项目、医疗中心和高速宽带的发展，近 15 万中小企业有机会获得新的融资。鉴于其良好的成效，欧盟提议将"欧洲战略投资基金"的期限从最初设定的 3 年延长 2 年，也就是说延长至 2020 年，并将其规模扩大至最少 5000 亿欧元。韩国设立了 44.5 亿美元的"未来创造基金"，其中 2/5 用于投资初创企业或成立时间少于 3 年的企业。英国创业投资基金项目的投资对象为 20～30 人规模的早期技术类公司，单笔投资额为 25 万～200 万英镑。加拿大"创业投资行动计划"投入 2.5 亿加元，与机构投资者及有关省份共同建立由私有部门牵头的大型国家级母基金。印度政府 2016 年提出将设立"创业基金"，在未来 4 年时间里，提供 1000 亿卢比财政资金，用于支持制造业、农业、卫生及教育等领域创新创业项目，建立完善创业信贷保障机制，为印度创新创业公司提供金融信贷服务，支持新创企业快速发展。爱尔兰 2016 年启动"竞争性启动基金"（CSF），激励金融技术部门的创业企业，成功的申请者可获得爱尔兰企业局 5 万欧元的股权投资。从事支付、银行、监管技术、安全和保险技术的企业，以及利用块链、物联网、人工智能和数据智能技术构建的金融技术解决方案的企业，都可以申请该项基金。2016 年 5 月，意大利提出将简化创新型中小企业获得担保基金的程序，允许创新型中小企业在未通过财务报表评估的情况下，亦能获得担保基金。如果公司破产，贷款将通过担保基金来偿还，如果担保基金被耗尽，则由国家直接偿还。

## （二）鼓励和规范众筹等互联网金融的发展

随着信息技术应用的日益广泛及知识产权价值日益受到重视，互联网金融等新的融资渠道正在出现。与传统融资渠道不同，众筹等互联网金融工具可以广泛动员大众的力量，而不仅仅是少数专业投资者的力量，每位投资者仅需要投入少量资金即可。近年来，全球各地的众筹规模有了很快的增长。据不完全统计，2013—2014 年，北美地区的众筹规模增长了 145%，总规模达到 95 亿美元；欧洲增长了 141%，总规模为 34 亿欧元；亚洲地区增长了 340%，总规模达到 34 亿美元，亚洲地区预计将成为全球众筹快速发展的重要推动力。

当前，各国政府正在完善相应的制度，确定互联网金融的合法性，从而为企业创新进行融资。美国国会通过 2012 年颁布的《初创期企业推动法案（JOBS 法案）》确定了众筹的合法性，扫清了股权式众筹的法律障碍，帮助中小微企业融资。2016 年 6 月，在美国证券交易委员会的监管下，一个股权众筹平台已经开始运行。通过该平台，初创企业和小企业已筹集 1200 万美元资金。英国金融市场行为监管局于 2014 年推出《关于网络众筹和通过其他方式发行不易变现证券的监管规则》，促进众筹业增长。韩国国会也通过了资本市场及金融投资业相关法律修正案，使互联网众筹从 2016 年起步入合法时代。此外，韩国首家互联网银行“K 银行”2016 年年底获韩国年金融委员会批准，其主营业务包括中低利率个人信用贷款、审核简单的小额贷款、借记卡、简易结算、快速汇款等服务。澳大利亚通过了新的法律，允许众筹的股权资金，并对投资者给予税收优惠。奥地利采用了一个法规框架改善创新资金的来源渠道，尤其是来自众筹的资金，该框架减少了对于基本信息的要求和行政声明（如简化资本市场招股书），同时也制定了相关标准以保护投资者利益。

尽管众筹为企业创新尤其是中小企业创新提供了新的融资渠道，但是这种融资方式本身也具有风险性，尤其是给投资者带来的风险。与专业投资者相比，大众投资者往往缺乏足够的信息，同时也缺乏专业训练。因此，各国政府正在研究制定相关法规制度，以保障大众投资者的利益。

## （三）对创新型企业提供技术、培训和指导等多方面的支持

中小企业和初创企业不仅缺少资金支持，还缺乏技术储备、企业运作及商业运营等各方面的知识。各国政府对此给予了多种支持。

针对技术储备缺乏的问题，一些国家的政府部门出台了有针对性的措施，支

持中小企业获取政府财政资金资助下所产生的科研成果和国家科研设施。美国能源部 2016 年设立“技术商业化基金”（TCF），出资近 1600 万美元帮助企业界将美国能源部下属国家实验室拥有的有前景的能源技术推向市场。韩国政府 2016 年新设 1500 亿韩元的“公共技术创业基金”，支持创业者利用公共研发机构的技术或专利进行创业，以推动公共研发机构技术和专利的产业化。英国研究设施理事会创新技术获取中心（I-TAC）2016 年发布“中小企业免费获取研发设施项目征集计划”。该计划主要针对小型的具有雄心的研发创新型企业，为它们提供免费获取世界一流的研究设施，以帮助这些企业进一步发展其创新技术。申请成功的企业将可免费使用 6 个月的实验室，其中还包括为其提供专家技术支持与商业发展咨询建议。除此之外，一些国家还出资帮助中小企业支付专利等相关费用。如奥地利的初创企业可向奥地利研究促进署申请获得最高 1 万欧元的“专利支票”，用于支付包括专利咨询、国内外专利费及专利律师等费用。

为帮助初创企业更好地成长，很多国家设立了孵化器。韩国未来部与京畿道道厅（省政府）联手在京畿道城南市“板桥科技谷”打造了创业教育培训基地“初创企业校园”，向孵化企业提供海外法律、专利、会计和营销等专业咨询，以便将初创企业培养成为像谷歌这样的全球明星企业。海内外民间投资公司常驻于此，可近距离支援吸引投资和进驻海外。瑞士政府与欧洲空间局合作设立的空间技术企业孵化中心已于 2016 年 11 月正式开始运作，为瑞士空间技术领域的初创技术企业提供经费和企业经营及技术开发方面的支持，重点是空间技术领域创新技术及在其他领域的创新型应用。该中心目前暂定实施期为 5 年，每年可支持 10 个项目，每个项目最高资助额为 50 万瑞士法郎。印度 2016 年 3 月启动了由政府支持的印度小企业发展银行（SIDBI）创业合作网——“企业创新生态系统平台”，旨在促进创客与相关投资利益方，包括育成中心、天使投资人、风险投资基金等更加密切合作，提升创新创业动力，引导初创企业发展。

此外，很多国家出台了专门的计划，对中小企业创新给予全方面支持。韩国政府颁布实施的《第三次中小企业科技创新促进计划（2014—2018 年）》与以往只关注研发支持不同，其增加了对技术人力、资金、开放合作等方面的扶持，全方位扶持中小企业成为创新主体。英国政府为有增长志向和潜力的企业启动单一服务——“企业增长服务计划”，汇聚关于企业改进和企业增长的各种专家意见，以此简化政府对所有企业提供的支持。欧盟“中小企业创新计划”（6 亿欧元）对中小企业提供各种形式的资金支持，包括定制服务、定制项目（如创新管理能力建设，知识产权管理等）、服务提供方和决策方之间的沟通（如创新机构之间的经验交流）。美国科学基金会的“创新团队计划”（I-Corps）负责将科学家、工程师与商业导师配对，开展密集课程培训，从而有效地把实验室工作转化为市场化产品。

## 四、简化新企业市场准入手续和降低门槛

经济危机导致企业倒闭和停产数量大增，许多国家简化了新企业进入市场的手续。美国发布总统行政令及备忘录，要求联邦机构找到和采取相应措施来取消或减少已过时的或给创业者造成过重负担的手续。2015 年美国发起了“1 天创业”倡议，呼吁全美各城市开发网络工具，让企业家在不到 1 天的时间内了解创业所需满足的地方、州和联邦规定并提出创业申请。小企业管理局向开发“1 天创业”解决方案的城市提供 150 万美元的竞争性种子基金。已有 80 个城市承诺在 2016 年年底之前建立在线平台，使在 1 天内提交创业所需的所有文件成为可能。日本政府修改了《商法》，以降低企业资本金的门槛。正常情况下，在日本注册设立股份公司至少需要 1000 万日元的资本金，设立个体企业至少需要 300 万日元的注册资金，修改后的《商法》允许设立资本金只有 1 日元的公司①。德国近两年出台了企业减负的一揽子措施，并已经逐项进入实施阶段。这些措施有三条核心思想：一是“加一条减一条”，即政府每新增一条行政规定，必须去除一条旧的规定，以保证企业面对的各项规章不会“堆积成山”；二是确保中小型企业从各种烦琐的税务、会计报表中解脱出来；三是为企业在税务方面“减负”。意大利通过新的立法降低了研发型初创企业的注册费、税收及所要缴纳的社会保障费。

## 五、从市场需求侧多手段施策刺激企业创新

最近各国科技创新决策者更加关注需求侧政策工具，从支持创新的公共采购政策，到支持创新的标准和监管政策，以激励企业创新。

### （一）通过采购企业的创新产品来拉动创新需求

基于当前的预算形势，很多国家政府采取了“不花钱”的政策工具，他们更加偏爱短期内无须额外公共资金的政策工具，尤其是公共采购政策。近年来，OECD 国家公共采购金额占 GDP 的份额大约为 12% 。

国家对新型产品和服务的需求将对企业创新效能的提升产生撬动作用。欧盟新修订的《公共采购指令》要求将创新因素纳入成员国的国家采购法，尤其是在高效节能产品采购方面。2016 年，欧盟“2020 地平线”计划共投入 1. 3 亿欧

---

① 修改后的《商法》还规定，1 日元公司成立后必须逐步增加注册资本，在 5 年之内达到法定的资本金。

元，新设创新公共采购（PPI）和商业化前公共采购（PCP）机制。创新公共采购主要服务于已成熟科技创新解决方案的商业化推广应用或高附加值快速增长型创新型中小企业；而商业化前公共采购主要服务于应用前景良好、已接近市场，但尚需开展的必要研发创新活动。德国将进一步加强以创新为导向的采购活动，进一步扩建“创新采购能力中心”。法国政府正在计划修订《公共采购法》，将2% 的公共采购用于创新。韩国将推动创新技术产品的公共采购，要使政府和公共机关成为首位顾客。韩国还提出，要对采购高质量产品的采购费给予 20% 的折扣。

此外，一些国家正在简化公共采购的程序，如意大利、土耳其等；另外一些国家（如日本和韩国）则针对中小企业和初创企业简化了程序，以方便其进入公共采购市场。

## （二）完善法规制度，为企业发展新技术扫清障碍

在从研发到商业化的整个创新过程中，法规制度发挥着重要作用。适当的法规制度能够加快创新进程，而不适当的法规制度则会阻碍创新的发展。企业在决定是否进行创新时，会考虑到一系列的法规制度，包括影响商务环境、市场规模的一般性法规制度和与创新相关的法规制度；此外还要考虑社会法规制度，甚至影响创新后期阶段的法规制度，如关于消费者保护的法规制度。

随着新技术的快速发展，现有的一些法规制度对企业创新造成了阻碍，具体包括：①管制过严，条文过分刻板，这可能会妨碍创新或限制技术进步速度，带来投资方面的不确定性，或预先限定了技术，压制了其他的解决方案和新的入场企业；②法规制度将研发资源从创新转移到合规性测试上，这实际上是在维护已有的技术，阻碍企业创新的积极性；③不同法规制度要求不一致或矛盾，造成法律上的不确定性及不必要的额外成本，或不同经济部门的法规制度缺乏互操作性，这会阻碍合作和开放创新；④法规制度未能随着技术进步及时进行调整；⑤标准变更过于频繁，这在技术相对较新的情况下有可能会削弱对技术投资的鼓励作用。

在此背景下，很多国家正在完善相关的法规制度。欧盟实行了“优化法规制度议程”，以进一步完善现行及未来法规，实现监管环境可预测性与适应科技进步的最优平衡。欧盟还推出了“减负”网站和“法规制度适当性及绩效计划”平台，收集企业及其他利益主体关于法规制度负担、效率低下和障碍问题的意见。此外，欧盟还发表了《改善法规制度指南》，提供专用的“研究与创新工具”，指导如何评估新的立法议案对创新的正负面影响。2016 年 3 月，欧盟发布《为欧盟的创新驱动投资而改善法规制度》报告，针对自动驾驶汽车、健康技术评估、纳米材料、航空产品及电动汽车等一些新兴领域如何改进法规制度促进创

新提出了前瞻性的考虑。日本综合科学技术委员会将会同相关部门推动规制改革，如制定再生医疗推动制度，重新制定商业用机器人相关的规定，完善加速新一代汽车普及的相关制度。

## （三）通过制定标准来加快新兴技术企业的发展

在以规模经济为特征的技术产业中，标准对于鼓励企业创新有重要作用，尤其是在5G通信及智能电网、智能交通、“工业4.0”等新兴技术产业领域。

欧盟为确保其工业数字技术标准的世界领先水平和工业企业的全球竞争力，2016年决定实施“工业数字融合技术标准化优先行动”。该行动确定了五大数字技术重点领域和四大工业数字化重点领域，数字技术重点领域为云计算、物联网、5G通信、大数据和网络安全，工业数字化重点领域为在线健康、联网自治车辆、智能能源和先进制造。“工业数字融合技术标准化优先行动”由欧委会提供部分资助支持，由工业界主导、跨行业多利益相关方自愿参与组成的合同制紧密合作型ICT通用开放标准平台具体负责实施。美国能源部正致力于新一代电力基础设施“智能电网”与电动汽车的配套。英国提出要在合成生物学、细胞疗法、海洋可再生能源和辅助生活领域开始实施标准制定计划。韩国政府提出要重点确保信息通信技术产业的标准专利。日本也在争夺新兴技术产业的标准制定，如日本国土交通省正在就轿车安装自动制动装置着手进行国际标准的制定。

新技术产业标准的制定，将促使企业将注意力集中到研发和创新上，以达到产业标准，从而在高技术市场价值链的高端占据优势地位。

（执笔人：程如烟）

# 科技投入持续增长

科学研究和技术创新投资是推动科技发展、应对社会挑战、促进经济增长的根本保障。在全球贸易持续低迷、经济增长乏力的情况下，各国都将发展目标瞄准新一轮的科技革命和产业变革，努力增加科技创新投资，以抢占未来经济科技发展的先机。全球科技投入持续增长，地区分布呈现此消彼长的多极化格局。

## 一、全球研发投入概况

### （一）各国研发投入规模及研发投入强度概况

根据 OECD 的最新统计数据，按当前购买力平价计算，2014 年，全球研发投入最多的两个国家分别是美国（4794 亿美元）和中国（3701 亿美元），然后是日本（1706 亿美元）和德国（1102 亿美元），接下来是韩国（732 亿美元）、法国（596 亿美元）、印度（481 亿美元，2011 年数据）、英国（442 亿美元）和俄罗斯（399 亿美元）。OECD 国家研发总投入约为 12 042 亿美元，较之 2013 年增长 4.6%，欧盟 28 国研发总投入约为 3726 亿美元，较之 2013 年增长 4.7%。

就研发投入强度（研发投入占 GDP 的比例）而言，全球排名则完全不同，2014 年，韩国和以色列是研发投入强度最高的两个国家，分别为 4.29% 和 4.27%。除了韩国和以色列，研发投入强度超过 3% 的国家只有 4 个，分别是日本（3.59%）、芬兰（3.17%）、瑞典（3.15%）和奥地利（3.06%）。其他几个研发投入大国德国（2.89%）、美国（2.74%）、法国（2.24%）和中国（2.02%）的研发投入强度都在 2% 以上，只有英国（1.68%）和俄罗斯（1.09%）低于 2%。平均而言，工业化国家的研发投入强度介于 1.5%～3%，而全球平均研发投入强度为 1.7%，发展中国家平均不到 1%；北美和西欧国家最高（2.41%），东亚及太平洋地区第二（2.07%），中东欧地区第三（1.05%），其他地区则低于0.5%。

### （二）中国研发投入增长迅速，有望赶超美国

纵观各地区近年的研发投入，不同地区研发投入的全球占比呈现西消东长的趋势。2008—2014年，北美和西欧地区研发投入的全球占比从56.1%下降到47.5%，东亚及太平洋地区则从31.1%上升到38.6%，其他地区从12.8%上升到13.9%。东亚研发投入增长迅速，这主要是受中国研发投入增长的推动。尽管中国的研发投入大约只占GDP的2%，但中国一年（2014年）的研发投入额却高达3701亿美元。中国研发投入年均增速为18.3%，而世界其他中等及以上收入国家的研发投入年均增速只有1.4%。按照这一增速计算，中国将很快追上研发投入几乎占全球30%的美国（2014年为4794亿美元）。

### （三）研发活动类型和执行机构呈现区域经济性差异

就研发活动类型和研发活动执行机构而言，在高收入国家，研发活动通常主要发生在企业部门。在北美和欧洲，60%以上的研发活动由企业执行，50%以上的研发投入用于开发活动。例如，美国开发支出占研发总投入的64%，俄罗斯为64%，丹麦为54%，白俄罗斯为60%，爱尔兰为52%。而拉美和加勒比海地区国家，大部分（60%以上）的研发支出（研发活动）是在高校和政府研究机构等公共部门，企业研发支出（研发活动）占比介于20%～40%。与此相应，这些国家的研发活动以基础研究和应用研究为主，开发支出在研发总支出中只占10%～30%，墨西哥（45%）除外。亚洲情况不一，东亚国家和以色列以企业研发活动为主，而其他亚洲国家则以高校和政府研究机构的研发活动为主。非洲国家的研发活动主要集中在高校和公共研究中心，以基础研究和应用研究为主。如布隆迪、莫桑比克、马达加斯加和肯尼亚等国80%以上的研发活动由公共研究中心完成，80%的研发支出用于基础研究和应用研究。只有南非较为不同，南非44%的研发活动由企业执行，28%的研发支出用于开发活动。

## 二、各国积极应对经济与社会挑战，力增科技创新投入

### （一）各国政府着力提高公共研发预算

科学研究攸关一个国家的繁荣、安全和福祉。特别是在世界各国面临前所未有的经济与社会挑战的当下，很多国家政府都将科学研究和技术创新视为应对这些挑战的重要手段。

英国政府在公共支出受到严格控制的情况下仍然保持科研投资，继续支持英

国世界一流的研究基础。新一届英国政府 2016—2020 财年研发预算总额将达到 263 亿英镑，其中，政府资源性科学预算将保持在每年 48 亿～51 亿英镑，同时还将保持科研基础设施每年 11 亿英镑总计 69 亿英镑的资本性预算投资。德国政府对研发的支持力度不断增强，2016 年联邦政府的研发预算达到 158 亿欧元，2017 年约为 176 亿欧元，较之 2015 年的 149 亿欧元增长 18. 1% 。美国联邦政府研发投入（研发预算）自 2014 财年以来已连续 4 年增长，2016 财年达到 1490 亿美元，比 2015 财年增加 105 亿美元，增长 7. 6% 。在 2017 财年总统预算建议案中，研发预算为 1539 亿美元，较 2016 年增长 3. 3% 。日本政府 2016 年 1 月发布的《第 5 期科学技术基本计划（2016—2020）》提出，未来 5 年日本政府研发总投入为 26 万亿日元，将占日本 GDP 的 1% ，并力争使全社会研发投入达到 GDP 的 4% 以上。2016 年日本中央政府科技相关预算总额为 3. 9 万亿日元，比 2015 年度增加了约 6% 。根据法国政府 2016 年 9 月底公布的 2017 年预算草案，法国政府将增加高等教育和研发预算，这是 15 年来增加最多的一次。2017 年，法国政府总体预算拟增加 2% ，而教研部的高等教育与研发预算将增加 3. 7% ，达 238. 5 亿欧元，其中的研发预算总额将增至 79 亿欧元。法国国家科研署的研发预算也将较 2016 年的实际支出额增加 9% ，达到 6. 09 亿欧元，而其项目资助申请成功率也将从 2015 年的 9% 升至 2016 年的 14% 和 2017 年的 20% 。

### （二）环境和健康领域成为公共研发投入重点

老龄化社会需求、环境压力特别是气候变化、自然资源消耗、能源威胁、水资源与食品安全、各种健康问题等社会挑战迫切需要新的研究和技术突破。因此，越来越多的 OECD 国家和新兴经济体将实现可持续增长和解决社会挑战作为首要的科技发展目标，而环境保护和医疗卫生成为政府支持公共研发的重中之重。美国将政策重点明确定位在健康研发（包括医疗科学）上，2016 年美国公共研发预算的 24% 拨给了该领域。英国（22% ）、卢森堡（18% ）和加拿大（17% ）也将其研发预算的约 1/5 拨给了健康研究议题。墨西哥（19% ）、日本（11% ）和韩国（9% ）则重点支持能源研发。如果不受重大事件的冲击，估计至少未来 15 年内公共研发的重点资助领域选择不会发生大的改变。

### （三）交叉学科和融合技术研究备受青睐

应对复杂的全球性社会挑战内在地要求科学研究跨越传统的学科界限，很多重大的科技突破都发生在不同学科的交叉点上，而技术会聚和融合也将产生新的研究领域。近年来，研究资助机构越来越多地将注意力放在了破除学科障碍上，资助跨学科和交叉学科研究增加的趋势将继续下去，这一方面是为了应对巨大的社会挑战，另一方面也是为了促进颠覆性技术的发展。美国国家科学基金会自

2012财年起就设立了资助强度大且资助周期长的专门推动学科交叉研究的资助计划（INSPIRE），在其2016年制定的面向2050年的发展蓝图中更是提出注重支持不同学科的会聚和融合研究，以高度集成的方式把众多知识领域的思想、研究方法和技术手段融合起来，解决复杂难题、攻克新兴学科中知识难题，并将为此设立“NSF 2050：综合基础基金”，该基金下新的科研资助计划均将以创新的方式实现跨界融合。日本《科技创新综合战略2016》提出继续推进“颠覆性技术创新计划”（ImPACT）等挑战性研究，促进不同行业融合研究领域的产学研合作研究。欧盟提出促进欧盟数字融合技术创新，以独特的数字技术“差异”优势参与全球数字经济竞争，加速欧盟数字经济转型升级。

## （四）制定产业战略，引导和支撑产业发展

在金融和经济危机之后，很多国家都重新开始考虑制定更具针对性的产业政策。对丧失制造能力的担忧、新兴经济体的日益崛起及科学技术进步可能带来的新产业变革，都加剧了这一政策倾向。

英国政府2017年1月发布了现代化的“产业战略”绿皮书，强调补短板、强优势，确保英国未来全球性的产业竞争能力。将通过新的基础设施和研发投资，为英国创造大量高技能、高收入工作岗位和机会，促进经济繁荣增长。该战略将重点支持英国具有世界领先潜力的产业，如电动汽车、生物科技和量子科技等。该战略的第一步行动计划的主要内容包括：到本届政府结束前（2020年），政府每年按实际值实质性新增20亿英镑的研发投入，确保英国商业保持在科学技术发现的最前沿；建立新的产业战略挑战基金，帮助英国企业充分利用其尖端的研究优势，如人工智能、生物科技等，英国具有将这些研究优势转化为领先全球的产业与商业化的潜力；进一步评估现行的研发税收优惠政策，使英国成为科学家、创新者和高科技投资者的家园，确保英国在全球的竞争力。日本政府于2016年6月24日发布“2016年未来社会创造计划”，提出以第4次产业革命为战略导向，积极应对产业升级，推进未来10年有望引领世界的人工智能、尖端技术突破，构建运用物联网、大数据、机器人等的新型制造系统，2020年实现产业化。为彰显制造业振兴对美国经济复苏、就业增加产生的重要推动作用，美国政府宣布将每年10月7日定为“全国制造业日”，并宣布用7000万美元建立国家制造业创新网络的第11个研究所——生物制药制造创新研究所。同时，为激励产业研发投资，2016年《拨款法案》首次将该研发税收优惠政策永久化。德国政府重点支持数字经济和社会、可持续经济和能源、创新就业环境、健康生活、智能交通和公民安全等对社会发展、未来经济增长具有特别意义的研究主题。为了提高德国工业的竞争力，德国政府积极推进“工业4.0”战略，并于2016年出台了《数字化战略2025》，旨在以计算机、网络和大数据等信息技术为

基础，建立智能工厂、智能交通、智慧城市和智能家居等一系列数字化系统，全面提高德国经济竞争力，推动社会创新发展。根据这一新战略，德国将投入1000亿欧元，在2025年前建成覆盖全国的千兆光纤网络。根据德国政府分析，德国企业如能持续应用数字技术，未来5年可增加820亿欧元产值。

## 三、全球企业研发投资逆境中继续增长

研发投资是企业创新发展的关键要素。根据《2016年欧盟工业研发投资记分牌》对全球研发投资排名前2500名的企业（每家企业的研发投资均在2100万欧元以上，这些企业的研发总投资占全球企业研发总投资90%以上）所做的分析，2015年，全球企业在净销售额同比下降3.7%的逆境下，研发投资却继续增长，达到6960亿欧元，较之2014年增长6.6%。

### （一）全球企业研发投资的区域性差异

2015年，全球研发投资排名前2500名的企业来自45个国家和地区，美国837家，欧盟（19个国家）590家，日本356家，中国大陆327家，包括中国台湾（111家）、韩国（75家）、瑞士（58家）、加拿大（32家）、印度（25家）等在内的其他国家和地区共390家。其中，美国、欧盟和日本的企业研发投资全球占比略有起伏，分别为38.2%（+0.4%）、27.1%（-1%）和14.4%（0.1%），中国企业研发投资全球占比涨幅最大，从2014年的5.9%增长到7.2%；其他地区占12.8%（-0.7%）。欧盟企业研发投资增长较快，同比增长7.5%，高于世界平均水平（6.6%），美国企业研发投资增长5.9%，日本增长3.3%。总体而言，2015年全球产业研发投资增长主要受信息通信技术、医疗卫生和汽车等重点研发投资行业企业的驱动。与研发投资增长相反，受石油和采矿相关行业企业销售额下降的影响，全球企业净销售额呈下降趋势，欧盟企业净销售额同比下降3.6%，美国企业下降4%，日本企业较好，增长0.3%。同过去几年一样，中国企业研发投资继续保持世界第一的高速增长（24.7%），尽管净销售额也下降了6.2%。

### （二）全球产业研发投资高度集中

无论是从企业分布、行业分布还是从国家分布看，全球产业研发投资均呈高度集中态势。《2016年欧盟工业研发投资记分牌》的2500家企业中，前100名企业的研发投资占企业研发总投资的53.1%；美国、日本和德国3个国家的企业研发投资占45国2500家企业研发总投资的63.2%；制药与生物技术、汽车与零部件、技术硬件与设备、软件与计算机服务业四大行业的研发投资占50多个行

业企业研发总投资的61.7%。生物技术与制药、软件和技术硬件3个高技术行业也是全球研发投资增长最多、收益率最高的行业，它们几乎囊括了全球研发投入强度最高的前50家企业。美国在这3个行业的研发实力尤其突出，其研发投资占美国企业研发总投资的69%。欧盟和日本研发投资最多的行业是汽车与零部件。

## （三）中国信息通信技术产业研发投资增长强劲

2015年，中国企业研发投资增长强劲，已有华为、中兴、中国石油、中国铁路、百度和中国中车6家企业进入全球百强（2014年为4家）。在全球研发投资排名前11位的产业中，中国企业的研发投资增速整体均呈2位数增长，表现最为突出的软件与计算机服务业（38.3%）、技术硬件与设备（35.0%）和工业工程（24.8%）的研发投资增速更是远超其他国家和地区。从全球看，信息通信技术产业中的软件与计算机服务业研发投资增长最快，同比增幅达12.3%，这虽然主要归功于Alphabet（22.4%）、Facebook（80.6%）等美国企业的大规模研发投资（同比增长11.5%），但以百度（46.2%）、腾讯（19.9%）等企业为代表的中国软件业也做出了巨大贡献，同比增长高达38.3%。中国硬件企业同样表现不俗，整体增长35.0%，华为（全球排第8名，增长46.1%）、中兴（第65名，增长34.1%）、联想（第106名，增长20.2%）等企业一马当先。华为和中兴多年来一直是中国企业研发领头羊，在2016年的排行榜中华为排名提升7名，位列全球第8名，是中国首个进入世界前10强的企业，中兴排名则提升了18名，位列全球第65名。中国10强企业中，除中国石油名次出现下降外，其他9个企业的名次均出现大幅上升。百度、联想、腾讯的排名分别提升了38位、22位和15位。百度、华为和中兴在10强中研发投入强度（研发投入与主营业务收入之比）较高，分别为15.4%、15.0%、13.8%，全球10强企业的平均研发投入强度（13.7%），远高于全球百强企业的平均研发投入强度（6.7%）。

（执笔人：姜桂兴）

# 科技人力资源发展出现新特点

近年来，伴随着全球人口的持续增长，部分国家人口减少和社会逐渐趋于老龄化，数字化、大数据和人工智能的不断发展，使各国都面临着如何发展人力资源的问题。

有预测显示，到 21 世纪中叶，全球人口将接近 100 亿大关，但这种增长却表现出极端的不均衡：非洲在该增长数据中所占比例将超五成，从而带来显著的青年人口膨胀。而在世界其他地区，包括许多发展中国家，人口将出现显著老龄化，到 2050 年，80 岁以上人群占世界总人口的比例将从 2010 年的 4% 增长到约 10% 。由于人口中可从事劳动的人口比例缩小，老龄化国家将面临一场维持其生活标准的艰苦斗争。人口趋于年轻化的国家的国际移民可以抵消这一比例的缩小。同时，提升体能和认知能力的科技可使老年人工作更长时间，而日渐增长的自动化可降低对劳动力的需求。

各国出于提升自身竞争力的需求，在不断加强人力资本的投资，调整科技人力资源政策，加强科技人力资源的培育与挖掘，以不断满足国家和社会的需求。综观近年来全球科技人力资源发展状况，可以总结出以下一些基本特点。

## 一、STEM 教育不断扩展，全球科技人力资源储备得到扩充

从长时段来看，在第二次世界大战结束以后，美国的高等教育实现了快速扩张，使得美国人口在数十年间一直保持学历上的优势。不过在过去 20 年间，许多欧亚国家也开始扩张其高等教育，特别是随着亚洲各经济体的知识化程度日益提高，对受过教育的劳动力的需求量的增大，其高等教育部门的增长相当显著。如今，有些国家年轻群体中学士或以上学位持有者的比率已经超过了美国。可以认为，随着时间的推移，其他地方高等教育的扩张便大幅减弱了美国的教育优

势。目前，在美国25～64岁群体中，大学学位或以上学位持有者比例仍然较高，达到33%，略低于挪威（36%），但高于大多数国家；但在25～34岁群体中，其比例为34%，低于挪威（44%）、波兰（41%）、荷兰（40%）、英国（40%）、韩国（40%）、澳大利亚（37%）、冰岛（36%）、卢森堡（36%）、丹麦（35%）、日本（35%）。

在各国努力扩张高等教育的过程中，促进科学、技术、工程和数学（STEM）教育成为许多国家或经济体教育政策的基本着眼点。增加各层级STEM学生数量被许多国家视为拓展研究职业人才库和培育创新人才的基本路径。近年来，美国的科技预算中一直强调在十年中培养100万STEM毕业生的目标；教育的公共预算在比利时（联邦）、克罗地亚、拉脱维亚、南非和美国都得到了提升。还有一些国家（如爱尔兰、新西兰和葡萄牙）通过使STEM科目变得更加有趣，以吸引年轻人进入STEM领域。同时，不少国家（如英国、克罗地亚、韩国、爱尔兰、挪威和瑞典等）面向教师开展培训，增强学校STEM教育能力。

STEM教育扩展的最直接成果是科学与工程大学学位持有者数量的增加。虽然科学与工程大学学位持有者不一定从事科研活动或科学技术相关职业，但这些人却可以视为一个国家的科技人力资源储备，因为他们是已经具备一定的运用科学与工程相关技能专长的劳动者。从当前全球的科技人力资源储备状况来看，发达国家具有显著优势，但是随着一些发展中国家教育投入的不断提高，这些国家的科技人力资源发展带动了全球储备数量的大幅提升。

可获得的最新数据显示，2012年全球有2000多万名学生获得高等教育5A级第一大学学位①（以下简称第一大学学位）。其中600多万个学位是科学与工程领域的学位，但这一全球总数中仅包括了亚洲、欧洲和美洲的能够取得相对近期数据的国家，因此实际上是低估的数字。

2012年全球科学与工程领域第一大学学位中将近400万个都是亚洲大学授予的。包括东欧和俄罗斯在内，欧洲各地的学生获得了100多万个科学与工程领域第一大学学位，北美学生获得了将近80万个这类学位。

中国第一大学学位中将近一半（甚或有可能更多）都属于科学与工程领域，而美国大约是1/3。中国大量的学生集中在科学与工程领域与其从20世纪90年代后期开始实施自上而下的改革政策来增加工程学领域的学生人数有关。然而在学生人数增加的同时，理工学院总数及对应的教职员人数却在下降，这意味着中国增加工程学位授予数量靠的是增加每班人数，其结果很可能导致高校课程质量的下降。

工程学历来在中国授予的第一大学学位中占据相当高的比例。2000年时，

① 联合国教科文组织制定的国际教育标准分类中，5A属于4年制理论型学位。

这一比例是43%，不过到了2012年，其下降到32%。工程学位比例较高的其他国家包括新加坡（27.6%）、韩国（17.1%）、印度尼西亚（17.5%）、日本（15.7%）、芬兰（14.8%）、墨西哥（15.8%）和哥伦比亚（18.4%）。美国全部学士学位中大约5%属于工程学领域。美国和世界各地授予的全部学士学位中，大约12%属于自然科学领域，包括物理学、生物学、计算机科学、农业科学、数学和统计学。

2000—2012年，中国、德国、土耳其和墨西哥授予的科学与工程领域第一大学学位数量都增加了1倍，甚或1倍还多。同期澳大利亚授予的这类学位增加了60%多；美国和波兰增加了将近50%；法国、日本和西班牙授予的科学与工程类第一大学学位分别减少了24%、10%和3%。中国科学与工程类第一大学学位的增幅大部分来自自然科学和工程学学位，2012年这两类学位总数达到150万个，比2000年增加了300%多。

另外，从近年来的科学与工程领域高等教育入学情况来看，部分欧洲国家学习科学、工程或健康科学的学生比例相对较高，在这些领域也呈现出比较好的人才培养态势，如图1-1所示。

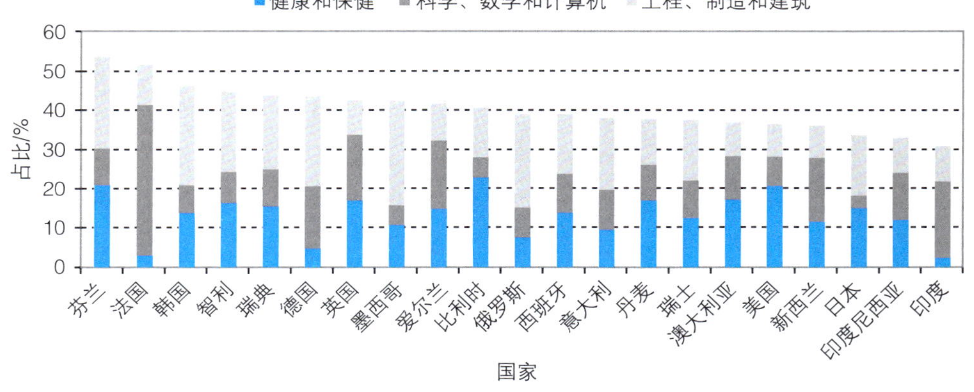


图1-1 2014年部分国家科学、工程、健康领域高等教育入学学生占比

## 二、科学与工程类高层次人才培养成效显著，但发达国家的研究职业前景黯淡

各国通过博士教育，培育高层次的科研人才，将科研经验传递下去，并生产新知识。因此，博士人才的培养关系到一个国家在全球知识经济中的竞争力。博士教育为学术界、工业领域、政府和非营利机构等培育具备高度技能的劳动力，因此获得科学与工程博士学位的人员被视为各国从事科学研究和开发活动的

主力。

世界范围内新授予博士学位的数量在最近20年经历了巨大的增长，这种增长在新兴经济体表现尤为突出。

2012年，世界各地授予的科学与工程类博士学位大约是20万个（其中不包括医学和其他健康类学位），美国授予的科学与工程类博士学位最多，大约有3.5万个；随后是中国，大约有3.2万个，印度大约1.4万个，德国大约1.2万个，英国大约1.1万个，法国大约8800个，韩国将近5000个。

2000—2009年，中国授予的科学与工程类博士学位数量快速增长，从不足8000，迅速达到3万以上，之后则基本保持平稳增长。中国研究生教育的高速增长是过去20年间政府大力投资于高等教育，力促世界一流大学建设的结果。中国政府在20世纪90年代中期把建设和加强高等教育院校及关键研究领域当作国家优先事项，为此推行了多项计划，包括211工程和985计划。

2000—2011年，印度授予的科学与工程类博士学位数量增加了1倍有余，从5500增长到2011年的1.3万；日本的这类学位数量在2000—2006年一直在不断增加，但之后到2011年（这是日本有数据的最近年份）却呈现减少的态势，2011年授予数量为7100个。韩国则从2000年的2500个，达到了2012年的近5000个。中国、日本、韩国的科学与工程类博士学位中大半都属于工程学领域。印度40%的科学与工程类博士学位属于物质科学和生物科学领域，31%属于社会科学和行为科学领域。

美国2000年以来，除2002年和2010年外，美国的博士培养数量均保持增长趋势，但增幅不大，比较平缓，2012年较2000年增长了近40%。同期，英国、德国、法国除个别年份外，这一数据也基本保持了增长的趋势，英国增长了47%、德国增长了17%、法国增长了40%。

尽管从博士学位授予数量来说，美国、中国等占有较大优势，然而从2014年主要国家的博士生入学率（图1－2）来看，欧洲国家却更具优势：德国的博士生入学率达到了5.5%，瑞士为4.9%，英国为4.1%，奥地利、葡萄牙、丹麦等可以达到3.6%。相比而言，美国的博士生入学率并不高，只有1.2%，而人口大国的中国只有0.3%。

尽管博士数量不断增加，但是这种增长却充满了不确定性，因为增长的态势似乎正在减缓。目前，国际上的大学和公共研究机构中已经出现了一种“双重劳动力市场”，其中一方面包含有相对高薪的著名研究人员（往往拥有永久公务员职位或公共雇员合约），另一方面还包含数量越来越多、为各卓越中心或竞争性资助研究项目工作的廉价临时工作人员。大量的博士研究人员处于不稳定的工作状态中，要么没有合约，要么合约期限很短，而一流高级研究人员则基本上都拥有永久职位。这种情况使青年人感觉缺少安全感并且获得长期或终身职位机会渺

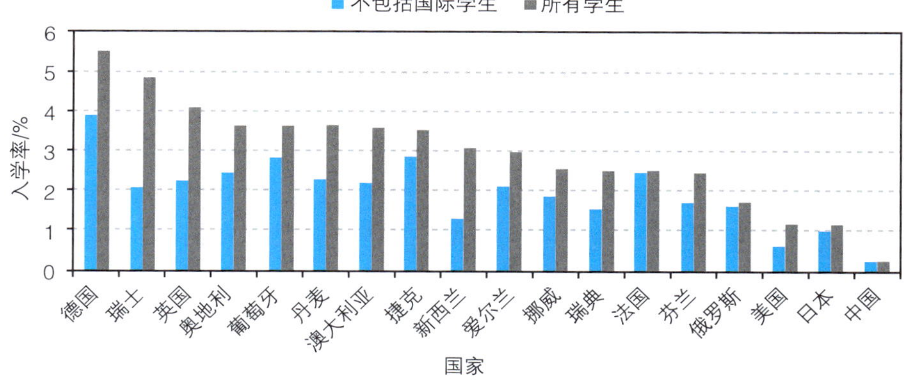

图 1-2 2014 年部分国家博士入学率

茫，职业前景黯淡。总之，对研究人员来说，在他们近 40 岁获得一个长期职位以前经历 2 个或 3 个博士后职位的情况十分普遍。而且做了几个博士后也并不能保证他们获得终身职位，事实是，越来越多的研究人员被挤出了研究职业生涯，不得不进入企业。博士培养周期在许多国家仍然相当长，这意味着生产新毕业生的社会和私人成本很高；另外，长周期还降低了研究体系响应需求变化的速度。

## 三、技术教育受到普遍关注，强化公民数字技能培育

数字技术对经济和社会产生了深刻影响，同时也正在改变学习、交流、参加社交活动及享受闲暇的方式。数字经济正在迅速地渗入整个世界经济，使得数字技能成为几乎每个人的关键技能之一。由于人口的数字技能水平在很大程度上决定了未来国家的创新空间，因此很多国家开始关注自身的数字教育，加强公民的数字技能。

有数据显示，当前的大多数劳动力缺乏数字技能。根据 OECD 的数据，在 OECD 国家中大约有 2/3 的成年人缺乏在丰富的技术环境中工作的技能，而与数字技术相关的技能的短缺尤为严重。在 OECD 的一项调查中，大约 1/10 的成年人称自己没有电脑使用经验。当然各国的具体情况也有很大差别，例如，在瑞典和挪威没有电脑使用经验的成年人占比不到 2.0%，在土耳其则占到了 35.6%，在意大利和斯洛伐克分别占到 24.4% 和 22.0%。此外，还有 4.7% 的成年人不具备信息与通信技术的基本技能，如在网页上使用鼠标或滚动功能。这类成年人在塞浦路斯、捷克和斯洛伐克约占 2.0%，而在日本、韩国、智利和新加坡的占比则更高，分别为 10.7%、9.1%、7.8% 和 7.1%。

而未来随着物联网、大数据和人工智能的深入发展，数字技术会变得越来越重要。根据欧盟的估计，数字化将导致美国、英国、法国、德国、日本、爱尔

兰、芬兰、韩国、加拿大、比利时、意大利、西班牙、荷兰、奥地利14个发达经济体减少超过510万个工作岗位。但这并不意味着整体工作岗位的减少，因为知识型资本投资带来的生产效率的提高，会带来更多的就业机会，只不过劳动力所需技能与过去相比将显著不同。新的工作岗位会出现在IT和数据科学领域，未来对大数据专家、社交媒体经理人、认知计算工程师、物联网架构师、区块链开发类人才的需求会比较旺盛。据波士顿咨询集团以德国为例进行的测算，“工业4.0”的技术将使生产线上的工作岗位减少61万个，但同时带来的新工作岗位需求将达到96万个。

美国的相关研究显示，到2018年51%的STEM相关职业将与计算机科学相关，而目前美国只有1/4的K－12学校能够为学生提供高质量编程和编码课程，而且还有22个州根本没有将计算机科学纳入高中毕业前的课程中。因此，在奥巴马总统的2017年预算中，设立了面向所有层级学生的40亿美元的计算机科学计划。计划将这些资金分配到各州，扩展30个学区的计算机科学教育，培训计算机科学教师，强化对K－12学生的计算机科学教育。同时，私营部门也将通过谷歌、微软、甲骨文和Saleforce.org等公司6000多万美元的新增慈善投资来支持该计划。

德国自“工业4.0”计划推出以来，陆续推出了一系列数字化发展的战略规划，强化对数字教育的支持。2014年8月推出的《数字化行动议程（2014—2017）》，提出教育系统要培养具有良好数字素养、满足数字化环境和知识社会需求的各类人才；之后，联邦高技术战略提出未来10年将投入500万欧元，加强针对教师的数字技能培训；2016年3月联邦发布的《数字化战略2025》，对《数字化行动议程（2014—2017）》进行了总结，指出德国已在数字化教育领域迈出了第一步，很多学校已经将信息技术纳入5年级～10年级的选修课。但德国的数字化教育环境仍然不尽如人意，很多计划都是孤立的，需要新的政策将它们集中起来执行。之后在2016年10月，联邦又发布了《面向数字型知识社会的教育战略》。该战略可视为全面促进德国数字化教育的行动框架，目标是提升学校数字化教育，大力促进数字化技能培养及数字化媒体的广泛使用，充分发掘数字化在各教育领域的潜能，增设所需的基础设施，制定体现时代特色的法律框架，推进相关的组织战略发展，以数字化媒体推动德国教育的国际化进程。

澳大利亚教育委员会则在2015年9月通过了“澳大利亚国家课程：数字技术”课程大纲，并宣布从2017年开始，“国家评估计划——阅读与数学”全都将转向在线测试。这些都为澳大利亚学校重新关注、聚焦学校信息通信技术教学提供了新的契机。此外，澳大利亚政府还将投入5100万澳元用于以下项目：通过线上计算挑战，教授5～7岁儿童编程；通过线上学习和专家帮助，支持教师完善数字技术课程；通过信息通信技术夏令营、STEM教育合作计划等，将科学家和信息技术专家带进教室。

日本在2016年7月召开了“面向2020的教育信息化恳谈会”，对未来社会需要的数字技能进行了讨论，并指出今后将完善学校信息技术教育环境，培育优秀的信息技术教师，开发优质的课程资源，将编程纳入中小学理科教育当中，为下一代人才培养提供支撑。在《日本再兴战略2016》中提出，为在第4次产业革命中占领先机，实施面向未来社会需求的教育改革，强化初中等教育中的信息化教育，并提出了具体的绩效目标，如到2020年使灵活运用IT指导学生的教员的比例达到100%等。在2016年修订的《世界最先端IT国家创造宣言》中也提出，在初中等教育阶段培养学生逻辑思考能力、创造力和灵活运用信息的能力，进而在高等教育中培育物联网、大数据和人工智能、信息安全方面的人才。

法国于2015年5月启动了“学校数字化”计划，该计划将引领法国学校迈入数字时代。在该计划的第1期招标活动中已有700余所初中和200所小学参与，涵盖了8万余名学生和1.1万名教师。2016年新学期，国家和省政府还共同出资为学生和教师配备了个人移动设备和数字资源。

总之，数字技能的缺乏将导致未来国家竞争力的不足，因此，有关数字技能的培育正在受到越来越多国家的关注。

## 四、科技人力资源的全球流动更加积极，新的国际学生接收中心正在形成

随着全球化的深入发展，国家之间的经济联系变得日益紧密，使得科技人力资源的国际流动变得更加积极和频繁。

具备高度技能的人员的国际流动能够在塑形国家创新体系中扮演重要角色。流动的人才对于知识和创造性的传播具有重要意义，特别是一些无形的知识，通常是通过人员之间的直接交流得以传播的。

出于对经济、文化和弥补本国人力资源不足等各种因素的综合考虑，很多国家积极吸引国际学生，同时也有很多国家努力输送本国学生出国学习。德国计划到2020年接收35万名国际学生，日本的目标是到2020年接收30万名国际学生，中国计划到2020年接收50万名国际学生，约旦计划到2020年吸引10万名国际学生。“伊拉斯谟+”计划一直致力于欧盟学生的国际流动，计划到2020年使400万名青年学生和教员等拥有海外经历。巴西的“科学无国界”计划在3年内输送10万名学生出国学习，墨西哥的“十万工程计划”计划到2018年输送10万名学生到美国留学。还有许多发达国家（如美国、英国和日本等）积极推动本国人员出国学习和接触不同文化，并致力于未来能够活跃于国际舞台的人员的培育。

根据OECD的相关数据，2000年时，全球国际学生数量是210万人，到

2013 年国际学生数量达到了 410 万人，而到 2025 年很可能达到 800 万人。

据美国门户开放网站的统计数据，2015—2016 年，在美国高等院校注册的国际学生数量首次超过了 100 万人，达到了 104 万 3839 人，较 2014—2015 年增长了 7.1%，成为全球首个拥有 100 万基数国际学生的国家；英国接收的国际学生数量排在第 2 位，但其数量仅为 496 690 人，接近美国的一半；中国接收的国际学生数量达到了 397 635 人，排在全球第 3 位；其他接收国际学生数量较多的国家包括法国 309 642 人、澳大利亚 292 352 人、俄罗斯 282 921 人、加拿大 263 855 人、德国 235 858 人、日本 152 062 人。就较上一年度的增长率而言，菲律宾的增长率达到了 27.5%，但就其总量而言，仅有 8000 多人；增长率超过 10% 的国家还有俄罗斯（13.0%）和加拿大（10.1%）；其他几个增长较快的国家包括日本（9.3%）、澳大利亚（8.4%）、新西兰（8.3% 达到了 50 525 人）、德国（7.8%）、印度（7.3%，达到了 42 420 人），西班牙和荷兰的增长率虽然不及印度，分别为 6.3% 和 6.0%，但接收国际学生的数量却紧跟日本之后，分别达到了 76 057 人和 74 894 人。

从接收国际学生的相对数量可以看出各国高等教育的国际化程度。英国、澳大利亚、加拿大和新西兰的高等教育机构接收的国际学生占高等教育学生总量的比例最高，“Project Atlas 2016”的数据显示，其分别达到 21.1%、20.7%、12.9% 和 12.0%。占比达到两位数的国家还包括法国（10.8%）、荷兰（10.7%）、芬兰（10.2%）。占比较高的国家还包括德国（8.7%）、瑞典（8.2%）、俄罗斯（5.4%）、美国（5.2%）、西班牙（4.9%）、日本（4.2%），而接收国际学生数量排在第 3 位的中国只有 0.9%。

各国的教育科研体系发展的阶段不同，其接收的国际学生的程度也有很大差别，发达教育和科研体系中通常接收博士人才更多，如图 1－3 所示。而中国，虽然接收了大量的国际学生，但这些国际学生基本上都不是来中国攻读学位的。

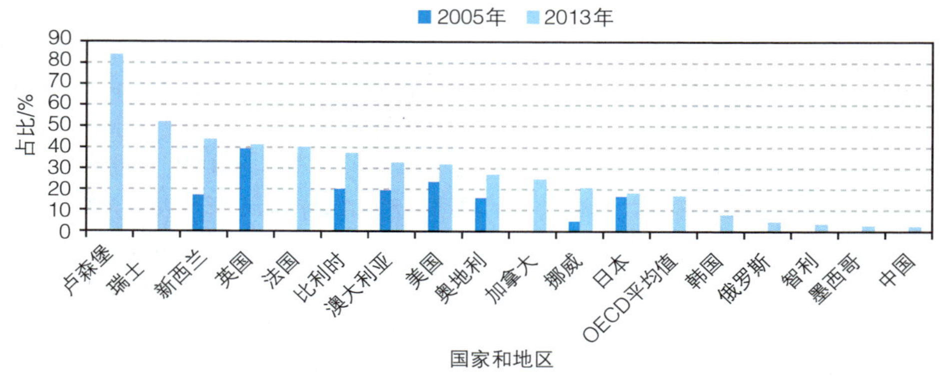


图 1－3 国际学生攻读博士学位的比例（2005 年和 2013 年）

从国际学生的流向来看，依然是从发展中国家流向发达国家，从亚洲和欧洲流向美国，但也有一些新的国际学生接收中心正在形成。例如，澳大利亚、新西兰、中国及南非等正在成为周边国家的热门留学目的地。

## 五、研究人员数量稳步增长，逐步向企业转移

以科学与工程研发活动为基础的创新是一个国家实现经济增长，提高自身在全球竞争力的重要手段。在互联程度日益提高的今天，具有科学与工程专长的研究人员是国家创新组织中不可或缺的部分。因为他们拥有高超的技能水平和创造性思维，不仅能够推进基础科学知识的发展，而且也有能力将基础知识方面的进步成果转化为有形、有用的产品和服务。因为这类劳动者能对加快国家经济和生产率增长的步伐做出重要贡献，因而受到各国的关注。很多国家都通过国家科学技术创新和研究战略来支持研究职业的发展，确保供需平衡。一些国家确定了研究人员发展目标，以满足国家发展的需要。中国在“十二五”规划中就曾提出了使每万名受雇人口中的研究人员数量达到43 人的目标。土耳其在国家创新战略中确立了到2023 年，使其研究人员数量（FTE）达到30 万人的目标。欧洲的《研究人员守则与宪章》是欧盟促进其研究职业更具吸引力的重要组成。一些国家还推出了新的博士计划和提高博士培训质量的相关计划，如修订课程和扩展培训范围，增加创业和可转移技能，增加研究人员的数量，提升研究人员的质量。

现有的最新数据显示，2000—2015 年，欧盟28 国的研究人员数量从111. 8 万人增长到了180. 5 万人，增长了61. 5%；OECD 国家的研究人员总量在2000 年时为313. 7 万人，到2014 年达到了465. 1 万人。从国别来看，主要国家也都保持了增长的态势。美国的研究人员数量在2000 年时为98. 3 万人，2014 年增长到了135. 2 万人，增长了37. 5%；中国则从2000 年的69. 5 万人增长到了2015 年的161. 9 万人，增长了133%；同期增长较快的国家还包括英国（69. 7%）、法国（56. 6%）、德国（38. 7%）。也有一些国家（如俄罗斯）研究人员数量呈现下降趋势，2000 年时俄罗斯有50. 64 万名研究人员，到2015 年下降到了44. 92 万人。同期，墨西哥、芬兰、冰岛、卢森堡的研究人员数量在达到一个高点后均开始呈现下降的趋势。相关具体数据如图1 –4 所示。

每千名受雇人口中的研究人员数量在过去20 年中也呈现出增长的态势。欧盟28 国在1994 年时每千名受雇人口中的研究人员数量是4. 78 人，2004 年达到了5. 98 人，到2014 年达到了7. 74 人；OECD 的整体状况是，1994 年为5. 37 人，2004 年为6. 74 人，2014 年为7. 96 人。从主要国家的情况来看，韩国虽然在1994 年时该数据仅为4. 93 人，但是到了2014 年却达到了13. 49 人；日本这一数据的增长虽然缓慢，但在2014 年也达到了10. 47 人；美国、英国、德国、法国

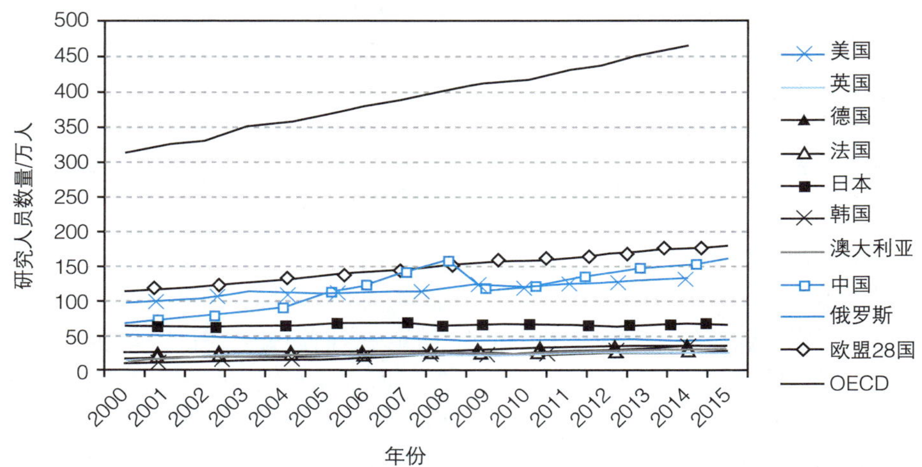


图 1-4 部分国家和地区研究人员数量的变化

的数据差不多，均为 8～9 人；中国的研究人员总量虽然多，但每千名受雇人口中的研究人员数量却不足 2 人；俄罗斯在 2004 年时每千名受雇人口中的研究人员数量是 7.10 人，2014 年下降到了 6.22 人；芬兰在 2004 年时的数据为 17.27 人，到 2014 年下降到了 15.33 人；其他下降的国家还有卢森堡、冰岛和墨西哥。相关具体数据如图 1-5 所示。

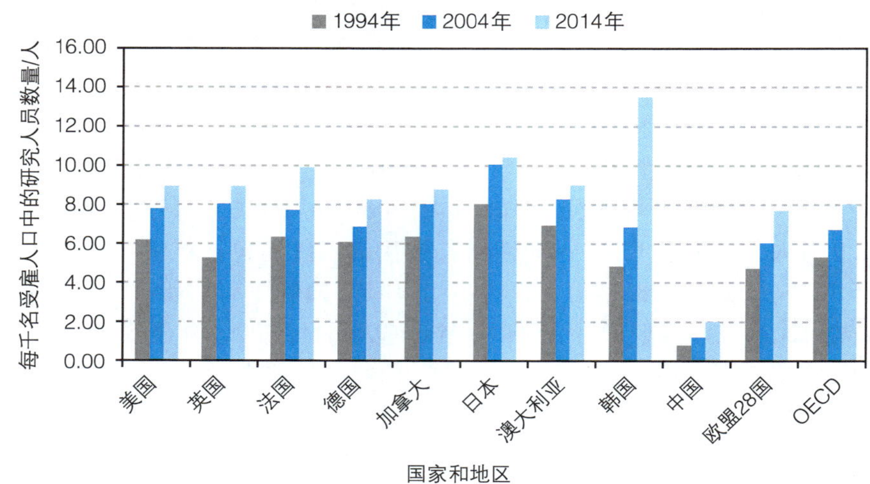


图 1-5 部分国家和地区每千名受雇人口中的研究人员数量变化

从研究人员的分布情况来看，不同国家差别较大，如图 1-6 所示。以英国来说，60% 以上的研究人员分布在大学和公共研究机构，但还有一些国家，如韩国和日本分别有 79% 和 74% 的研究人员分布在企业。近年来，由于许多国家培养了大量的博士，

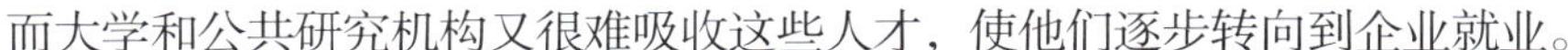

而大学和公共研究机构又很难吸收这些人才，使他们逐步转向到企业就业。

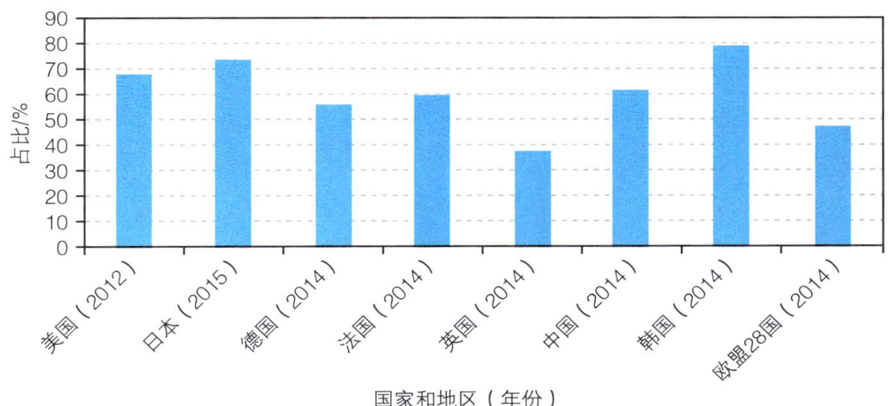


图 1-6　部分国家和地区企业研究人员占比

## 六、研究职业中的性别鸿沟依然严重，女性职业天花板依旧存在

过去一二十年中，很多国家都极力促进科研活动中的性别平等，出台了一些激励政策，鼓励更多的女性进入研究职业和担任高级职位。当前，已经有更多的女性开始出现在研究职业中，并且有越来越多的女性开始担任高级职位。不过，尽管受到持续的政策关注，这种变化仍旧十分缓慢，女性参与科学或者说进入研究职业的障碍仍旧存在。即便当前不少国家接受学士和硕士教育的女性人数超过了男性，但她们中进入高级科学课程学习的人数仍旧低于男性，并且追求高级学术职位的人也不多，追求领导职位的就更是少之又少了。相关具体数据如图 1-7 所示。

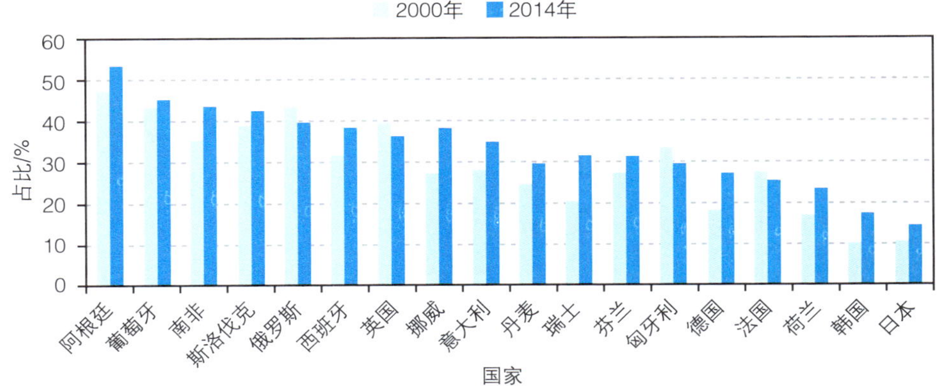


图 1-7　2000 年和 2014 年部分国家女性研究人员占比

在欧洲，个别国家女性在高级研究职业上的人数虽然多一些，但整体来看，性别鸿沟依然严重，如图 1－8 所示。

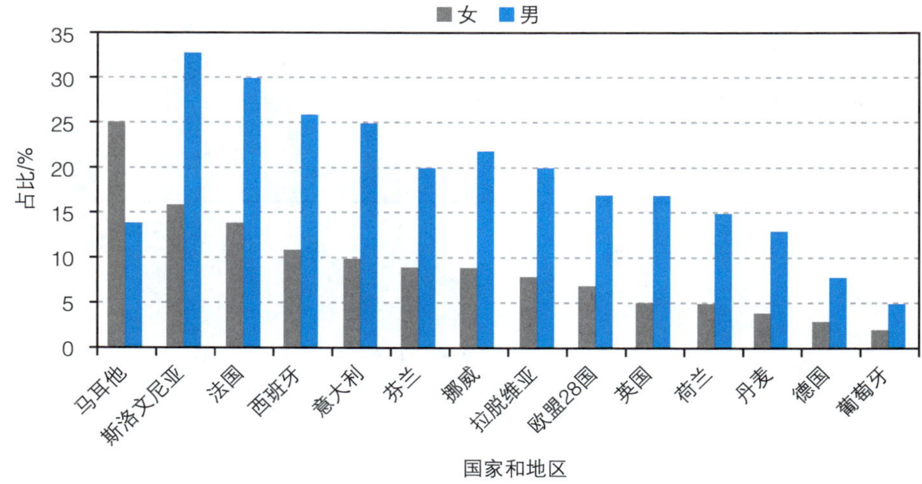


图 1－8 2013 年 A 级职位的女性和男性占所有研究职位人员比例

（执笔人：乌云其其格）

# 科技外交融入创新要素

随着创新的地位进一步提高，科技外交的概念也有了进一步发展，“创新外交”和“科技创新外交”等提法开始出现。科技外交紧密契合全球创新发展态势和格局，表现出的主要特征包括：各国大力支持中小企业国际化、新兴国家成为重点合作对象、无政府空间领域已走向科技外交的前沿。

## 一、科技外交是各国科技创新战略的重要组成部分

科技创新已成为全球经济发展的关键驱动力，科技外交和科技国际化急创新所需，是主要国家和地区创新战略的重要组成部分。

### （一）英国脱欧后更加注重国际科技合作

英国政府于 2014 年 12 月发布《我们的增长计划：科学和创新》战略文件，把科学和创新置于英国长期经济发展计划的核心位置，目标是使英国成为全球最适合科技和商业发展的国度。

该报告指出，随着科学与创新日益国际化，科学与创新战略也必须具有全球性。英国要积极参与全球科学与创新，实现国际合作的全部效益。报告中有关科技外交的表述为“把科学作为英国全球软实力的重要来源，使科学外交带来最大利益”。

英国脱欧公投后，为了继续保持科学研究的全球卓越水平，一些主要科研管理机构和研究机构相继发表声明，指出未来应更加注重国际科技合作。新政府也意识到国际研究合作的重要性，承诺将保证英国科研继续向世界开放。

### （二）日本立足于国际视野推行创新政策

2016 年 1 月，日本通过了《第 5 期科技基本计划（2016—2020）》，提出通

过政府、学术界、产业界和国民等相关各方的共同努力，推进科技创新政策，打造“超智能社会”（5.0 社会），把日本建成“世界上最适宜创新的国家”。

该报告指出，在全球化进程中，为推进日本的科技创新发展，充分利用创新成果，提高日本在国际社会的存在感及可信赖性，有必要一体化推进科技创新的国际活动及科技外交。日本未来 5 年的四大政策措施必须立足于国际视野而推行。

日本在 2014 年发布了《科技创新国际化战略》。该战略提出，要大力推行科技外交。为促进科技及外交合作，“科技外交”这一战略性政策手段应运而生，并将给日本带来重大利益。科技外交思想须遵循以下基本方针：一是促进科技创新，帮助解决全球性问题，使创新成果促进世界可持续发展；二是通过推动国际交流，充分利用海外研究资源，进一步加强日本科学技术创新体系建设；三是充分利用日本与合作伙伴国的各自优势，构筑双赢关系。

### （三）俄罗斯首份科技发展战略首提科技外交

2016 年 12 月 1 日，俄罗斯正式发布《俄罗斯联邦科学技术发展战略》，这是俄罗斯历史上颁布的第一份“科技发展战略”。该战略紧跟国际科技创新发展态势，聚焦应对重大社会挑战和经济复苏与创新发展需求，明确了未来 10～15 年科技创新发展的优先方向、战略目标、阶段性任务和主要措施。

该战略提出，要加强国际合作与一体化，推动形成国际科技合作及研究和技术发展领域的国际一体化典型案例，以在科学国际化的背景下保障俄罗斯科学的独立性和国家利益，并通过国际有益互动提高俄罗斯科研效率。该战略对科技外交的描述是“发展科技外交，作为公共外交的重要手段之一”。

### （四）澳大利亚《创新全球化战略》驱动国家经济发展

2015 年 12 月，澳大利亚政府发布《国家创新与科学议程》。该议程指出，创新和科学对于澳大利亚发现新的增长途径、维持高工资就业、把握下一波经济繁荣至关重要。

2016 年 10 月，澳大利亚政府发布《创新全球化战略》，作为《国家创新与科学议程》的 24 项计划措施之一，同时也是实现创新与科学驱动国家发展的关键内容之一。该战略将在《国家创新与科学议程》框架下，通过调整已有措施或出台新措施，推动澳大利亚国际创新与科学合作，带动国家经济增长。

总体目标包括：一是提升政府各部门的全球化参与度；二是建立企业界与学术界的合作联系；三是吸引人才和投资流入澳大利亚；四是增强与全球价值链的联系；五是在亚太地区为澳大利亚企业和研究人员构建一个开放、创新的环境。

该战略提出了推进澳大利亚与国际合作伙伴开展科学创新合作的综合协调措

施。主要包括：吸引其他国家与澳大利亚开展合作；整合现有的资源和计划项目；通过国际合作和对初创企业的支持，发现新机遇；更多地参与可持续的、更有效的多边合作项目。

### （五）欧盟在创新和外交战略中定位科学外交

2015 年，欧盟在创新的欧洲研究区建设中，提出了“开放创新、开放科学、向世界开放”的新理念，预示着欧盟新的创新框架与体系的诞生。欧盟将致力于把科学优势转化为在全球事务中的主导声音，继续投入科学外交和国际科学合作，启用地区和国家间的伙伴关系。

2016 年，欧盟发布新的《外交和安全政策全球战略》，提出要发挥科学外交在处理地区冲突和加强伙伴关系中的重要作用。

### （六）西班牙发布《科技创新外交》

西班牙当前正在实施《2013—2020 年科技创新战略》，包含社会挑战、卓越性、产业领先及人才和就业 4 个方面，把研发与创新作为破解债务危机之道。该战略明确指出，国家系统内各机构的国际合作能力是增强科学、工业和企业竞争力的关键因素。

2016 年，西班牙发布《科技创新外交》报告，强调科技外交对于应对全球化挑战、实现可持续发展议程目标、提升国家能力、确保企业竞争力及其国际领导地位等均具有重要意义。报告还指出，科技外交是国家的品牌工具，是构成公共外交的核心要素。

报告对科技创新外交工作提出的主要建议包括：一是支持与重大国际挑战相关，特别是对西班牙社会具有深刻影响的研发创新活动；二是加强企业研发创新国际领导力；三是改革中央政府内部协调机制；四是密切开展与他国合作；五是加强科技创新外交人力资源培训；六是推进科技创新外交交流，强化西班牙语科学知识的传播。

报告中，首次提出了“科技创新外交”（Science Technology and Innovation Diplomacy）的概念，并将其定义为：“科技创新外交是以促进双多边研究与创新合作为目的制定的整体方案，其目标是寻找人们共同关心问题的解决方案，促进科学、技术和工业生产能力及科研人员的流动发展。”可见，随着创新发展成为统领全球经济的关键要素，“科技外交”的概念也进一步延展，融入了“创新”维度。

## 二、科技外交大力支持中小企业国际化

企业是创新的主体。在科技外交的大背景下，各国纷纷加大政策力度，营造

有利于提升企业竞争力的国际环境。主要体现在对企业，特别是中小企业进军国外市场的支持。

## （一）设立海外桥头堡

桥头堡中心一般设在拥有良性创新创业生态系统的城市，创业人才、导师和投资网络强大，其所在国家在国际市场上的地位卓越或者未来潜力巨大。一般来说，桥头堡中心向初创企业提供定制化的商业开发援助，包括对客户、投资者和战略合作伙伴的识别，以及与他们接触的机会和途径，并帮助他们扩大业务规模，进入国际市场。

澳大利亚的“桥头堡计划”共投入1120万澳元，主要短期支持（90天）即将进入市场的初创企业。澳大利亚贸易、旅游与投资部已经在旧金山、柏林、上海、特拉维夫和新加坡5个城市设立了桥头堡中心。计划支持初创企业在世界知名创客空间开展为期90天的实习，为其提供向世界优秀初创企业学习的机会，帮助它们加速设计并开发出适合自己的商业模式。还将在与关键伙伴和其他机构紧密联系的基础上，构建强大的人力、企业和计划网络，融入全球创新生态系统。

韩国也制定了扶植中小企业走出去的“桥头堡战略”。计划在美国硅谷、华盛顿、欧盟、俄罗斯和中国各建立1家“全球创新中心”（KIC），目前，美国硅谷KIC已经启用。这些海外KIC协助走出去的韩国企业开展国际合作，同时具有孵化器功能。配合海外KIC，韩国还设置了国内KIC，主要职能是搭建国际合作网络，为企业走出去提供咨询支持和政策扶持。

英国的桥头堡——“创新门户”的功能则表现为双向。创新门户由英国贸易投资署设立，除支持英国企业在八大技术领域实现国际化外，还负责吸引外来投资，支持国际贸易，为国际投资者落户英国打开“前门”。

## （二）促进中小企业海外出口计划

随着全球贸易自由化日益深入，一个国家或地区能否实现长期繁荣，将取决于本国和本地区的企业在国际舞台上成功与否。美国、加拿大等国家采取多项措施，支持企业进一步进入全球市场。

美国提出要帮助企业参与国际竞争。为促进创新型企业的出口，美国政府将扩大面向新创企业和其他早期创新者设立的、在国际市场上保护企业资产的计划。此外，商务部下属的国际贸易管理局推出了定制化出口援助服务解决方案，促进初创新兴企业在国际市场上的业务发展。“全球创业计划”重点帮助新创企业，将全国的企业孵化器和创业社区联系起来，帮助创业者在企业早期增长阶段培养“全球性思维”。

加拿大政府通过全球市场行动计划，发挥贸易专员、技术加速器的作用，继续在主要国际市场宣传推广加拿大的创新优势。2015 年，加拿大外交国贸发展部宣布以《加拿大国际创新计划》取代原来的《国际科技伙伴计划》，主要支持中小企业的技术产业化和市场化。外交国贸发展部还组织了“走向全球”的论坛活动，为加拿大中小企业成功“走出去”提供一站式服务。

英国贸易投资署启动了一揽子中小企业出口扶持措施，为此投入 2000 万英镑。

## （三）促进中小企业与国际伙伴的研发合作

各国积极推动科技型中小企业的国际研发合作，帮助它们提升技术水平，增强产品在国际市场的竞争力。

一是对中小企业国际化进程的不同阶段给予支持。以澳大利亚为例，其设立了全球合作基金，共 490 万澳元，支持中小企业和研究人员的对外交流与合作。该基金提供两种不同类型的资助：一种是启动型资助，向中小企业和研究人员提供 7000 澳元的小型支持，帮助它们与国际合作伙伴取得初步联系并发展共同的合作理念；另一种是过渡型资助，向中小企业和研究人员提供最高达 5 万澳元的大型资助（种子基金），旨在扩大可行性项目的范围和规模，进行商业化测试和概念验证。

二是对尖端和前沿技术合作给予资助。澳大利亚设立了“全球创新联动基金”，共 1650 万澳元，支持本国企业和研究人员与全球合作伙伴开展具有战略性的前沿研发项目，即能够快速应对行业挑战的高质量的产品、服务和工艺。该基金对每个项目最高支持 100 万澳元，连续支持 4 年。德国则启动了“尖端集群和前瞻项目国际化”计划，作为德国联邦政府新一轮高技术战略中推进创新国际化进程的重要措施。

三是中小企业国际化进程中，注重加强研究界与产业界的合作。以德国为例，2016 年 1 月，德国联邦教研部发布《中小企业先行——“十项方针”鼓励中小企业创新》方案，鼓励中小企业更多地同欧盟及国际伙伴开展合作，创造经济潜能。如联邦教研部在“中小企业国际化”方案下积极推动“2 + 2”项目，每个参与国都有 1 个学术型伙伴和 1 个实际生产型伙伴参与。德国的工业生产伙伴主要来自中小企业。德国还提出了研究与商业化双向带动原则。具体来说，一方面是鼓励中小企业通过“欧洲之星”参加欧盟跨国项目，同高校或科研机构合作，落实创意并最终带动产品走向市场；另一方面稳固中小企业在“可持续研究”专项领域的核心地位，鼓励它们更多同发展中国家合作，以出口带动科研。

## 三、科技外交重心向新兴国家转移

近年来，新兴国家经济发展迅速，全球研发格局不断发生变化。2013 年，东亚和东南亚地区的研发支出占据全球研发总支出的36.8%，成为全球研发最密集的地区。韩国和以色列是研发强度最高的 2 个国家。亚洲在全球研发格局中的地位不断上升。金砖 6 国（中国、印度、巴西、俄罗斯、印度尼西亚和南非）的研发支出已经超过欧盟 28 国的研发支出总量，工业研发能力快速提升。新兴国家未来将在科技领域和经济领域取得进一步发展。

随之而来，各国广泛开展与新兴国家的共同研究和人才交流，围绕金砖国家和亚洲国家进行了科技外交的部署。《加拿大国际创新计划》重点支持与中国、印度、巴西、以色列和韩国的双边科技合作项目，每个国家每年项目经费为 100 万加元。2016 年，率先启动与中国、巴西和印度的双边项目。挪威教育与研究部 2015 年对外发布了名为《全视景（2016—2020）》的科研与教育 6 国合作战略，专为指导挪威与巴西、中国、印度、日本、俄罗斯和南非 6 个国家的未来 5 年的教育与科研国际合作。英国在脱欧后也提出要特别强化与新兴国家的关系。

中国作为世界研发支出增长最快的国家，是全球研发的主要驱动力量。为抓住中国快速发展的机遇，德国于2015 年 10 月发布了《中国战略：2015—2020 年与中国研究、科学、教育合作战略框架》，这是德国首个国别科技创新合作战略，包含未来对华合作的 9 个领域及 35 项具体措施。2014 年，英国也发布了《吸收创新的中国——中国的科研创新与中英合作展望》报告，指出英国应进一步提高在中国的影响力，融合创新外交与合作，以产生最大的经济和社会影响。

为推动较大规模的科学、研究与创新合作，为地区性共同挑战提供创新型解决方案，一些国家还致力于建设地区科研合作网络。澳大利亚在《创新全球化战略》中提出地区合作计划，共 320 万澳元，主要支持亚太地区的多边合作活动。通过澳大利亚主导的项目和多边论坛，创建一个开放的科学、研究和产业合作环境，帮助建立可持续的、有影响力的合作网络。而瑞士政府也将正式推出新一轮与发展中国家的科研合作计划——“R4D”。该计划的合作对象国分布在东南亚、南亚、非洲、拉美，重点领域包括应对社会冲突、促进贫困人口就业、粮食安全、生态保护、公共健康卫生体系。计划实施 41 个合作项目，最终形成瑞士对发展中国家的科研合作网络。

## 四、科技外交在无政府空间领域展开较量

海洋、北极、大气层、网络空间均不由单个国家统治，却是科学家的研究领

地。英国在《我们的增长计划：科学和创新》、俄罗斯在《俄罗斯联邦科学技术发展战略》中，已经将宇宙空间、国际海域、南北极和网络世界，作为科技优先发展方向。

鉴于这些空间的无国界性，各国均认识到，加强国际合作是实现并维护无政府空间自由、公正、安全的必不可少的条件。因此，各国充分利用科技外交和合作，将这些战略重点推向前进。

## （一）极地成为新一轮科技外交的前沿领域

北极和南极的温度和环境变化将对全球产生重大影响。特别是北极，随着北极海冰在过去20年里加速融化，以及伴随增加的经济机会，各国开始将目光聚焦于此。

日本高度重视北极，把北极视为科技的前沿研究领域及外交政策的关键地区。在2015年，日本获得AC观察国地位，发布了名为“北极地区可持续发展挑战”的新5年项目，并在10月发布了国家北极政策。日本的北极政策中，把科技作为解决问题的关键方法之一。首先，日本利用科学研究更详尽地解释北极的自然现象；其次，日本将利用技术专长在北极的可持续发展中发挥重要作用；最后，日本利用科技的重大价值实现外交立场。3个具体的推进措施包括：研究与开发、国际合作、北极可持续发展。具体的科技外交视角为：在国际环境下充分运用日本的科技实力，确保法治并且以和平有序的方式推进国际合作。

欧盟非常重视自身在北极的特殊存在。2008年，欧盟推出了《欧盟与北极地区》，2016年4月发布《欧盟北极政策建议》。开展北极事务国际合作是欧盟的优先领域之一，而科技外交也被欧盟视为重要手段。欧盟认为，北极地区所面临的挑战，需要地区及国际层面联手应对。科学技术作为一种催化剂促进国家之间的共同认识和商定解决方案并达成和平合作。欧盟的举措主要包括：与所有北极国家加强在科学和投资等领域的合作；参与国际组织与国际论坛，积极承担相应责任；共享先进的研究设施和数据。此外，在确保北极生态系统的前提下，支持共同开发海洋渔业，建立适当的国际框架，确保北极公海的可持续开发利用。

美国在2016年12月发布第2期北极研究计划，拟在未来5年内继续推进北极研究。该计划通过跨部门北极研究政策联合委员会（IARPC）合作网络实施。IARPC合作网是一个共享北极研究知识、形成新理念、报告研究进展的网络平台，向所有相关研究者开放。

南极也引起了各国的高度关注。日本在2015年年底公布《南极地域观测第9期6年计划》。其主要目标，一是立足于全球视野，根据社会需求推进尖端科学研究；二是与其他国家开展共同观测，互相使用基地设计运营资源。日本强调要与其他国家尤其是亚洲国家加强合作，同时也明确提出确保合作中日本的独立性和领导地位。

2016 年，泰国和中国签署了《极地科学研究合作谅解备忘录》，旨在推进中泰两国在极地领域实质性合作，进一步加强双方在极地海洋生物学、海洋学、大气与天文学、地球物理学和地球化学等领域的长期合作。

## （二）后棱镜门时代网络安全亟须国际合作

网络空间超越国界，实现了创意的无缝对接，通过推动创新发展，创造出巨大价值，造福人类。但是，网络空间也给人类生活带来了困扰。棱镜门事件表明，整个国际网络空间处于被监控状态，严重影响了经济社会发展，危害国家安全。建立自由、公正、安全的网络空间，离不开国际合作。

日本在 2015 年 9 月通过《网络安全战略》，提出要加强与世界各国的交流合作，特别是立足对象国及地区的技术特性、两国关系等开展不同的合作内容。如与亚洲、大洋洲的合作，主要是推进在该地区的信息收集与传播；与北美地区和欧盟国家的合作，强调共享网络政策与网络攻击信息，在尖端技术领域实施项目合作，共同开展网络攻击应对演练等；而在与中南美、中东非地区的合作中，则选择性深化与拥有共同价值观国家的合作伙伴关系。

德国在 2016 年发布新的网络安全战略，参与欧盟、国际网络安全建设活动是四大行为领域之一。德国的主要国际合作对象是欧盟和北约，制定全欧洲统一的、行之有效的网络安全政策，继续完善北约的网络防御政策。德国将积极参与国际网络安全构建，通过双边合作和区域性合作构建或巩固网络能力建设，加强对国际网络犯罪的追责和处罚。

美国将国际网络空间安全合作作为优先目标之一；英国将寻求国际合作来发展规范网络空间行为的国际规范和准则作为优先行动之一。

（执笔人：张翼燕）

# 第二部分

# 国际科技热点追踪与分析

本部分主要选择一些重点科技领域近几年尤其是2016年的国际发展状况进行较深入的综合分析与阐述，这些领域包括气候变化、能源需求变革、生命科学、信息通信技术、航天和先进制造。

# 全球应对气候变化进入行动期

2016 年对于全球气候变化领域来说是喜忧参半。喜的是，全球经济增长已实现与碳排放脱钩；《巴黎协定》在通过不到 1 年的时间里正式生效[①]，并召开了第 1 次缔约方会议（CMA1）；《联合国气候变化框架公约》第 22 次缔约方会议（COP22）成功举行，并通过《马拉喀什行动宣言》，全球应对气候变化进入“履约和采取行动的新时代”。忧的是，2016 年全球温度再创新纪录，多地受气候事件影响；虽然 COP22 成功举行，但并不圆满，关于气候筹资问题并没有达成一致；美国当选总统特朗普的一系列言行给全球应对气候变化的努力带来了不确定性；此外，据联合国环境规划署（UNEP）发布的《2016 年排放差距报告》，即使巴黎承诺得以兑现，到 21 世纪末全球气温仍将上升 2.9 ~ 3.4 ℃。严峻的现实昭示着全球需要以更快的速度采取应对气候变化的行动。

## 一、全球经济增长与碳排放实现脱钩

近年来，各国大力发展清洁能源，取得较好的成效。当前，全球可再生能源发电装机容量总量达 1849 吉瓦，为历年最高；风能和太阳能光伏发电约占新增装机容量的 77%。同时，全球能源强度进一步下降，能源效率进一步提高。2015 年全球能源强度下降了 1.8%，2000—2015 年国际能源署（IEA）成员国的平均能源效率水平提高了 14%。能源技术的快速发展使得全球经济增长与碳排放实现脱钩。

2016 年 3 月 16 日，国际能源署分析了 2015 年全球与能源相关的 $CO_2$ 排放情况。结果显示，2015 年，全球 $CO_2$ 排放量为 321 亿吨，基本与 2013 年持平，已连续第 2 年停滞。与此同时，全球经济继续以超过 3% 的速度增长，表明全球经

① 截至 2017 年 1 月 9 日，已有 122 个国家正式批准《巴黎协定》。

济增长与碳排放增长之间的联系正在减弱，实现了碳排放与经济增长脱钩。其中，中国和美国是全球碳排放与经济增长解耦的主要贡献者。2016 年全球碳排放继续停止增长。联合国环境规划署 2016 年 11 月 3 日发布的《2016 年排放差距报告》指出，全球化石燃料使用与工业活动产生的温室气体排放趋于稳定。“全球碳项目”（Global Carbon Project）发布的《2016 年全球碳预算报告》（Global Carbon Budget 2016）指出，全球化石燃料燃烧产生的 $CO_2$ 排放量在 2015 年没有出现增长，预计 2016 年仅有轻微增长，使得全球碳排放连续 3 年几乎零增长。全球经济的增长将不再完全依赖于能源的消耗。

## 二、《巴黎协定》进入行动期

### （一）《巴黎协定》正式生效

2015 年 12 月，巴黎气候变化大会达成了《巴黎协定》。按规定，《巴黎协定》将在至少 55 个《联合国气候变化框架公约》缔约方（其温室气体排放量占全球总排放量至少 55%）交存批准、接受、核准或加入文书之日后第 30 天起生效。在各国的强力支持下，2016 年 10 月 5 日，《巴黎协定》达到生效所需的 2 个门槛（74 个国家正式批准了《巴黎协定》，这些国家的温室气体排放量占全球总量的 58.82%），并于 11 月 4 日正式生效，成为历史上批约生效较快的国际条约之一。

一项国际协议在不到 1 年的时间里正式生效并具有法律约束力，这在当今世界面临众多难题挑战的全球治理中堪称“典范”，表明了全球应对气候变化的紧迫性和雄心。

### （二）《联合国气候变化框架公约》第 22 次缔约方会议成功举行

#### 1. 通过《马拉喀什行动宣言》

2016 年 11 月 7 日，《联合国气候变化框架公约》第 22 次缔约方会议（COP22）在摩洛哥历史古城马拉喀什开幕，来自 196 个国家和地区的超过 2.5 万人参加了为期 2 周的会议。

大会的主题是“行动”。参会的各方代表都认识到应对气候变化的紧迫性，以负责任的态度就大会的决议草案举行多轮双边和多边谈判。大会通过了《马拉喀什行动宣言》，宣称将进入气候变化“履约和采取行动的新时代”。《马拉喀什行动宣言》呼吁各国将应对气候变化作为优先事项，加强合作，以弥合《巴黎协定》中规定的长期温控目标和现实排放情景之间的差距。该宣言呼吁各方强化 2020 年前应对气候变化行动的支持力度，加快批准《京都议定书》

第 2 承诺期。宣言体现了各国在应对气候变化并推动可持续发展方面强烈的政治意愿和决心。

### 2. 举行《京都议定书》第 12 次缔约方会议（CMP12）和《巴黎协定》第 1 次缔约方会议（CMA1）

大会期间还举行了《京都议定书》第 12 次缔约方会议（CMP12）及《巴黎协定》第 1 次缔约方会议（CMA1），并通过了 2 个会议决定。有关决定欢迎发达国家就 2020 年前实现每年提供 1000 亿美元资金支持提出路线图，同时呼吁发达国家继续增加可用资金，以最终兑现承诺，并就今后 2 年如何落实《巴黎协定》的工作程序做出安排。

### 3. 各方积极参与

大会期间，各方都积极参与，为落实《巴黎协定》献计献策。发展中国家和发达国家共同成立了国家自主贡献伙伴关系（NDC Partnership），汇集了 33 个国家和 9 个国际机构，以期推动《巴黎协定》和可持续发展目标的实现；中国、摩洛哥与联合国共同组织召开“应对气候变化南南合作高级别论坛”，联合国代表及十几个国家的部长共同就南南气候合作的设想、案例和经验进行了交流，会上来自中国的基金会宣布出资 1 亿元人民币成立种子基金，支持气候变化应对和可持续发展；由 40 多个国家组成的“气候脆弱国家论坛”（CVF）承诺争取在 2030—2050 年实现 100% 可再生能源供能，为实现全球气温 1.5 ℃ 的温控目标而努力；继 2016 年 10 月 16—17 日“基础四国”举行第 23 次气候变化部长级会议并发表《“基础四国”第 23 次气候变化部长级会议联合声明》后，在本次气候大会上“基础四国”又举行联合记者会，表示坚定支持《巴黎协定》，释放维护全球气候变化治理进程的积极信号；非洲国家举行了首届“非洲行动峰会”，通过了《非洲行动峰会宣言》，宣布将加速推进现有项目和机制，提高非洲国家适应气候变化的能力。

### 4. 后续安排

大会还就今后 2 年如何落实《巴黎协定》做出机制和制度安排：斐济作为第一个批准《巴黎协定》的国家，也是受气候变化影响较为严重的国家之一，成为 2017 年《联合国气候变化框架公约》第 23 次缔约方会议（COP23）主席国，会议在公约秘书处所在地、德国城市波恩举行。在 COP23 期间将盘点《巴黎协定》的落实进展。波兰将于 2018 年举办《联合国气候变化框架公约》第 24 次缔约方会议（COP24）。根据《巴黎协定》，各缔约方要在 2018 年举办一场促进性对话，以总结各国在落实应对气候变化行动上的进展。

## （三）第1批气候变化长期战略发布

《巴黎协定》邀请所有缔约方在2020年前提交长期温室气体低排放发展战略。《巴黎协定》生效后，美国、墨西哥、德国及加拿大在马拉喀什气候大会上第1批向联合国提交了气候变化长期发展战略。

### 1. 美国

《美国21世纪中期深度脱碳战略》（United States Mid-Century Strategy for Deep Decarbonization），承诺到2020年二氧化碳排放量比2005年减少17%；到2050年二氧化碳排放量比2005年减少80%。该战略详细探讨了美国实现2050年减排目标的路径和措施，并提出实现整个经济系统的温室气体净排放减少需要在以下三个主要领域采取行动：一是转向低碳能源系统；二是增强森林和土壤的碳封存及二氧化碳去除技术；三是减少非二氧化碳温室气体排放。

### 2. 墨西哥

《墨西哥21世纪中期气候变化战略》（Mexican Climate Change Mid-Century Strategy），承诺到2050年将在2000年基础上实现温室气体减排50%。该战略提出了未来10年、20年和40年社会和人口、生态系统、能源、排放、生产系统、私营部门和流动性方面的愿景，并提出了气候变化减缓和适应战略，确定了长期气候政策的关键综合交叉问题。

### 3. 德国

《德国2050年气候行动计划》（German Climate Action Plan 2050），重申了到2050年温室气体排放量比1990年下降80%～95%的目标，并就气候行动制定了政策性的目标和规划。该行动计划提出了2030年前在能源、建筑、交通、工业、农业和林业等领域的总体目标和举措。

### 4. 加拿大

《加拿大21世纪中期温室气体低排放发展战略》（Canada's Mid-Century Long-Term Low-Greenhouse Gas Development Strategy），检查了温室气体减排途径与2050年温室气体排放量比2005年下降80%的目标是否一致，确定了电力、能源、林业、农业、废弃物、清洁技术等方面的关键目标和框架。这些框架构成了加拿大长期气候变化减缓战略的基础。

## （四）全球就削减温室气体氢氟碳化物（HFCs）达成“基加利修正案”协议

2016 年 10 月 10—14 日，《关于消耗臭氧层物质的蒙特利尔议定书》第 28 次缔约方会议在卢旺达基加利召开。大会通过了“基加利修正案”，以减少温室气体 HFCs 的排放，从而防止全球在 21 世纪末升温 0.5 ℃。该修正案是继《巴黎协定》后又一具有里程碑意义的重要文件。根据该修正案，各缔约方同意将 HFCs 列入限控清单，并拟定了减排时间表，规定在 2040 年前逐步减少 80% ～85% 的 HFCs。发达国家将率先从 2019 年开始减少 HFCs 的使用，包括中国在内的 100 多个发展中国家将从 2024 年开始停止使用 HFCs，印度和巴基斯坦等一些发展中国家从 2028 年开始停止使用 HFCs。各国还同意为减少 HFCs 提供充足的资金，全球预计筹资数十亿美元。“基加利修正案”将于 2019 年 1 月 1 日生效。

## （五）世界银行发布最新《世界银行气候变化行动计划》

2016 年 4 月 7 日，世界银行发布《世界银行气候变化行动计划》（World Bank Group Climate Change Action Plan），以加快未来 5 年应对气候变化的步伐，帮助各国履行对巴黎气候变化大会的承诺。计划拟加大在可再生能源、可持续城市、气候智能型农业、绿色交通及其他领域的行动力度，目标是到 2020 年帮助发展中国家增加 30 吉瓦的可再生能源，为 1 亿人建立早期预警系统，协助至少 40 个国家制定气候智能型农业投资计划。

## （六）“创新使命”和“突破能源联盟”大力支持清洁能源创新

### 1. “创新使命”致力于能源领域创新

在 2015 年年底巴黎气候大会上由 20 个国家发起了“创新使命”（Mission Innovation，MI），这些国家承诺在未来 5 年将洁净能源研发投资增加 1 倍。成立 1 年来，欧盟、芬兰与荷兰先后加入“创新使命”，使“创新使命”成员数达到 23 个，这些成员国家代表 80% 以上的全球清洁能源投资。2016 年 6 月 1—2 日，首届“创新使命”部长级会议和第 7 届清洁能源部长级会议在美国旧金山举行，会议对清洁能源的未来发展、如何应对各国面临的气候及能源挑战、加快科技创新与投资在清洁能源领域的应用等进行讨论。与会各国承诺到 2021 年在清洁能源领域的公共研发投入达到约 300 亿美元。

成立 1 年以来，“创新使命”开展了一系列旨在促进能源技术发展的创新挑战，加速向清洁能源转型，包括：智能电网创新挑战、离网电力接入创新挑战、碳捕集创新挑战、可持续生物燃料创新挑战、太阳光转化成可存储燃料创新挑战、清洁能源材料创新挑战、可负担得起的建筑加热和冷却创新挑战。

### 2. “突破能源联盟”投入10亿美元清洁能源基金

在巴黎气候大会上20国政府成立“创新使命”的同时，比尔·盖茨联合马云、扎克伯格、贝索斯等28位全球顶级富豪或家族，宣布成立“能源突破联盟”（Breakthrough Energy Coalition，BEC），在私人投资领域，与公共投资领域的“创新使命”双管齐下，推动清洁能源技术的发展。2016年12月12日，“突破能源联盟”宣布成立一支金额达10亿美元的突破能源基金（BEV），投资具有突破性并且不会排放温室气体的技术，以推动大规模的能源转型，从根本上改变人类过往消耗能源的模式，努力达成一个零碳排放的未来，并为全球提供可靠、可负担的能源。

# 三、各国应对气候变化行动

## （一）制订减排计划与行动方案

2016年，为落实《巴黎协定》，实现温室气体减排目标，各国纷纷出台相关政策与规划，并加大在气候变化领域的投资。英国发布了第5个“碳预算”减排方案，设定了2028—2032年英国碳排放为17.25亿吨$CO_2$当量的目标，即到2032年英国的碳排放将比1990年的水平降低57%；韩国政府制定“气候技术保障路线图”（CTR）以实现2030年温室气体减排37%的目标，路线图涉及碳减排技术、温室气体再利用技术、气候变化应对技术（抵御气候变化带来的灾难等）和全球技术合作四大领域；加拿大安大略省推出“应对气候变化行动计划”，鼓励工业、交通运输及建筑物使用更为清洁、可再生的天然气，并通过了《减缓气候变化及低碳经济法》（Climate Change Mitigation and Low-Carbon Economy Act），以参与北美低碳经济市场，削减温室气体排放，向低碳经济过渡；加拿大联邦政府2016年度拨款1.25亿加元用于应对气候变化，其中，7000万加元将用于支持各城镇应对气候变化，另外5000多万加元用于改善基础设施，以提高适应气候变化的能力；欧盟委员会在“地平线2020”计划框架下资助2800万欧元开展4个气候适应项目，以更好地应对气候变化造成的极端天气和自然灾害，并在欧盟“环境与气候变化计划”（LIFE）框架下投资至少2.2亿欧元用以开展绿色低碳项目，其中，在气候行动领域，总计投资7510万欧元（其中欧盟经费4150万欧元）以支持气候变化适应、气候变化减缓及气候治理和信息项目。

## （二）大力发展清洁能源

清洁能源，特别是可再生能源是能源供应体系的重要组成部分。目前，全球可再生能源开发利用规模不断扩大，投资和新增装机容量不断打破纪录，应用成本快速下降，发展可再生能源已成为许多国家推进能源转型的核心内容和应对气候变化的重要途径。

2016年3月，国际可再生能源机构（IRENA）发布了《可再生能源未来路线图（2016版）》，指出到2030年将可再生能源在全球能源结构中的比例翻一番（从目前的18%提高到36%）每年可以节约4.2万亿美元，可再生能源翻番所带来的节能效益将是投入成本的15倍。向可再生能源转型和提高能源效率，可实现全球平均气温比工业化前水平上升不超过2℃。

2015年年底，美国能源部发布《2016—2020年战略计划及实施框架》，提出为美国提供清洁、可负担、安全的能源；2016年10月，美国联邦政府与基金会、机构投资者和其他长期投资者共同推出了清洁能源投资计划，承诺投资超过40亿美元，资助清洁能源创新和气候变化解决方案；9月，美国能源部和内政部共同发布《国家海上风电战略：促进美国海上风电行业的发展》，以继续加快美国海上风电的发展；11月，奥巴马政府宣布了一系列新的可再生能源项目和行动，继续支持全球向零碳和低碳能源过渡。德国发布了“电力2030”计划，以实现到2050年减少80%～95%的温室气体排放，可再生能源占到能源比例的80%，并保证提供安全、廉价和环保的电力供应的目标；为确保可再生能源比例持续提高，德国联邦政府出台了《2017年可再生能源法》《电力市场法》，并通过了《第二份可再生能源供热法实施报告》，以促进能源转型。2006年4月，意大利经济发展部批准通过了“2015—2017年3年能源研究计划”，并为能源研究活动提供2.1亿欧元的研究预算，将重点关注可再生能源发展和能效提高。2016年11月，欧盟委员会提出新的清洁能源立法提案——《所有欧洲人的清洁能源》（Clean Energy for All Europeans），将《巴黎协定》的2030年目标转化为更为具体的措施，以保持欧盟在全球能源市场向清洁能源转型中的竞争力，从而有助于欧盟实现其2030年及以后的气候与能源政策目标。

### （三）推广电动汽车，加快充电基础设施建设

交通运输行业在全球气候变化中会起到非常重要的作用。交通工具的碳排放占全球碳排放总额的23%左右，《科学》杂志发表的一篇研究文章表明，如果全世界大规模地使用电动汽车，那么到2050年碳排放量可以减少50%。可见，电动汽车的大规模使用对于减少二氧化碳排放目标有着积极的促进作用。因此，推广电动汽车成为各国政府应对气候变化的重要举措。

2016年7月，美国政府召开首届可持续交通峰会，并以白宫的名义发布了最新的电动汽车产业发展一揽子计划，核心是要大力支持充电设施建设，加快市场培育。计划的基本内容：一是成立电动汽车联盟并共同签署《推动电动汽车与充

电设施的指导原则》，将推进充电设施建设作为培育电动汽车产业的首要任务；二是针对充电设施推出资金支持政策，启动国家快充网络建设，将充电设施纳入绿色建筑标准；三是号召各级政府率先采购和使用电动汽车，倡议产业链相关企业加大投入力度，电力企业将扮演重要角色；四是加大对超大功率快充、动力电池等核心技术研发的投入力度。

为实现 2009 年制定的 2020 年前“100 万电动汽车上路”目标，2016 年 4 月，德国联邦政府实施新的电动汽车推广计划，即投入 10 亿欧元为电动汽车进行补贴，其中 6 亿欧元作为折扣补贴给购车者，3 亿欧元投资充电基础设施建设，剩余资金将用于研发新型电池。2016 年 5 月起，在德国购买纯电动汽车将得到 4000 欧元补贴，购买插电式混合动力汽车将得到 3000 欧元的补贴。在充电设施建设方面，联邦交通与数字基础设施部发布了“电动汽车充电设施在德国”的资助指南，旨在尽快实现德国境内建成 15 000 个充电点的目标。

英国政府承诺 2015—2020 年开支 6 亿多英镑支持英国采用和制造超低排放的汽车，到 2050 年实现汽车和货车零排放。为实现该目标，2016 年 1 月，英国政府宣布资助 7500 万英镑开发低碳汽车技术，其中 4650 万英镑在伦敦投放一系列轻型、零排放、增程式出租车；资助 600 万英镑研发大幅减重、与电动技术相结合的汽油发动机，生产混合动力和纯电版本的运动跑车；11 月，英国政府又宣布投资 2.9 亿英镑推动低碳排放汽车技术，其中 1.5 亿英镑用于投放清洁车辆和改造引擎，从而解决城市的空气质量问题；投资 0.8 亿英镑用于改进电动汽车充电设施。

加拿大大力推动民众购买电动汽车，已有多省出台了刺激计划和资金补贴措施。例如，安大略省电动汽车补贴最高达 15 000 加元，魁北克省最高达 8600 加元。为了解决充电和续航能力等问题，加拿大政府和相关机构采取了一系列对策，如安大略省通过拨款计划向 EVCO（Electric Vehicle Chargers Ontario）投入 2000 万加元，创建了一个快速充电站网络。此外，加拿大政府还修订了部分建筑标准，为家庭住宅、居民聚集建筑及商业区提供便利充电条件；安大略省还计划 2017 年施行夜间充电免费政策，大大降低用户成本。

2016 年 3 月，日本先后公布了《氢能及燃料电池战略路线图（修订版）》和《纯电动车及插电式混合动力车发展路线图》。前者设定了在 2030 年使日本燃料电池汽车发展到 80 万辆的目标，后者设定了在 2020 年使日本的纯电动车和插电式混合动力车发展到 100 万辆的普及推广目标，并配套设定了充电基础设施建设的具体数量目标：在“基础充电”方面，计划到 2020 年在公共住宅建设 1 万处充电桩（每年 2000 处），在独立住宅根据购车者分布全面配套建设充电桩，在工作场所（写字楼等）建设 9000 处充电桩；在“目的地充电”方面，计划到 2020 年在 2 万个大型商场、宾馆、观光设施、公共设施等处建成配套充电设施；在

“途中充电”方面，计划到2020年在日本18.4万千米国道和“都道府县”道完成快速充电站的“最优化配置”，要求全国发达程度不同地区都要达到或超过每隔30千米有一处充电站的最低要求。

## （四）提高建筑能效、降低建筑能耗

建筑领域是全球温室气体排放的三大来源之一，占全球年温室气体排放总量的30%，并消耗了40%的全球能源。同时，建筑也是最有可能实现近零能耗的领域。因此，提高建筑能效、降低建筑能耗成为众多国家减少温室气体排放、应对气候变化的重要举措。

建筑领域能耗及排放占美国能源总需求和温室气体排放总量的40%以上。2009年美国总统奥巴马发布《美国联邦零能耗、高性能绿色建筑行政命令》，指出到2020年实现近零能耗住宅市场化，到2025年实现商业近零能耗建筑低增量成本运营，到2030年100%的新建联邦建筑达到零能耗目标。2016年7月15日，美国能源部宣布将出资1900万美元，提高家庭、办公室、学校、医院、餐馆和商店的能源效率。能源部在建筑领域的节能目标是，到2030年使美国建筑领域能源使用强度下降30%。

建筑领域能耗及排放占欧盟总能源消耗的40%和二氧化碳总排放量的36%。2002年欧盟通过了《能源效率指令》，要在2020年前实现新建建筑近零甚至零能耗。此外，老建筑占欧盟建筑的绝大多数，积极解决老建筑的绿色节能翻修或改造一定程度上成为实现欧盟能源与应对气候变化战略目标的关键。自2008年开始，欧盟第7研发框架计划（FP7）持续增加节能建筑的研发创新投入，尤其强化老建筑绿色节能技术的研发创新，由欧盟层面专门创建的绿色节能建筑技术平台（ETP）具体负责实施。2009年，欧盟委员会决定首先在公共建筑行业实现老建筑节能改造，并强制成员国制订具体行动计划，确保改造资金安排。按照欧盟节能建筑新标准，每年至少改造3%的公共建筑中的老建筑，直到2020年。截至目前，欧盟及其成员国实施的公共建筑老建筑绿色节能改造新政策及行动计划，已取得显著成效。催生出一大批创新型中小企业（SMEs）和新商业模式，新技术与服务成本快速下降，带动风险资本投资全社会老建筑节能改造产业，促进欧盟经济增长和扩大就业。

德国35%的能源消耗及1/3的温室气体排放来自建筑领域。2016年，德国通过了新的《建筑节能国家战略》，该战略有助于进一步提高建筑能效，使德国有望在2050年基本实现碳中和的建筑标准。

加拿大的“ecoENERGY创新计划”已参与低能耗和零能耗住房研究十多年。在该计划支持下，2016年3月加拿大最大近零能耗住房示范项目取得圆满成功。项目包含26个节能住房和公寓，采用了光伏板、空气源热泵、气密结构等多种节能技术，使建筑年能耗低于能源产生量，显示了近零能耗住房的技术可行性和经济效益。

韩国的目标是到2020年减少建筑领域26.9%的温室气体排放，2025年实现零能耗住宅。

## （五）充分发挥碳定价机制的作用

碳定价机制作为应对气候变化行动方案之一，在全球范围内日益受到各界的广泛关注。“国家自主贡献预案”（INDCs）的实现依靠一系列政策和规划，其中，碳定价机制将发挥越来越大的作用。90多个国家在其提交的INDCs中提到了碳排放交易体系（ETS）、碳税和其他碳定价机制。据2016年10月世界银行发布的《2016年碳定价机制现状及趋势》（State and Trends of Carbon Pricing 2016）报告，全球约有40个国家司法管辖区和超过20个城市、州和地区进行了碳定价，覆盖的温室气体排放量达到70亿吨二氧化碳，约占全球温室气体排放量的13%。过去10年中，碳定价机制覆盖的全球温室气体排放增长了3倍。2016年出台了2个新的碳定价计划：加拿大不列颠哥伦比亚省启动ETS，为液化天然气工厂的碳排放进行定价；澳大利亚为减排基金（Emissions Reduction Fund）推出了一套保障机制，以限制碳排放和给碳排放定价，要求超过碳排放上限的大型排放设施抵消额外的排放量。此外，欧盟委员会出台了新的欧盟ETS改革方案，强制性的温室气体（GHG）减排政策将覆盖所有行业，包括农业、土地使用和林业。除了强制性碳定价机制数目的增长，据“碳披露计划”（CDP）报道，2016年实现内部碳定价的企业数量也有所增加，升至2014年的3倍。预计2017年碳定价机制覆盖的全球碳排放份额将出现有史以来最大幅度的增长。如果中国能够在2017年完成碳排放交易系统的构建，那么碳定价机制覆盖的碳排放占全球排放份额可能从当前的13%增加到20%～25%。2017年展开的其他计划包括：加拿大安大略省将推出ETS，阿尔伯塔省计划与已存在的ETS一起实施碳税，智利和南非将推出碳税，法国计划于2017年引进碳价格的下限。加拿大总理特鲁多宣布将于2018年起实施碳定价政策，2018年的基础价是10加元/t，之后每年上涨10加元/t，直到2022年升至50加元/t，各省可自主选择采取碳税或碳交易形式，但碳价必须高于上述基准价。

各国实行碳定价机制获得的收益也在不断增长。据世界银行2016年5月25日发布的《2016年碳定价观察》报告指出，2015年各国政府从碳定价机制中筹得资金约260亿美元，比2014年增加60%。此外，除了作为实现国内碳减排的有效工具，碳定价机制可以通过建立全球性碳市场的方式来支持气候减缓的国际合作。

## 四、应对气候变化任重道远

《巴黎协定》的快速生效显示出国际社会在应对气候变化上的决心与努力。不过，由于 $CO_2$ 排放和减排资金援助等方面因素的影响，未来全球气候变化控制仍将面临挑战。

### （一）气候变化影响严重，应对行动刻不容缓

自《巴黎协定》达成以来，2016 年全球多地遭受了气候变化的严重影响。

近年来，全球平均气温屡创新高。2016 年成为有气象记录以来最热的一年，全球平均气温比工业化前高出 1.1 ℃，比 2015 年高 0.07 ℃①。大部分海洋表面温度高于正常水平，并已造成一些热带水域发生严重的珊瑚白化现象及海洋生态系统破坏。如澳大利亚大堡礁部分地区珊瑚的死亡率高达 50% 以上。此外，2016 年温室气体浓度再创新高。8 月，澳大利亚的格里姆角 $CO_2$ 浓度达 0.0401%，而 2015 年 8 月该值为 0.0398%；在夏威夷莫纳罗亚山，10 月 23 日，$CO_2$ 周平均浓度由 2015 同期的 0.0399% 上升到 0.0402%，其中，5 月的 0.0408% 成为月最高纪录。全球冰雪层面积也创历史最低纪录，9 月份季节最小平均海冰面积和 3 月份冬季最大海冰面积都创历史最低纪录，秋季结冰也远比正常速度慢，截至 10 月底，海冰范围是有记录以来年同期的最低值。

2016 年，飓风、台风、气旋、洪水、热浪、山火、干旱等极端天气事件频发，对全球多地产生重大影响。10 月的飓风“马修”，在海地造成 546 人死亡、438 人受伤，并给古巴和巴哈马造成伤害及在美国南卡罗来纳引发大洪水；台风“狮子山”在朝鲜引发严重洪水并造成重大伤亡；气旋“温斯顿”是斐济历史上所遭遇的最严重的热带风暴。中国长江流域发生自 1999 年以来最严重的夏季洪水，造成 310 人死亡，估计损失达 140 亿美元；5 月中旬在斯里兰卡发生的洪水和滑坡导致 200 多人死亡或失踪，数十万人无家可归；萨赫勒超常的季节性降雨导致尼日尔河流域的严重洪水，马里的河水水位达到近 50 年来的最高值。2016 年发生了多次强热浪。年初，在非洲南部出现了极端热浪，很多台站都刷新了历史纪录，如 1 月 7 日比勒陀利亚的温度为 42.7 ℃；4 月 28 日，泰国创下了 44.6 ℃的全国气温纪录；5 月 19 日，帕洛迪创造了 51.0 ℃的印度气温新纪录；中东和北非的部分地区在夏季也多次出现了创纪录或接近纪录的温度，科威特西北部的米特巴哈小镇在 7 月 21 日最高气温飙升至 54.0 ℃，成为亚洲有记录以来的最高温

---

① https：//public. wmo. int/en/media/press-release/wmo-confirms-2016-hottest-year-record-about-11% C2% B0c-above-pre-industrial-era。

度，次日，伊拉克巴士拉的温度达到53.9 ℃，伊朗 Delhoran 的温度达53.0 ℃。高温还导致山火和严重干旱。5 月，艾伯塔省麦克默里堡市发生了加拿大历史上最具破坏性的山火，过火面积约 59 万公顷，导致该市居民全部疏散，最终烧毁了 2400 栋建筑，保险损失 40 亿加元（30 亿美元），其他损失数十亿加元。严重干旱影响了世界多个地区，非洲南部大部分地方 5—10 月雨水通常很少，世界粮食计划署估计，在 2017 年年初至下个收获季节前，将有 1700 万人需要援助①。

众多极端天气事件对许多国家造成了严重影响和重大损失，而且这种影响在未来相当长的一段时间内仍将存在，凸显了全球一致应对气候变化的紧迫性和艰巨性。

## （二）气候融资仍存在较大差距

发达国家在 2009 年时承诺 2020 年前实现每年向发展中国家提供 1000 亿美元资金，满足发展中国家应对气候变化的需求，但目前发达国家提供的资金离这一数字仍有不小差距。此外，《巴黎协定》中要求发达国家在 2025 年起应在 1000 亿美元气候资金的基础上继续扩大调动资金的规模，以协助发展中国家更好地落实协定。《联合国气候变化框架公约》第 22 次缔约方会议（COP22）在扩大资金规模上做出了新的计划，发布了《长期气候融资战略》，提出各缔约方决定于 2017 年和 2018 年举办长期气候融资问题的研讨会，旨在扩大气候资金的规模。但每年筹集 1000 亿美元帮助发展中国家应对气候变化的谈判几乎没有取得进展。在 COP22 之前，发达国家提供了 1000 亿美元气候融资路线图，强调了对实现这一目标的信心，但在资金来源、核算等方面，发达国家与发展中国家分歧较大。发展中国家要求气候资金来自公共部门，并且是新的、额外的、专门支持发展中国家应对气候变化的资金。在会议发表的《长期气候融资战略》中，参与国家也同意兑现目标，但没有明确落实细节。

此外，适应资金对于世界，特别是发展中国家应对未来的适应性需求至关重要，但发达国家和发展中国家对气候减缓和适应的资助比例意见不一，适应资金的缺口巨大。按照发达国家所提供的路线图，预计到 2020 年，只有 1/5 的资金将被用于适应气候变化方面的相关工作。而发展中国家，尤其是极具气候脆弱性的国家则呼吁用于适应资金应与用于减缓资金相平衡，即至少将 40% 的气候融资用于气候适应。

根据联合国环境规划署发布的《2016 年度适应资金差距报告》，到 2030 年时，全球需要的适应资金或将达到 1400 亿～3000 亿美元，比之前估计的成本增加了 2～3 倍；到 2050 年，气候变化适应资金将达到 2800 亿～5000 亿美元，增

---

① https：//public. wmo. int/en/media/press-release/provisional-wmo-statement-status-of-global-climate-2016。

加4～5倍。如若没有新的或额外可用资本的注入，到2050年，将有巨大的资金缺口。

### （三）减排预期并不乐观

虽然《巴黎协定》已经正式生效，各缔约方也提交了国家自主贡献预案（INDCs），全球很多国家和组织都在采取积极的行动，但根据联合国环境规划署2016年11月3日发布的《2016年排放差距报告》，即使《巴黎协定》得到充分落实，预计各国将排放540亿～560亿吨二氧化碳。这一数量远远高于在21世纪把全球温度升幅控制在2 ℃以内所需的420亿吨。预计到21世纪末，全球气温仍将上升2.9～3.4 ℃。严峻的现实昭示着全球需要以更快的速度采取应对气候变化的行动。

### （四）美国气候政策走向给全球带来不确定性

美国当选总统特朗普曾在大选期间表示，将退出《巴黎协定》，并在“百日新政”中承诺取消应对气候变化项目的资金，解除在公共土地上勘探化石燃料的限制；而且其一上台就通过白宫网站宣布，将以“美国优先能源计划”取代前任总统奥巴马的“气候行动计划”。特朗普的一系列言行给全球应对气候变化的努力带来了不确定性。如果美国退出《巴黎协定》，或采取不负责、不作为的消极态度，那么将是对国际社会的巨大打击，因为美国一国就承担17.89%的减排责任。这将大大削弱全世界在降低碳排放、保护环境和抑制气候变化方面的信心和努力。

（执笔人：赵俊杰）

# 全球能源发展在变革中寻突破

2016 年，全球经济依然处于疲软期，能源需求不强。煤炭和天然气价格持续低迷，油价在狂跌 2 年后止跌回升，可再生能源吸引众多投资，风能和太阳能发电成本大幅下降，世界各国处于传统能源与新能源交叉使用的时代。世界能源理事会（WEC）发布的《世界能源资源报告 2016》认为，全球能源系统正在经历前所未有的变革：石油仍是主要燃料来源，占全球总能耗的 32.9%；天然气是全球第二大电力来源，为全球贡献了 22% 的发电量；虽然煤炭产量下降，但仍为全球提供了 70% 的电力。国际能源署《世界能源展望（2016）》报告指出，全球能源体系将发生重大变化，可再生能源和天然气将成为满足能源需求的“主力军”，但全球要摆脱化石能源的主导地位仍需很长时间。

根据 BP 集团 2016 年发布的第 65 版《世界能源统计年鉴》，2015 年，全球一次能源需求仅增长了 1%，增幅远低于 10 年期平均水平；OECD 国家的消费较为强势，中国需求量实现最大涨幅（77 万桶/日），而印度超过日本成为全球第三大石油消费国（31 万桶/日）；全球石油产量增速连续第 2 年超过消费，达到 280 万桶/日，为 2004 年以来最强劲增长；2015 年天然气消费量增长 1.7%，煤炭消费量下降 1.8%，煤炭在全球一次能源消费量中的占比降至 29.2%，这是 2005 年以来的最低值；可再生能源发电量持续增加，占全球发电量的 6.7%，其中，中国和德国贡献最大；风能仍是最大的可再生能源，风能发电量占可再生能源发电量的 52.2%，德国增长最为明显；太阳能发电量增长 32.6%，中国超过德国和美国，成为世界上最大的太阳能发电国；全球生物燃料发电量增长 0.9%，远低于 10 年期平均水平（14.3%）。

随着世界经济的发展，世界各国都需要更多能源支撑日趋活跃的社会经济活动，未来几年，能源需求预计将持续增长。据 BP 集团《世界能源展望（2016）》报告预测，2014—2035 年，全球能源需求预计增长 34%，即年均增长 1.4%。另据美国能源信息署《2016 年国际能源展望》报告预测，未来 30 年，能源需求仍呈上涨趋势，世界能源消费总量将增加48%，其中，中国和印度增长较快。

目前，世界能源政策领域乱象丛生，各国政府都在能源变革中寻找突破：能源输出大国沙特拉开“去石油化”改革序幕，英国能源部拆分重组，德国调整可再生能源发电设施扩建及入网补贴政策，日本电力市场完全自由化，加拿大和芬兰等国家逐步淘汰燃煤发电，传统化石燃料支持者特朗普当选美国总统……全球能源发展格局何去何从，备受世人瞩目。

## 一、化石燃料仍是主要能源形式，在能源消费中唱主角

2016年，非化石燃料消费增速比化石燃料快，但是未来很长一段时期内，化石燃料仍将在能源消费中占主导地位。据BP集团预测，到2035年，化石燃料仍是主要能源形式，可满足60%的能源需求增量，约占世界能源供应总量的80%。

在化石燃料中，天然气消费量增长最快。据统计，全球天然气消费量每年增加1.9%。其中，液化天然气（LNG）扮演重要角色，预计到2040年将占到全球远距离天然气贸易的53%。

石油市场波动变大。随着能效提高、生物燃料和电动车的发展，乘用车石油需求量不断降低，但化工、航空、货运、船舶等行业的石油需求量进一步增长。据统计，2015—2016年，获得批准的传统原油项目降至20世纪50年代以来最低点，如果这一趋势延续下去，几年后，石油供需可能出现不平衡。石油市场恐将面临下一轮“繁荣—萧条”周期。

煤炭行业处境越来越艰难。近几年，煤炭是世界上能源消费增长最慢的能源，每年增长0.6%。中国、美国煤炭供应量减少，未来增速将大幅放缓。据国际能源署预测，未来全球煤炭需求将保持每年0.2%的增速，到2040年，全球煤炭需求将增长2.14亿吨油当量。在近年来的“减煤”过程中，中国的贡献不容忽视。中国的煤炭需求在2013年达到峰值，到2040年，中国煤炭需求仅为25亿吨标准煤，将减少15%，燃煤发电量仅增4%。

## 二、多国政府倚重能源转型，逐步淘汰燃煤发电

2016年，在全球能源大变革中，很多国家都在部署能源转型措施，力争逐步淘汰燃煤发电，确立适应本国的能源发展之路。21世纪可再生能源政策网络（RE21）发布的《2016年全球可再生能源现状报告》指出，在发展可再生能源发电，尤其是拉动风力发电和太阳能发电增长方面，政府领导力继续扮演关键角

色。截至2016年年初，全球已有173个国家制定了可再生能源发展目标，146个国家出台了支持政策，很多城市、社区及企业迅速展开“100%可再生能源”行动，这在推动全球能源转型中起到至关重要的作用。

欧洲国家是倡导向清洁能源转型的先锋，纷纷加快淘汰燃煤发电的步伐。欧盟推出《2030年能源改革路线图》，计划在2030年前，实现可再生能源占到能源消费总量的27%，50%电力供应来自可再生能源，同时减少30%能源消费量，逐步取消煤炭补贴。英国承诺在2025年前完全摆脱煤电，全部采用绿色能源，为此，英国政府计划逐步淘汰相对低效和老化的煤炭发电厂，补贴2.9亿英镑资金给绿色能源发电厂，以降低发电成本。芬兰政府计划到2030年全面淘汰煤炭，同时减少对石油、柴油等燃料的进口，将可再生能源占能源消费总量的比例升至47%。法国政府将关闭核电站和提高可再生能源发展目标，加快能源转型。瑞典政府提出缩减核计划，发展小规模光伏发电，将绿色电力证书制度从2020年延期至2030年，以求到2040年实现100%可再生能源发电，成为电力净出口国。荷兰政府计划2017年增加33%的可再生能源项目预算，达到60亿欧元，覆盖风电、光伏发电等领域，激励企业创新并降低成本。罗马尼亚在其《2016—2030年能源战略》草案中提出：降低煤炭、天然气火力发电占比；调整可再生能源发电支持方式，2017—2020年取消现有补贴方案，2020年后逐步增加对可再生能源发电的支持。俄罗斯化石能源在其能源消费总量中的占比逐年降低，预计到2040年将降至66%，同时，可再生能源占比逐年提高。

德国政府计划在2050年前，停运全部燃煤发电站，逐步摆脱化石燃料。根据德国联邦政府2016年12月正式批准的《能源转型第5次监测报告》，2015年，德国31.6%的电力供应来自可再生能源。可再生能源成为德国最重要的发电来源，其目标是2025年可再生能源发电比例增至40%～45%，到2035年达到55%～60%。但是，由于引入可再生能源附加费，德国企业电费成本远高于欧洲平均水平。为此，德国联邦政府于2016年6月通过《可再生能源法》改革方案，对可再生能源发电设施扩建及入网补贴政策予以调整，以期降低成本，采取市场竞争方式替代国家定额资助模式，防止可再生能源发电投资过热。根据这项改革方案，德国将规定太阳能、风能年发电量上限，减少产能过剩；停止对新建风电厂、太阳能电厂发放固定补贴；逐步取消绿色电力入网价格补贴；限制陆上风电扩建速度，确保电网与发电设施扩建同步进行。

除上述欧洲国家外，加拿大和亚太地区国家也纷纷采取措施降低煤炭消费量，推进能源转型。加拿大政府2016年11月宣布以2030年为目标，陆续淘汰全国传统的燃煤发电厂，加快从传统煤电向清洁能源过渡，实现90%的供电来自清洁能源。为此，加拿大政府出台了一系列配套政策：一是通过加拿大基础设施银行为各地清洁能源和现代电力系统项目提供资金；二是联邦政府与各省和劳工组织合作，确保工人可以参与低碳经济转型过程；三是制定天然气电力的绩效标准。

日本政府在其2016年4月发布的《能源环境技术创新战略2050》中提出，到2050年建成新型能源体系。为此，日本将重点发展五大技术创新领域：能源系统集成、节能、储能、可再生能源发电及碳固定与利用。此外，日本经济产业省2016年发布了《能源革新战略》，对能源供给系统进行改革，扩大能源投资，到2030年实现可再生能源占能源投资总量的22%～24%，从而完成安倍政府GDP增至600万亿日元的目标。日本政府将重新制定可再生能源上网电价政策，建立交易机制促进可再生能源发电，构建“节余电力交易市场”和“虚拟电厂”，避免电价补贴过高而将负担转移到电力消费者身上。经济产业省计划通过物联网将太阳能、风力、生物质等小型发电厂联结起来，有效控制整体发电量，更加均衡地供电到家庭和企业。

中国政府发布《能源发展“十三五”规划》及《可再生能源发展“十三五”规划》提出，未来5年将非化石能源消费比例提高到15%以上，天然气消费比例达到10%，煤炭消费比例降至58%以下。澳大利亚政府2016年投资10亿澳元设立清洁能源创新基金，支持大规模太阳能存储技术、海上能源开发利用、生物燃料制备和智能电网等清洁能源新技术研发，加速商业化应用。韩国政府2016年投资42万亿韩元发展可再生能源，以求2020年实现环境友好型的供电系统。印度政府2016年取消了4座火电厂的建设计划，计划2016—2017年将清洁能源发电量增加1666万千瓦时。越南政府计划到2030年，将可再生能源发电比例从原计划的6%增至10.7%以上，2020年达到7%。

非洲国家也在积极发展清洁能源。南非是次撒哈拉非洲地区最大清洁能源投资目的地，2015年共吸引投资41亿美元，随后是肯尼亚和乌干达。南非内阁会议2016年11月批准了综合能源计划草案，目标是到2050年，核电年发电量达到2000万千瓦，天然气发电达到3500万～4000万千瓦，煤电为1500万千瓦，风能和太阳能发电总计5500万千瓦。塞内加尔计划今后5年在城市和农村地区推广太阳能，将可再生能源发电比例提升至20%。埃塞俄比亚2015年建设了装机容量为150兆瓦的风电站，其风力发电量较2010年翻一番，紧随南非之后。2017年埃塞俄比亚将推出一批可再生能源项目，累计装机容量超5000兆瓦，其即将建设的5200兆瓦太阳能发电站有望成为非洲最大的太阳能项目。摩洛哥《国家能源战略》特别强调天然气的重要性，目标是到2025年，新建2400兆瓦液化天然气电厂。摩洛哥政府希望到2030年半数发电装机容量来自可再生能源。

因政府换届，美国能源政策受到一定影响。新任总统特朗普誓言重振煤炭业，主张增加化石燃料勘探开发，减少对石油输出国组织的依赖，大力发展水力压裂和非常规资源。有报道称，特朗普总统并不看好清洁能源，认为光伏产业投资回报周期太长，效益太低；风力发电经济性不高，且破坏海岸线生态和景观。

2016 年 2 月，美国最高法院暂时中止实施奥巴马政府推出的“清洁电力计划”，该计划关系到美国煤电在电力供应中占比的变化。美国可再生能源发展速度可能因特朗普总统的能源政策调整而放缓。

## 三、世界可再生能源发展框架基本形成，发电成本下降

2016 年，可再生能源发电优势进一步凸显，发展框架基本形成。21 世纪可再生能源政策网络发布的《2016 年全球可再生能源现状报告》认为，可再生能源在全球许多国家都确立了竞争优势地位；2015 年，可再生能源新增装机容量 147 吉瓦，创历年新高，其中，中国以 199 吉瓦排名第一，美国和德国分别以 122 吉瓦、92 吉瓦位居第二和第三；全球可再生能源电力和燃料投资总额达 2860 亿美元。据国际能源署《可再生能源中期市场报告 2016》预测，受到技术进步、成本快速下降和政府强有力的政策支持的推动，未来 5 年，可再生能源仍将是全球电力增长的最大来源，到 2021 年，预计全球新增可再生能源装机容量将大幅上涨 42%；可再生能源发电比例将从 2015 年的 23% 增至 28%，占全球新增电量的比例将超过 60%，达到 7600 太瓦时以上；亚洲将成为全球可再生能源增长引擎；中国将保持世界第一大可再生能源增长大国，预计占全球增量的 40%，到 2021 年，中国太阳能和陆地风电累计装机容量将占全球的 1/3 以上。另据彭博新能源财经（BNEF）《2016 年新能源展望》报告预测，2016—2040 年全球可再生能源投资将达 7.8 万亿美元；到 2040 年，每兆瓦时陆上风力发电和太阳能光伏发电的平均成本将分别下降 41% 和 60%；到 21 世纪 20 年代，这两种技术将成为许多国家最便宜的发电方式，到 30 年代，二者将成为世界大多数国家最便宜的发电方式；可再生能源将在欧洲占主导地位，在美国超越天然气；到 2040 年，欧洲 70% 的电力都将来自风能、太阳能、水力发电和其他可再生能源电厂，而 2015 年这一比例仅为 32%。

国际可再生能源机构《通向可再生能源未来路线图》报告分析认为，2030 年实现可再生能源在能源结构中占比翻番（从 2014 年的 18% 提高到 36%）完全可行，但各国政府必须采取协调一致的长期规划，加快推动可再生能源在电力、交通、建筑和工业部门的应用。目前，很多国家都在积极构建可再生能源发展框架，通过政策引导、技术支持等措施为有效降低可再生能源成本创造条件。

芬兰跻身欧盟可再生能源“先锋榜”。据欧盟统计局统计，芬兰已提前实现其“2020 年可再生能源目标”（可再生能源占比达到 38%），并且是唯一一个既提前达标，又在 2014 年超过欧盟可再生能源平均增幅的国家。迄今，欧盟国家中，芬兰、瑞典、保加利亚、爱沙尼亚、立陶宛、克罗地亚、罗马尼亚、意大利

和捷克均已实现各自的“2020年可再生能源目标”。波兰总统杜达2016年6月签署了修改后的《可再生能源法案》，确定到2020年将可再生能源在波兰能源结构中的比例提高到15%。

在亚洲地区，韩国政府“2016年可再生能源配额标准”（RPS）为3.5%，计划到2018年达到5%，2019年达到6%，2020年达到7%。韩国政府允许个人出售自己的太阳能电池板产生的电能，而大型商业建筑也可以配备1000千瓦太阳能发电机来降低费用。印度政府计划2017年4月—2019年3月底，将新增可再生能源并网装机容量增至42.6吉瓦。根据印度新能源与可再生能源部相关规划，未来2年，印度政府将大力扶持太阳能发展，同时稳步推进风电发展以实现上述目标。2017年，印度可再生能源市场前景光明，新增可再生能源装机容量极有可能突破10吉瓦，与2016年的8吉瓦相比有所提高。

在拉美地区，墨西哥政府通过能源改革，允许私营部门参与能源市场，改善能源结构，大力发展清洁能源。根据其《能源改革法案》，到2024年，墨西哥35%的电力供应将来自清洁能源，到2050年这一比例将提高至60%。该法案规定，到2018年，在墨西哥企业能源消费中，清洁能源必须占有一定比重。国际可再生能源机构预测，到2030年，墨西哥清洁电力占全部电力供应的比例或将达到46%，其中，风力和太阳能发电占26%，水电占12%，地热能发电占5%，生物质能发电占2.5%。

在非洲地区，南非、埃塞俄比亚、塞内加尔、摩洛哥、肯尼亚等国启动了一批可再生能源项目，以此助力本国经济发展。例如，埃塞俄比亚2017年将新增8个水电站项目，累计装机容量3879兆瓦，4个地热能项目，累计装机容量570兆瓦，3个太阳能发电站项目，累计装机容量300～400兆瓦，此外还有4个风电项目。埃塞俄比亚政府将对可再生能源项目提供一定程度的补贴，进一步鼓励可再生能源发展，使埃塞俄比亚发展成为东非地区的可再生能源枢纽。

## （一）太阳能成为最便宜供电来源

现如今，全球各地都在积极建设太阳能发电站。近5年，太阳能发电设备价格大幅下降，发电效率不断提升，发电成本明显下降。据彭博新能源财经统计，2016年太阳能发电增量和价格均优于风电，太阳能发电平均成本降至每兆瓦165万美元，击败风能的每兆瓦166万美元，在60个新兴国家中，太阳能首次成为最便宜的供电来源。此外，英国研究和咨询公司“Globaldata”的统计数据显示，2016年，全球太阳能装机容量从2015年的225吉瓦增至294.69吉瓦，中国继续领跑全球太阳能光伏装机市场。欧洲太阳能发电系统并网量在2016年突破100吉瓦大关，未来需求将逐渐转向分布式系统，且以英国、法国、德国为主要需求国。2016年，德国太阳能累计装机容量40.41吉瓦，比2015年增加1.08吉瓦，与往年相比增速有所下降。

美国政府2016年宣布投资2.88亿美元设立新的太阳能专案计划“清洁能源储金”，计划在2020年前，为全美20万户以上中低收入户提供1吉瓦的太阳能系统。

俄罗斯政府计划2020年前建设4座大型太阳能发电站，新增太阳能发电装机1.5～2吉瓦，将太阳能在能源结构中的占比提高到1%。在全球大力发展太阳能的背景下，俄罗斯的太阳能发电步伐显得略慢。发电基础设施建设薄弱、发电设施现代化升级改造成本过高和投资回收期偏长等因素导致俄罗斯太阳能电站利润率偏低，对投资者缺少吸引力，行业发展完全依靠国家支持。

日本政府近几年不断下调住宅用太阳能的电力收购价格，导致其太阳能市场发展速度放缓、竞争激化，日本太阳能发电相关企业陆续破产。2011年，太阳能发电每度电可以44日元的价格卖给电力公司，但到2016年，每度电只能卖到31～33日元，加上安装太阳能面板和蓄电池的前期投资费用颇高，几年后还必须花钱维修、保养，面板寿命及废弃处理，易受天气影响，发电量不稳定等原因，日本家庭对于安装太阳能不再积极响应。据统计，2016年，日本太阳能相关企业破产数创历史新高，1—11月破产企业达55家，超过2000年开始调查以来的最高值（2015年破产54家）。日本政府决定2017年4月开始实施《可再生能源特别措施修正法》，对太阳能发电项目采取招标制度，让太阳能发电成本低的业者优先竞标。

印度政府计划2016—2017财年新增太阳能装机容量5200兆瓦，将其占可再生能源发电的比例从2014—2015财年的13.80%提高至15.82%。莫迪政府计划到2022年实现太阳能装机容量达到100吉瓦，到2021年在全国创建10个太阳能区域，每块占地1万公顷。Mercom Capital统计数据显示，2016年，太阳能发电占印度总发电量的1%左右，占该国可再生能源发电总量的12%。2016年印度投产的太阳能项目装机容量接近3.6吉瓦，预计2017年印度太阳能装机容量将超过8吉瓦，超越日本成为世界第三大太阳能市场。

阿联酋拟2017年年初出台法律允许并进一步规范个人和企业利用屋顶、空地和农场进行太阳能发电，使阿联酋成为海合会国家中首个制定同类立法的国家。

智利是拉美国家中第一个太阳能发电装机容量超过100万千瓦的国家。智利2016年宣布建设一个装机容量达75万～100万千瓦的太阳能公园，为阿塔卡玛地区的采矿业提供能源，这将使智利现有太阳能发电量增加1倍。智利政府致力于通过利用阿塔卡玛沙漠极为有利的条件将太阳能发电成本降低25%，2025年前降至0.02美元/千瓦时。

南非西开普省乔治太阳能机场2016年正式启用。这是非洲首个也是全球第2个真正依靠太阳能供电的机场，将对南非新能源产业发展起到巨大的促进作用。

## （二）风电发展进入调整期

由于一些国家在政策层面弱化装机规模目标、补贴退坡与并网消纳难，2016 年风电发展进入调整期。据世界风能协会（WWEA）统计，2016 年全球风电发电装机容量稳步增长 21 714 兆瓦，与 2015 年增速持平，增长主要集中在中国、印度、德国和巴西。截至 2016 年 6 月 30 日，全球风电装机容量达到 456 486 兆瓦，风电供应量占 4.7%，到 2016 年年底发电量可达 500 吉瓦。WWEA 指出，传统风电国家的市场份额正在下降，而拉丁美洲和非洲新兴市场却在持续增长。巴西风电装机容量从 2013 年 6 月的 2788 兆瓦飙升至 2016 年 6 月的 9810 兆瓦。同样，在中国、加拿大、波兰和土耳其等国家，风电装机容量几乎翻了一番。但是，也有一些国家的风电发展不尽如人意。例如，风电大国西班牙由于政策变化，2013—2016 年装机容量增量不足 70 兆瓦。

全球风能理事会（GWEC）发布的双年度报告《全球风能展望 2016》认为，风电在未来能源系统中将扮演举足轻重的作用，到 2030 年，全球风电装机容量将达到 2110 吉瓦，满足 20% 的电力需求，年均吸引近 2000 亿欧元投资，创造 240 万个新的就业机会；到 2050 年，全球风电装机容量将超过 5800 吉瓦，满足约 40% 的电力需求，年均吸引近 2750 亿欧元投资，创造 420 万个新的就业机会。

美国风电继续保持增势。根据美国能源部 2017 年 1 月 9 日发布的《年度能源展望报告》，到 2023 年，美国风电装机容量有望增加 1 倍，从现在的 76 吉瓦增至 152 吉瓦，占到美国电力总装机容量的 12%。2016 年，美国能源部和内政部联合发布了《国家海上风能战略》，以加速推动海上风能产业在美国的发展，明确提出三大行动计划：一是降低海上风能技术成本和风险；二是实施高效的海洋资源监管；三是全面评价海上风电项目的成本和效益。

德国陆上风电装机容量 2016 年再创新高。据行业协会预测，德国全年新增装机容量达 4000～4400 兆瓦；陆上风电总装机容量 43.5 吉瓦，占德国用电总量的 12%；改用招标制后，预计 2017—2019 年平均每年新增陆上风电装机容量 2800 兆瓦，2020 年起每年为 2900 兆瓦，大致相当于 1000 台风机。德国《可再生能源法》最新修订法案（EEG2017）于 2017 年 1 月 1 日起正式实施，实行可再生能源项目招标竞价机制，只向新一轮竞价机制下招标成功的风电项目发放专项补贴资金，并且限定年度招标规模，避免风能资源过度开发。对于风电并网压力较大的德国北部地区的风能资源开发规模进行额外限制。针对陆上风电项目，EEG2017 明确规定，陆上风电项目的投标电价不得高于每千瓦时 7 欧分（约合人民币 0.53 元）；项目补贴执行年限为 20 年；2017—2019 年，陆上风电每年新增装机容量不超过 2800 兆瓦；自 2020 年起，每年开放 2900 兆瓦招标规模。

英国政府 2016 年 8 月宣布修建全球最大的海上风电场。这个风电场坐落在距约克郡海岸89千米处的海域，面积相当于大伦敦区域的近1/3。该项目包括300台大型海上风力发电机组，年发电能力达1800兆瓦时，可向180万户英国家庭提供电力。英国政府的目标是，到2020年，海上风力发电装机总容量达到10吉瓦。

丹麦是世界上风电占比最高的国家。2015年，丹麦风电占其全部发电量的42%，弃风率只有0.2%，而且，其海上风电行业发展较快。2016年4月，2台世界上最大的风力发电机在丹麦埃斯比约安装成功，风机高200米，翼展164米，单机容量为8兆瓦，每台风机的发电量可满足9000户家庭使用。

印度新能源与可再生能源部2016年发布了《风电项目扩容方案》，促进风能资源利用的最大化，为风电装机容量增至1兆瓦提供0.25%的贴息。印度风能发电能力为每年27吉瓦时，约占印度发电总量的9%。印度政府的目标是，到2022年，风能发电量达到每年60吉瓦时。2017年，印度风电装机容量预计将迎来最强劲的增长。

## （三）生物燃料发展争议不断

燃料乙醇和生物柴油是当前应用最为广泛的生物燃料。燃料乙醇主要用于陆路运输，但因单位行驶距离成本偏高，并未得到大规模普及；生物柴油排放低、效率高、处理及运输安全，已得到广泛使用。2016年11月14日，一架以木质生物燃料为动力的商用飞机横跨美国大陆实现首飞成功，标志着美国生物航油及生物燃料技术研究取得重大突破。根据世界生物质能协会（WBA）发布的《2016年全球生物能源统计报告》，2015年，全球生产了1330亿升生物燃料，其中，62%是燃料乙醇，24%是生物柴油。全球87%的燃料乙醇产自美国和巴西，43%的生物柴油产自欧洲。据预测，到2021年，全球生物燃料市场规模将达到1853亿美元；到2050年，生物燃料在交通燃料中的占比将超过25%，满足25%的世界运输燃料需求。尽管生物燃料市场前景看好，但其占用大量土地资源、影响粮食生产始终令人忧虑。生物燃料增产过度使用化肥，对水质造成不利影响，也引发了激烈争议。

美国政府2016年11月通过了一部新的“可再生燃料标准”（RFS）协议，要求更多使用农作物原料生产清洁能源。该协议被视为美国史上最激进的生物燃料计划。根据该协议，美国环保局（EPA）需要大幅提升可再生燃料使用总量；2017年增加12亿加仑（约45.4亿升）可再生燃料，把可再生燃料使用总量从181.1亿加仑增至192.8亿加仑（约729.8亿升），比2016年增长6%。纽约理工大学教授詹姆斯·鲍威尔认为，即便美国3亿公顷耕地都用来生产乙醇，也无法供应美国交通所需的全部汽油和柴油，只能供应2025年需求量的一半。但这对土地和农业产生的影响却是毁灭性的，不但会消耗土壤的肥力，损害粮食生产，而且会毁坏耕地。

巴西是世界上最早使用生物燃料的国家，其生物能源在能源消费结构中的比例超过13%。巴西政府主要发展生物柴油和甘蔗乙醇，力争到2019年生物能源年产量达到640亿升。巴西政府计划未来3年逐步将生物柴油掺混率提高到10%。巴西国家能源政策委员会将对掺混率15%的汽油进行汽车测试，为公共交通和采矿业实施15%的生物柴油掺混率铺平道路。2016年1月，巴西传统柴油消费量减少近17%，约为39.4亿升，这是2012年2月以来的最低水平。

## 四、核电发展安全至上

据国际原子能机构（IAEA）统计，截至2016年11月底，全球共有30个国家的450台核电机组正在运行，总装机容量391.9吉瓦。其中，美国、法国和日本机组数和总装机容量居前3位；中国装机容量为31.4吉瓦，排名第4位；另有15个国家的60台机组在建，总装机容量59.9吉瓦，中国在建机组数量最多，为20台，占全球在建规模三成以上。2016年，全球共有10台新机组并网运行，2台机组新开工建设，俄罗斯BN-800快中子反应堆正式投入商业运营。正在运行的450台核电机组中，压水堆（PWR）291台、沸水堆（BWR）78台、加压重水堆（PHWR）49台、气冷堆（GCR）14台、轻水冷却石墨慢化堆（LWGR）15台、快中子堆（FBR）3台。正在建造的机组中，压水堆50台、沸水堆4台、加压重水堆4台、高温气冷堆1台、快中子堆1台。从地区来看，发展中国家及地区呈现明显增长趋势，发达国家及地区呈现有限增长、停滞或萎缩状态，亚洲仍是全球核电的增长中心。国际原子能机构《至2050年间能源电力和核电预测报告》指出，未来全球核电增长态势基本不变，但增长预期将再次下调。以2015年全球核电装机总容量为基准，全球核电增长低值预期为2050年达到417吉瓦，增幅为8.9%；高值预期为2050年达到898吉瓦，增幅达134.7%。

核电虽然清洁、高效，但是一旦发生安全问题，其负面影响和代价是难以估量的。切尔诺贝利核事故尽管已过去30年，人们对事故反应堆的处理和预防措施迄今仍未停止。2016年11月29日，覆盖切尔诺贝利核电站4号反应堆的新安全保护罩完工。这是世界上最大的可移动金属装置，高108米、重3.6万吨，约为埃菲尔铁塔的4倍。该装置造价16亿美元，将取代30年前建造的“石棺”。据测算，新安全保护罩投入使用后，可保证100年内当地不再遭受放射性污染，同时为继续处理4号反应堆的核废料赢得更多时间。

2016年2月29日，OECD核能署（NEA）发布《福岛核事故5周年祭：经验教训与核安全改进》报告，再次强调核安全问题是核能发展的最优先考虑事项，并就确保未来核能使用的安全性提出如下建议：持续加强核能安全；因地制宜实行差异化的安全性改进工作；增强风险意识；加强国际合作，分享有效监管实践经验，完善现有的核安全监管法规，保障监管的独立性；保持长期的核安全知识学习；长期开展核电站事故分析、安全研究活动，为未来核电监管机构和核工业发展提供指导和参考；考虑人为因素的重要影响；保障积极有效的应急管理和长期的资源投入；提高利益相关方的参与度。

日本福岛核电站核泄漏事故处理工作至今仍在继续。据日本经济产业省估算，福岛核电站事故后续处理费用高达21.5万亿日元（约合1.3万亿元人民币），其中包括设备报废费用、赔偿金及清除污染工作费用。日本东京电力公司将承担约3/4的费用，预计全部支付完毕大概需要30年时间。2016年10月3日，日本经济产业省宣布，成立国家乏燃料后处理组织，由国内电力机构出资承担后处理工作费用。这是一项强制性举措，表明日本政府开始参与核燃料后处理工作。经济产业省拟制定一项东京电力公司管理改革计划，以便将其所得利润用于福岛核电站事故处理工作。此外，日本政府考虑重启部分符合独立核监管机构要求且服役年限少于40年的反应堆，现有24座反应堆提出重启申请。根据日本能源经济研究所（JEEJ）发布的《2017财年日本经济与能源展望》报告，日本已重启4座通过核管局新标准审查的反应堆，它们分别是九州电力公司的仙台1号、2号反应堆和关西电力公司的高滨3号、4号反应堆。2017年，日本预计会重启2～4个核反应堆。

日本福岛核电站发生事故后，欧盟成员国对于发展核能的态度分成两派，法国、斯洛伐克、捷克等国仍坚持发展核电，而德国计划在2022年前关闭国内所有核电站，意大利也取消了建设新反应堆的计划。法国目前拥有58座核电站，接近欧盟核反应堆总数的一半。据欧盟评估，到2050年，欧盟90%的核电站都将面临退役。如果要对反应堆进行更新或者新建相应替代发电厂，欧洲能源企业需要投资3500亿～4500亿欧元，为此，欧盟建议搭建核能投资框架，从欧洲投资银行及欧洲战略投资基金等机构募集资金。

中国是目前世界上核电在建规模最大的国家。据有关统计，中国正在运行的核电机组有31台，装机容量为2969万千瓦，在建机组23台，装机容量为2609万千瓦。根据“十三五”规划，到2020年，中国核电机组数量将跃居世界第2位。按此计算，“十三五”期间，中国核电建设总投资将超过5000亿元。

孟加拉国政府2016年12月6日批准其首个核电站建设项目，项目投资总额为141.3亿美元，其中，27.5亿美元来自政府财政资金，113.8亿美元来自俄罗斯贷款。2015年12月，孟加拉国政府与俄罗斯国家原子能公司签署投资协议，由俄方负责建设孟加拉国首个核电站。孟加拉国政府计划在2021年实现2.4万兆瓦的发电能力，到2041年达到6万兆瓦。

南非是非洲唯一拥有核能发电能力的国家，装机容量2吉瓦，其目标是2030年前，核电装机容量增至9.6吉瓦。肯尼亚计划在2025年前，增加1吉瓦的核电装机容量，到2033年将核电装机容量提升至4吉瓦。尼日利亚也计划2025年建成第一座核电厂。

## 五、储能发展迎来最好时代

根据中关村储能产业技术联盟（CNESA）发布的《储能产业研究白皮书2016》统计，截至2015年年底，全球累计运行储能项目（不含抽水蓄能、压缩空气和储热）327个，装机容量946.8兆瓦。美国累计装机容量为426.4兆瓦（运行项目），2014年超越日本，成为全球储能装机第一大国，之后是日本和中国。从技术角度来看，锂离子电池项目居首位，未来2～3年，锂离子电池将会迎来爆发式增长。从政府项目资助情况来看，各国政府对各类与储能相关的项目支持资金总计20.4亿美元，其中，美国资金支持总额最多、出资政府机构最多、项目支持领域最广，资助总额达12.8亿美元。另据国际能源署预测，到2050年，美国、欧洲、中国和印度将增加310吉瓦储能，需投资3800亿美元。储能技术和产业发展迎来最好时代。麦肯锡公司认为，储能技术是“到2025年将产生颠覆性作用、对经济发生显著影响”的技术，市场价值预计将达到1000亿～6000亿美元。美国、日本、欧洲等发达国家和地区争相从国家层面部署储能发展措施。

### （一）储能技术百花齐放

由于可再生能源发电具有不稳定性和间歇性，大规模开发和利用使得供需矛盾非常突出，造成全球弃风、弃光问题普遍存在，因此，储能技术的突破和创新成为可再生能源能否顺利发展的关键，一直受到各国能源、交通、电力、电信等部门的高度关注。

从全球各类储能技术市场发育程度来看，抽水蓄能电站的储能投资收益最高，技术成熟度也最高，是目前电力系统中最成熟、最实用的大规模储能方式，主要分布在中国、日本和美国。据美国能源部全球储能数据库统计，截至2016年8月，全球累计运行的抽水蓄能项目装机容量161.23吉瓦（316个在运项目），占全部装机容量的96%。与其他储能方式相比，抽水蓄能电站设备具有寿命长、储能规模大、转换效率高、技术成熟、运行条件简便、清洁环保等特点，因而得到快速发展和广泛应用。近10年，储热技术发展很快，全球储热累计装机容量为3.05吉瓦，有190个在运项目，其中，西班牙装机规模最大。电化学储能则是全球发展最为迅速、增速最快的技术，尽管装机容量不大，仅有1.38吉瓦，但运行项目最多，高达665个。电化学储能主要包括铅酸电池、液流电池、钠硫电池、锂离子电池等。全球电化学储能中，锂离子电池和钠硫电池占比较高，装机比例接近，而锂离子电池增速较快。据预测，到2025年，全球蓄能装置中锂离子电池占比将会超过80%。值得关注的是，储氢、石墨烯储能等新技术开始进入市场。

美国累计储能装机 24.12 吉瓦（491 个在运项目），其中，抽水蓄能 22.56 吉瓦（38 个在运项目）、储热 0.82 吉瓦（139 个在运项目）、电化学储能 0.57 吉瓦（289 个在运项目）、其他机械储能 0.17 吉瓦（25 个在运项目）。美国电网储能以抽水蓄能为主，未来主要方向为电池等灵活储能系统。2016 年 1 月，美国能源部发布“储能和光伏的可持续、一体化并网计划”（SHINES），提供 1800 万美元支持 6 个光伏储能项目研发，用于能够增强电网灵活性的技术示范，为大规模储能项目并入大电网铺平道路，推动可再生能源在美国的规模化发展。

日本主要研发抽水蓄能和电化学储能 2 种技术。据美国能源部全球储能数据库统计，截至 2016 年 8 月，日本累计储能总装机容量 26.43 吉瓦（88 个在运项目），其中，抽水蓄能 26.17 吉瓦（41 个在运项目）、电化学储能 0.25 吉瓦（47 个在运项目）。日本电化学储能研究较为前沿，前期以钠硫电池为主，后期以锂离子电池为主。日本致力于研发低成本、安全可靠的快速充放电先进蓄电池技术，使其能量密度达到现有锂离子电池的 7 倍，成本降至 1/10，实现小型电动汽车续航里程 700 公里以上；同时用于储存可再生能源，实现更大规模可再生能源并网。此外，日本非常注重将储能技术引入智慧城市建设。

欧盟委员会在战略能源技术计划（SET-Plan）框架下发布了《加速清洁能源创新》报告，明确提出欧盟“地平线 2020”计划在 2018—2020 年，投资 20 亿欧元优先资助开发综合性储能方案、解决可再生能源高比例并网问题等 4 个研究方向。法国阿尔斯通公司推出了世界上首款氢动力客运列车。英国氢燃料汽车厂商 Riversimple 宣布其氢燃料电池汽车开始在英国威尔士街道上测试，预计 2018 年正式进入市场。

澳大利亚成为住宅能源存储的主要市场。2016 年，特斯拉在澳大利亚推出居民使用的最新储能电池 Powerwall 2.0，其储能容量可达 14 千瓦时，价格约为 5500 美元，整体安装下来的总投资约为 10 300 美元，与 2015 年发布的 Powerwall 1.0 相比，单位储能成本下降了一半。墨尔本城郊 Yarra Bend 社区有望成为全球首个“特斯拉城”。

### （二）储能市场爆发在即

近几年，储能市场一直保持快速增长。据美国能源部全球储能数据库统计，截至 2016 年 8 月 16 日，全球累计运行的储能项目装机容量达 167.24 吉瓦（共 1227 个在运项目），主要分布在亚洲、欧洲和北美。其中，亚洲主要分布在中国、日本、印度和韩国，欧洲主要分布在西班牙、德国、意大利、法国、奥地利，北美洲主要分布在美国。这 10 个国家的累计装机容量约占全球的 4/5。亚洲抽水蓄能发展最为成熟，欧洲则在电化学储能、储热技术等方面发展优势明显。

据美国市场研究机构 Navigant Research 预测，到 2024 年，全球储能技术收益将突破 210 亿美元（约合人民币 1300.1 亿元）。另据国际能源署预测，未来 15 年，电池储能成本将下降 70%。到 2030 年，电池储能技术将出现最大的成本下降，从 2015 年的 100～700 欧元/兆瓦时降至 50～190 欧元/兆瓦时。此外，IHS 公司预测，到 2018 年全球家庭光伏发电电池储能装机容量将达到 900 兆瓦，主要增长市场为德国、意大利与英国。特斯拉公司 2015 年 4 月在美国内华达州建设电池工厂，预计到 2020 年建成时，其电池年产量将达到 35 吉瓦时。

2016 年，国际储能企业在欧洲市场布局加快，多家企业计划在欧洲扩大产能。11 月，特斯拉宣布收购德国工程集团 Grohmann Engineering，同时投资在欧洲建设第 2 座超级工厂。SGF Energy 公司计划在瑞典建设 42 亿美元电池生产厂，预计 2018 年投产，电池年产量高达 35 吉瓦时。其他国际电池储能公司也提出电池产能扩产计划。例如，德国 BMZ 宣布其电池生产基地已于 2016 年 5 月投产；LG Chem 在波兰建设的电池厂预计 2017 年投产；三星计划在匈牙利布局 2 吉瓦时电池产能。

英国国家电网 2016 年 8 月宣布了 201 兆瓦调频储能采购计划的中标者。这是英国 2016 年规模最大的一次储能采购计划，将推动英国储能市场向前迈出一大步。据英国能源与气候变化委员会预测，在利好政策的推动下，英国储能市场到 2020 年将达到 170 亿美元，到 2030 年将达到 300 亿美元，成为全球储能增速最快、最具吸引力的市场之一。

瑞典政府 2016 年 10 月出台“户用储能补贴计划”，未来 3 年拨款 1.75 亿瑞典克朗鼓励安装户用光伏储能配套系统，以提升瑞典光伏利用水平和智能分布式电网能力，从而实现 2040 年 100% 可再生能源发电的目标。

日本政府 2016 年全面放开电力零售市场，十大电力公司在各自管辖区域内垄断经营的模式将被打破，约 8 万亿日元（约 675 亿美元）的户用市场被全面打开，所有用户可以自由选择供电商，供电商也可以售电给电池系统。在此背景下，一些企业开始布局日本户用储能业务。例如，三井公司为美国 Sunverge Energy 公司投资 1000 万美元，采用 Sunverge Energy 虚拟电厂的商业模式进入日本零售电力市场。

澳大利亚政治团体 Greens 为个人用户提供 50% 的可偿付税收抵免，降低户用光伏储能系统成本，鼓励普通家庭安装储能系统。2016—2017 财年最高抵免额为 5000 澳元。预计未来 5 年，澳大利亚将有 120 万户家庭得到支持，平均每户的储能容量 10 千瓦时。澳大利亚工商业电池储能项目将享受资产加速折旧的优惠政策，折旧期由 15 年以上缩短为 3 年，从而降低税费负担。

## 六、构建全球能源互联网成为国际共识

在全球化时代，面对日益严峻的生态环境挑战及经济转型升级压力，任何国

家都无法独立解决本国的能源安全问题，必须加强国际能源合作。建立以电为中心、以电网为平台的全球能源保障体系，以清洁和绿色方式满足全球电力需求，是当前世界能源发展的方向。构建全球能源互联网，可以充分利用可再生能源满足世界能源需求，最终实现“人人享有可持续能源”的目标，符合全人类的共同利益。2015 年 9 月 26 日，中国国家主席习近平在联合国发展峰会上发表讲话时发出倡议，构建全球能源互联网，推动以清洁和绿色方式满足全球电力需求，得到国际社会普遍赞誉和积极响应。

全球能源互联网是以特高压电网为骨干网架、全球互联的智能电网，是清洁能源在全球大规模开发、输送、使用的基础平台，是永续供应、绿色低碳、经济高效、开放共享的能源系统。全球能源互联网涉及电源、电网、装备、科研、信息等多个领域，将有力带动高端装备制造、新能源、新材料、电动汽车等战略新兴产业发展，催生新的业态和商业模式，为世界经济发展注入新活力。构建全球能源互联网有利于增进南南合作、南北合作，将世界各地的资源优势转化为经济优势，解决缺电、消除贫困，减少国际争端，缩小地区差异，让世界成为一个能源充足、天蓝地绿、和平和谐的“地球村”。

构建全球能源互联网总体分为国内互联、洲内互联、洲际互联 3 个阶段，各阶段结合实际协调推进：到 2020 年，重点加快各国清洁能源开发和国内电网互联建设；到 2030 年，重点推动洲内大型清洁能源基地开发和电网跨国互联；到 2050 年，重点开发“一极一道”能源基地和推动电网跨洲互联，基本建成全球能源互联网。届时，全球清洁能源占一次能源的比例将达到 80%，每年可替代相当于 240 亿吨标准煤的化石能源。据测算，到 2050 年，要实现全球清洁能源占比达到 80% 的目标，全球能源互联网累计投资将超过 50 万亿美元。构建全球能源互联网蕴含着巨大的商业价值。例如，通过构建全球能源互联网，欧洲、北美、亚洲的负荷峰谷差可由 25%～40% 降至 10%。

联合国相关机构，非盟、国际电工委员会、国际可再生能源署、东非电力联盟等国际组织，美国、中国等有关国家政府部门、行业企业、高等院校均认为，构建全球能源互联网对世界能源可持续发展至关重要，并表示全球各国应加强合作协调，共同推动基础设施互联互通，推动全球能源互联网发展。全球能源互联网作为推动全球基础设施互联互通的一项重要内容，已被纳入 2016 年 20 国集团杭州工商峰会（B20）的政策建议报告。

（执笔人：王 玲）

# 生命科学关键领域迅猛发展

当前，脑科学、微生物组学、基因科学的研究力度持续加大，以基因编辑、合成生物学、精准医疗为代表的生物技术正在推动医疗健康、工业农业、环境资源等产业的快速发展。但是，伴随着技术进步，可能出现的生物威胁已经引发了国际社会的关切。

## 一、全球经费投入概述

### （一）美国国立卫生研究院科研经费恐遭历史性削减

在奥巴马执政期间，生物医学与健康研究是美国长期重点投入的研究领域。2017 财年联邦预算中，美国国立卫生研究院（NIH）预算为 331 亿美元，相比 2016 财年增加 8 亿美元，涨幅达 2.5%。331 亿美元中，重点提到有 18 亿美元用于癌症射月、精准医学、脑科学计划等研究计划的定向拨款。

但在 2017 年 3 月 16 日，特朗普新政府公布的第一份《美国第一：使美国再次强大的预算蓝图》中，NIH 的 2018 财年预算被压缩，降至 259 亿美元。除了研究经费调整外，预算案还要求 NIH 下属的 27 个研究所进行重组。

实际上，1998—2003 年，NIH 的经费曾经翻倍，并在随后的十多年内基本上保持了较为平稳的拨款水平。即使在 2013 年，由于紧缩政策而导致的对 NIH 最大规模的经费削减，比例也仅有 5%。如果此次预算提案得到通过，NIH 的经费将遭受“历史性削减”，无力资助新的项目，正处于事业早期的研究人员将受到极大的冲击。美国作为生命科学领域的领先者，其动向将牵动领域的研发格局变化。

### （二）生命科学仍是其他国家的重点资助领域

虽然美国在生命科学领域的预算投入存在较大的变数，甚至可能发生历史性的倒退，但生命科学仍是其他国家的重点资助领域。

日本2014年度国家及地方公共财政科技投入中，约有1.93万亿日元（约175.6亿美元）用于重点高薪技术领域的研发投入，其中8773亿日元（约79.8亿美元）投入到生命科学研究领域，约占45%。

根据韩国政府2017年预算，生命科学领域总投资3916.17亿韩元（约3.52亿美元）。其中，国际协定执行（包括生物安全性、禁止生物武器协定等）总预算23.23亿韩元（约200万美元），同比增长1.9%；生物纳米总预算53.30亿韩元（约480万韩元），同比增长35.9%；生物产业核心技术研发总预算682.64亿韩元（约6100万美元），同比下降6.6%；生物原始技术研发总预算3157亿韩元（2.84亿美元），同比增加31.4%。

2016年1月8日，新加坡第6个5年期“研究、创新与企业2020”（RIE2020）计划公布。计划经费约132亿美元，比上一个5年期计划增长了18%。RIE2020计划聚焦四大重点研究领域，健康与生物医药科学与服务为其中之一，获得的经费投入约占21%，以应对新加坡目前最紧迫的人口快速老龄化挑战，并进一步推动生物医药园集群的发展。

加拿大卫生研究院（CIHR）2016—2017财年的预算总额为10.3亿加元（约7.7亿美元）。其中，研究者驱动计划的预算占67%，为6.9亿加元（约5.2亿美元），优先领域驱动计划的预算为3.1亿加元（约2.3亿美元），此外还有2868万加元（约2154万美元）的经费用于管理运行。未来CIHR每年的基本预算预计以1500万加元（约1130万美元）的水平递增。

瑞典政府2016年共投入研发经费344亿瑞典克朗（约38亿美元），生物和医药领域获得资助最多，占总量的34%。

## 二、美国引领微生物组研究

当今科学研究正在向更微观的方向加快演进。在生命科学领域，随着美国白宫以总统名义发布“国家微生物组计划”，微生物组研究将成为世界科技发展的风向标，进一步为各国所重视，是各国科技竞争的重要领域。

早在显微镜发明后不久，科学家们已观察到人体内存在着微生物。然而，由于检测和分析技术的限制，这些微生物群的构成和功能，以及它们如何与人体相互作用等信息，尚没有被人类充分了解。近年来，随着基因测序技术和生物信息学的高速发展，科学家们开始系统、全面地研究人体微生物，包括基因组、代谢组、蛋白质组及它们与人体健康的关系等，也就是人类微生物组研究。

### （一）各国加大研究部署

2005年10月，“人类微生物组圆桌会议”在巴黎召开，讨论如何在世界范国内启动“人类微生物组计划”。之后，国际科学界开展了多项人类微生物组研究，按时间顺序主要包括：日本“人体元基因组研究计划”（2005 年）、加拿大“人类代谢组计划”（2007 年），美国“人体微生物组计划”（2007 年），欧盟“人类肠道宏基因组学计划”（2008 年）。此外，“国际人类微生物组联盟”和“国际人体微生物组标准项目”分别于 2008 年和 2011 年成立。

美国政府一直在推动微生物组领域研究，近年来联邦投资力度不断加大。美国国家科学技术委员会（NSTC）在 2015 年的一份声明中指出，2012—2014 财年联邦政府在微生物组研究领域的总投资超过 9.22 亿美元，2014 财年的投资是 2012 年的 3 倍。NIH 在 2012—2014 财年的投入高达 4.91 亿美元。

在历时 10 年的“人体微生物组计划”即将结束之际，美国于 2016 年 5 月 13 日正式推出“国家微生物组计划”，使得微生物组研究上升到国家战略的高度。美国此次启动“国家微生物组计划”，旨在深化对微生物活动行为的理解，保护和重建微生物组健康良好的机能，从而实现在卫生健康、粮食生产与安全、能源、环境保护和精准医学等众多领域的应用。美国此次计划将引领微生物组研究，并将引发各国加紧制定符合本国经济利益的微生物组项目，开展新一轮的研发竞争。

但是，由于微生物组研究的复杂性，需要各国研究者开展更深层、更紧密的合作。2015 年 10 月，《自然》杂志刊载的一篇文章提议实施“国际微生物组计划”，未来微生物组研究的国际合作计划和项目将更加丰富多元。

### （二）基础研究亟待揭示更多认识空白

当前微生物组研究很多集中于基础研究。这是因为，人类对微生物的认识还非常有限，仍需要大量的基础研究工作来破解微生物自身的秘密，以及微生物与人类、与环境的相互关系。

微生物组基础技术研究是日本优先研发主题，其核心目标是开发微生物组的操作、培养与分析技术，主要包括：难培养微生物的培养技术、微生物组功能的体内分析技术、取样技术、宏基因组/宏转录组分析技术和代谢组分析技术。

### （三）基础信息的收集和共享是核心基础建设

微生物组研究要成功开展，离不开基础信息的收集、存储、功能挖掘和开发利用。

日本非常重视健康人群微生物数据的集中收集与分析工作，将要建立收集/分析系统，大力推广面向健康与医疗技术发展的信息库。在此基础上，通过与其他国家的对比分析，推进流行病学研究，挖掘微生物组与人类关系的新知识。

美国重视建立微生物组数据库，并鼓励开放有关门户。BioCollective 公司与

Health Ministries Network 联合投入 25 万美元，建立微生物组数据和微生物组样本库。One Codex 作为基因组搜索引擎公司，承诺启动面向公众的微生物组数据门户。俄克拉荷马大学、美国国家癌症研究所和 Leidos 公司将开放平民科学家搜集的药物研发相关数据。

在数据共享方面，美国国家科学基金会（NSF）和美国农业部（USDA）在 2000 财年联合支持的微生物基因组测序联合项目及目前 NSF 与 NIH、美国农业部国家食品与农业研究所（USDA-NIFA）共同资助的传染病生态学联合项目，通过利用公共数据库，实现数据的及时广泛分享。由美国能源部（DOE）和 NIH 于 2007 年共同建立的开源式网络应用服务器 MG-RAST 生物资讯管道，可以提供有关微生物组的定量数据资料。目前的注册用户有 1.2 万人，数据集数量达 75 万个。

## （四）研究方法和数据需要标准规范的统一

美国、欧盟、日本等众多国家和地区的微生物组研究计划进行已久，生成了大量的数据。但是，不同的人体微生物研究采用的方法不同，导致不能有效地比较和诠释这些研究结果。因此，需要在世界范围内开展标准制定和技术整合的工作。

欧盟在人类肠道微生物研究的工作中，从一开始就注重科研标准与程序的制定。2011 年 2 月，项目组开始了国际标准的规范统一工作。研发团队主要集中于肠道微生物种群的标准化研究，对所采集的微生物样本、基因组测序、数据分析工具和操作程序，进行统一的标准化规范，并通过 IHMS 官方网站实时向全社会公布。

美国在标准建立方面，由 NIH 组织并召开微生物组测试标准研讨会。联邦机构、学术界和产业界代表都将参加，确定相关参考标准、协议和测定手段等，以促进相关临床治疗和产品。美国国家标准及技术研究所（NIST）将在 2017 年拨款 100 万美元用于提高微生物组测定的可靠性和再现性，微生物离体改造、测定和建模等，促进相关参考标准的制定及离体研究工具的研发。

## （五）组织实施过程中要采纳跨学科的管理机制

要回答多样化生态系统中微生物组的基础性问题，解析微生物组对人类面临的健康、能源、粮食、环境等重大问题的影响机制，必须支持跨学科研究，采取新的多学科交叉的组织模式。美国的做法有以下三个特点。

一是政府支持跨学科研究。DOE 计划 2017 财年新增 1000 万美元资助跨学科联合研究，研究方向为利用实验系统和新型计算工具，建立微生物组预测模型。NIH 将在 2016 财年和 2017 财年研究补助的基础上，再增加 2000 万美元，用于多生物系统对比研究及设计新型微生物组研究工具。

二是支持机构间开展联合研究。NSF 和 USDA-NIFA 联合开展植物生物交互作用项目，NSF2016 财年资助 600 万美元，USDA-NIFA 2017 财年资助 850 万美元。这一项目于 2016 财年进行提案审查。2016 年早些时候，USDA-NIFA 还与美国国家自然科学基金生物理事会（NSF-BIO）联合出资 600 万美元（各出资 300 万美元），支持植物转化、动物表型组学和微生物组技术等领域研究。

三是支持高校、实验室、研究所、企业代表等积极建立跨学科研究中心。美国杰克逊实验室将投入 3500 万美元组建跨学科微生物组科学研究中心，研究提高微生物组及其机制作用的技术方法等。加州大学洛杉矶分校纳米系统研究所将组建纳米－微生物组合成中心，利用纳米技术对微生物组进行观测和改良。布列根妇女医院神经疾病中心将成立多学科研究中心“微生物－肠道－大脑卓越中心”，研究微生物组对神经及相关免疫性疾病的影响并研发新型诊疗工具。以上研究内容既包括有关微生物组的基础性与综合性研究和实验，也包括微生物组在人类疾病及生物质能生产、作物生产、气候变化、生态保护等领域的应用研究。

## 三、生物技术产业迅猛发展

当前，生物技术产业已经成为世界经济中的一个新主导产业。生物医药、生物农业、生物能源、生物制造、生物环保等领域正蓬勃兴起并迅猛发展，进入大规模产业化的起始阶段。据英国市场分析机构 Datamonitor 预测，到 2024 年世界生物市场规模预计达到 2.61 万亿美元。

### （一）各国生物技术产业发展概况

在韩国，生物产业正在成为引领韩国未来发展的动力产业。为更好地引导和扶持相关产业发展，韩国政府成立了生物特别委员会，拟逐步整合散落在政府各部门、机构涉及生物产业相关职能，同时对生物产业全流程进行扶持。生物特别委员会还承担调整和修改阻碍生物产业发展的原有政策、制度等。2015 年，韩国生物医药产业的总生产规模为 7 亿美元，近 5 年保持年均 9.3% 的增长速度。韩国生物企业的事业版图也开始向中国、日本及美国等国家和地区拓展。

意大利生物技术产业优势显著。截至 2015 年年底，意大利拥有生物科技公司约 500 家，总贸易额达到 94 亿欧元，研发投入超过 18 亿欧元，雇员人数超过 9200 人。得益于新技术和新产品所做的贡献，意大利的生物技术产业预计在未来数年将有显著增长，2017 年营业收入预计增长 12.8%，2019 年将增长 18.1%。

德国生物技术产业发展呈现持续上升态势。2015 年德国生物技术企业营业额达 32.8 亿欧元，相比 2014 年 30.3 亿欧元上升 8.3%。在企业数目和就业情况方面，2015 年的生物技术产业也有明显进步。专业性生物技术企业共有 593 家（2014 年为 579 家），提供 19 010 个职位，比 2014 年增长 6%；而非专业生物技术企业工作岗位数也比 2014 年增长 5.5%，达到 20 250 个。

生物技术在奥地利经济发展中具有重要意义。2015 年奥地利共有 823 家生物技术公司，创造了 191.1 亿欧元的营业额，行业产值占据国内生产总值的 5.8%。生物技术领域在过去 2 年内创造的工作岗位达 51 660 个，从业人员增幅达到 2.95%。在研发支出方面，2014 年企业研发支出达 9.17 亿欧元；同时，全国共有 55 家行业研究机构，合计 2 万名研究人员，科研预算达 14.4 亿欧元。

## （二）小微企业是生物技术产业的驱动力

从小微企业占生物技术企业比重来看，新西兰的比重最高（91.1%，2011 年），以色列（90.1%，2010 年）、西班牙（86.5%，2014 年）、英国（83.6%，2015 年）等国家排名其后。

意大利是著名的中小企业王国。毫无例外，绝大多数的意大利生物技术公司也是微型或小型公司，约占 75%。从事研发的生物技术公司达半数以上，约为 256 家，其中小型和微型生物研发公司占比达 90%。

## （三）各国布局谋划重点应用领域

卫生健康领域是全球生物技术产业的主要应用领域。英国分布在卫生健康领域的生物技术企业比例达到 83.9%，西班牙为 70.3%，奥地利为 66.4%，以色列为 60.2%。意大利相关的生物技术公司比例达到 55.6%，较为突出的领域包括罕见病和先进治疗。意大利在该领域开发了西方国家认可的首个产品，即基于干细胞的药物。

农业领域的生物技术密集型企业在生物技术企业中所占比例最多的国家为斯洛文尼亚（21.9%），之后是西班牙（21.4%）和新西兰（18.4%）。

食品领域的生物技术密集型企业在生物技术企业中所占比例最多的国家为西班牙（28.8%），之后是韩国（20.2%）和新西兰（19.5%）。

天然资源领域的生物技术密集型企业相对较少。

环境领域的生物技术密集型企业在生物技术企业中所占比例最多的国家为斯洛文尼亚（25.8%），之后是墨西哥（23.6%）和波兰（20.3%）。

产业工程领域的生物技术密集型企业在生物技术企业中所占比例最多的国家为波兰（18.8%，2014 年），之后是新西兰（17.2%）和比利时（17.2%）。

生物信息领域的生物技术密集型企业在生物技术企业中所占比例最多的国家为爱沙尼亚（12.0%，2014 年），之后是葡萄牙（7.4%，2014 年）和新西兰（5.7%，2011 年）。

### （四）科技创新是生物技术产业生命力的源泉

生物技术产业是一个有发展前景的动态产业，是高研发密集行业。美国生物技术领域研发投入约为385.65亿美元（2014年），在OECD分析的28个国家中排名第一，法国为32.68亿美元（2012年），瑞士为25.6亿美元（2012年），韩国为14.14亿美元（2014年），德国为13.44亿美元（2015年）。

以意大利生物技术产业为例，截至2015年年底，研发投入总额超过18亿欧元，研发投入占总贸易额的比重达到25%，有的公司更是高达40%。值得一提的是，意大利生物技术产业的研发投入占贸易额的比重比其他产业高2.3倍，研发人员数量比其他产业高出5倍。

德国2015年生物技术领域研发投入上升至10.4亿欧元，继2010年首次回到10亿欧元，其中大部分用于诊断和治疗技术研究。由于受到欧洲主权债务危机等外部不利因素影响，德国生物技术领域研发投入在2011年出现了下降，自2006年以来首次低于10亿欧元，特别是来自私营部门的风险投资数量下降显著。

### （五）部分国家垄断专利申请

2010—2013年，美国申请的专利占到生物技术领域整体专利的37.2%。排名其后的国家依次为日本（11.9%）、德国（7.5%）、韩国（5.9%）等。欧盟28国占28.1%，金砖6国占5.2%。可以看出，美国、日本、德国、韩国、法国5个国家申请的专利比重达到了67.6%，超过半数，美国和日本更是占据了其中的49.1%。在生物技术领域专利方面出现了部分国家垄断的现象。

## 四、生物威胁引发严重关切

生物技术是把双刃剑。先进的生物技术为食品及便携式燃料的生产、环境的保护及疾病治疗方式的转变提供了潜力，过去数十年生物技术的威力一直以一种指数式的速率增长。但是，伴随着生物技术的发展，也出现了一系列的伦理道德和社会安全问题。生物威胁已经引发了国际社会的严切关注。

### （一）生物威胁呈现新特征

生物技术的进步，为未来数十年的医学及农业发展带来了巨大前景，同时也加大了被恶意使用带来严重破坏性的风险。恶意使用的相对直观的例子包括：对病原体进行修改，以突破现有的免疫力，或者对现有的药物产生耐药性。例如，将一种影响免疫系统的基因插入鼠痘病毒中，经过基因修饰的病毒能够杀死对正常病毒有免疫力的小鼠；又如，使用CRISPR技术创建可以切割、修饰、抑制或者激活宿主基因的病毒，这种病毒可以破坏重要的细胞功能。分子生物学家、微生物学家及病毒学家们预计，未来生物威胁的本质将出现巨大改变。

重要的是，生物威胁和核威胁或者化学威胁相比，在方式上有着显著的不同，所需资源要适度得多，所需要的设施也更小，从而无法轻易地与普通的研究实验室区别开来。

蓄意的生物袭击和天然发生的疾病暴发或意外泄露也可能存在重要的方式差异。例如，一项顺利实施的蓄意袭击可以以在多个及地理上分散的区域几乎同时释放一种生物因子开始，以便于以尽可能快的速度达到最大数量的人类个体；而且，病原体也可能经历了深思熟虑的修饰，以影响共传播能力，或者使其对于当前的药物制品及响应措施具备抵抗力。

生物袭击及新出现的传染性疾病可能引发无法想象的后果。

## （二）美国牢固构筑生物防线

近年来，美国采取了很多举措来保护其不受国际生物袭击及新出现的传染性疾病的影响。一是出台针对性政策，如《美国农业和食品防护计划》（2004 年）、《国土安全总统令 10》（HSPD-10）、《21 世纪生物防御》（2004 年）、《国家大流行性感冒战略》（2005 年）、《针对大规模杀伤性武器的医学应对措施》（2006 年）及《国家打击生物威胁战略》（2009 年）等。其中，《21 世纪生物防御》确定了生物防御的重点目标，包括威胁感知、预防和保护、监测和检测、应对和恢复等。《国家打击生物威胁战略》强调生物威胁不能由联邦政府独自面对，需要国内各阶层及国际社会的共同努力。2010 年 5 月 27 日，奥巴马政府公布新政府首份《国家安全战略》，重申应对生物威胁是国家安全的顶级优先方向。二是投入大量的资金，2001—2011 财年，美国生物防御经费资助已达到 618. 6 亿美元，并开展了大量的工作，用于备战及响应蓄意的生物袭击及天然疾病的暴发。

但是在生物技术快速发展的大环境下，这些努力还远远不够。例如，美国联邦政府主要侧重于防御和监测一系列的已知生物威胁，大约 60 种病原菌和大约 10 种毒素，未来的挑战则在于能够可靠地检测到新式生物威胁。

为此，美国总统科技顾问委员会于 2016 年督促美国政府出台生物防御战略，建议该战略涵盖 5 方面内容，具体包括：分析生物威胁问题的范畴；收集潜在敌人可能采取行动的情报；监测生物威胁是否存在；开发有效的医学应对措施以防备生物威胁；提高领导力及组织能力。从近期来看，美国的应对措施包括两个重点：一是应该创建一个新的跨部门实体，负责情报部门、国防部、国土安全部、卫生部及农业部的生物防御活动的计划、协调和监管。二是应该建立一支 20 亿美元的公共健康应急响应基金，支持联邦对严重的、快速出现的天然或蓄意性传染性疾病事件的快速响应。

在传染病防治领域，2016 年 12 月，美国国家科技理事会发布《面向传染病预测——联邦政府在传染病暴发建模方面的努力和机遇》报告，提出要加强对于传染病的预测和应对。美国未来要进一步加强三方面的工作：一是加强数据和信息共享，二是支持模型的开发，三是要加大对疾病突发学的研究。

## （三）欧盟、日本出台多项举措应对潜在危机

（1）2001 年美国炭疽事件发生后，欧盟、日本均致力于生物恐袭后快速反应和有效处置的能力建设。

日本内阁于 2001 年 11 月通过了《政府实施应对化学和生物恐袭的基础政策》的法案。2009 年 4 月，日本内阁成立了应对核化生威胁的高级办公室，主要职责是提升反核化生恐袭的能力。2009 年 11 月，日本发布《应对生物威胁的国家准备》工作报告，旨在加强应对生物威胁的法规建设和应急响应体系建设。

欧盟在 2007 年 7 月 11 日通过了应对“生物威胁”的绿皮书，主要内容包括如何在欧盟范围内预防生物事故、生物袭击及加强应对能力等问题。同年 9 月，欧盟委员会通过《为健康共同努力——欧盟 2008—2013 年战略》白皮书，提出要保护成员国国民免受健康威胁，包括流行性传染病、生物恐怖袭击等。

（2）近些年来，从非典到禽流感再到寨卡，人类社会频遭传染病和流行病的肆虐，应对健康领域的一系列挑战已成为各国和国际社会当务之急。

2008 年 6 月，欧盟发布了《流行病监控长期战略》，要在欧洲建立高水平、有效的监测系统，由欧洲疾病与预防控制中心（ECDC）承担欧盟境内流行病监测的全部职责。2009 年 9 月，欧盟委员会通过了应对甲型 H1N1 流感战略，以有效应对流感大流行。

日本《传染病预防与传染病患者医疗法》于 1999 年 4 月正式实施，旨在从整体上规范国家和各自治体的传染病对策。该法其后分别由于 2003 年非典病毒、2008 年 H5N1 病毒、2013 年 H7N9 病毒的爆发而几经修改。充分认识到传染病的全球性挑战，日本于 2014 年 8 月出台了《传染病研究的国际化战略》，提出海外研究基地研究课题要强化研究基础，聚焦禽流感、登革热、耐药菌、感染性腹泻 4 个重点课题。

（执笔人：张翼燕）

# 信息通信技术为未来发展创造新引擎

目前，快速创新与变革的信息通信技术（ICT）正越来越多地改变着人们的生活方式和行为模式，人们受惠于移动宽带网络带来的高速网络连接，享受着数量日益增长的多种应用和服务。全球移动宽带的使用率大幅提升，使得 ICT 使用水平改善最为明显，然而数字鸿沟现象仍不容乐观。2016 年，以美国、俄罗斯、韩国及欧盟为代表的发达经济体着力加强 ICT 领域前瞻布局；AlphaGo 击败世界冠军李世石成为人工智能新一轮发展热潮中的里程碑事件，世界主要发达国家将人工智能作为提升国家竞争力、维护国家安全的战略利器，竞相超前部署，同时，人工智能发展的不确定性也将带来一系列新的挑战；区块链作为一种基于信息网络构建价值网络和新型信任关系的互联网底层架构技术，有望驱动社会经济生活等诸多领域的模式创新，甚至会重塑或颠覆现有商业模式、行业运行和治理体系等，然而基于区块链技术的创新型应用潜力仍有待挖掘；全球网络安全事件频发，网络安全形势日趋严峻，以美国、英国为代表的网络强国加速实施网络安全新政，加快网络空间战略调整。

## 一、全球 ICT 稳步发展，分化现象仍未趋缓

根据国际电信联盟（ITU）2015 年年底的统计数据，全球 175 个经济体的 ICT 发展水平（以 IDI 分值表达[①]）较 2014 年都有改善，尤其是全球移动宽带的使用率大幅提升，使得 ICT 使用水平改善最为明显。然而，数字鸿沟现象仍不容

① IDI 分值是衡量各个国家和地区 ICT 发展水平的综合评价指标，从 ICT 接入、ICT 使用及 ICT 技能 3 个维度，选取 11 个分项指标加权计算得出。IDI 分值以上一年度年底监测数据进行计算，满分为 10 分。其中，ICT 接入包括固定电话普及率、移动电话普及率、人均国际出口带宽、电脑家庭普及率、互联网家庭普及率 5 个指标；ICT 使用包括网民普及率、固定宽带人口普及率、移动宽带人口普及率 3 个指标；ICT 技能包括成人识字率、中等教育毛入学率、高等教育毛入学率 3 个指标。

乐观，表现最好与最差经济体之间的差距几乎与上一年度持平。

2016 年 IDI 分值全球排名前 10 位的经济体均来自欧洲和亚洲，依次为韩国、冰岛、丹麦、瑞士、英国、中国香港、瑞典、荷兰、挪威和日本。与上一年度相比，前 10 位经济体间的差距进一步缩小，韩国和日本的分值仅相差 0.47。这 10 个经济体有共同的特点：对 ICT 基础设施进行了大规模投资，并拥有鼓励创新的开放型自由竞争的 ICT 市场，ICT 创新活动高度活跃，消费者收入水平和受教育程度高，使得 ICT 效能能够得到充分的发挥。中国大陆 IDI 分值为 5.19，排在第 81 位，较 2015 年提升 3 个位次，进入亚太地区前 10 名。

经济社会发展和 ICT 发展水平之间具有强相关性，特别是在数据和信息全球化流动如此频繁的数字经济时代，这种相关性表现得更为突出。近 10 年来，商品、资本、服务、人才和数据与信息的流动对全球 GDP 至少贡献了 10% 的增长点，其中，数据流动的贡献率已超过商品流动，与连通性较低的经济体相比，连通性较高的经济体获得的收益最多高出 40% 。发展中国家 IDI 分值的提高幅度较发达国家要大，但发达国家的平均 IDI 分值（7.40）仍比发展中国家（4.07）高出 3.33。在排名中处在后 1/4 部分的国家和最不发达国家之间也存在着强相关性——排在最后 27 位的国家都是最不发达国家，同时这些国家和表现较为突出的发展中国家 IDI 分值差距仍在继续扩大。

伴随着 ICT 在教育文化、医疗卫生、政务决策、家政养老、社会保障、劳动就业等更广泛领域的深度应用，ICT 在保障促进可持续发展中的作用日益凸显。2015 年，联合国确定了 17 项可持续发展目标（Sustainable Development Goal，SDG）及相关指标，用于指导 2015—2030 年的全球发展。其中，若干可持续发展目标涉及 ICT 及相关技术，主要包括：

一是校内计算机和互联网的使用情况，这涉及是否能够提供包容公平的教育机会（教育基础设施）。当前一些发展中国家的中小学计算机覆盖率可达 100% ，但多数国家实际无法实现。

二是成人和青少年的 ICT 技能，该指标涉及就业创业水平的提高。当前发达国家具有 ICT 特定技能的人口比例远高于发展中国家。

三是 ICT 在妇女赋权方面的作用，这涉及如何通过强化 ICT 的运用促进赋予女性平等的权利。当前在低收入、连通性较低的国家，移动电话拥有和使用方面的性别鸿沟依然很大。

四是 ICT 使用和互联网接入的增长情况，该指标由不同移动技术所覆盖人口的百分比来衡量。2016 年，全球移动宽带网络覆盖的人口比例将达到 84% ，但在农村地区仅为 67% ；同时，全球只有超过一半的人口享有 LTE 或更高级的网络覆盖，这其中几乎不涉及农村地区。

五是 ICT 对科学、技术和创新的贡献。联合国希望通过加强在科技领域的合作振兴全球伙伴关系，以促进可持续发展，通过监测固定宽带用户的数量和速率可以部分地反映这一因素。当前在发达国家和发展中国家之间，以及在某一区域内部接入能力和速率等方面都存在较大的差异。例如，韩国、丹麦和法国等国家固定宽带普及率约40%，并且高速宽带接入速率高于10 Mbit/s，但许多低收入经济体的固定宽带普及率不及2%，宽带接入速率不足2 Mbit/s。

六是ICT作为使能技术的使用情况，该指标通过互联网使用人口比例来体现。2016年，发达国家的互联网使用人口比例是发展中国家的2倍，同时，发展中国家这一比例整体上超过最不发达国家的2倍。

## 二、主要国家（经济体）ICT政策动向

### （一）美国调整关键领域，确保ICT全球领先地位

ICT领域始终是奥巴马政府研发政策关注的重点。在ICT领域研发支出方面，美国位居全球前列。2016年4月，美国NSF披露的统计数据显示，2013年美国企业的研发总支出为3230亿美元，其中，ICT产业研发支出占比41%，约1330亿美元，ICT产业研发支出规模为制药产业的2.5倍，是美国研发支出最大的单体产业。在OECD监测的36个经济体数据中，仅中国台湾、韩国、芬兰和以色列4个经济体的ICT研发支出占比高出美国。为进一步确保美国在ICT领域的全球领先地位，2016年奥巴马政府及时调整了国家网络与信息技术研发计划战略规划（NITRD）的关键研究领域，在人工智能、量子信息、大数据等领域部署实施了一系列研发战略。

#### 1. NITRD中关键领域进行重大调整

NITRD计划始于1991年，是美国在信息技术（IT）领域进行跨部门研发协调的顶层机制。NITRD计划2017财年经费预算为45.4亿美元，比2016财年的预估经费（44.9亿美元）增加了1.1%，其中，最重大的变化表现为将8个关键领域（PCA）调整为10个。2015年，美国总统科技顾问委员会（PCAST）基于IT的发展现状及在国家整体竞争力中的关键作用，提出调整PCA的建议，因此此次调整也是对PCAST建议的积极回应。

2007—2016年，NITRD支持的PCA始终维持在8个，具体包括网络安全与信息保障（CSIA）、高可信软件与系统（HCSS）、高端计算基础设施与应用（HEC I&A）、高端计算研究与开发（HEC R&D）、人机交互和信息管理（HCI&IM）、大型网络（LSN）、IT社会经济和劳动力意义及IT劳动力发展（SEW）和软件设计与生产（SDP）。2017年，PCA的数量增至10个，其中CSIA、SEW和SDP保持不变，HCI&IM、HCSS和LSN在原有基础上有所缩减，

HEC I&A 和 HEC R&D 的内容被整合到新增 PCA 中，新增的 4 个 PCA 如下。

（1）推动高容量计算系统发展的研发（EHCS）。细分领域包括量子信息科学、超导超算、生物计算等有前景的未来计算技术，以及并行编程环境、系统软件与应用、系统架构、能耗问题等。2017 年的优先研究领域包括极限规模计算，高容量计算系统软硬件、计算机科学与系统架构的新方向，提高生产率，扩大影响。

（2）高容量计算系统基础设施与应用（HCSIA）。高容量计算系统基础设施对网络安全、人脑理解、大数据、气候科学、纳米技术、材料基因组及先进制造等若干国家战略计划的实施至关重要。2017 年的优先研究领域包括领导级与生产级 HCS、改善 HCS 应用、HCS 基础设施、提高生产率、扩大影响。

（3）大规模数据管理与分析（LSDMA）。为了从大规模分布式流动性异构数据中获取有用信息，需探索数据获取、处理及管理的机制，LSDMA 聚焦下一代方法、技术和工具等。2017 年的优先研究领域包括下一代能力，数据的可信度，网络基础设施，数据采集、保管、管理与获取，数据隐私、安全与伦理，教育与培训，合作。

（4）机器人和智能系统（RIS）。RIS 的研究需要重视人与物理系统的交互，尤其是涉及安全、信任和可预测性等方面的问题。其他的研究方向包括物理 IT 与人的交互，物理 IT 与强大自主性，物理 IT 与传感，面向物理 IT 系统的硬件、软件开发，可信的物理 IT 系统等。

### 2. 若干战略前沿领域部署实施战略计划

2016 年，围绕大数据、无线宽带、高性能计算、量子信息、人工智能、网络安全等战略前沿及重大基础设施领域，美国接连出台研发计划，或者在已经实施的计划基础上制定研发战略，以适应相关领域快速发展的态势。

（1）联邦大数据研发战略计划（Federal Big Data Research and Development Strategic Plan）。这是 2012 年奥巴马政府实施大数据研发行动以来出台的首份顶层规划文件，针对大数据研发中的重点和难点加强部署，旨在构建大数据创新生态系统——基于大规模、多样性、实时的数据集展开分析、提取信息、做出决策和发现知识，使政府部门的效能最大化，加速科学发现和创新进程，开拓新的研究领域和前所未有的新需求，培养下一代科学家和工程师，促进经济增长，从而使国家利益最大化。具体包括七大战略：一是借助新兴的大数据基础、科学和工程技术塑造下一代大数据应用能力；二是支持“探索和理解数据及其知识可信度”的研发，以便做出更好的决策，促使突破性发现，采取自信的行动；三是构建并增强研究型网络基础设施，使大数据创新能为政府部门的工作提供支持；四是促进数据共享和管理以提升数据价值；五是理解大数据收集、共享和使用方面的隐私、安全和伦理问题；六是加强与大数据相关的教育和培训，培养一批高级分析人才并提升普通大众的分析能力；七是建立并增强国家大数据创新生态系统中各要素之间的联系。

（2）先进无线研究计划（Advanced Wireless Research Initiative）。为保持在无线宽带领域的领先地位，并继续引领下一代移动技术，美国宣布启动先进无线研究计划。同时，美国联邦通信委员会在毫米波（24 GHz 以上）频段分配了近 11 GHz的频谱资源（包括 3. 85 GHz 商业授权应用频谱与 7 GHz 非授权应用频谱），使美国成为全球第一个为5G 应用而开放高频频谱资源的国家。先进无线研究计划由美国国家科学基金会牵头，联邦政府投资 4 亿美元，未来 10 年将部署使用先进无线研究的 4 个城市级测试平台。通过公私合作投入 8500 万美元建设先进无线测试平台，NSF 未来 7 年投入 3. 5 亿美元围绕如何利用测试平台开展学术研究，同时，其他部门提供辅助工作。研究人员、企业和无线公司可以基于测试平台及测试平台支持的基础研究成果，测试开发先进的无线技术，其中部分技术可能成为5G 或后 5G 的关键创新型技术。

（3）国家战略计算计划（National Strategic Computing Initiative Strategic Plan, NSCI）。这是继 2015 年 7 月美国总统令要求创建 NSCI 之后，美国在推动高性能计算（HPC）研究、开发和部署方面提出的更为详细的战略规划，为参与计划的各联邦机构指明了近期的任务与目标，并提出了大学、研究机构和企业参与该计划的方案，创建可持续的公私合作关系。NSCI 共有 10 个联邦部门参与，其中，能源部、国防部和国家科学基金会将承担 NSCI 领导责任，高级情报研究计划局和国家标准与技术研究院负责基础研究，国家航空航天局、联邦调查局、国立卫生研究院、国土安全部和国家海洋与大气管理局则为部署机构。2017 财年将投资超过 3 亿美元用于 NSCI 计划研发。

（4）在量子信息领域，美国发布了《发展量子信息科学：国家的挑战与机遇》报告，总结了量子信息科学在多个领域的进展和未来发展潜力，指出美国目前研发进程中的不利因素。例如，研究机构间的合作障碍，教育和研发人员短缺，基础研究的技术转化困难，满足量子信息需求的材料与器件开发难度大，研发投入不足且缺乏稳定性等。该报告建议美国发展量子信息科学应遵循三点原则：一是设立长期、稳定的核心研究计划，并根据领域的发展进行科学动态的调整；二是进行短期的、目标明确的战略性研发，力争取得具体可测量的成果；三是保持对整个学科领域的持续性监测，辅助评价政府资助产生的成果，并及时调整计划以利于技术突破。目前，美国政府支持量子信息科学的研发投入每年为 2 亿美元左右，主要通过国防部、能源部、高级情报研究计划局、国家标准与技术研究院、国家科学基金会等机构支持。

## （二）俄罗斯“技术”“市场”双驱动应对 ICT 新挑战

2016 年，俄罗斯陆续公布“国家技术计划”① 几大市场网络的发展路线，其中大部分网络建设都与 ICT 密切相关。“国家技术计划”从“技术”和“市场”2 个维度确立优先方向，重视“技术”对“市场”的支撑及“技术”的“市场”前景。“技术”维度共包含 13 项技术，其中与 ICT 相关的技术共计 7 项，具体包括数字化设计与模拟、量子通信、感知技术、神经网络技术、大数据、人工智能与控制系统、电子元器件（含处理器）。“市场”维度包括能源、食品、安全、健康、金融、神经、航空、汽车和海洋。

“市场”部分与 ICT 相关性最为密切的是安全网络 Safe Net（新一代安全体系），具体指数据传输、信息安全和信息物理系统领域安全可靠的计算机技术和解决方案。发展新一代安全体系的目标包括：国产应用程序、网络及平台市场的全球占有率达到 3%～5%；为“国家技术计划”各优先方向涉及的信息系统提供安全可靠的保障；构建必要的 IT 基础设施，保障“国家技术计划”各细分项目（如工业互联网）的安全。细分的领域：一是包括传感器、监控摄像头等在内的各类安全装置；二是包括身份识别系统等在内的各类安全应用程序；三是网络安全，包括基于量子和神经信号的数据传输保护系统、5G、6G、计算机及通信系统硬件等；四是管理平台和应用程序安全，包括个人电脑和移动终端安全，云计算、SaaS 及其他服务安全，应用程序、数据和代码安全等；五是产业融合服务，包括工业互联网、智能城市、智能生活、智能制造、智能电网、智能支付、智能家居、智能出行、环境安全和国家情报安全。

同时，由于 ICT 促进市场融合的特征日趋深化，因此其他网络的建设也与 ICT 具有密切的联系。其中，健康网络 Health Net（个性化医疗体系）中要加快发展医疗信息技术，如数字护照、数据收集和分析、远程医疗等；汽车网络 Auto Net（无人驾驶汽车分布式系统）中要发展具有专门用途的无人驾驶车辆、各类传感器和软件、物流管理系统；海洋网络 Mari Net（无人驾驶船舶分布式系统）要发展数字导航、水下机器人、水下定位和通信综合系统等。

## （三）韩国着力推进 K-ICT 战略

长期以来，韩国以 ICT 产业作为出口主导产业引领国家整体经济增长，并确立了智能终端、半导体等领域的国际竞争力。2015 年韩国出台《K-ICT 战略》，意在将 ICT 产业发展成为创新型新产业及强大的主导产业，提出培育九大战略性

① “国家技术计划”最早于 2014 年 12 月由俄罗斯总统普京在国情咨文中提出，是俄罗斯为应对全球新一轮技术革命做出的对未来新市场和新技术的重大部署。

产业，包括软件、物联网、云计算、信息安全、5G 移动通信、超高清、智能设备、数字内容和大数据。2016 年，韩国制定《ICT 领域研发投资路线图》，根据《K-ICT 战略》中的九大战略领域选出了 10 项技术领域进行重点投资，包括移动通信、网络、广电智能媒体、电磁波与卫星、基础软件和运算、软件、数字内容、信息安全、ICT 设备和融合服务（指 ICT 在农业、制造、智慧城市、个人服务等领域的应用等）。

为配合《K-ICT 战略》的实施，韩国还陆续出台了物联网、计算机图形学（CG）、云计算等重点领域的发展计划。一是启动 K-ICT 物联网示范项目，将物联网基础设施和技术融合到汽车、医疗保健、能源、城市、工厂等核心行业及领域，以引领 ICT 融合市场快速成长，促进新产品、新服务的开发及早期商业化。计划 3 年内投入 1085 亿韩元支持 2 个示范园区项目和 5 个融合示范项目。二是部署实施 K-ICT 计算机图形学产业培育计划，重点提升 CG 企业竞争力（实施龙头企业培训项目，设立专业投资基金，引导支持企业与学术界和研究机构共同研发）、创造 CG 技术新市场和夯实 CG 产业发展基础。三是部署实施 K-ICT 云计算推进计划，到 2018 年将民间机构的云计算利用率提高至 30% 以上，推动云计算产业市场规模达到 4.6 万亿韩元，重点是在公共部门引进云计算、推进制度改革以改善应用环境、构建云计算产业发展生态环境。

## （四）欧盟加大改革力度，并加强前瞻部署

2016 年，为加快实施数字单一市场战略，欧盟对信息总司（DG CONNECT）进行了重大的机构调整；为了加速推动量子革命，在“地平线 2020”计划框架下发起第 3 个重大前沿战略科研计划——“量子技术旗舰计划”；在脑计划下公开发布六大 ICT 平台，以促进 ICT 领域和神经科学、医学的合作研究。

为更好地适应数字单一市场战略的需要，2016 年欧盟委员会对信息总司进行机构调整，形成了新的组织架构，命名为“DG CONNECT 2.0”。新的组织架构将更加关注在线服务、版权和媒体等领域的发展，把推动数字工业、数字经济和自动驾驶等新兴技术作为优先的工作选项。除了对原有机构进行重组外，未来信息总司将扩大其在卢森堡的机构设置。预计从 2018 年开始，信息总司在卢森堡的机构将完成职能强化，以大力促进欧洲电子商务基础设施、高性能计算、电子政务和电子健康等领域的发展。

2016 年 3 月，欧盟发布《量子宣言（草案）》，呼吁欧盟成员国及欧盟委员会发起资助额高达 10 亿欧元的“量子技术旗舰计划”，以建立极具竞争性的欧洲量子产业，确保欧洲在未来全球产业蓝图中的领导地位，增强欧洲在量子研究方面的科学领导力和卓越性，面向量子技术的创新企业和投资将欧洲打造成一个有活力和吸引力的地区，充分利用量子技术解决能源、健康、安全和环境等领域的

重大挑战。通过通信、模拟器、传感器和计算机四大领域的短中长期发展，实现原子量子时钟、量子传感器、城际量子链接、量子模拟器、量子互联网和泛在量子计算机等重大应用。2016 年 8 月，欧盟宣布正式组建一支由 12 名专家组成的“量子技术旗舰计划”专家筹备组。在未来的 1 年时间里，该筹备组将与科研和产业界密切合作，共同形成一个更加具体的“量子技术旗舰计划”实施方案。欧盟委员会还将继续研究吸引产业界代表加入专家筹备组，以使该计划方案在制定过程中充分吸收产业界的意见。

2016 年 3 月，欧盟正式公开发布 ICT 六大平台，包括原型硬件、软件工具、数据库和编程接口。一是神经信息学平台，对神经科学数据进行注册、检索和分析；二是大脑模拟平台，对大脑进行重建和模拟；三是高性能计算平台，为大规模数据集进行复杂模拟和分析提供计算与存储设施；四是医学信息平台，检索真实的病患数据，用于了解各种脑疾病的异同；五是神经计算平台，对大脑微电路进行仿真；六是神经机器人平台，将大脑的虚拟模型连接到仿真机器人实体及环境中实现大脑模型测试。

为了保持“地平线 2020”计划战略规划的前瞻性，2016 年欧盟运用 3 步骤战略前瞻方法挖掘影响“地平线 2020”计划的未来方向，对第 3 阶段（2018—2020 年）战略规划的优先领域进行了分析。万物互联和大数据的发展增强了数据的创新型应用与众多领域的连接，这不仅引发医疗保健、交通运输等社会民生领域的重大变革，也有望通过 ICT 技术手段对全球可持续发展实现监测和管理。这是 ICT 进入下一个发展热潮的新机遇，与此同时，计算机及自动化等的发展导致诸如专业服务领域的就业受到冲击，网络犯罪、网络战等可能成为社会发展的重大威胁。

### （五）德国推出《数字战略 2025》建设数字化德国

如果数字化技术及其潜能得以充分利用，到 2020 年德国 GDP 有望多增加 820 亿欧元，仅物联网相关产业即蕴藏着近 110 亿美元的经济价值。为了更好地建设数字化德国，2016 年 3 月德国推出《数字战略 2025》，在此框架下采取十项重要举措：一是到 2025 年建成千兆级光纤网络；二是支持信息化领域内的创业；三是构建能吸引更多投资和激励创新的管理框架；四是在核心基础设施领域实现“智能联网”，推动经济增长；五是加强信息安全建设，强化信息主权；六是鼓励中小企业、手工业和服务业创新商业模式；七是发掘“工业 4.0”潜力巩固工业大国地位；八是推动数字化技术的科研与创新走向顶尖水平；九是推动覆盖全年龄段的数字化教育；十是成立数字化、国际化高效的联邦职能服务中心。

## 三、人工智能迎来爆发元年

2016 年是人工智能（AI）元年。大数据、云计算及高性能计算等的快速发展与深度应用是此次人工智能研发热潮的重要驱动，新一代 ICT 技术的全面演进必将引发新时期人工智能技术及应用的突破性进展。为此，全球主要国家和地区在近几年提出的创新战略和规划中均对人工智能相关领域或细分领域做出了重要的判断，并提出具体的推进举措。

### （一）美国抢先将发展人工智能上升至国家战略

2016 年 10 月上旬，美国政府同步发布 2 份关于人工智能的重要报告——《国家人工智能研发战略规划》和《为人工智能的未来做好准备》，成为全球首个将人工智能上升为国家战略的国家。在此之前，无论是美国 IT 领域的统领性计划《国家网络与信息技术研发计划战略规划》，还是《大数据研发战略计划》，“脑计划”等专项规划中都有与人工智能高度相关的布局。

《国家人工智能研发战略规划》着眼于人工智能对全社会的长远变革式影响，在筹划阶段即更倾向于直接投资支持两大类任务：一是高风险、需要长期投资、不能在短期内见到收益的研发活动；二是为满足重大特定需求或必须解决的重大社会问题的研发活动。该规划并不是设立专项规划，而是提出一个顶层框架，以指导联邦各部门制定与人工智能相关的计划，并跟踪其研发投资进展。

美国政府提出人工智能研发的目标是促进产生新的人工智能知识和技术，增加社会效益，同时最大限度减少负面影响。为此，美国政府提出七条人工智能研发战略：一是对人工智能研究进行长期投资；二是为人类与人工智能系统之间的协作寻求有效方法；三是分析并应对人工智能的伦理、法律和社会影响；四是确保人工智能系统安全可靠；五是构建可用于人工智能训练和测试的公共数据资源和环境；六是开发标准体系，测度和评估人工智能技术；七是更好地了解人工智能研发队伍需求。为促进人工智能国家战略的顺利实施，该规划提出了两条对策建议：一是各部门合作构建人工智能研发实施框架，同时成立跨机构工作组协调各方工作；二是构建一支国家级人工智能研发队伍。

### （二）英国聚焦机器人和自主系统

在人工智能这一综合性强的大领域，英国从一开始便聚焦在机器人和自主系统。早在 2012 年，英国政府就将智能机器人和自主系统技术列为最重要的八大技术之一。2014 年，英国创新署发布《RAS 2020 国家战略》，2015 年，英国创新署再次发布《英国机器人及人工智能发展图景》，总结了英国的人工智能发展情况，提出了加强人工智能相关教育的建议，对加强示范和政策引导提出了具体需求，并对人工智能的未来发展远景进行了展望。

2016 年 8 月，英国创新署和英国工程和自然科学研究委员会决定投入 500 万英镑，开展机器人和人工智能（RAS/AI）方面的研发，并向全国征集项目。因各方对人工智能的定义和理解还不一致，因此此次项目征集中特别对 RAS/AI 的内涵给予了明确，即可申请的范围包括两大方面：一方面是工业自动化，即将操作程序固化到机器芯片中，使其能按照既定程序自动完成相应工作；另一方面是自主学习类人工智能，即机器（或程序）有自主学习功能，能够通过自主学习实现自主决策。从此次发布的申请指南来看，英国对 RAS/AI 研究的支持范围较为宽泛，工业自动化、能源、农业、健康医疗、交通、过程控制等领域内的 RAS/AI 研究都可以申请政府资助。

### （三）韩国官产合作加快部署人工智能步伐

韩国早期因缺乏长期有效的发展规划及持续稳定的研发投入，制约了本国人工智能的发展。然而从韩国近期的一系列举措，特别是在人机大战（Alpha Go 和李世石）结束几天后即宣布实施国家人工智能发展计划来看，韩国政府已开始高度重视人工智能的发展，并将其作为未来经济发展的新动力引擎。未来 5 年，韩国将投资 8.63 亿美元用于人工智能技术的研究，成立智能信息技术研究所，三星、LG、SKT 等 7 家 IT 巨头纷纷响应，每家将出资 250 万美元，共同参与研究所的建设与运营。

2016 年 6 月，青瓦台召开第 2 届全国科学技术战略会议，确定了以发展人工智能为主要内容的九大战略项目，总预算投入达到 2.21 万亿韩元（约合人民币 133 亿元），计划到 2026 年，将人工智能专业企业增加至 1000 个，培养专业人员 3600 名。到 2019 年，人工智能达到能够理解人类语言的水平，到 2022 年能够帮助人类做出决策，到 2026 年能够进行复杂思考。语言、视觉认知、学习、逻辑等核心技术将首先应用于国防、治安、老人福利等公共事业，然后逐步应用到一般生活领域。另外，韩国政府还积极推进人工智能技术应用于无人驾驶、智能化交通、精准医疗、新药开发等领域。未来部正在制定“智能信息社会中长期综合对策”，以应对人工智能时代的社会、经济变化问题。

### （四）日本志在打造“超智能社会”

日本《第 5 期科技基本计划（2016—2020）》于 2016 年年初正式出台。相比《日本再兴战略 2016》提出要“用物联网、大数据、人工智能、机器人/传感器来主导今后的生产性革命，推动第 4 次产业革命”，《第 5 期科技基本计划（2016—2020）》则在人工智能应用重点范围上有了更进一步的扩展，提出要以人工智能、物联网、大数据等技术为核心，以第4次产业革命为基础，将智能化进一步推广到日常生活、医疗保健、流通服务、文化体育等社会生活的各个方面。从而实现“超智能社会”（Society 5.0），即“将必要的物件和必要的服务，在必要的时候以合理的数量提供给所需要的人们，使社会的各类细微的需求都能得到满足，使不同地域、不同语言、不同性别的各年龄层的人们都得到高品质的服务，愉快地生活”。

2016年3月，日本野村综合研究所总结了未来将对商业和社会造成深远影响的8项重要技术：人工智能、物联网、可穿戴计算、客户体验、API经济、金融科技、零售技术和数字营销，并预测这些技术至2020年及以后的发展情况。2015—2017年，图像识别实现商用化普及；2018—2019年，自然语言处理与其他识别技术的协作进一步深入；2020年及以后，自主学习功能迈入实用化阶段。

## （五）人工智能发展的不确定性带来新挑战

人工智能作为一种变革性技术，颠覆性强、影响面广，可能带来改变就业结构、冲击法律与社会伦理关系、侵犯个人隐私等问题，对国家经济安全、社会稳定和公共管理等产生深远影响。人工智能对就业结构的改变，一方面体现在现有的工作岗位被替代。一项针对人工智能专家的预测调查显示，在美国近47%的工作岗位有被人工智能替代的风险；OECD认为现有职业会因为人工智能驱动的自动化发生改变，但只有很少的工作会实现完全的自动化，并预测仅有9%的工作岗位有被替代的风险。同时，当前仍较难预测人工智能会对哪些职业产生冲击。另一方面人工智能也能创造出新的工作，包括人类与人工智能协同类、人工智能开发类、人工智能监管与维护类岗位等。同时，目前机器人动手能力尚待提高、人工智能技术仍不具备创造性及实现通用智能尚需时日等，实际也促进了对动手能力、创造性、社交能力与智慧及通用知识等技能需求的兴起。当人工智能代替人类决策及实现对物理设备的控制时，人类希望其行为能够遵守人类要遵守的正式和非正式规则。因此，作为基本的社会秩序，法律和伦理道德必然要渗透并裁决人工智能系统的行为，以确保人工智能系统的安全可靠和公平正义。

美国、英国等在大力发展人工智能的同时，高度重视人工智能可能带来的不确定性影响。美国白宫科技政策办公室围绕人工智能法律、人工智能安全与控制、人工智能经济社会影响等主题开展持续性研究；英国标准研究院发布了机器人设计和使用国家标准，英国政府科学办公室也专门探讨了人工智能给未来决策带来的机遇及影响；欧盟于2016年5月发布《民法委员会机器人小组草案报告》，覆盖了机器人研制及使用过程中的伦理、法律等多方面内容。

## 四、区块链技术应用潜力有待挖掘

区块链技术是2016年全球创新领域较受关注的话题之一。英国《经济学人》将区块链比喻为“信任的机器”，并做出“区块链将重新定义世界”的判断，麦肯锡将区块链技术称为“继蒸汽机、电力、信息和互联网科技之后，目前最有潜力触发第5轮颠覆性革命浪潮的核心技术”。

区块链本质上是一种由各种技术和通信协议组成的全新的、具有普适性的互联网底层软件基础架构。从功能上来说，区块链就是一个去中心化的分布式账本。比特币是迄今为止最为成功的区块链应用场景，凭借其先发优势，目前已形成体系完备的涵盖发行、流通和金融衍生市场的生态圈与产业链，这也是其长期占据绝大多数数字加密货币市场份额的主要原因。比特币的开源特性吸引了大量开发者持续性地贡献其创新技术、方法和机制。目前，比特币供应量已经超过1600万枚，按照每枚比特币1053美元的价格（2017年2月19日）估算，其总市值已超过170亿美元，在世界各国2015年GDP排名中占据第120位（略低于冰岛）。在没有政府和中央银行信用背书的情况下，去中心化的比特币已经依靠算法信用创造出与欧洲小国体量相当的全球性经济体。世界经济论坛预计到2027年，全球10%的GDP将会通过区块链技术存储。

以美国、英国和俄罗斯等为代表的国家均对区块链技术及其应用给予高度关注，在支持技术研发、加强治理监管及推动政府公共管理示范应用等维度，各国都在加紧部署。

### （一）英国将区块链列入国家战略部署

英国将发展区块链及分布式账本提升到国家战略高度，并由财政部、数字经济部共同主导推进。与此同时，在金融交易及财政经费使用等领域，相关部门正积极推动探索性应用。

2016年1月，英国政府首席科学顾问Mark Walport发布专题研究报告《分布式账本：超越区块链》，围绕愿景、技术、治理、安全隐私四大维度提出8条建议，包括加强顶层设计，发展有限人群具备更改权利的分布式账本技术，确保安全性和隐私保护，促进产学研用紧密合作，平衡好发展和治理监管之间的关系，发展面向政府的公共管理应用并积极推进试点示范，参与制定国际标准，构建跨部门机构共同参与知识体系构建和政府应用推广。该报告同时明确由财政部和数字经济部负责制定确保“产学研用一体化”的政策措施。

2016年2月，英国金融市场行为监管局（FCA）明确表示将不会对区块链技术进行管制。2016年3月，英国央行与伦敦大学合作，开发央行控制的数字货币

RSCoin，其目的不仅仅在于开发受央行控制的数字货币本身，而是为央行未来部署数字货币奠定框架性基础。2017 年 2 月，FCA 批准伦敦当地的区块链初创公司 Tramonex 登记成立小型电子货币机构（EMI），允许其在国内有效发行基于区块链的货币，这是区块链技术公司从 FCA 获得 EMI 授权的首例。除了在数字货币应用领域，英国政府也在积极探索区块链技术在其他领域的应用。例如，追踪公共资金的使用，对学生贷款申请归还流程进行跟踪，用比特币发放科研经费以了解科研支出的使用情况。

## （二）美国鼓励比特币发展，并加快布局区块链技术

美国政府在承认比特币合法地位的同时，认识到区块链技术的发展潜力，一方面加强应用监管，另一方面与企业紧密合作，谋求多方面的研究和探索。奥巴马政府对区块链，尤其是关于区块链对美国经济的潜在影响高度关注。早在 2015 年 10 月，奥巴马政府和私人公司结成伙伴关系，目标是面向执法机构开展关于数字货币和比特币的培训，对抗将数字货币用于非法用途。美国总统科技顾问委员会专门与区块链银行联盟 R3 进行沟通，特别关注区块链技术对经济各方面的影响。2016 年 9 月，美国众议院通过一项支持区块链技术和数字货币的决议。2017 年 2 月，美国国会专门成立由两党成员组成的区块链核心小组，负责围绕区块链技术和数字货币完善相关的公共政策。

关于比特币及其他类似的数字货币，美国政府的不同部门看法各异。其中，美国参议院国土安全及政府事务委员会在 2013 年年底公开承认比特币的合法性，认为比特币是合法的金融服务；美国国家税务局则将比特币看作一种财产，而不是一种货币，2014 年 3 月发通知对比特币交易活动征税；美国商品期货交易委员会于 2015 年 9 月将比特币和其他数字货币定义为大宗商品。

从 2015 年起，美国开始重视对数字货币的监管，然而实际的监管进程并不顺利。2015 年 6 月，纽约金融服务部门发布最终版本的数字货币公司监管框架 BitLicense。2015 年 11 月，美国证券交易委员会（美国联邦证券监管机构）针对围绕区块链技术和分布式账本技术的炒作发出警告——区块链技术的应用可能会增加金融系统中的信任度，但目前仍处于起步阶段，监管机构、学术界及资本市场参与者都要对其进行持续性评估，特别是监管机构要发挥引导作用，在挖掘其应用潜力的同时要积极应对不确定性带来的挑战。一直到 2016 年 6 月，在 BitLicense 的监管框架下，纽约州成功获得许可的企业只有 2 家（成功申请的数量为 22 家）。与此同时，包括加利福尼亚州、康乃迪克州、乔治亚州、新罕布什尔州等在内的美国其他州也未能顺利制定并实施相关监管政策。

在加快布局区块链技术方面，除了美国央行之外，美国国土安全部支持用于国土安全分析的区块链应用研究，美国国防部高级研究计划局则支持区块链用于

保护高度敏感数据方面的探索，以及区块链在军用卫星、核武器等数个场景中的应用潜力，美国电信巨头 AT&T 已开发出将区块链用于服务器的技术，并部署相关专利布局。

### （三）俄罗斯逐步接受比特币货币属性，并推动区块链技术在政务系统的应用

从拒绝比特币货币合法化，到坚持发展自主加密货币同时禁用其他数字加密货币，再到允许将其作为外币使用，俄罗斯对待比特币的态度在不到一年的时间内便出现了转变。与此同时，俄罗斯对区块链技术的态度较为乐观，并在金融交易、政务系统中积极推动其应用。

2016 年年初，俄罗斯总统顾问明确表示不接收比特币付款行为，财政部在比特币货币合法化问题上态度也一直比较强硬，政府表示要创建自己的加密货币，禁止其他所有加密货币的使用。与此同时，多个部门和机构则积极探索区块链技术。其中，俄罗斯央行分析和评估区块链技术在金融业的潜在应用，俄罗斯最大的商业银行 Sberbank 主动加入区块链银行联盟 R3 CEV[①]，俄罗斯唯一的中央证券托管机构——国际结算托管机构开发测试了区块链投票系统。2016 年 7 月，汉特—曼西斯克银行、盛宝银行、莫斯科商业世界银行等银行，以及埃森哲咨询公司、支付服务提供商 QIWI 等联合创建了一个全国性区块链联盟，旨在推进合作研究、加大政策宣传力度、创建共同标准等，该联盟将积极寻求与政府及监管部门的合作。

9 月前后，俄罗斯对比特币及类似加密货币的立场出现转变，明确当前比特币尚不具备给俄罗斯经济系统造成威胁的条件，并坚持在监管框架下允许将比特币作为外币使用。随后，俄罗斯银行、证券存托机构、官方房地产销售机构等更加积极推动基于区块链技术的金融交易应用。此外，俄罗斯联邦反垄断服务局和联邦储蓄银行也在共同研发一个基于区块链技术的文件管理系统——数字生态系统（Digital Ecosystem），以提高文件交易的速度、可靠性和交互性等，降低文件管理及交易成本。

## 五、网络安全形势日趋严峻

随着互联网应用的日益深入，网络空间已经成为陆、海、空、天之后的第五大主权领域空间，成为各国争相抢占的重要领地。2016 年，全球网络安全事件

---

① 全球性区块链联盟，由 80 多家全球领先的银行巨头、金融机构及监管部门组成，致力于推动分布式账本技术在全球金融市场的应用。

频发，网络安全形势日趋严峻。其中，金融网络安全引发普遍担忧，俄罗斯央行、孟加拉国央行、越南先锋商业股份银行、厄瓜多尔南方银行等多家银行资金被黑客盗取；关键性基础设施成为网络攻击的新目标，德国电信网络、旧金山地铁电脑票价系统、美国域名服务器管理服务供应商 Dyn、德国 Gundremmingen 核电站等都因受到不同程度的网络攻击而无法提供常规服务；大规模的个人信息被泄露，雅虎拥有的至少5亿条用户信息被黑客盗取。此外，美国国家安全局数据再次泄露及希拉里邮件门事件等，再次为各国政府高度机密信息的安全敲响了警钟。由此，以美国、英国为代表的网络强国加速实施网络安全新政，加快网络空间战略调整，在维护信息安全、净化网络环境等方面连出重拳。

## （一）美国“进攻型”网络安全战略意图明显

美国凭借超前的全球战略规划、完备的组织保障、强大的产业实力和人才优势，形成全球领先的战略统摄力。其网络安全战略历经战略防御、综合行动、战略扩张、深化实施4个阶段。其中，第3阶段以2011年《网络空间国际战略》为代表，明确表达了“确立霸主地位，制定全球规则，谋求优势，控制世界”的意图。到第4阶段，特别是2015年版的《国防部网络空间行动战略》中首次明确讨论了美国在何种情况下可以使用网络武器来应对攻击者，公开表示要把网络战作为今后军事冲突的战术选项之一，提出要提高美军在网络空间的威慑和进攻能力。与此同时，美国国家标准与技术研究院制定《关键基础设施网络安全框架》系列标准，配合“棱镜”计划、“爱因斯坦”感知防御系统等项目建设，攻防动作从幕后走向台前。

美国在网络与信息技术研发计划（NITRD）中对网络安全领域的关注度持续提升。2006年，NITRD计划中开始单独设立网络安全与信息保障（CSIA）研究领域。2017年，NITRD计划的研究领域调整后，其中仅三大领域与之前保持一致，CSIA成为其中之一。在资金投入力度方面，2010—2015年每个财年CSIA领域的实际支出占NITRD计划总支出的比例分别为10.70%、11.94%、17.16%、18.25%、18.50%和16.30%，2016年预估比例为15.98%，2017年申请比例占16.00%。

2016年年初，美国同时发布《网络安全国家行动计划》和《2016年联邦网络安全研究和发展战略计划》。行动中提出从加强联邦政府内网络安全、提升个人网络安全防护能力、增强关键基础设施安全性和恢复能力、促进安全技术发展4个方面入手，提升国家整体网络安全水平。同时设立国家网络安全促进委员会，负责制定未来十年详细的网络安全行动建议。2017财年预算中，网络安全总体支出达190亿美元，较2016财年增长35%。战略计划中强调在网络安全技术方面，总体上距离“以较少成本、提供更高效防护”的目标仍然存在很大差距，最突出的问题是对网络安全技术的效能和效率缺少可信的、实证性的客观度量。计划设计了近期、中期、远期“三步走”的战略目标，并计划以敌方实施网络攻击的“攻击链”为基点，有针对性地部署“防御链”，将防御手段划分为阻止、保护、监测、适应4个层次，据此制定出近期、中期和远期研发目标。

2016年2月，美国陆军公开发布项目征询书研发下一代C5（Command、Control、Communication、Computer和Cybersecrurity）技术，支持网络作战。征询书中指出，美国政府正在寻求工业界、高校与政府之间的积极合作，以吸纳新的技术方案，推动对国防部现代化极为关键的基础研究和原型开发。美国陆军发布的征询书中列出了多种潜在的技术应用，包含：关键性网络状态可视化，提高态势感知能力；通过控制出站和入站流量，预测并搜索内部网络威胁与安全漏洞，保护网络、IT平台及数据；通过自动化扫描或者安全漏洞等措施，保证网络操作的安全性。

### （二）英国从综合防御向“进攻型”转变势头初现

2009年、2011年英国曾2次发布《国家网络安全战略》，2011年版战略已不局限于网络安全本身，而是期望通过构建安全的网络空间来促进经济繁荣和社会稳定、保障国家安全。2016年11月，英国再次发布新版战略，明确了防御（Defend）、威慑（Deter）、发展（Develop）三大战略目标，突出主动积极防御能力建设、打造全球网络合作联盟，志在向“世界级”网络强国迈进。

为提升网络安全“技术能力”：一是加强队伍建设。成立由政府、企业、专业组织、研究机构共同组成的咨询机构，对网络安全领域的科研活动加大资助力度，为优秀人才提供更清晰的发展路线图。对能源、金融、交通等关键领域网络安全从业者进行专门培训，增强网络安全意识与能力。二是统筹技术资源。成立网络安全研究院，设立首个网络安全创新基金，依托英国大学优质资源，开发新技术和新产品，开展专业培训等。出台网络科学与技术发展战略，明确重点研究方向及课题，指导未来网络安全产业发展，初步拟定的重点领域包括大数据分析、自主系统、高可靠性工业控制系统、信息物理系统和物联网、智慧城市、自动化系统验证、网络安全科学问题。三是鼓励市场竞争。降低中小企业进入网络安全产业的资金门槛，鼓励更加灵活的融资模式，有重点地扶持一批有前景的企业。大力支持网络安全研发成果转化为有市场竞争力的技术装备，增强网络安全产业发展内生动力，将相关产业打造成重要的经济增长点。支持企业开拓网络安全国际市场，带动相关技术、产品和装备“走出去”。

（执笔人：高　芳）

# 世界航天领域掀起新高潮

2016 年，超过 80 次的航天发射，多个引人瞩目的航天探测项目发射升空，掀起了世界航天发展的新一轮高潮。空间探测领域有喜有忧，美国国家航空航天局的“源光谱释义资源安全风化层辨认探测器”（OSIRIS-REX）成功发射，开始了历时 7 年的小行星贝努（Bennu）采样之旅。但是，日本与美国共同研发的可以通过捕捉巨型黑洞发出的 X 射线来解析宇宙结构和进化的 X 射线天文卫星 ASTRO-H 却在发射升空后失联；欧洲火星微量气体任务（TGM）探测器成功发射，但其携带的登陆器登陆火星失败。国际空间站运行保持平稳，俄罗斯依然独立承担载人航天任务。在货运任务方面，除俄罗斯的“进步号”外，美国的“龙”和“天鹅座”商用货运飞船开始承担更多的任务，日本的“鹳”货运飞船也开始顺利执行任务。在卫星领域，商用通信卫星竞争依然激烈，军用卫星的部署继续加快，而包括美国“飓风全球导航卫星系统”（CYGNSS）风暴监视系统和中国的量子通信卫星等科学卫星也受到了世界的关注。美国、俄罗斯、印度和中国等导航卫星系统继续加快建设的步伐。与此同时，多个机构发布的研究报告显示，航天仍是许多国家政府投入的重点领域，世界航天产业发展态势良好，航天产业领域的竞争日益激烈。

## 一、各国航天政策与投入动向

2016 年，世界经济发展的前景仍不明朗，世界主要国家继续努力确保航天领域的研发预算，不断制定和完善航天政策和战略，着力推动航天产业的发展，力求未来在航天科技与产业领域占据一席之地。

### （一）美国进一步强化航天领域军事部署

2016 年 2 月 9 日，美国白宫向国会提交了国家航空航天局 2017 财年 190.25 亿美元的预算需求，相比 2016 财年减少了 2.6 亿美元。被削减的预算中，对深空探测的影响最为显著，木星卫星欧罗巴任务失去了 1.25 亿美元资金支持，只获得 5000 万美元用于进一步开发，而用于将人类送往火星的“航天发射系统”（SLS）和“猎户座”的预算也有所削减。

2016 年，美国进一步强化了其在航天领域的军事部署。6 月，美国空军航天司令部制定了《太空企业级构想》规划文件，文件涉及美国在太空部队中创建更多弹性、加强太空部队及回应威胁所需采取的一切措施等。12 月，美国国防部对《国防部太空政策指令》（2012 年版）进行了修订，新版删去“全面应对日益拥挤、对抗性及竞争性增强的挑战”，转而强调“制止侵略、促进太空稳定和负责任地利用太空，整合太空能力，提高太空任务保障”。新版《国防部太空政策指令》强调，美国国防部将采取规范国防部太空行为、缔结同盟增强集体安全能力等多项措施，以提升太空任务保障能力。

## （二）俄罗斯继续巩固航天大国地位

2016 年，俄罗斯仍然保持航天发射数量世界第一，并继续推动其航天领域的改革，力求进一步巩固其航天大国的地位。2016 年 1 月，俄罗斯总统普京签署的撤销俄联邦航天局的总统令正式生效，新成立的俄罗斯航天集团公司开始承担推动俄罗斯航天领域发展的主要任务。2016 年 3 月，俄罗斯政府审议通过了《2016—2025 年联邦航天计划》草案，未来十年将为航天活动划拨 1.4 万亿卢布（约 200 亿美元），2022 年后或再补充划拨 1150 亿卢布。草案提出了包括发展通信和对地观测卫星系统及相应的运载火箭、开展火星和月球探测、实施载人飞行 3 个方面的优先方向。与 2015 年 4 月提交的方案相比，新的方案取消了曾作为俄罗斯航天发展战略目标之一的登月计划，载人飞行项目部分的预算也有所削减。

## （三）欧盟发布新版航天战略和航天 4.0 愿景

2016 年 2 月，欧洲航天局（ESA）公布了 2016 年预算，总额为 52.5 亿欧元，其中，30.5% 用于对地观测，20.0% 用于运载火箭，11.6% 用于导航系统，9.7% 用于科学研究项目，7.0% 用于载人航天，其他预算分别用于空间态势感知、机器人探测、电信等相关方面。

2016 年 10 月，欧盟委员会发布了新版《欧洲航天战略》，提出了充分利用航天获取经济社会效益，提升欧洲航天全球竞争力和创新能力，增强欧洲平安、安全地自主进入和利用太空的能力，提升欧洲在全球航天事务中的地位，加强国际合作等四大战略目标。新版《欧洲航天战略》还强调推动公有和私有航天数据服务市场发展，利用航天提供公共服务，并助力欧盟和欧洲各国政府形成安全、可靠、经济有效的卫星通信服务能力。该战略将于 2017 年正式实施。

2016 年 12 月，欧洲航天局部长级会议在瑞典卢塞恩召开，会议提出了迈向航天 4.0 时代的发展愿景，并探讨了 2017—2021 年 103 亿欧元航天活动和计划经费的分配。高额的经费再次表明，欧洲航天局成员国均将航天视为具有高社会经济价值的战略性、有吸引力的投资领域。

### （四）多个国家进一步强化航天领域的战略部署

除了美国、俄罗斯和欧盟等航天强国（组织）外，一些国家也在加强其在航天领域的战略部署，力争未来在航天领域占据一席之地。2016 年 9 月，土耳其宣布成立国家航天局的法律草案工作已基本完成，并计划成立航天战略的最高委员会。2016 年 12 月，阿联酋航天局发布阿拉伯世界的首个国家航天政策，用于指导该国未来航天领域技术和工业发展，如空间旅游等，是实现阿联酋成为全球航天工业主要参与者的愿景和雄心的重要里程碑。该政策的调整期限在 2017—2035 年，每 5 年进行 1 次政策评估。

## 二、空间科学探测遭受挫折

伴随着 2015 年空间科学探测的热潮，2016 年世界空间科学探测领域热度不减。美国成功发射了“源光谱释义资源安全风化层辨认探测器”（OSIRIS-REX），开启了小行星贝努（Bennu）的采样之旅。不过，欧洲的火星登陆器“夏帕雷利号”（Schiaparelli）登陆火星失败，日本的“ASTRO-H”X 射线太空望远镜失联，这 2 项任务的失败也给该领域的发展带来了不利影响。

### （一）美国发射“源光谱释义资源安全风化层辨认探测器”

2016 年 9 月 8 日，美国国家航空航天局的“源光谱释义资源安全风化层辨认探测器”（OSIRIS-REX）探测器成功发射，开始了历时 7 年的小行星贝努（Bennu）采样之旅。这是美国国家航空航天局继“新视野号”飞越冥王星、“朱诺号”探测木星后的第 3 个“新疆界项目”任务，也是首个旨在从小行星带回样本的任务。美国国家航空航天局为此次任务投入了 8 亿美元（不包括发射费用），希望通过对小行星的近距离观测和对行星样本的分析，以对太阳系的形成及演化、地球生命的起源等有更多的了解，并加深对近地空间存在的资源及威胁的认知。按照计划，OSIRIS-REX 要经过 2 年的飞行，于 2018 年 8 月抵达到贝努，2020 年 7 月进行取样，2021 年 3 月开始返程，2023 年 9 月到达近地点，并将小行星样本放在一个 46 千克重的返回舱中，投放到位于犹他州盐湖城附近的犹他测试训练场，行星样本会被送往约翰逊航天中心，科学家们将用 2 年时间对其进行研究分析。而 OSIRIS-REX 在完成样本递送任务后，将继续飞行留有他用。

### （二）欧洲新一轮火星探测之旅失败

2016 年 3 月 14 日，欧洲航天局名为 ExoMars 的火星探测器发射升空，该探测器包括 1 个轨道器与 1 艘名为“夏帕雷利号”登陆器，还有 1 辆火星车，这是自 2003 年以来欧洲空间局的首次火星任务。ExoMars 任务中的微量气体轨道飞行器可用于探测火星大气状况，“夏帕雷利号”火星登陆器装配有先进电子设备、火箭推进器、制导雷达和欧洲生产的超音速降落伞的着陆器，有望成为首个在火星上成功运行的欧洲平台。6 月 13 日，ExoMars 探测器拍摄了首批火星照片。但是，10 月 19 日，登陆器“夏帕雷利号”降落火星后一直没有信号。10 月 21 日欧洲航天局宣布，美国国家航空航天局火星轨道仪拍摄的一张图片表明，“夏帕雷利号”在从 2～4 千米高度跌落到火星表面之后，因巨大冲击力而爆炸坠毁，任务失败。

### （三）日本“瞳”X 射线太空望远镜失联

2016 年 2 月 17 日，日本将其“瞳”（ASTRO-H）X 射线太空望远镜发射升空。“瞳”X 射线太空望远镜是由日本宇宙航空研究开发机构（JAXA）主导、多国共同参与研制的太空望远镜，造价高达 2.7 亿美元。该太空望远镜搭载有软 X 射线能谱仪（SXS）、软 X 射线成像系统（SXI）、硬 X 射线成像系统（HXI）、软 Γ 射线探测器（SGD）等先进仪器，旨在研究星系团、黑洞、超新星等演化过程。但是，3 月 27 日，日本宇宙航空研究开发机构称，“瞳”X 射线太空望远镜在 3 月 26 日与地面失去通信联系。

2016 年 12 月 20 日，日本宇宙航空研究开发机构成功将一颗宇宙射线观测卫星（ERG）送入预定轨道。重约 350 千克的 ERG 卫星是该机构研发的一颗地球周边宇宙射线观测卫星，用于观测环绕地球的高能粒子辐射带“范艾伦辐射带”的高能电子产生原因和过程等。

## 三、国际空间站运行平稳

2016 年，国际空间站继续保持平稳运行。在载人任务方面，俄罗斯的“联盟号”载人飞船仍然是目前唯一的选择，美国的载人航天仍然严重依赖俄罗斯。在货运任务方面，俄罗斯的“进步号”货运飞船依然是国际空间站运输任务的关键力量，美国的“龙”和“天鹅座”商用货运飞船开始承担更多的国际空间站货运任务，日本的“鹳”货运飞船也执行了 1 次货运任务。然而，俄罗斯的“进步号”货运飞船有 1 次任务失败，在一定程度上影响了国际空间站的运行。

### （一）俄罗斯继续承担国际空间站主要运输任务

2016 年，俄罗斯共执行了 4 次载人飞行任务、3 次货运任务，但于 12 月 1 日执行的货运任务失败。在载人飞行任务方面，俄罗斯分别于 3 月 19 日、7 月 7 日、10 月 19 日和 11 月 17 日执行了 4 次运送宇航员的任务。其中，自 7 月 7 日开始，俄罗斯开始使用其新型"联盟 MS"系列改进型载人飞船。在货运飞行任务方面，俄罗斯分别于 3 月 31 日、7 月 17 日和 12 月 1 日使用其新型"进步 MS"系列货运飞船执行了 3 次任务。但于 12 月 1 日执行的货运任务却发生重大事故，飞船主体部分在地球大气层烧毁，这已是俄罗斯 2011 年以来发生的第 3 次"进步号"货运飞船坠毁事故。

### （二）美国商用货运飞船渐入佳境

2016 年，美国的"天鹅座"和"龙"货运飞船各执行了 2 次成功的国际空间站货运任务，其商用货运飞船的运行更加平稳，有力地保障了国际空间站的运输任务。

3 月 22 日，美国商用"天鹅座"货运飞船发射升空，除食品和班组人员生活必需品外，飞船还向轨道运去供流星化学成分研究用的设备、20 多颗小型卫星、将来出舱所需的太空服，以及为空间站供风系统补充空气用的气缸。10 月 17 日，美国"天鹅座"货运飞船再次执行任务，向空间站运送了总重约 2300 千克的食品和科学实验设备等物资。

4 月 9 日，美国商用"龙"货运飞船成功发射，为国际空间站送去约 3.1 吨重的货物，此次飞船返回地球时还带回 1650 千克重的物品。"龙"货运飞船也是目前唯一能够安全返回地球的货运飞船。7 月 19 日，"龙"货运飞船再次升空，为国际空间站送去可供未来美国商业载人飞船使用的对接适配器等物资。与此同时，此火箭的第 1 级在陆地上的第 2 次垂直降落回收试验再次获得成功。

### （三）日本"鹳"飞船再次执行货运任务

2016 年 12 月 9 日，日本成功将一艘"鹳"货运飞船发射升空。"鹳"货运飞船于 2009 年首次发射，此次发射的是第 6 艘该型号飞船。除了运送物资外，"鹳"飞船还开展了清理太空垃圾的实验任务。

### （四）中国载人航天开启新旅程

在由欧美主导的国际空间站平稳运行的同时，中国的载人航天和"天宫"太空实验室的建设也在稳步推进。

2016 年 6 月 25 日，中国全新研制的"长征七号"运载火箭成功发射，搭载了多用途飞船缩比返回舱等多个载荷。9月15日，中国第一个真正意义上的太空实验室“天宫二号”成功发射。“天宫二号”采用实验舱和资源舱两舱构型，具备支持2名航天员在轨工作、生活30天的能力。10月17日，中国第6次载人飞行任务“神舟十一号”成功发射，并与“天宫二号”对接。继3年前“神舟十号”载人飞船发射后，中国人再次进入太空。此次载人飞行任务总时间长达33天，并取得圆满成功，标志着中国载人航天探索试验的任务即将完成。

## 四、卫星领域竞争加剧

2016年，世界卫星领域竞争依然十分激烈。其中，商业通信卫星继续保持快速增长，军用卫星的部署不断加强，美国、欧洲、俄罗斯、中国和印度等国家和地区的导航卫星建设步伐不断加快，科学探测卫星发展迅速。

### （一）商业通信卫星发展迅速

2016年，世界商业通信卫星竞争仍然激烈，保持着迅速发展的态势。美国和欧洲仍处于商业通信卫星领先的地位，有越来越多的国家致力于发展商业通信卫星。

美国的商业通信卫星主要包括：ECHOSTAR－18和ECHOSTAR－19卫星，前者为北美提供直播到户电视服务，后者可提供高速互联网服务。WORLDVIEW－4多光谱、高分辨率的商业成像卫星。INTELSAT－29E通信卫星，其C波段覆盖南美洲，可提供媒体发布服务，KU波段覆盖美洲、大西洋，可为航空、海事提供移动通信服务。可为拉美提供直播到户电视广播服务的INTELSAT－31/DLA－2卫星。相伴升空的INTELSAT－33E和INTELSAT－36卫星，前者为新一代EPIC-NG系列第2颗卫星，用于向欧洲、非洲、中东和亚太地区提供高速网络、数据传输、媒体直播等服务；后者用于支持南非和印度洋地区的广播和电视直播。由美国Terra Bella公司（谷歌公司的一家子公司）负责运营的4颗美国SKYSAT卫星（SKYSAT－4、SKYSAT－5、SKYSAT－6、SKYSAT－7）等。

欧洲国家发射的通信卫星包括：搭载首个欧洲数据中继系统（EDRS）的高容量KU波段EUTELSAT－9B通信卫星。EUTELSAT－65WEST－A通信卫星，用于向拉美地区，特别是巴西的用户提供高清数字电视信号、视频传输、互联网接入等服务。与ABS－2A一同发射升空的EUTELSAT－117WEST－B通信卫星，可为拉美用户提供数据通信、视频传输、移动通信等服务。卢森堡的SES－9通信卫星，可为东北亚、南亚和印度尼西亚提供直播到户通信服务，以及为印度洋船只提供海事通信服务。

其他国家发射的商业通信卫星包括：中国为白俄罗斯发射的BELINTERSAT－1通信卫星。日本的JCSAT－14卫星，可为亚太地区用户提供广播、数据通信、航空航海互联网连接等服务；JCSAT－15 通信卫星，可为日本提供电视信号传输、数据传送及在大洋洲和印度洋地区的海事和航空通信服务；携带 KU 波段和 KA 波段转发器的在轨备用卫星 JCSAT－16 卫星。泰国 THAICOM－8 通信卫星，可为南亚、东南亚地区提供广播、通信服务。与 ECHOSTAR－18 卫星一同发射的印度尼西亚 BRISAT 卫星，用于为印度尼西亚 BRI 银行提供服务。澳大利亚 SKY MUSTER－2 和印度 GSAT－18 卫星相伴升空，前者为澳大利亚农村和偏远地区提供高速宽带服务，后者为印度提供通信服务。巴西 STARONE－D1 通信卫星，用于为拉美地区提供广播电视信号发射、互联网接入、宽带上网等多种服务。

中国也有多颗商业通信卫星发射升空："高景一号 01/02 星"是中国航天科技集团公司商业遥感卫星系统的首发星，也是当前我国分辨率最高的商业遥感卫星。中国首颗移动通信卫星"天通一号 01 星"。中国香港的 ABS－2A 通信卫星，可为东南亚地区、俄罗斯、印度、中东地区和非洲地区提供电视广播、数据通信、海事通信等服务。

## （二）军用卫星竞争加剧

2016 年，世界军用卫星领域发展迅速，空间领域的军事竞争不断加剧。美国和俄罗斯继续保持着在该领域的领先地位，不断加强军用卫星的部署，印度、以色列等多个国家也有新的军用卫星发射升空。

美国的军用卫星包括：美国国家侦察办公室的 NROL－45 军用卫星，是一颗逆行轨道的 FIA 雷达成像间谍卫星。NROL－37 军用卫星，可以侦听中东、中国、俄罗斯等的关键情报。美国海军第 5 颗，也是最后一颗移动用户目标系统（MUOS）卫星 MUOS－5，该系统可为美军提供先进的移动通信服务，包括同步音频、视频和数据等。NROL－61 卫星是美国新一代军用侦察卫星数据中继卫星，主要为美国国家侦察办公室所属的军用侦察卫星提供数据中继服务。美国 AFSPC－6 任务的 2 颗地球同步轨道空间态势感知项目（GSSAP）卫星，GSSAP 是一个由美国空军部署的 4 星星座，用于监测地球同步轨道卫星。美国空军的第 8 颗宽带全球通信卫星 WGS－8，用于为美国空军及其国际合作伙伴提供安全的军事通信。

其他国家的军用卫星包括：俄罗斯第 2 颗 BARS－M 军用地图测绘卫星，可实现对整个地球全部区域的拍摄；俄罗斯 GEO－IK－2 军用测地卫星，用于测量地球重力场分布、旋转和构造等特征。印度于 2016 年 6 月 22 日一次发射 22 颗卫星，包括印度军方的次米级成像卫星 CARTOSAT－2C，可为印度军方提供更精准的地图和地表信息，有利于精准打击和作战。以色列 OFEW－11 地表侦察用间谍卫星，据称配有可解析地面目标 70 厘米的精确望远镜，主要的侦察对象包括伊朗、伊拉克、叙利亚等邻国。秘鲁 PERUSAT－1 军用卫星，可提供民用、军用的遥感数据，应用于包括国防、边境监控、海岸巡逻、打击走私和贩毒、采矿、地质、水利、自然灾害预防、环境保护等领域。土耳其 GOKTURK – 1（蓝突厥 – 1）陆军侦察卫星，能够在 72 小时内对整个地球成像。

## （三）导航卫星系统建设步伐明显加快

2016 年，世界主要卫星导航系统建设均取得了进展。美国继续加强其 GPS 卫星导航系统的建设，欧洲的“伽利略”卫星导航系统和中国的“北斗”卫星导航系统建设步伐显著加快，印度基本完成了其“区域 IRNSS”卫星导航系统，俄罗斯的“格洛纳斯”卫星导航系统也有 2 颗新星入轨。

2016 年，美国将第 12 颗，也是最后一颗第 2 代 GPS – 2F 系列卫星 GPS – 2F – 12 发射升空，该卫星被部署到星座中的 F 轨道面，取代 2000 年发射的 GPS – 2R6 卫星。下一代 GPSⅢ系列卫星于 2017 年 5 月发射。

欧洲显著加快了其“伽利略”卫星导航系统的建设步伐，2016 年分 2 次将 GALILEO – 13、GALILEO – 14、GALILEO – 15、GALILEO – 16、GALILEO – 17 和 GALILEO – 18 6 颗导航卫星发射升空，使该导航系统的在轨卫星达到了 18 颗，距离 2020 年之前完成 24 颗卫星的“伽利略”卫星导航系统加备份卫星的全部卫星系统部署又进了一步。

2016 年，中国有 3 颗“北斗”卫星被送入轨道，使“北斗”卫星导航系统的卫星总数增加到 23 颗，进一步增强了“北斗”卫星导航系统的稳健性，强化了服务能力，为系统服务从区域向全球拓展奠定坚实基础。

印度的“区域 IRNSS”卫星导航系统的 IRNSS – 1E、IRNSS – 1F 和 IRNSS – 1G 3 颗导航卫星于 2016 年发射升空，使其卫星导航系统在轨卫星增加到 7 颗，组网工作将正式完成。印度也将成为继美国、俄罗斯、中国、欧洲之后，世界第 5 个拥有自主卫星导航定位系统的国家。

俄罗斯于 2016 年发射了 2 颗“格洛纳斯”卫星导航系统的 GLONASS – M 导航卫星，目前这一卫星导航系统的在轨卫星已超过 30 颗。

## （四）科学卫星发展态势良好

2016 年，有更多的国家对科学卫星的发展更加重视，科学卫星领域呈现出良好的发展态势。在对地观测、遥感、气象和环境等领域发射了多颗科学卫星，为推动相关领域的科学研究提供更加有力的工具。

美国国家海洋和大气管理局（NOAA）发射了一颗全新的气象卫星 GOES – R，能够以最快、最好的方式将最清晰的图像传回地球，并提供实时数据，为包括飓风甚至太阳风暴在内各种类型的天气预测带来极大帮助；美国“气旋全球导航卫星系统”（CYGNSS）发射了一颗卫星，该系统将在热带风暴和飓风期间，利用 GPS 直接信号或反射信号测量海洋表面风。欧洲 SENTINAL – 3A 卫星，主要用于监测全球陆地、海洋植被和大气环境；SENTINAL－1B 雷达成像地球观测卫星（欧洲）、MICROSCOPE 科学卫星（法国）和 3 颗立方体小卫星一起升空，SENTINAL－1B 将与 2014 年发射升空的 SENTINAL－1A 卫星组成观测卫星星座，向地面提供任何天气条件下、昼夜不间断的地面图像数据。俄罗斯 RESURS－P3 遥感卫星，可为俄罗斯自然资源与环境部、应急部门、农业、渔业、水利气象机构等提供服务；俄罗斯 MIKHAILO LOMONOSOV 科学卫星，可进行包括 X 射线和 Γ 射线探测、带电粒子流、辐射剂量和电磁场的一系列测量。与该卫星一起升空的还有 530 千克的 AIST－2D 对地观测卫星和 7 千克的 SAMSAT－218/D 纳卫星。印度 INSAT－3DR 卫星，其搭载的多光谱相机可获取 6 种波长的气象图像，可为地面气象团队提供包括降水评估、海面温度、积雪、风向等数据，卫星搭载的大气探测器，可垂直探测大气的温度、湿度、臭氧的分布等。此外，INSAT－3DR 卫星搭载一个应急搜救应答器，可为地面搜救任务提供数据传递。与加拿大、美国和阿尔及利亚等其他 7 颗卫星一起发射升空的印度气象卫星 SCATSAT－1。印度 RESOURCESAT－2A 卫星，用于支持农村与城市规划、监测水资源和土地使用、帮助政府应对自然灾害等。日本 HIMAWARI－9 气象卫星，与正在使用的 HIMAWARI－8 属同样机型，将成为 HIMAWARI－8 发生故障时的备用卫星。朝鲜光明星 4 号通信观测卫星。

中国在科学卫星领域取得了令人瞩目的成就。其中包括：主要用于为中国神舟载人飞船及后续载人航天器提供数据中继和测控服务的“天链一号 04 星”；可对全球、中国及其他重点地区大气二氧化碳浓度监测的“碳卫星”；可对中国及周边地区的大气、云层和空间环境进行高时间分辨率、高空间分辨率、高光谱分辨率的观测，大幅提高天气预报和气候预测能力的“风云 4A 卫星”；主要用于大气海洋环境要素探测、空间环境探测、防灾减灾和科学试验等领域的“云海一号 01 星”；主要用于验证脉冲星探测器性能指标和空间环境适应性，积累在轨试验数据，为脉冲星探测体制验证奠定技术基础的“脉冲星试验卫星”（XPNAV－1）；“实践十七号”卫星地球同步轨道新技术验证卫星；世界首颗量子科学实验卫星；首颗分辨率达到 1 米的 C 频段多极化合成孔径雷达（SAR）成像“高分三号”卫星；“资源三号 02 星”高分辨率立体测绘卫星，主要为国土资源调查与监测、防灾减灾、农林水利、生态环境、城市规划与建设、国家重大工程等领域提供服务。“遥感卫星三十号”卫星，主要用于科学试验、国土资源普查、农作物估产及防灾减灾等领域；“实践十号”返回式卫星，开展微重力科学和空间生命科学研究的高效、开放、综合性的空间实验平台，也是中国第一个专用的微重力实验卫星。另外，“高分十号”卫星未能入轨，发射失败。

## 五、航天产业稳步发展

2016 年，全球经济增长形势依然不容乐观，但一些机构公布研究结果表明，航天产业整体上仍取得了稳步增长，各国政府均在努力确保航天领域的投入，产业界对航天领域的关注度也日益增强，航天产业未来发展的前景十分看好。

2016 年 1 月，美国航天咨询机构金牛座集团公司（Tauri Group）发布《初创航天领域投资报告》，回顾了 21 世纪以来初创航天领域投资发展情况。报告显示，2000—2015 年年底，初创航天企业累计获得 133 亿美元的投资，包括种子投资、风险投资、私募投资、收购、公开上市和债务融资等，大部分资金来源于风险投资。其间，初创航天企业得到了快速发展，共成立了 80 家以天使投资和风险投资为背景的初创航天企业，初创航天领域的投资者数量超过 250 家。

2016 年 4 月，美国北方天空研究所（NSR）发布了《卫星制造与发射服务（第 6 版）》报告，预测在未来 10 年，非地球同步轨道卫星将引领卫星制造与发射市场的增长，预计在 2850 亿美元的市场总额中，非地球同步轨道卫星收入将超过 1750 亿美元。地球同步轨道市场仍将是关键的收入来源，其中，地球同步轨道商业通信仍将继续占据最大份额，保持每年 60 亿美元的收入。报告预测未来 10 年共将发射 1800 多颗卫星，其中一半是商业通信和对地观测卫星。报告认为，不断增长的用户、对持续连接的需求、大数据，以及紧张的安全环境，正在为卫星制造与发射市场提供新的机会。

2016 年 6 月，美国航天基金会发布了《2016 年航天报告：全球航天活动权威指南》。报告指出，在 2015 年全球航天经济总量达到了 3230 亿美元，比 2014 年的 3290 亿美元有所下跌。其中，商业航天活动占全球航天经济的 76%，总计 2455 亿美元。非美国政府的航天投资下降了 14%（以美元计算），主要是由于汇率导致，总计达到 320 亿美元。实际上，大多数国家增加了航天活动预算。2015 年美国政府花费 450 亿美元用于国防和非国防航天活动，比 2014 年增加了 3%。

2016 年 6 月，美国卫星工业协会发布《2016 年卫星产业状况报告》。报告显示，虽然许多经济体遇到经济困难，2015 年全球卫星产业总收入仍取得了约 3% 的稳步增长，从 2014 年的 2030 亿美元增长到超过 2080 亿美元。卫星服务业总收入增长了 4%，达到 1274 亿美元，其中，卫星宽带和对地观测收入均比上一年提高 10%。卫星制造业收入也增长了 4%，达到 166 亿美元，但地面设备业收入只增长了 1%。卫星发射业收入过去 10 年一直存在规律性波动，2015 年延续了这一趋势，继上一年增加 9% 之后下降了 9%。另外，在轨工作卫星数量持续明显增加。到 2015 年年底，全球在轨工作卫星总数为 1381 颗，2014 年年底时为 1261 颗，2011 年据报道为 986 颗，全球在轨工作卫星数量过去 5 年增加了 40% 以上。

2016 年 9 月，欧洲咨询公司发布第 9 版《卫星对地观测：2025 年市场预测》报告。报告指出，过去 10 年（2006—2015 年）全球共计发射 163 颗民用和商用对地观测卫星，这些卫星归属于 35 个国家，制造市场总收入达到 184 亿美元。

其中，大部分卫星由政府运行，支持围绕气候变化、可持续发展、产业扶持等政策目标。2015 年民用计划的政府投入首次达到 100 亿美元。对地观测仍是新航天计划的主要领域；各国政府对这些计划投资的增长，是整个投资增长的一个关键驱动力。报告预计，未来 10 年（2016—2025 年）全球将发射 419 颗卫星，制造市场收入将达到 355 亿美元。

2016 年 12 月，OECD 发布《航天与创新》报告，对世界主要航天国家的航天创新活动、创新成果和创新政策进行了分析，总结了驱动航天产业创新的航天产业规模扩大、工业活动与技术发展和下游航天活动的变革性发展的三大因素，探讨了航天产业创新活动的发展趋势，并从定期评价促进航天创新的国家政策工具、重点关注航天下游活动、研究技术转化和技术转移效益等方面针对政策制定者提出了促进航天产业创新活动的建议。

此外，许多国家航天领域的商业化步伐也在不断加快。例如，俄罗斯航天集团公司已取代原航天局承担了推动该国航天领域发展的重任。美国国家航空航天局高度重视扩大与私营部门合作，拓展商业航天在近地轨道领域的业务范围。2016 年 10 月，美国国家航空航天局宣布允许商业航天企业开发空间站模块，与国际空间站对接。根据计划，国际空间站将于 2024 年退役，在此之后，美国国家航空航天局有意将近地轨道载人航天活动完全推向市场。

2017 年，航天领域仍将保持迅速发展的态势。中国航天将再次引起世界瞩目。中国首台太空望远镜硬 X 射线调制望远镜于 2017 年发射升空，这台世界最高灵敏度和最高空间分辨率的太空望远镜将用于研究临近黑洞强引力场区域的时间、空间和物质性质，是寻求物理科学基本问题突破的重要途径。中国首艘“天舟一号”货运飞船也于 2017 年执行了一次任务，与“天宫二号”对接，开展推进剂补加等相关试验。中国探月 3 期“嫦娥五号”计划于 2017 年实施“奔月—落月—采样—返回地球”任务，中国将成为继美国和苏联之后第 3 个成功从月球取回月壤的国家。另外，美国谷歌公司组织的登月大赛（Lunar XPrize）已确定了 5 支参赛队伍，计划于 2017 年陆续发射升空，争夺 3000 万美元的奖金，这也将引起更多人对月球探测活动的关注。俄罗斯的“联盟号”载人飞船仍是国际空间站载人飞行任务的唯一选择，美国的“龙”商业载人飞船将于 2017 年开展一次无人国际空间站飞行试验。卫星领域竞争将更加激烈，商用通信卫星和军用卫星将继续保持快速发展，美国的第一颗第 3 代 GPS 导航卫星于 2017 年发射，欧洲也将继续加快其“伽利略”卫星导航系统的建设步伐。气象等领域的科学卫星也是 2017 年各国发展的重点。

（执笔人：徐　峰）

# 全球先进制造业发展热度不减

近年来，发达国家和新兴国家和地区继续加大对先进制造业的投资与部署，且效果显著。根据德勤公司发布的《2016 年全球制造业竞争力指数报告》，中国大陆仍高居榜首，美国、德国、日本、韩国、英国、中国台湾、墨西哥、加拿大和新加坡依次排名第 2 至第 10 位。纵观 2010—2020 年主要国家和地区的排名变化情况发现，美国、日本、德国、英国等发达国家制造业竞争力持续回升，中国、印度、韩国等新兴国家艰难维持既有优势，亚太、北美和欧洲制造业集群涌现，马来西亚、印度、泰国、印度尼西亚和越南构成的“潜力 5 国”正在崛起。未来，先进制造业领域的竞争将更为激烈，并将更多地表现为对先进制造技术、物理基础设施、人才和创新政策方面的竞争。鉴于新材料对先进制造业的重要支撑作用，各国对新材料，特别是纳米材料和技术（包括石墨烯）领域的部署值得关注。

## 一、世界主要国家和地区制造业竞争力排名及变化趋势

2016 年 4 月，德勤公司发布《2016 年全球制造业竞争力指数报告》，这是继 2010 年和 2013 年后，德勤公司发布的第 3 版制造业竞争力指数报告。该报告通过对 500 多名全球制造行业首席执行官和高管进行调研访问，做出深入分析与预测。报告显示，制造业对全球经济产生持续影响，强大的制造业是促进经济繁荣的必由之路。以美国为例，2015 年美国制造业行业创造的就业岗位比其他任何行业都多，雇佣员工 1230 万人，并支持着另外 5660 万人的工作。同时，制造业行业工人的平均年收入（79 553 美元）也高于其他行业（64 204 美元）。

### （一）世界主要国家和地区制造业竞争力排名情况

2010—2013 年，全球陷入经济危机缓慢恢复期，制造业发展受到限制。此

后，各国通过投资高技术基础设施和教育，不断提升本国制造业能力，进而增加制造业收入和出口，推动经济繁荣。进入2016年，各国制造业活动迅速恢复并发展。

根据《2016年全球制造业竞争力指数报告》，2016年度最值得关注的6个国家是：美国、中国、日本、德国、韩国和印度。这6个国家占到全球制造业GDP的60%。根据2016年最新排行，制造业位居全球前10位的国家和地区分别为中国大陆、美国、德国、日本、韩国、英国、中国台湾、墨西哥、加拿大和新加坡。预计到2020年，排名全球前10位的国家和地区将是美国、中国大陆、德国、日本、印度、韩国、墨西哥、英国、中国台湾和加拿大。具体情况如表2-1所示。

表2-1 主要国家和地区制造业竞争力排名情况

| 排名 | 2010年 | 2013年（与2010年相比） | 2016年（与2013年相比） | 2020年（预计）（与2016年相比） |
|---|---|---|---|---|
| 1 | 中国大陆 | 中国大陆（⇔） | 中国大陆（⇔） | 美国（▲+1） |
| 2 | 印度 | 德国（▲+6） | 美国（▲+1） | 中国大陆（▼-1） |
| 3 | 韩国 | 美国（▲+1） | 德国（▼-1） | 德国（⇔） |
| 4 | 美国 | 印度（▼-2） | 日本（▲+6） | 日本（⇔） |
| 5 | 巴西 | 韩国（▼-2） | 韩国（⇔） | 印度（▲+6） |
| 6 | 日本 | 中国台湾（未列入） | 英国（▲+9） | 韩国（▼-1） |
| 7 | 墨西哥 | 加拿大（▲+6） | 中国台湾（▼-1） | 墨西哥（▲+1） |
| 8 | 德国 | 巴西（▼-3） | 墨西哥（▲+4） | 英国（▼-2） |
| 9 | 新加坡 | 新加坡（⇔） | 加拿大（▼-2） | 中国台湾（▼-2） |
| 10 | 波兰 | 日本（▼-4） | 新加坡（▼-1） | 加拿大（▼-1） |
| 11 | 捷克 | 泰国（▲+1） | 印度（▼-7） | 新加坡（▼-1） |
| 12 | 泰国 | 墨西哥（▼-5） | 瑞士（▲+10） | 越南（▲+6） |
| 13 | 加拿大 | 马来西亚（未列入） | 瑞典（▲+8） | 马来西亚（▲+4） |
| 14 | 瑞士 | 波兰（▼-4） | 泰国（▼-3） | 泰国（⇔） |
| 15 | 澳大利亚 | 英国（▲+2） | 波兰（▼-1） | 印度尼西亚（▲+4） |

资料来源：根据2010年、2013年、2016年版德勤公司全球制造业竞争力指数报告整理。

## （二）十年间（2010—2020年）各国制造业竞争力变化趋势

### 1. 美国、日本、欧洲等发达国家和地区竞争力排名提升，先进制造业部署效果显著

2008年金融危机爆发前，制造业早已被发达国家视为“夕阳产业”，在国家

经济发展和布局中不被视为重点，主要制造业行业集中在新兴国家和发展中国家。金融危机爆发后，发达国家重新审视制造业在国家实体经济发展中的作用，美国、德国、日本、英国等纷纷加大先进制造技术投入，加强在制造业价值链高端的部署和竞争。从德勤公司3版全球制造业竞争力指数报告可以看出，发达国家的制造业竞争力持续提升，美国、德国、日本、英国和加拿大均排名前10位，占据半壁江山。随着这些国家持续加大对创新、人才和产业生态系统的投入，根据预测，发达国家的这种制造业竞争力优势将至少持续至2020年。这些国家竞争力提升的主要驱动因素是创新和先进技术，即转向价值链高端、先进制造业方向发展。全球制造业的发展趋势是继续转向提供高价值的产品和服务，发达国家投入大量资金构建国家创新系统，以实现人才、资源和政策的高效互动，驱动创意转化为商品和服务；同时持续增加公共研发投入，并通过构建合作型创新生态系统，鼓励私营部门开展研发。

美国制造业竞争力持续提升，2010年排名全球第4位，2013年升至第3位，2016年进一步升至第2位，预计到2020年美国会超过中国，成为制造业第一强国。进入21世纪，美国形成了更为完整的创新生态系统，基于总量巨大的研发投入，其研发活动领先全球。同时，依托一流大学、研发人才、大量的风险资本和研发税收抵免政策，美国对先进技术和创新的投资不断增加。

英国制造业竞争力排名上升最为迅速，2010年未能进入全球前15位，2013年排名第15位，2016年则迅速跃升至第6位，2020年预计排名第8位。这得益于英国《高价值制造战略》的出台和对高价值制造弹射中心的支持，使得其在航空航天和生命科学领域居于领先地位。日本制造业竞争力排名也持续上升，2013年排名全球第10位，2016年升至第4位，预计2020年仍将保持此排名。德国2010年排名全球第8位，得益于《高技术战略》和“工业4.0”计划的出台，2013年迅速提升至第2名，2016年略有下降排名第3位，预计2020年仍将保持此排名。

### 2. 中国制造业竞争力持续领跑，但2020年前后可能被美国反超

在2010年、2013年和2016年的3版报告中，中国制造业竞争力都高居榜首，这一方面得益于中国传统上已经形成的较低的制造业成本，更多得益于近年来中国大力支持创新基础设施发展和先进制造技术研发。中国创新生态系统建设十分成功，研发投入大幅增长、STEM专业高校毕业生充足、技术商业化关注度高、风险投资强劲。在一些领域，如高性能计算，中国已超过美国，如全球最快的超级计算机——天河2号，这与预测分析技术和智能工厂密切相关，是未来最具前景的先进制造技术之一。

但根据德勤公司的预测，到2020年，中国制造业竞争力将会被美国超越，

降至全球第 2 位。这一方面是因为中国经济增长率的下降（2015 年为 6.9%，2016 年和 2017 年分别约为 6.7% 和 6%），导致对制造业产品的需求下降。另一方面，中国劳动力成本增加迅速，2005—2015 年增加了 5 倍，同时人口老龄化趋势明显，预计到 2030 年中国适龄劳动人口比例将由 2013 年的 38% 降至 28%，这也影响着中国制造业竞争力的进一步发展。

### 3. 地区性集群力量涌现

随着全球制造业竞争力、经济和市场形势的变化，逐渐形成了北美、欧洲和亚太地区 3 个制造业集群，未来它们将进一步展开竞争。

（1）亚太集群。预计到 2020 年，在全球制造业竞争力排名前 15 位的国家和地区中，亚太地区共有 10 个上榜。在人才和创新投入的驱动下，中国大陆、日本、韩国制造业实力雄厚并引领地区发展；新加坡和中国台湾则依靠高技术产品出口，进一步促进了该地区竞争实力的提升；马来西亚、印度、泰国、印度尼西亚和越南（“潜力 5 国”）则依靠较低的劳动力成本，吸引诸多制造业企业落户本国。

（2）北美集群。2016 年，北美洲的美国、加拿大和墨西哥进入全球制造业竞争力排名前 15 位，并将于 2020 年全部进入前 10 位。美国拥有高水平的制造业投资、强大的能源保障、高质量的人才和基础设施，为制造业发展提供了强有力的保障，这将助推美国制造业竞争力到 2020 年跃升全球第 1 位。加拿大经济自由度高、贸易壁垒少，且向高价值制造业发展的关键技术领域进行了大量投资，预计 2020 年将位居世界前 10 位。墨西哥已经和其他国家和地区签署了 40 多个自由贸易协定，劳动力成本较低，且靠近美国，使其成为许多制造商的目的地，因此墨西哥的制造业竞争力有望持续上升，到 2020 年升至全球第 7 位。

（3）欧洲集群。当前，欧洲正处于经济衰退的恢复期，整体制造业竞争力相比上述两大集群相对较低，但德国和英国的整体实力较强，预计到 2020 年仍将居于世界前 10 位，德国将维持在第 3 位，英国稍有下降，排名第 8 位。

### 4. “潜力 5 国”崛起，有望成为下一个中国

目前，中国制造业正在发生重大转型，开始大力发展高价值制造和创新型市场。这为其他低劳动力成本国家提供了发展机遇。由马来西亚、印度、泰国、印度尼西亚和越南构成的“潜力 5 国”预计未来 5 年制造业竞争力排名都将大幅提升，到 2020 年将全部进入世界前 15 位，如表 2－2 所示。马来西亚劳动力成本较低，且紧邻新加坡，因此大力支持组装、测试、零部件与系统生产设计与开发等高技术行业。印度高技术劳动力且英语优秀的科学家、研究人员和工程师丰富，这能很好地支撑高技术行业的发展，同时印度政府制订了一系列计划，并提供大量资金吸引制造业投资，预计至 2020 年印度排名将跃升至第 5 位。

表 2－2　2016 年、2020 年“潜力 5 国”制造业竞争力排名情况

| 国家 | 马来西亚 | 印度 | 泰国 | 印度尼西亚 | 越南 |
|---|---|---|---|---|---|
| 2020 年排名（预计） | 13 | 5 | 14 | 15 | 12 |
| 变化情况 | （▲ +4） | （▲ +6） | （⇔） | （▲ +4） | （▲ +6） |
| 2016 年排名 | 17 | 11 | 14 | 19 | 18 |

资料来源：德勤公司《2016 年全球制造业竞争力指数报告》。

## 二、主要国家和地区对先进制造业的最新部署

为推动制造业进一步向高端、智能方向发展，主要发达国家和新兴经济体国家政府和企业都高度重视下一代技术前沿的部署，特别是推动数字与物理世界融合的先进制造技术。先进制造技术正越来越多地支撑着全球制造业的发展，21 世纪制造业企业已经完全将数字与物理世界连接，即先进硬件与先进软件、传感器和大量数据相连接，这将创造出更为智能的产品和服务，并使消费者、供应商和制造商实时、高效互动。当前背景下，世界顶级制造业企业将继续支持先进技术研发，以推动创新、差异化生产和成本竞争力提升，以在未来日益激烈的市场竞争中脱颖而出。综合来看，未来将对制造业产生持续影响的关键先进技术包括预测分析技术、物联网、先进材料、高性能计算、先进机器人、增材制造、开源设计和增强现实等，如表 2－3 所示。

表 2－3　主要国家和地区对各先进制造技术重要性的判断

| 先进制造技术分类 | 美国 | 中国 | 欧洲 |
|---|---|---|---|
| 预测分析技术 | 1 | 1 | 4 |
| 智能连接技术（物联网） | 2 | 7 | 2 |
| 先进材料 | 3 | 4 | 5 |
| 智能工厂（物联网） | 4 | 2 | 1 |
| 数字设计、模拟与集成 | 5 | 5 | 3 |
| 高性能计算 | 6 | 3 | 7 |
| 先进机器人 | 7 | 8 | 6 |
| 增材制造（3D 打印） | 8 | 11 | 9 |
| 开源设计（客户按需定制） | 9 | 10 | 10 |
| 增强现实（用于提高质量、技能培训和专家知识） | 10 | 6 | 8 |
| 增强现实（用于增加用户服务和体验） | 11 | 9 | 11 |

资料来源：德勤公司《2016 年全球制造业竞争力指数报告》。

## （一）美国出台《国家制造业创新网络计划战略规划》

自2013年以来，构筑“国家制造业创新网络”就是美国政府发展先进制造业的关键举措，旨在以政产学研联合投资方式，促进先进制造业从基础研究和发明成果到商业市场的流转，缩小科研与商业化之间的差距，并通过建立公私合作，加快先进制造技术的投资和应用，建立一个先进制造业创新生态系统。国家制造业创新网络包括两个主要组成部分，一是各制造业创新研究所，二是全国性的制造业政产学研联合协调性网络。截至2016年年底，美国已经建成或正在筹建的制造业创新研究所达到11家。其中，国防部资助8家，分别为美国制造（原名为国家增材制造创新研究所，2012年8月）、数字制造与设计创新研究所（2015年5月）、轻质材料制造创新研究所（2015年1月）、集成光子制造创新研究所（2015年7月）、柔性混合电子制造创新研究所（2015年9月）、先进功能纤维织物研究所（2016年4月）、先进组织生物制造创新研究所（2016年6月）、制造环境下机器人制造创新研究所（2016年7月）；能源部资助3家，分别为电力美国，（原名为下一代电力电子制造创新研究所，2015年1月）、先进复合材料制造创新研究所（2015年6月）、清洁能源制造模块化化工过程强化创新研究所（2016年4月）。

为规范和指导各制造业创新研究所的发展，2016年2月，美国商务部、总统行政办公室、国家科学与技术委员会、先进制造业国家项目办公室联合向国会提交了首份《国家制造业创新网络计划战略规划》。该规划提出了1个愿景：使美国在先进制造领域居于全球领先地位；5项任务：提供有利于先进制造的创新环境、实现国内制造技术顺利转化、促进协调对竞争前先进制造技术基础设施的公私投入、加快扩大先进制造技术规模和市场渗透、指导培养先进制造企业创新所需的人力资源；四大目标：提升“美国制造”竞争力，促进创新技术转化为规模化、经济性和高绩效的本土制造能力，加速先进制造劳动力的培养，支持维护制造业创新机构稳定、可持续发展的商业模式。

2016年11月，特朗普赢得美国大选，新政府依然强势支持“制造业重返美国”。同月，美国智库信息技术与创新基金会（ITIF）发布研究报告，总结了智能制造能够产生的巨大生产和经济效益，并在保证全球领导地位、恢复投资增长、进一步提升劳动力技术水平、推动创客空间发展、加速物联网发展、保证数据无障碍流动等方面，向美国国会和新一届政府提出了相关政策建议。其中，比较关键的有：继续投入资金支持美国制造业创新研究所的发展，构建“美国制造”网络；支持中小企业应用智能制造技术；为机械和设备投资提供更有利的税收优惠；批准并拨款建设至少20所先进制造业大学；构建“国家工厂实验室网络”，支持创客空间发展；研发物联网相关关键技术；投资国家战略计算计划和相关高性能计算项目等。

## （二）英国的“弹射中心”

自金融危机爆发后，英国强调制造业回流，大力发展高价值制造，其中重要途径之一就是支持英国研究理事会主导的高价值制造领域弹射中心（技术与创新中心）的发展。

2016 年，英国启动了研究理事会的机构改革，成立了新的“创新英国”组织。根据 2016—2017 财年预算，“制造业和材料”是其重点推动领域之一，相关预算投入达 1.37 亿英镑（占到总投入 5.61 亿英镑的 24%）。其中，“创新英国”在这一领域的优先行动包括：①为实现制造业和材料领域的数字化，将与高价值制造弹射中心和数字经济弹射中心合作，确保提供数字制造示范，以展现智能制造的优势；确保对创新项目的投资，以创新方式应用数字技术，提高制造生产率、系统灵活性和资源有效性。②在为大规模制造做准备时，将与包括政府部门在内的关键部门和新技术应用者合作，明确他们从概念到制造前的特定的、相互交叉的制造需求，为共同投资能够满足这些需求的创新项目。③在制造和材料概念的早期阶段，将投资创新项目，使公司能扩大创新活动并试验新的、高影响力的思想，以实现新流程或新收入来源。

另外，高价值制造弹射中心（HVM）将继续推进“HVM Reach”计划，将工作扩展到供应链中具有高增长潜力的中小企业；继续“HVM +”计划，将工作扩展到更广阔的领域。高价值制造弹射中心还将建立国家规范中心和石墨烯中心，这对于解决增材制造和数字制造等面临的挑战将起到非常重要的作用。

英国苏格兰地区还出台了《苏格兰制造业行动计划》，将通过加强投资、创新和建立政府、产业界、企业管理机构及其他关键利益相关方的长期伙伴关系，来切实提高制造业的生产效率。苏格兰“制造业的未来”具体行动计划包括：①采取具体的措施来提高生产力，包括加强领导力、员工参与和技能培训，提高能源效率、推广循环经济理念。②激励苏格兰制造业的创新与投资，对此将发起“苏格兰零废物计划”；成立新的制造卓越和技能培训学院联合中心；加强“苏格兰制造咨询”投资资产评估服务；促进 STEM 学科发展，加强产业与教育的结合；实施“工厂创新服务”计划，支持企业开展工厂创新；实施“精明制造卓越计划”，支持制造中小企业紧跟技术与工艺发展的步伐；开展 2 个“再支撑”试点项目，实现卓越供应链。

## （三）日本要建设高附加值制造业平台

在世界迎来第 4 次工业革命的大变革时代背景下，日本提出要打造世界领先的“超智能社会”（5.0 社会），将以制造业为核心，灵活利用 ICT 技术，基于互联网或物联网，不断创造新价值和新服务。日本发展新一代制造业的目标是建设高附加值制造业平台。根据2016年2月日本发布的《新一代制造业——建设孕育高附加值的制造业平台》报告，日本新一代制造业的主要任务包括：①构建制造企业与用户的价值共享与服务授受系统，称为服务平台；②构建多个制造现场、多个企业共同参与的实时制造系统，称为制造平台；③研究推动服务平台与制造平台的新一代制造共通技术，并培养相关人才；④将服务平台与制造平台整合，构建新一代的制造业平台。

为推动相关工作，日本确立了一系列研发课题。在平台要件定义方面，一要引入假设学说并开展实证研究；二要鸟瞰全系统相关技术，确定竞争与非竞争领域。在共性基础技术开发方面，一要开展服务平台共性基础技术研发；二要开展制造平台共性基础技术研发；三要开展新一代制造业平台共性基础技术研发。另外，日本还要设立"超智能社会"平台推进联络委员会，推动"超智能社会"方向性讨论和相关机构间的信息共享与合作。

### （四）韩国致力于推动制造业与服务业的融合发展

继2015年提出"智能制造"理念后，2016年韩国制造业发展方向致力于"推动制造业与服务业的融合发展"。根据韩国2016年7月发布的《服务经济发展战略》，韩国政府将采取3项措施促进制造业与服务业的融合发展。

一是减少制造业与服务业间的差别。具体措施包括：①改革税收制度，给予服务业领域与制造业同等水平的税收支持，特别是要扩大R&D领域税额的扣除范围；②扩大主要的政策金融机构对服务业领域的政策资金供应，减轻服务业企业的资金困难；③扩大现行公共采购中的服务业领域的采购比重，给予优秀的R&D服务更多激励。

二是通过服务业实现制造业的高附加值化。具体措施包括：①制定制造业中核心项目的融合服务发展战略，涉及机械、汽车和电子等主要制造业，同时还要发掘制造业的服务化商业模式，支持中小企业、骨干企业的商业化活动；②促进制造业的服务化，扩大对"服务+制造业融合研发项目"的投资，将制造、服务、ICT融合技术纳入"新增长动力、原创技术R&D税额扣除"对象；③扩大并充实开设融合性课程的融合性学院，培养"服务+工学"融合型、"实务型+实际体验教育"结合的实战型人才；④通过大中小企业共生合作，支持中小企业的服务化，培育服务业的明星企业。

三是促进产业间的融合。具体措施包括：①突破现有法令局限，改进临时许可制度；②建立国家数据中心，通过对数据的有效管理和利用，支持新服务的创造，如实施大数据相关先导项目、营造公共与民间数据融合复合生态等；③指定和运营融复合服务的先导机构，支持企业的早期市场化活动。

## （五）俄罗斯提出要建造“未来工厂”

近2～3年来，俄罗斯致力于通过“国家技术计划”推动产业发展。“国家技术计划”通过“市场”和“技术”2个维度确立优先方向，用“技术”发展支撑“市场”发展，高度重视“技术”未来的市场前景。2016年，俄罗斯详细披露了其“市场”维度和“技术”维度的优先方向。

其中，“先进制造技术”是目前“技术”维度提出的唯一优先方向，它是一系列复杂的多学科知识、高技术和知识密集型技术诀窍的集合，旨在最短时间内建立起具备全球竞争力的新一代定制型产品、替代并赶超国外高技术产品、增加本国高技术服务的出口份额。“先进制造技术”涉及的技术方向有先进材料、数字化设计和建模（包括仿生设计、超级计算工程和优化）、添加制造技术和混合工艺。

俄罗斯发展“先进制造技术”的目标是建造并系统化发展“未来工厂”，即集成考虑“先进制造技术”和“国家技术计划”各市场优先方向需求的综合体。新一代“未来工厂”的制造将是数字化、智能化、虚拟化的，并利用数字化建模与设计、新材料和3D打印技术生产出具备全球竞争力的个性化产品，以保障“国家技术计划”各市场优先方向和国家高技术工业部门的优先发展。“未来工厂”的关键技术包括：①产品生命周期管理系统，即数字化建模与设计（CAD/CAM/CAE/CAO/HPC/PDM）；②工业互联网，包括硬件、服务器、平台间软件、应用程序和服务；③添加技术，包括3D打印和数字化生产；④新材料，包括生物工程材料、高级合金（超级合金）、先进陶瓷工艺和超导体、合成且非导电的高级聚合物、用于电子产品的有机聚合物、先进涂层、纳米粉末、碳纳米材料、纳米纤维、薄膜；⑤机器人和机电一体化，包括数控系统、伺服控制器、伺服电机和控制器、制造企业生产过程执行管理系统（MES）、技术工艺自控控制系统（ICS）；⑥企业信息管理系统。

## （六）新加坡以先进制造技术支撑经济增长和竞争力提升

2016年1月，新加坡政府发布《研究、创新与企业2020计划》（RIE 2020），计划未来5年投入190亿新元（约合131亿美元）进一步推动研究、创新与企业活动。其中，约86亿新元将投入4个具有战略意义的科研领域，包括先进制造与工程、生物医药、服务与数字经济、城市解决方案。其中，先进制造领域获得32亿新元的经费，约占总拨款的17%。

在该计划的框架下，新加坡开展先进制造技术研发的总目标是开发技术潜力（储备技术能力），以支撑国家制造和工程领域的增长和竞争力的提升。战略目标包括：①支撑经济增长，创造更多优质就业岗位，并为未来经济发展做好准备；②加强公共研究机构与大型企业、小企业之间的联系，提高公共研发投入的价值创造能力。计划共确立了八大具体发展领域：航空航天、电子器件、化学品、机械与系统、海洋与近海研究、精密模块与组件、生物与制药、医疗器械制造。另外，计划还确立了四大使能技术领域：机器人与自动化、数字制造、增材制造和先进材料。

## 三、主要国家对新材料的最新部署

新材料，也称先进材料，指的是新近发展起来或正在发展中、比传统材料具备更优异性能并且具有特殊性能的一类材料，被世界公认为是当前最重要、发展最快的高新技术之一，并能够对其他高新技术发展提供重要支撑。从新材料与先进制造业的关系来看，一方面新材料是先进制造业的基础和先导，另一方面新材料生产和制备也是制造业的关键领域之一。也就是说，新材料与先进制造业实际上是一个有机的循环。《OECD 科技创新展望报告》将“先进材料”列为未来四大关键和新兴技术领域之一，其优先研发方向包括纳米材料、增材制造、纳米元器件、功能材料、碳纳米管和石墨烯。其中，纳米材料（包括石墨烯）和增材制造更被列为未来十大关键和新兴技术。

美国高度重视先进材料研究，在其 2011 年启动的“先进制造业伙伴关系计划”中，将“材料基因组计划”列为其 4 个子计划之一，目标是缩短先进材料的开发和应用周期。美国认为，先进材料将推动数十亿美元的新兴先进制造、清洁能源和国家安全等领域的相关技术。2014 年 12 月，美国启动了升级版“材料基因组计划”，旨在使先进材料发现、开发、制造和应用的速度提高 1 倍，并把成本降低至现有的几分之一。该计划确立的与制造业发展密切相关的先进材料领域包括催化剂、聚合物复合材料、关联电子材料、电子和光子材料、轻质结构材料、有机电子材料和聚合物。另外，纳米材料和纳米技术是美国先进材料领域的关键优先方向。早在 2001 年就启动了“国家纳米技术计划”，并于 2011 年和 2014 年进行了 2 次更新，目前共有 20 个联邦部门和机构参与计划，年度研发经费高达 15 亿美元。在 2014 年出台的《国家纳米技术计划战略规划》中将“可持续纳米制造：建立未来工业”列为 5 项“纳米技术签名计划”之一，旨在开发基于纳米元素制造先进的材料、器件和系统，以及经济、可持续地把它们组装成大尺度复杂系统的新技术。其主要研究方向包括：高性能碳纳米结构材料、光学超材料和纤维素纳米材料，其长远愿景是建立柔性、连续的制造工艺，以构建由复杂纳米器件组成的精细系统。

欧盟将先进材料和纳米技术列为未来能够引起经济和社会变革的关键使能技术。在“地平线 2020”计划确立的“工业领先”目标中，提出要专项支持先进材料和纳米技术等关键使能技术。“工业领先”领域的总预算达 135.57 亿欧元，其中，2016 年的预算为 14.46 亿欧元。欧盟还斥巨资支持“石墨烯旗舰项目”，认为从长远看石墨烯材料将与钢铁、塑料一样重要，成为信息技术、能源、交通等领域的基础材料。2013 年 1 月欧盟选定石墨烯项目为欧盟首个未来和新兴技术旗舰项目，计划 10 年投入 10 亿欧元，旨在让石墨烯材料从实验室走向社会，支撑诸多产业发展，促进经济增长，并创造就业。研发重点集中在快速电子和光学设备、柔性电子产品、轻量级功能组件、先进电池等。该项目分为 2 个实施阶段，第 1 阶段为2013 年 10 月—2016 年 3 月，欧盟资助金额为5400 万欧元，第 2 阶段为 2016 年 4 月至“地平线 2020”计划结束，预计每年资助 5000 万欧元。

英国将先进材料和纳米技术列为其大力支持的八大前瞻技术领域之一，并视为英国保存强大工业实力的法宝。英国先进材料的重点研发方向为纳米技术、纳米材料、碳纳米管和石墨烯、智能聚合物（又称塑料电子）、金属有机框架、智能（多功能）材料和生物测定材料、智能（交互式）纺织品、活性包装、3D 打印材料、超材料、建筑材料、功能性涂层、下一代核聚变和核裂变先进材料等。另外，自 2010 年英国教授因石墨烯研究获得诺贝尔奖后，英国政府高度重视对石墨烯领域的支持，于 2011 年划拨 5000 万英镑资金，确保本国发明在本国发展，积极推进石墨烯的商业化进程。英国工程和物理科学研究理事会于 2013 年宣布投入2200 万英镑，支持石墨烯制造技术与工艺发展。同时英国还斥资 6100 万英镑于 2015 年成立了国家石墨烯研究所，意欲打造世界领先的石墨烯研发中心。

韩国是新材料研究领域的后起之秀，近年来其对新材料领域的政策部署频频出台。韩国重点关注的新材料研发领域为融复合材料、纳米材料和石墨烯。融复合材料是韩国未来十三大增长动力之一，这种材料通过新物理学、化学的结合，能够实现材料的超轻量化、高性能化和多功能化，是智能汽车、海洋成套设备等增长的动力和发展的基础，其目标是成为世界融复合材料领域第 4 强国。纳米材料技术在韩国被认为是打开制造业创新大门的钥匙，是创造新产业和新市场的核心原动力，预计会对韩国机械产业、电子产业、能源与环境产业等产生颠覆性影响，其目标是成为世界纳米产业第 2 强国。韩国于 2014 年出台《第二期国家纳米技术路线图（2014—2025）》，提出了 2020 年后有望实现早期产业化的 21 个核心技术方向。其中，对制造业将会产生重大影响的技术包括纳米制造设备、纳米半导体器件、石墨烯纳米器件、印刷柔性显示器、纳米传感器、3D 打印纳米材料、超轻纳米复合结构材料、高性能纳米纤维、纳米薄膜材料等。韩国还高度重视石墨烯研发和商业化，特别是石墨烯显示屏领域。2015 年 4 月，韩国出台《石墨烯商业化推进技术路线图 2015—2020》，其战略目标为：到 2017 年，开发出石墨烯产品样品，实现石墨烯产品的首批销售；到 2020 年，掌握 85 项石墨烯核心技术，开发 6 种世界一流产品，销售额达到 6000 亿韩元；到 2025 年，培养

20 家全球性企业，产业产值达到 19 万亿韩元，创造 5.2 万个就业岗位。

日本在材料研究领域和纳米技术领域一直处于国际领先地位。其在《科学技术创新综合战略 2014》特别提出，新材料应当成为日本产业竞争力的源泉，成为日本制造业的基础技术，为实现推动新能源汽车普及、制造新一代信息设备等目标创造条件。近年来，日本新材料研发的核心技术涉及：结构材料，特别是具有高强度、高刚度、耐高温、耐磨损、耐腐蚀等性能的结构材料，包括金属新材料、树脂、复合材料、碳素材料等，以提高飞机和发电设备产业竞争力，并制造出新一代高速低功耗传输设备；新型催化剂，以推动页岩气革命的实现，解决资源环境问题，并推动化学制品生产；碳纳米材料，以深化要素技术，加强技术研发，推动新材料应用；基础技术，包括纳米模拟，纳米数据库，测量、分析、评估与加工技术，材料信息学等。

（执笔人：张丽娟）

# 第三部分

# 主要国家和地区科技发展概况

本部分主要介绍了美国、加拿大、墨西哥、巴西、智利、欧盟、英国、法国、爱尔兰、荷兰、比利时、挪威、瑞典、芬兰、丹麦、德国、瑞士、意大利、奥地利、捷克、塞尔维亚、保加利亚、俄罗斯、白俄罗斯、日本、韩国、印度尼西亚、越南、泰国、印度、巴基斯坦、以色列、哈萨克斯坦、新西兰、南非和埃及等国家和地区2016年的科技发展概况，包括最新出台的科技创新政策、举措与计划，科技投入，重点发展领域与产业动向，以及国际科技合作政策等。

# 美　国

2016 年，美国加大力度实施系列创新政策，夯实创新基础环境，培育创新人才，深耕创新土壤，优化社会创业环境，提升国家创新实力，充分发挥创新对于经济复苏、社会发展的驱动作用。

从年初开始，奥巴马政府即以构建和完善国家创新生态系统为目标，以全面实施《国家创新战略》为主线，紧锣密鼓地推出政策组合拳，部署实施各项科技计划，并于岁末通过了《美国创新和竞争力法案》。

## 一、创新活力依然强劲，综合竞争力领先世界

从创新产出和绩效看，2016 年美国凭借庞大的创新体系和完整的学科门类，持续高效优质的创新成果，继续雄踞世界创新强国之首。

### （一）多个科学和工程学科指标稳居世界第 1 位

据 2016 年 1 月 19 日美国国家科学理事会发布的《2016 年科学与工程指标》，美国凭借其雄厚的基础和巨额投入，在科学和工程发展的多个指标上稳居世界第 1 位，包括研发投入、论文引用率、科学和工程博士毕业生数量及知识和技术密集型经济在国民经济中的比例等。2013 年美国研发投入 4561 亿美元，占全球的 27%；科技论文总量居世界第 1 位，论文被引用绝对次数最高，且按各国研究规模平均，美国高影响力论文最多。美国高技术制造业和知识密集型服务业占 GDP 的 39%，领先全球。

### （二）创新实力持续领先世界

据世界知识产权组织（WIPO）发布的《2016 年全球创新指数》，美国创新实力持续领先世界，科技产出如专利及知识产权、论文世界领先。2016 年美国

创新指数排名较2015年上升1位，紧随瑞士、瑞典和英国之后位列第4位，创新质量位列世界第2位。世界经济论坛发布的《2016—2017年全球竞争力报告》显示，美国竞争力排名与上年相同，位列世界第3位，仅次于瑞士和新加坡。英国《经济学人》2016年9月底发布的《社会创新指数2016》报告显示，美国因其在制度和政策框架、经费支持状况、公民社会发育程度、创业水平这4个方面的综合得分领先，在45个被测度对象国中排名居第1位。

## 二、集成各方力量加大投入，推进国家创新基础建设

奥巴马政府坚持认为研发创新对于美国未来经济发展和保持国家竞争力至关重要。其上任以来，分别于2009年、2011年和2015年推出三版《美国创新战略》。其中，2015年10月推出的《美国创新战略》，对历次创新战略进行集成升级，首次公布了保持良好创新生态系统的6个关键要素，即政府投资建设创新基础、推动私营部门创新活力和建立创新者国度3个工程，创造高质量就业和促进经济增长、催化国家优先突破领域、建立创新政府3个战略计划。2016年，联邦政府的科技工作主要围绕这些关键要素展开。

### （一）拓展经费渠道，努力增加基础性研究投入

2016年，联邦政府克服经济复苏缓慢等不利因素，积极争取，加强对研究开发的投资，尤其是加强对私营部门投资意愿不强领域的投资，来提升国家创新力和经济竞争力。根据美国国家科学与工程数据中心（NCSES）11月30日发布的统计数据，2016财年美国联邦政府研发活动及研发设施投入（以下简称研发投入，R&D）预计达到1490亿美元，比上一财年增加105亿美元，增长7.5%。这是自2014财年以来，联邦研发投入持续第3年增长。2017财年总统预算建议案中，研发投入为1539亿美元，比上年增长3.3%。

### （二）努力发展STEM教育，提升国家核心竞争力

奥巴马政府认为科学、技术、工程和数学（STEM）一直是美国保持创新的核心。2016年，美国对STEM教育的财政预算投入达30亿美元，比2015年实际支出上升了3.8%。联邦政府各机构将投资重点放在联邦政府STEM教育5年战略计划中的5个关键领域：K-12教育（即中小学及学前教育）、本科教育、研究生教育、扩大女性及少数族裔等人群在STEM领域的参与度、在课堂外进行的STEM教育活动。

为增强大学的STEM教育和研发能力，2016年9月26日，美国国家科学基金会（NSF）宣布将投入9400万美元在大学新建4所科技中心（STCs），每个中

心将在未来 5 年内获得 2400 万美元的联邦经费支持，资助期满后可继续向 NSF 申请 5 年的资助项目。

### （三）夯实基础，加快建设有形基础设施和新一代数字化基础设施

当代经济社会发展不仅需要加快建设道路、桥梁、港口等有形基础设施，更需要加大对宽带、无线网络、电信技术的创新投资，推动数字化基础设施在区域内合理分配，改善数字化网络的质量和服务。2016 年 2 月，美国总统科技顾问委员会（PCAST）发布《技术与未来城市》报告，呼吁联邦政府各部门整合资源、加强合作，共同推动城市技术创新，并建议成立国家级平台以加强城市间合作、分享技术发展经验、促进标准化模式的建立。10 月，运输部宣布投入 6500 万美元用于支持城市和社区开展的先进技术交通项目，带动企业投资 1 亿美元，积极推动各项先进智能交通技术的应用。

为保持美国在下一代移动技术领域的领导地位，2016 年 1 月底，奥巴马总统宣布实施计算机普及计划，目标是向全国各地的所有学生提供在学校学习计算机科学（CS）的机会。7 月，联邦政府推出了由国家科学基金会（NSF）牵头组织的总规模达 4 亿美元的“先进无线研究计划”。与此同时，由美国联邦通信委员会（FCC）制定规则，在毫米波（24 GHz 以上）频段分配了近 11 GHz 的频谱资源，为 5G 的研发铺平了政策道路，使美国成为世界首个分配 5G 频谱的国家。美国在通过公私合作的方式共投入 8500 万美元，在未来 10 年内通过竞争选择 4 个城市，建设下一代无线通信技术城市级测试平台。

## 三、加强政策引导，推动私营部门创新

奥巴马执政以来，采取了系列激励创新创业的措施，不断完善创新创业环境，优化投融资体系，引导社会资本对高成长性初创企业的投资，充分调动和发挥私营企业、大学和科研机构等创新创业的积极性和主动性。联邦政府还主导实施创业专项计划，通过公共部门、非营利机构和企业的共同努力，提升公共部门服务创业的能力，加大对创新项目的资助力度，在市场化前提下加速创新成果转化，促进有创新能力的初创企业快速成长，从而提供新的就业岗位，带来新消费，增加新税收，拉动经济持续发展，促进社会和谐稳定。

### （一）激励创新，永久性给予企业研究和实验税收抵免

私营部门的科研投入对长期经济增长、创造就业和生产力的提高发挥至关重要作用，美国联邦政府在加大直接研发投资外，更关注营造有利创新的生态环境。为赋予创新企业更优惠、更广泛、更便捷的税收政策，2016 年的拨款法案

首次将该研发税收优惠政策永久化。此外，联邦政府近年发起的“脑科学计划”“癌症射月计划”“国家先进制造网络计划”等均采用政府引导、企业参与，共同投入的伙伴关系模式（PPP），会聚尽可能多的社会资源推动创新。

### （二）政府主导，构建充满活力的创新型创业系统

开展面向全民的创新创业示范引导，是奥巴马政府倡导创新文化、营造创业氛围、加强创新管理和驱动创新经济的又一重要手段。通过实施国家中小企业信贷计划、推行创业计划、强化政府服务职能、员工培训计划等，为构建创新型创业系统奠定基础。继 2014 年白宫举办第一届“创客节”取得成功以后，总统和联邦政府倡导举办的“创客周”“白宫演示日”“一日创业启动计划”“包容性创业演示日”等创业活动精彩纷呈。2016 年这些活动为新老创客们搭建了一个个交流分享平台，促进相互之间的学习和合作，也推动了新发明创造和创新创业，激发企业的创新潜力，促进美国创业型经济蓬勃发展。

### （三）建设数字政府，为创新企业提供全方位创业服务

联邦政府在保持互联网开放、自由的创新平台的同时，下功夫建立监管完善的网络机制，利用公开联邦数据为创新者提供服务。美国政府推出了一系列的公开数据计划，在健康、能源、气候、教育、金融、公共安全等领域开放数据和信息，促进创新的突破，从而推动经济发展。为了进一步挖掘联邦政府数据的应用潜力，促进创新与社会进步，2016 年 1 月美国商务部发起了一项旨在使政府数据更加容易使用的数据易用性计划（CDUP）；2 月，白宫宣布实施网络安全国家行动计划（CNAP），并同时发布了联邦网络安全研发战略；5 月，白宫发布《联邦大数据研发战略计划》，旨在建立大数据创新生态系统，加强数据分析能力，服务于科学研究、经济增长与国家安全。

## 四、各领域最新进展

2016 年，美国联邦政府集中精力推进成长空间大、对增强国家竞争能力具有战略价值的重点产业，提升这些产业的发展信心。

### （一）智能交通

2016 年，联邦政府针对无人驾驶技术频频发出积极信号，出台一系列政策加紧推进无人驾驶技术的发展和应用。6 月，美国运输部下属联邦航空管理局发布针对重量在 55 磅以下的小型无人机飞行活动管理规则，首次对无人机的商业、教育及公共使用做出全国性统一规定。9 月，美国运输部发布针对从事无人驾驶

技术厂商的指导意见书，指导意见将安全性放在首要地位，列出了无人车厂商需要提交的15项“安全评估”标准，这标志着美国联邦政府向逐步建立无人驾驶监管框架迈出了关键性的第一步。10月，运输部宣布投入6500万美元用于支持城市和社区开展的先进技术交通项目，带动企业投资1亿美元，积极推动各项先进智能交通技术的应用。

## （二）生物医药

生物医学与健康研究是美国长期重点投入的研究领域，且受到民主党政府高层重视。近年来，奥巴马政府先后提出精准医学、耐药性研究、脑研究等重点卫生计划，2016年度更是新提出癌症登月和微生物组研究计划，并加强对寨卡疫情的关注和应对。

“精准医学计划”在2016年2月25日启动了精准医学“百万人基因组计划”，目标是在5年期限内，征集100万名志愿者，完成基因组测序，建立与临床有关的“史无前例的大数据”，收集基因组数据与临床信息。为此，2017财年中匹配的定向资金额度为3亿美元。“脑科学计划”在2016财年已获得超过3亿美元的联邦资助，2017财年的预算数更是超过4.34亿美元。2016年度，国立卫生研究院支持了108项脑计划研究项目，为落实2017财年的研究项目，NIH发布了脑计划下一年的项目申请指南，重点支持“脑细胞类型普查”“细胞与神经通路的研究工具开发”等九大研究领域。此外，美国国家自然科学基金会（NSF）倡议成立“国际脑科学研究站”（The International Brain Station，TIBS），以期加强对国际研究资源的统筹和共享。

2016年1月，美联邦政府宣布启动“癌症射月计划”，通过增加政府投资，推动公私合作，促进交流合作与信息共享等方式加速癌症治疗的研究进度。5月，美国白宫科学技术政策办公室（OSTP）宣布启动“国家微生物组计划”（NMI），从政府和民间渠道征集共计5.21亿美元，深入揭示微生物组的行为规律，促进对健康相关微生物组功能的保护和恢复。2016年，美国联邦政府专门拨款11亿美元，用于应对目前不断发展的寨卡疫情。除上述国家级科技研发投入之外，美国还加强对“基因驱动”的规划和关注。6月，美国科学院发布研究报告《基因驱动出现在地平线上》（Gene Drive on the Horizon），主要针对当前迅速发展的基因编辑技术在生物体修饰中的应用，分析了基因驱动修饰物种对生态环境的潜在影响。

美国加强在生物医学研究领域的布局，在全国范围内整合创新力量。2017财年联邦预算中，国立卫生研究院预算达到331亿美元，相比2016财年增加8亿美元，涨幅2.5%。331亿美元中，重点提到有18亿美元用于癌症射月、精准医学、脑科学计划等研究计划的定向拨款。12月13日，总统奥巴马签署发布了

《21 世纪治疗法案》。重点是布局研发前沿，专项为生物医学领域重要计划、热点问题研究和管理改革提供长期稳定的经费支持。经费总投入高达 63 亿美元，其中投入 14.55 亿美元支持“精准医学计划”，18 亿美元支持“癌症射月计划”，15.11 亿美元支持“脑科学计划”，10 亿美元用于应对阿片类处方药物成瘾问题，5 亿美元资助 FDA 改革药物审批流程。

## （三）信息技术

2016 年，信息技术领域是奥巴马政府研发政策关注的重点，白宫在网络安全、高性能计算、大数据、量子信息、人工智能等领域接连出台研发计划，或在已经实施的计划基础上制定研发战略。2016 财年，美国联邦政府各部门投入的网络与信息技术研发预算（NITRD 计划）达 40.9 亿美元，比 2015 财年增长 3.1%，其中涵盖网络安全、高性能计算、可靠性软件、大规模网络、人机交互系统等重要前沿领域。

2 月，白宫宣布实施网络安全国家行动计划（CNAP），并同时发布了联邦网络安全研发战略。为实施这一计划，奥巴马政府在 2017 财年预算案中提出了超过 190 亿美元的网络安全预算，比 2016 财年增长 35%。5 月，白宫发布《联邦大数据研发战略计划》，针对大数据研发中的重点和难点加强部署，旨在建立大数据创新生态系统，加强数据分析能力，从大量、多样、实时的数据库中提取有效信息，服务于科学研究、经济增长与国家安全。7 月，白宫宣布启动先进无线研究计划（Advanced Wireless Research Initiative），通过公私合作的方式共投入 8500 万美元，在未来 5 年内通过竞争选择 4 个城市，建设下一代无线通信技术城市级测试平台。7 月，白宫发布量子信息科学战略报告，总结了量子信息科学在多个领域的进展和未来发展潜力，调查了各联邦机构在量子信息科学领域的主要项目及研发投入水平，并讨论了未来的发展路径。7 月，在美国启动“国家战略计算计划”（NSCI）一年之际，白宫发布了 NSCI 战略规划，为参与计划的各联邦机构指明了近期任务与目标。2017 财年将投资超过 3 亿美元用于 NSCI 计划研发。10 月，白宫发布 2 份关于人工智能的重要报告：《为人工智能的未来做好准备》与《国家人工智能研究与发展战略规划》，为人工智能领域研发制定顶层战略框架，确认研发需求与优先领域。

## （四）航天科技

2016 财年，美国航空航天局实际执行预算为 193 亿美元，相比 2015 财年增长 7.2%。2016 年美国航空航天局的重点任务仍是开发用于载人深空探测的猎户座飞船，以及 SLS 重载火箭系统。此外，在空间科学、空间技术、航空技术等领域，美国航空航天局也多有部署。

美国航空航天局重点开发深空光通信、先进空间推进技术、利用二氧化碳转化生成氧气等未来关键航天技术；在航空技术领域，美国航空航天局将开发下一代低噪声超音速飞机及更高效、环保的飞机发动机设计。

航空航天局高度重视扩大与私营部门合作，拓展商业航天在近地轨道领域的业务范围。2016 年 10 月，美国航空航天局宣布允许商业航天企业开发空间站模块，与国际空间站对接。根据计划，国际空间站将于 2024 年退役。在此之后，美国航空航天局有意将近地轨道载人航天活动完全推向市场。

微小卫星重视发挥微小卫星作用是本年度美国联邦政府在航天技术领域的又一政策重点。2016 年 10 月，白宫发起“驾驭小卫星革命”倡议，推动联邦政府与私营部门更紧密的合作，充分利用近年来小卫星的技术发展，以及小卫星成本低廉、部署迅速、机动灵活、冗余性高等优势，为商业、社会及国家安全目标服务。

## （五）能源领域

奥巴马政府期间，美国能源领域在行业盈利需求和气候变化和环保压力的驱动下，依靠技术创新推动变革。主要标志包括：美国能源独立性提高，本土油气生产尤其是页岩油气产量保持高位，原油进口量和对外依存度稳步下降。

2016 年 11 月美国在近 60 年来首次成为天然气净出口国；太阳能、风能等可再生能源成本大幅下降，发电装机迅速增长；应对气候变化和清洁能源方面的政府研发投入增加，市场推广应用持续扩大。

作为“创新使命”（Mission Innovation）的首倡国，美国联邦政府在 2017 年财年预算建议案中，提出将清洁能源技术研发投入从 2016 财年的 64 亿美元增长 20% 至 77 亿美元，以逐年提高的形式实现到 2021 财年达到 128 亿美元的翻倍承诺目标。美国能源部占创新使命投入的近 80%，其中用于扩大太阳能、风能、水电、地热能等可再生能源使用范围并降低成本的投入约 5 亿美元，包括投入 2.13 亿美元支持太阳能发电“射日倡议”。

10 月 13 日白宫科学前沿会议后，为帮助释放清洁能源的下一次突破浪潮，联邦政府与基金会、机构投资者和其他长期投资者共同推出了“清洁能源投资计划”（Clean Energy Investment Initiative），承诺投资超过 40 亿美元，资助清洁能源创新和气候变化解决方案。

2016 年，美国能源部在清洁能源研发领域提出了一些新的长远目标和技术研发资助计划，如 7 月提出的“水电愿景”（Hydropower Vision），9 月提出的“国家海上风电战略”（National Offshore Wind Strategy）等。新的研发资助计划包括：3000 万美元支持联网及自动化道路车辆下一代能源技术（NEXTCAR 项目）；3000 万美元支持根际观测优化陆地封存（ROOT 项目）；8200 万美元开发先进核技术；1900 万美元提高国家建筑能效；等等。

## （六）农业科技

作为世界农业强国，美国拥有世界上最强的农业科研力量，奥巴马政府执政 8 年，联邦政府共计投入 190 亿美元农业研发经费，雇佣约 3000 名科学家、经济学家和统计学家等，资助了数以千计的赠地大学和农业科研机构，致力于通过研发创新提高农业效率、解决美国乃至全球的粮食问题。截至 2016 年 11 月，美国农业研发投入回报率达到 1∶20。

2016 财年，美国农业部对农业生物技术研发拨款达到 26.5 亿美元，同比增幅 8.2%，连续 3 年保持增长势头。2017 财年的申请中，美国农业部将投入 7 亿美元用于支持全国最高水平的农业基础研究和应用研究项目。

3 月，美国公众营养研究部际委员会（ICHNR）发布了联邦政府首个“国家营养科学研究路线图（2016—2021）”。该路线图是继国家纳米技术计划、网络与信息技术研发计划等国家科技计划后的又一个重大、跨部门研发计划，旨在引导和推进未来 5 年至 10 年美国的公众营养健康研究，开展更加针对个性化的健康促进和疾病防治的科学研究，以期提高美国及全球的公众营养健康水平。

7 月，奥巴马总统签署《国家生物工程食品披露标准》法案，授权美国农业部就生物工程食品确立强制性披露标准及实施方法和规程。这是美国“转基因食品”领域内的第一项立法。

## （七）气候变化

2016 年，联邦政府继续全力推动气候变化议程，落实 2013 年“气候行动方案”（President's Climate Action Plan）确立的各项任务目标：继续加大研发投入，开展全球气候变化和能源相关研究，2017 财年拟向美国全球变化研究计划（USGCRP）投入经费 28 亿美元；继续完善能效和建筑节能标准，到 2030 年将减少 30 亿吨二氧化碳排放，节省 6000 亿美元能源支出；继续大力推动清洁能源发展，光伏发电装机规模比 2008 年增长超过 30 倍、风电装机增长 3 倍同时实现发电成本分别下降 70% 和 40%；发布《21 世纪清洁交通规划》，进一步提升机动车燃油效率；通过国家灾后重建计划投入 10 亿美元，鼓励 13 个受灾州的县市建设创新型的基础设施抵御未来的气候灾害；等等。

但是，奥巴马气候行动方案的最核心举措——旨在大幅度削减电厂二氧化碳排放的清洁电力计划（Clean Power Plan）在 2016 年命运多舛，先是美国 27 个州、一些企业和煤矿联合上诉，认为清洁电力计划侵犯了各州权利，涉嫌违宪；2 月，美最高法院以 5∶4 的投票结果判定在有关庭审结果出台前暂停清洁电力计划的实施；9 月，哥伦比亚特区巡回上诉法院就清洁电力计划听取双方口头陈词，但裁决结果要到2017年才能揭晓；11月，特朗普赢得大选成为下任美国总统，他在竞选期间多次表示气候变化是阴谋，上任后要第一时间推翻包括清洁电力计划在内的有关措施，将很可能使奥巴马气候遗产成为泡影。但特朗普也在当选后表示将对《巴黎协定》持开放态度，且清洁电力计划的存续将取决于法庭的判决，因此特朗普政府在短期内全盘推翻奥巴马气候政策不大可能，其总体政策走势还有待观察。

## （八）海洋科技

2007年，美联邦政府曾颁布《指导美国未来10年的海洋研究：优先计划与实施战略》。在该规划的指引下，近10年来美国海洋科学研究取得长足进步，但同时发现，有必要进一步加深对海洋的认识及其在美国经济、环境、文化和社会健康中的作用。为此，2016年，美国国家科学技术委员会（NSTC）海洋科学与技术分委会启动了新的面向下个10年的海洋研究规划编制工作，并通过白宫网站和联邦公报（Federal Registry）就未来10年美国海洋研究计划的结构和应关注的重点领域面向公众征集意见和建议。

2016年奥巴马政府在海洋保护区设立方面有不少“大动作”。8月，决定将创建于2006年的夏威夷帕帕哈瑙莫夸基亚国家海洋保护区面积扩大4倍到150万平方公里，在保护区禁止任何商业捕鱼和矿产开发，旨在为珊瑚礁、深海海洋生物和重要生态资源提供保护；9月初，奥巴马访问了该保护区内的中途岛，阐述气候变化给人类带来的威胁及土地和水资源的重要性；9月中旬，奥巴马宣布建立首个位于大西洋的东北部水下深谷与海底山海洋国家保护区，以保护东北部新英格兰地区沿海近1.3万平方公里的水下深谷与山脉生态系统；10月，美国主导的在南极罗斯海建立海洋保护区的提案在《南极海洋生物资源养护公约》年度会议上获得25个成员国初步认同，将覆盖155万平方公里的海域。

2016年9月在华盛顿发起召开了第3届“我们的海洋”大会，围绕海洋保护区、打击非法捕鱼和全球海洋领导力深入探讨。奥巴马出席并发表讲话，呼吁各国携手应对海洋正面临的严峻危机，包括不可持续的捕鱼方式、海洋污染和气候变化等，推动海洋可持续发展。目前，该大会已成为美国主导、各主要海洋大国参与的协调海洋环境保护与可持续发展的重要平台。

## （九）北极科学研究

作为北极理事会2015—2017年轮值主席国，美国全力推动达成旨在便利北极科学数据的共享和科学家交流《北极科学合作协议》。若如期达成，该协议将成为北极理事会第3项有约束力的协议。2016年9月28日，美国发起召开首届白宫北极科学部长级会议，协调推动北极科学合作与数据共享。会议旨在加强北极科学研究、观测和数据分享方面的国际合作，达成并签署了《部长联合声明》，凝聚了各国加强北极科学合作的政治共识，并围绕各主题确定了15项技术成果和倡议。

## 五、国际科技合作

### （一）美欧“地平线2020”创新合作

2016年10月17日，美国与欧盟达成协议，促进美欧科研机构在“地平线2020”计划项目下的合作。协议规定，双方各自资助各自的科研人员和机构，根据计划设立的共同目标开展合作研究。协议简化了选定的Horizon 2020项目与美国实体之间的合作，使研究人员能够根据其各自资助计划的适用法律、规则、政策和法规，在每个项目签署的正式Horizon 2020授予协议下进行合作。

### （二）美古巴签署历史性农业研究合作协议

2016年3月21日，作为奥巴马总统历史性访问古巴的系列活动之一，美古两国签署农业合作备忘录，确立合作思路和合作研究框架，重点围绕提高农业生产率、粮食安全和自然资源可持续管理等问题，开展两国农业研究领域的合作和交流。美国将按照古巴现行法律法规的要求，进一步推进两国在营养、健康等领域的合作研究、农产品销售。

### （三）多边健康合作

美国将继续通过其主导发起的全球卫生安全议程（GHSA）与55个国家及非政府组织、基金会和私营部门进行合作，开展埃博拉、寨卡等流行病学合作研究，共同应对世界范围的突发疫病威胁。

### （四）倡导191国家签署减排协议

2016年，在加拿大蒙特利尔召开的国际民用航空组织（民航组织）第39次大会上，美国主导全球191个国家决定通过一项全球市场措施，以减少国际航空的碳排放。这是2015年《巴黎协定》后，美国再一次向世人彰显其在全球应对气候变化领域的绝对领导地位和勃勃雄心。

（执笔人：吴飞鸣）

# 加　拿　大

2016 年是自由党特鲁多政府上台执政的第一年，加拿大科技发展总体平稳、亮点突出，绿色、包容、创新发展成为新政府提振经济的核心理念。对内，加拿大联邦政府积极倡导经济可持续发展，出台一系列刺激措施。对外，加拿大联邦政府积极开展科技合作，主动牵引国际规则，在国际大科学工程项目的优势研发领域表现活跃。总体来看，加拿大联邦政府对科技创新的引导作用和支持力度进一步加强，卫生、环境、信息通信、航空航天、基础科学等优势领域进展保持了良好势头。

## 一、科技发展概况

### （一）全社会研发投入保持稳定，企业研发投入继续呈下降趋势

加拿大企业研发投入占全社会研发投入的 50% 左右，2015 年和 2014 年分别为 140.42 亿加元和 144.45 亿加元（表 3－1）。长期以来，由于加拿大企业创新动力不足，研发投入已连续 10 年呈下降趋势。

表 3－1　2015 年加拿大全社会研发费用支出情况

单位：亿加元

| 指标 | 2014 年 | 2015 年 | 增长率/% |
|---|---|---|---|
| 按执行机构 | 318.25 | 316.04 | －0.7 |
| 企业 | 158.77 | 154.62 | －2.6 |
| 高等教育 | 128.60 | 129.88 | 1.0 |
| 联邦政府 | 26.02 | 26.79 | 3.0 |
| 省政府和研究机构 | 3.26 | 3.17 | －2.8 |
| 私人非营利机构 | 1.60 | 1.58 | －1.3 |

续表

| 指标 | 2014 年 | 2015 年 | 增长率/% |
|---|---|---|---|
| 按研发费用来源 | 318.26 | 316.04 | -0.7 |
| 企业 | 144.45 | 140.42 | -2.8 |
| 联邦政府 | 63.11 | 63.74 | 1.0 |
| 高等教育 | 60.87 | 61.99 | 1.8 |
| 外国 | 19.14 | 19.07 | -0.4 |
| 省政府和研究机构 | 18.89 | 18.91 | 0.1 |
| 私人非营利机构 | 11.80 | 11.91 | 0.9 |

在省级政府，有 6 个省份实现了研发投入的增长。魁北克增加最多为 3290 万加元，其次是纽芬兰和拉布拉多，增加了 3070 万加元，跌幅最大的安大略降低了 6430 万加元。安大略和魁北克的总支出约占加拿大高等教育研发总量的 2/3。

## （二）联邦科技支出（FEST）继续小幅回升

2016—2017 财年联邦科技支出总体小幅上升（表 3-2），增加值主要来源于社会科学和人文科学领域支出，而自然科学与工程领域支出下滑，但仍占联邦科技总支出的 3/4 左右；研发活动支出呈下降趋势，占科技总支出的 63.5%。从联邦科技财政支出的执行机构来看（表 3-3），省、市级政府科技支出增加趋势明显；高等教育作为科技总投入的重要组成部分，数据相对平稳，维持了加拿大高校稳健的科技实力；加拿大商业企业科技支出下滑趋势明显；联邦政府内部科技支出小幅提升，主要用于数据收集和信息服务。

表 3-2 加拿大联邦政府科技支出（按活动主体划分）

单位：亿加元

| 指标 | 2010—2011 | 2011—2012 | 2012—2013 | 2013—2014 | 2014—2015 | 2015—2016 | 2016—2017 | 2016—2017 与 2015—2016 的增长率/% |
|---|---|---|---|---|---|---|---|---|
| 科技总投入 | 115.98 | 109.92 | 107.54 | 106.70 | 102.64 | 105.43 | 106.50 | 1.0 |
| 研发 | 76.01 | 69.01 | 69.11 | 69.78 | 67.58 | 68.41 | 67.64 | -1.1 |
| 相关科技活动 | 39.97 | 40.91 | 38.43 | 36.92 | 35.06 | 37.02 | 38.86 | 5.0 |
| 自然科学与工程 | 88.95 | 81.87 | 81.96 | 82.13 | 78.55 | 80.62 | 79.69 | -1.2 |
| 研发 | 66.35 | 59.47 | 58.87 | 59.75 | 57.64 | 58.34 | 58.07 | -0.5 |
| 相关科技活动 | 22.60 | 22.40 | 23.09 | 22.38 | 20.91 | 22.28 | 21.62 | -3.0 |
| 社会与人文科学 | 27.03 | 28.06 | 25.58 | 24.57 | 24.10 | 24.83 | 26.82 | 8.0 |
| 研发 | 9.67 | 9.55 | 10.24 | 10.03 | 9.95 | 10.08 | 9.57 | -5.1 |
| 相关科技活动 | 17.36 | 18.51 | 15.34 | 14.54 | 14.15 | 14.75 | 17.25 | 16.9 |

表 3-3 加拿大联邦政府科技支出（按执行机构划分） 单位：亿加元

| | 2010—2011 | 2011—2012 | 2012—2013 | 2013—2014 | 2014—2015 | 2015—2016 | 2016—2017 | 2016—2017 与 2015—2016 的增长率/% |
|---|---|---|---|---|---|---|---|---|
| 科技总投入 | 115.98 | 109.93 | 107.54 | 106.69 | 102.64 | 105.45 | 106.50 | 1.0 |
| 联邦政府（内部） | 56.43 | 54.00 | 51.40 | 51.86 | 51.77 | 53.40 | 55.57 | 4.1 |
| 商业企业 | 12.01 | 10.90 | 10.32 | 12.24 | 9.47 | 10.30 | 9.49 | -7.9 |
| 高等教育 | 33.29 | 32.51 | 33.71 | 31.68 | 31.09 | 31.54 | 31.57 | 0.1 |
| 非营利团体 | 4.73 | 4.57 | 4.84 | 4.99 | 4.83 | 4.86 | 4.75 | -2.3 |
| 省、市级政府 | 3.94 | 1.67 | 1.07 | 1.14 | 1.44 | 1.22 | 1.30 | 6.6 |
| 外国机构 | 5.35 | 5.95 | 5.98 | 4.56 | 3.82 | 3.87 | 3.57 | -7.8 |
| 其他加拿大团体 | 0.23 | 0.33 | 0.22 | 0.22 | 0.22 | 0.26 | 0.25 | -3.8 |

另外，根据联邦部门和机构报告预测，2016/2017 年度将有 36 153 人（全时当量）从事科技活动，其中，超过半数（56.2%）将为科技领域专职人员，2/3 以上分布在自然科学和工程领域。

### （三）创新能力和竞争力依然强劲，科技产出保持优势

世界知识产权组织等共同发布的《2016 年全球创新指数》显示，2016 年度加拿大的全球创新指数排名第 15 位，比 2015 年的第 16 位提高 1 位。加拿大在制度（居第 6 位）和市场成熟度（居第 3 位）方面显示出特别的优势。近年来，加拿大创新指数始终排名未进前 10 位，原因主要在于教育和研发经费不足，信息与通信技术及能源领域相对较弱。

从整体竞争力上看，洛桑国际管理学院（IMD）发布的 2016 年世界竞争力排名显示，加拿大排名位居第 10 位，比 2015 年下降 5 位。世界经济论坛发布的《2016—2017 年全球竞争力报告》显示，加拿大排名第 15 位，比 2015 年度下降 2 位。报告认为，加拿大在金融市场、劳动力市场、医疗卫生、基础教育等方面具有优势，但企业创新能力仍需不断提升，企业研发能力和创新力排名均居第 24 位。

从专利数据来看，2015 年加拿大受理专利申请 36 964 份，排名世界第12 位；授权专利 22 201，排名世界第 8 位。美国专利商标局的国外专利授权统计显示，2015 年加拿大在美国获得授权专利 6802 件，排名世界第 6 位。

## 二、重大科技政策和计划

### （一）重大科技政策改革调整

#### 1. 联邦政府推出科技经费独立审查机制

加拿大创新、科学与经济发展部启动对联邦政府支持的基础科学研究项目的

独立审查机制，并专门成立了审查咨询小组。加拿大联邦政府认为，良好的科技政策是加拿大经济发展的关键，通过独立审查可以提高政府支持基础科学的连贯性、有效性和灵活性，有助于鼓励加拿大科学家挑战新的科学研究，保持和加强加拿大基础科学的国际地位。

### 2. 增加加拿大卓越研究员（CERC）计划席位

加拿大联邦政府于2008年推出加拿大卓越研究员（CERC）计划，支持加拿大大学的创新研究，奖励重点科技领域突破。目前已有27位卓越研究员分布在加拿大的17所高等院校，2016年该计划再推出11个席位，征集全国高等院校申请。该轮计划向清洁技术和创新经济倾斜，体现了加拿大科技政策的包容性和支持中产阶级的理念。

### 3. 战略性投资高等教育基础设施

加拿大联邦政府在2016年度预算中提出拟从2016—2017财年起，3年内提供20亿加元用于高等院校基础设施项目，并与省级政府合作，加强加拿大校园内研究和商业化基础设施更新和现代化建设、修建相关培训实施，兼顾减少温室气体排放，侧重可持续发展设施项目。

### 4. 启动统计局独立运作模式

2016年12月7日，加拿大创新、科学与经济发展部将加拿大《统计法》立法修正案提交国会，正式启动统计局运作事宜，该举措将促进加拿大立法与联合国以及OECD所倡导的国际标准相一致。同时，新的运行模式有效确立国家统计机构的专业独立性，统计数据的公平客观性，不受政府或外部利益的干扰。

### 5. 启动制定创新议程

2016年6月14日，加拿大创新、科技与经济发展部宣布正式启动制定加拿大创新议程，提出“将加拿大建成全球创新中心”的发展愿景，呼吁全民参与创新，建设“一个包容的创新型加拿大”，同时发布了加拿大创新战略框架暨6个领域的行动计划，分别为：鼓励企业家精神，推动创业与创造型社会建设，使创新成为国民的核心价值观；建立全球领先的科学，使加拿大科学实力和研发基础设施位于全球最先进行列；建立汇集创新思想、人才、资金的世界一流产业集群与合作伙伴关系；推动企业成长并加速清洁（绿色）技术发展；参与全球数字技术竞争，确保加拿大位于世界数字经济技术发展和应用的前沿；改善商业环境，使加拿大成为投资和发展的宝地。

### 6. 拟聘任首席科学顾问

加拿大联邦政府和研究机构中拥有大量的科技人员，他们在各领域的科学研究为政府做出改善民生的决策起到了至关重要的作用。经总理授权，加拿大科学部长于2016年12月7日宣布“寻找首席科学顾问”。首席科学顾问将负责向总理、科技部长和内阁成员提供科学咨询，有责任向部长和总理进行汇报，还需就以下事项提供建议：确保政府科学对公众完全开放，联邦科学家们应能够对其工作畅所欲言，政府决策应建立在科学分析和深思熟虑的基础上。首席科学顾问的办事处将由一组科学家和政策专家团队提供支持。

### 7. 大力支持基础研究

加拿大联邦政府宣布投入4.65亿加元支持基础研究，其中3.141亿加元用于自然科学与工程技术研究理事会（NSERC）的旗舰计划Discovery Grants，支持持续的研究计划与长期目标：8200万加元以奖学金、研究补助金等形式授予研究生和博士后，培养新一代科学家和工程师；2600万加元分配给研究人员，用于购置先进的研究工具和仪器设备；1500万加元专项拨付给NSERC的发现加速器补充计划。此外，2016年加拿大联邦政府预算拨款1.40亿加元用于改进联邦实验室和其他科研能力建设。

## （二）推动绿色发展

加拿大政府高度重视培育和发展清洁增长型经济，将其作为拓展全球市场和创造就业的战略性举措。2016年3月，加拿大联邦政府与各省政府联合发布《关于清洁增长和气候变化的温哥华宣言》，承诺制订并实施促进清洁发展和应对气候变化的具体计划，努力实现加拿大的国际承诺，成为全球清洁发展的领导者，为新一届政府确立了清洁发展的基调。随后，特鲁多政府在该领域陆续实施了一系列重大改革。

### 1. 实施碳定价政策

碳定价政策被普遍认为是实现温室气体减排目标的必要措施，主要包括碳税和碳交易两种形式。加拿大总理特鲁多宣布从2018年起实施碳定价政策，并通过联邦政府介入强制实施。此举的目的不仅是追求环境效益，更是为了经济发展。特鲁多总理将其归纳为3个“有利于”，即有利于经济、有利于创新、有利于就业。碳定价政策的实施，使清洁技术的应用克服成本障碍，为推广先进成熟技术打开局面。

#### 2. 加速传统煤电淘汰

2016 年 11 月，加拿大环境部宣布了清洁发展的新计划，加快从传统煤电向清洁能源的过渡。根据该计划，到 2030 年全国 90% 以上的电力将来自于非排放源，即太阳能、风能等清洁能源或采用碳捕获和存储技术（CCS）的燃煤电力，传统燃煤电力将被逐步淘汰。通过该计划，2030 年加拿大温室气体排放量将减少 5 兆吨以上，相当于减少 130 万辆汽车。同时，加拿大政府出台了一系列配套政策保障该计划的顺利实施。

#### 3. 增加清洁技术投入

继 2015 年 11 月加拿大加入全球“创新使命”倡议后，2016 年 6 月，加拿大政府宣布本国创新使命目标，核心内容之一就是在 2020 年实现清洁能源和清洁技术研发资金在 2015 年基础上翻一番，达到 7.75 亿加元。

#### 4. 构建清洁能源管理体系

一是修订能源法规。2016 年 4 月，特鲁多总理授权加拿大自然资源部启动对《能源效率条例》的修订程序。此次修订将增加 20 种产品的最低能效标准，更新 15 种产品的能源性能标准，通过淘汰落后产品以提高能源效率，减少温室气体排放。二是改革国家能源局（NEB）。2016 年 1 月，加拿大政府启动对国家能源局的现代化改革，旨在提高该部门在环境科学、社会发展和土著传统等方面的专业知识与管理能力，并从其内部结构上确保能反映各区域的意见，更有效地规范加拿大能源发展。

### （三）聚焦创新的人才与产业化政策

#### 1. 发布全球技能战略，吸引全球人才

发布加拿大全球技能战略（Canada's Global Skills Strategy）。为使加拿大企业易于吸引全球优秀人才，促进开放性和多样化发展，更好地参与全球竞争，具体措施包括 10 天至 2 星期内快速办理签证和发放工作许可、30 天内短时工作许可豁免等。

#### 2. 启动“高等教育伙伴关系及合作安置计划”，扶持青年创新创业

加拿大政府在 2016 年度预算案中提出投资于学生、研究和创新是加拿大现今繁荣福祉和未来走向知识经济的关键，启动“高等教育伙伴关系及合作安置计划”，在 4 年内投资 7300 万加元，支持 CO-OP（Post-Secondary Co-op/Internship

Program）项目发展壮大，助力青年学生通过在实际岗位锻炼获得宝贵的从业经验、就业机会和创业技能，提高社会适应能力，实现工学互补、两相促进。

### 3. 出台首个国家层面的数字人才战略

2016 年 3 月，加拿大信息与通信技术委员会发布了《数字人才——向 2020 进军和超越》（Digital Talent – Road to 2020 and Beyond），可视为加拿大国家层面上的第一份数字人才战略。其目标是确保加拿大人在飞速发展的经济时代，企业家、消费者和全体民众更多地参与到日新月异的数字化生活。战略还提出建立了 3 个工作组指导战略的实施，负责开发相关的行动计划，并呼吁企业、行业协会、理事会、各级政府、教育机构、个人等利益攸关方通力合作，确保战略目标的实现。

### 4. CCI 应用技术产业化项目

2016 年 9 月，加拿大劳动部投资 3600 万加元支持加拿大若干高等院校的 32 个应用技术产业化项目。该投资通过学院和社区创新计划（CCI），支持学校研究人员、青年学生与企业结成合作伙伴，推动有潜力的技术加速实现产业化。学院和社区创新计划由 NSERC 与加拿大卫生研究院（CIHR）和加拿大社会科学与人文研究理事会（SSHRC）合作管理，自 2009 年启动以来，已在加拿大各地的 105 所应用技术学院为 1660 个项目投资，帮助几十名研究人员通过与企业合作实现了技术产业化，并完成了技术转让。

### 5. CREATE 研究生从业技能培训

2016 年 4 月，加拿大政府宣布，在加拿大自然科学和工程研究理事会的协作研究和培训经验倡议（CREATE）框架下，投资 2140 万加元用于研究生和博士后研究人员的工作技能培训，为毕业生未来从事创新型工作打下基础。CREATE 为青年研究人员提供在潜在雇主单位实习的机会，培养专业技能和合作技能，帮助其从受训人员向生产性员工过渡。

## （四）重点科技计划

### 1. 第一研究卓越基金

2016 年 9 月 6 日，加拿大科学部长宣布，通过加拿大第一研究卓越基金向达尔豪斯大学、蒙特利尔大学等 13 所高等院校投资 9 亿加元，支持关键领域具有全球竞争优势的科研发展，包括海洋边界的安全和可持续发展、用数据为加拿大人服务等各领域。加拿大第一研究卓越基金于 2014 年 12 月启动，主要目的是帮助加拿大高等教育机构在研究领域超越全球，为加拿大带来长期的经济优势。

### 2. 农业创新计划

加拿大联邦政府联合地方政府共同设立了“成长前景二”（GF2）作为5年期（2013—2018年）农业发展政策框架，投资30亿加元推动农业创新、竞争力和市场发展。其中农业创新计划进行两类投资：农业创新研发活动投资和研发成果产业化投资。此外，加拿大农业部和世界粮食计划署签署一项5年期研究支持协议，由加拿大西部谷物研究基金会（WGRF）投资2100万加元支持小麦和大麦育种研究。

### 3. 海洋和淡水研究

2016年预算投资1.97亿加元用于海洋和淡水科学研究，以改进对商业物种和有风险物种的库存评估，为渔业可持续发展提供管理依据。具体项目包括：年投入2400万加元用于支持健康鱼类种群的科学研究；开展渔业可持续性调查，包括关于159种主要鱼类种群的渔业管理的17类问题；支持“加拿大海洋网络”收集太平洋渔业、哺乳动物和海洋数据等。

### 4. 交通2030战略

2016年4月，加拿大交通部公布交通运输中长期战略计划——交通2030，致力于创造一个安全、绿色、创新和综合的交通系统，以支持贸易和经济增长。该计划包含5个主题，分别是：建设绿色和创新交通，采取清洁运输技术，减少交通碳排放，加强无人驾驶飞机管理，为新兴技术（如自动驾驶车辆）制定监管框架；维护旅行者权益，提供更多选择、更好服务、更低成本的交通服务；提高安全性，重点完善《铁路安全法》；优化水路交通，构建具有竞争力、安全和环境可持续性的海洋走廊，解决遗弃和失事船只的历史遗留问题；建设走向全球市场的贸易走廊，提高运输系统的性能和可靠性。

### 5. 开发新一代飞机技术

加拿大创新、科学和经济发展部与外交部联合投资5400万加元，用于新一代飞机技术开发。由来自全国的15家公司和有关学术机构组成联盟共同使用该笔资金，庞巴迪公司负责牵头。该联盟计划开发最高水平的电力系统和先进的航空气动系统，使未来飞机更加节能、可靠、安静。该投资拟通过航空航天设计和工程创新带动行业合作，加强加拿大在整个航空航天领域的技能和知识水平，创造新的先进制造平台并带动未来就业，项目由产业界和学术界合作开展。

### 6. 延续汽车创新基金计划（AIF）

加拿大汽车创新基金（AIF）自2008年起已融资超过31亿加元。作为2016年预算的一部分，加拿大联邦政府将该基金延至2020—2021年年底，并致力于寻找新的检测途径，包括对汽车创新基金条款进行评估，以促进支持经费得到更为有效的利用。此外，作为辅助计划，2015年推出汽车供应商创新计划（ASIP），自2015—2016财年起，5年内提供1亿加元帮助加拿大汽车零部件供应商开展研发项目，创新产品和工艺，提高竞争力，协助企业进入全球供应链。

### 7. 推动农村和偏远地区数字技术使用计划

为使加拿大人更好地利用宽带网络、分享数字经济机遇，特别是不发达地区获得更多远程服务，加拿大联邦政府在2016年度预算案中提出自2016—2017年起，5年内投资5亿加元启动一项计划，为农村和偏远社区扩展和增强宽带服务，增加高速宽带覆盖率，扩容“主干”网络，确保加拿大300多个农村和偏远社区实现宽带上网并与“主干”网络互联互通。加拿大最大的农村互联网供货商——Xplornet通信公司耗资4.75亿美元发射两颗通信卫星专门用于提升加拿大农村互联网能力建设。

### 8. 发布《加拿大信息技术战略规划（2016—2020）》

2016年6月，加拿大联邦政府公布规划，提出了加拿大IT技术服务、安全、管理和人力资源支持的总体战略目标，其中包含云计算和数字化协同领域发展规划。在云计算领域提出采用云计算服务、建立云服务代理、提供公共云服务和私有云服务的目标计划；在数字化协同领域提出了信息中心整合和现代化建设的目标计划。

### 9. ACOA创新计划

2016年加拿大联邦政府通过加拿大大西洋地区发展机遇署（ACOA）对大西洋创新基金（AIF）投资总额超过3800万加元，支持大西洋地区的企业和研究人员开发新产品、技术和服务，同时支持该地区中小企业获得创新技术，提高经济竞争力和生产力。

### 10. 技术示范项目——新一代卫星技术

2016年5月，加拿大创新、科学与经济发展部向MDA系统有限公司及其合作伙伴资助5400万加元，用于研发和测试新一代雷达、光学和通信卫星技术，这是一项联邦政府技术示范项目，鼓励早期研发，促进产学研合作，据称该项目将开发更强的雷达搜救能力、更快的数据传输能力和基于云技术的数据处理能力，将对加拿大的沿海和偏远地区通信产生影响。

## 三、国际科技合作战略

### （一）主导能源领域国际规则

加拿大深化与美国在能源领域的密切合作，从能源标准、管理工具、示范项目等多方面积累影响国际能源规则的软实力。

#### 1. 全球推广 ISO 50001 国际能源管理体系标准

2016 年 2 月 12 日，加拿大、美国和墨西哥举行北美能源部长会议，签署了《气候变化与能源合作谅解备忘录》。备忘录的重要内容之一，即共同促进全球采用 ISO 50001 国际能源管理体系标准。ISO 50001 是一套适用于商业部门，用于规划、管理、测量和持续改进能源绩效的国际标准。3 国认为，ISO 50001 已被证明可有效提高能源效率、降低成本、减少温室气体排放。3 国承诺，在 2017 年第 8 届清洁能源部长级会议（CEM8）前制定北美实施目标，推动工业、商业和公共部门实施 ISO 50001。

#### 2. 加美联合启动清洁热电项目

2016 年 5 月 18 日，加拿大和美国推出了一个新的清洁热能和电力示范项目。该项目由加拿大自然资源部下属的渥太华 CanmetENERGY 实验室承担，得到美国能源部 460 万美元的资金支持。该项目将可能捕获 98% 的二氧化碳排放，具有显著的环境和经济效益。

### （二）引领清洁发展的国际合作战略

2016 年 11 月 4 日，《巴黎协定》正式生效，这是全球应对气候变化行动具有里程碑意义的大事。加拿大积极响应，表现活跃，力争成为全球应对气候变化和倡导清洁发展的引领者。

2016 年 11 月，加拿大政府在《巴黎协定》缔约方第 22 届会议（COP22）上宣布了加拿大长期低温室气体发展战略，成为首批发布该战略的国家之一。该战略描述了应对气候变化的各种创新解决方案，重申了加拿大到 2050 年温室气体净排放量比 2005 年水平下降 80% 以上的目标。

在 COP22 会议上，加拿大联邦政府承诺 5 年内提供 26.5 亿加元，支持发展中国家向低碳、可持续经济转型。此外，加拿大联邦政府还承诺投资 250 万加元，支持发展中国家创新清洁技术的解决方案；加入世界银行的转型碳资产基金，投资300万加元用于支持发展中国家寻找温室气体减排的新途径，推动开展清洁能源和碳定价项目的合作；向“国家适应计划全球网络”提供200万加元，资助发展中国家应对气候变化的能力建设。

## （三）促进核技术和平应用

加拿大积极参与国际原子能机构建设工作，巩固和发展优势领域国际地位，彰显负责态度。在2016年国际原子能机构年度大会前夕，加拿大全球事务部宣布通过“全球伙伴关系计划”捐助230万加元支持国际原子能机构的“核应用实验室修复”项目，这些实验室在和平利用核技术方面为成员国提供特有的技术帮助，此举是对早些时候加拿大向国际原子能机构的“和平利用核能倡议”提供128 400加元捐款的有力补充。国际原子能机构的8个核应用实验室支持多领域研究，提供分析服务、相关培训和教育等，开展包括粮食和农业、人类健康、环境及先进技术的开发应用。据称，此举将有助于成员国在履行不扩散义务的前提下以安全可靠的方式使用核技术，并积极推动“全球卫生安全议程”有关重要目标的实现。

## （四）积极参与国际空间科学研究项目

### 1. 加拿大太空局与欧洲空间局加强科技创新领域的长期伙伴关系

为支持加拿大太空行业创新和验证科学技术发展，加拿大宣布投资8300万加元参与3个欧洲空间局重点研究项目（该投资包括在2016年财政预算案中宣布的4年投资3000万加元参与欧洲空间局电信系统高级研究计划），该投资除了加强与欧洲空间局长期伙伴关系之外，还体现了加拿大对前沿研究和行业发展的支持。根据加拿大与欧洲空间局之间的合作协议，加拿大产业界、大学及科学家们通过参加欧洲空间局的空间任务发展与全球制定全球航天领域的战略伙伴关系，为期超过35年。加拿大参加了电信、导航、地球观测、探测、微重力和共性技术开发领域的项目工作。该合作有助于加拿大航天局获得欧洲空间局任务数据和基础设施，从而利用的空间技术来推动更广泛的经济增长，使全体加拿大人获益。

### 2. 积极支持和开展国际空间站科学研究项目

在2016年预算案中，加拿大航天局宣布自2017—2018年起，投资3.79亿加元与国际空间站延续8年合作至2024年，其间将参与开展大量科研活动。通过在国际空间站的工作，加拿大意图进一步创新发展，继续活跃在空间活动前沿，保持其在空间技术领域的国际领先地位。

2016 年 1 月，加拿大创新、科学与经济发展部长宣布向 Neptec 设计集团公司投资 170 万加元，用于开发一个新的可视系统，支持国际空间站基础设施的检查和维护工作。10 月，加拿大航天局宣布与卡尔加里大学合作开展一项新实验，研究在国际空间站执行长期空间任务对宇航员大脑产生的影响，项目为期 5 年，总投资 72.8 万加元，研究成果将有助于治疗老龄神经系统疾病。

### 3. 为平方公里阵列射电望远镜（SKA）项目提供两个信号接收装置

在加拿大国家研究理事会和一些大学的主导下，加拿大成为 SKA 联盟的 6 个创始国之一，也是如今 SKA 组织的 10 个成员国之一。加拿大拥有超级计算机和相关器领域世界领先技术，对望远镜项目起到了重要推动作用。目前，加拿大国家研究理事会已确定向位于南非的 MeerKAT 天线提供技术支持，包括生产用于无线电接收机的低噪声放大器，并协助开发接收器系统的高效碳纤维复合材料。

（执笔人：车　畅　胡　璇）

# 墨　西　哥

2012 年 12 月墨西哥总统培尼亚上台后，大力推进科技创新发展，制定并出台了《国家发展规划（2013—2018）》（以下简称“国家规划”），强调科学、技术和创新是现代经济社会均衡、可持续发展的重要因素，提出推进墨西哥知识经济建设有关战略目标。目前，本届政府任期已过半，2016 年是墨西哥加快推进实现既定规划目标的关键一年。

## 一、科技创新目标与任务

### （一）国家规划目标

墨西哥在其国家规划中提出国家发展五大战略任务之一便是“发展高质量的教育”，在此任务下其中一项重要的目标便是“使得科技发展和创新成为经济社会可持续发展的支柱”。围绕科技创新发展总目标，国家发展规划提出五大战略及其相应的行动路线，主要包括：国家研发投入持续增长并达到占国内生产总值 1% 的水平；培养和建设高水平的人才队伍；推进地方科技和创新能力发展，加强区域可持续和包容发展；加强高等教育机构、研究中心和公共部门、社会部门及私人部门间知识转移和利用；加强国家科技基础设施建设。

### （二）科技创新发展战略和任务

根据国家规划提出的任务目标，墨西哥政府于 2014 年 7 月发布实施了《科技创新专项规划（2014—2018）》（以下简称“科技规划”）、《创新发展规划（2013—2018）》（以下简称“创新规划”）。科技规划对国家规划中提出的科技创新发展总目标、五大战略、落实行动进行了细化，并提出科技发展年度参考目标，如表 3 – 4 所示。

表3-4 科技发展年度目标

| 主要指标 | 2013年 | 2014年 | 2015年 | 2016年 | 2017年 | 2018年 |
|---|---|---|---|---|---|---|
| 研发投入强度/% | 0.45 | 0.56 | — | 0.78 | 0.89 | 1.00 |
| 企业研发投入占比/% | 35.80 | 36.65 | 37.50 | 38.35 | 39.20 | — |
| 每1000就业人口中研究人员占比/% | 0.94 | 0.99 | — | — | — | — |
| 每百万人口发表的科学论文数/篇 | 94.4 | 98.7 | 102.8 | 107.0 | 111.0 | 115.0 |
| 科学与工程博士占总毕业博士的比例/% | 53.6 | 54.1 | 54.6 | 55.0 | 55.5 | — |
| 联邦部门科学能力和创新指数差距 | 0.89 | 0.82 | 0.76 | 0.69 | 0.62 | 0.56 |
| 实现技术创新企业占总企业的比例/% | — | 10.6 | — | — | 17.8 | — |
| 专利对外依存度/% | 10.95 | 10.26 | 9.57 | 8.88 | 8.19 | — |

作为最重要的目标，在科技规划中，首要任务便是大幅提高研发投入，到2018年培尼亚政府执政期满时研发投入达到国内生产总值的1%。其中2013—2018年为科技创新能力提高阶段，研发投入强度从0.45%到1%；2019—2024年为起飞期，研发投入强度从1%到1.6%，2025—2030年为巩固期，研发投入强度从1.6%到1.9%；2031—2038年为成熟期，研发投入强度达到1.9%～2.3%。

## 二、科技创新主要进展

### （一）研发投入情况

自2012年12月培尼亚总统上台以来，墨西哥全社会研发投入持续稳定增长，研发投入水平超过历届政府。研发投入强度从2012年的0.43%提高到2014年的0.54%，政府部门研发投入从2012年的593亿比索增加到2015年的855亿比索。全社会研发投入在2007—2014年平均增长5%，其中2013—2014年平均增长6.9%。2014年研发投入同比增长10.3%，研发投入强度同比增长6.6%，达到0.54%，高于拉美国家平均水平0.29%，仅次于巴西的1.21%和阿根廷的0.58%。

2013—2016年，研发投入累计达到3724.46亿比索，比2007—2010年增长24.4%，比2001—2004年增长87.7%，研发投入强度保持在平均0.53%，比2007—2010年增长4个百分点，比2001—2004年增长15个百分点。

预计2016年的投入达到1016.37亿比索，相比2012年增长17.5%。企业投入约占20%，政府投入约占69%，其他部门约占11%。2016年研发投入强度预计约为0.54%，保持历史最高水平，大约与2014年和2015年持平。

## （二）科技人才培养

在研究生培养方面，2013—2016 年，政府部门和机构每年平均授予 73 445 个研究生奖学金。2016 年，墨西哥政府将授予 76 349 个研究生奖学金，比 2012 年增长 27.2%。其中国内奖学金 66 908 个，比 2012 年增长 20%，资助国外学习的奖学金比 2012 年翻一番。

在研究人员资助方面，成立于 1984 年的国家研究人员系统负责对研究工作进行专业性的评估和促进，旨在通过对研究工作的评估促进和加强研究的数量和质量。截至 2016 年，该系统注册科技人员有 25 072 名，比 2012 年增长了 35.1%。2013—2016 年，国家研究人员系统实施了 147.68 亿比索预算，比 2007—2010 年增长了 46.8%。共资助了 22 373 名研究和技术人员，较 2007—2010 年增长了 48.3%。在青年研究人员培养方面，墨西哥大力实施青年研究人员教授计划，自 2014—2016 年，该计划资助经费上升到 22 亿比索。在此期间，共在高等教育机构、研究中心等 32 个联邦机构中实施 669 个项目，共资助 1076 名青年研究人员成长。

## （三）国际科技合作

2016 年 6 月，墨西哥科技理事会与其他国家签署 215 个国际合作协议。签署协议最多的国家有德国、中国、美国、法国、英国、加拿大、土耳其等国家，以及美洲国家组织、经济合作与发展组织、欧盟等。

墨西哥政府连续 4 年支持和鼓励墨西哥参加国际论坛和国际组织机构，进一步扩大了多边科技合作。通过与德国、法国、英国、美国、加拿大和亚洲国家开展征集联合研究项目、学术交流等活动，继续加强对来自其他国家国际科技创新资金的使用。

## （四）科技基础设施建设

2016 年，联邦政府实施科技基础设施发展战略，建设新的公共研究中心，并加强国家和地区科技研究机构的建设。2016 年 1 月，联邦政府投入约 11 亿比索支持研究机构建设。

2013—2016 年，墨西哥投入 62 亿比索用于支持研究机构重组及国家实验室、研究中心和高等教育机构建设和发展。在此期间，共创建了 4 个协同创新联盟，主要包括仿生科技园区和尤卡坦科技园区。仿生科技园区是墨西哥首个由公共研究中心、大学和其他机构参与的跨学科和聚焦仿生学的园区，旨在寻求当前困扰社会和制造行业的环境与农业问题的解决方案。尤卡坦科技园区集聚了从基础研究、应用研究、技术发展和行业应用的上下游科技创新链生态系统，共投资 5 亿比索建设。

在加强墨西哥科技理事会所属国家研究中心重组方面，新建设航空技术国家研究中心，用于培养专业人才，提高国家航空制造水平。墨西哥科技理事会和经济部共投入近 2 亿比索，预计到 2016 年年底建成使用。

## 三、对未来的判断

### （一）政策走向

对于本届政府最后两年（2017—2018 年）的科技发展政策，墨西哥总统在 2016 年墨西哥国家科学技术奖颁奖会暨科学研究、技术发展与创新总理事会会议上提出未来两年推进科技创新发展的 4 项举措：由墨西哥财政部和墨西哥科技理事会牵头设计一项财政激励计划，以鼓励私人部门加大研发投入；科技理事会加大力度推进青年研究人员教授计划，提出到 2018 年青年教授数量翻一番达到 2000 人；扩大科技基础设施建设，以促进区域和国家发展；在全国州长大会框架下，组织地方政府向科技创新投入更多资源，并强化面向科技创新的资源配置。

### （二）发展趋势

#### 1. 研发投入增长稳定，有望达到既定目标

自培尼亚政府上台以来，墨西哥全社会研发投入连续 4 年稳定增长。在其执政的 4 年里，联邦政府科技创新累计投入达到 3700 亿比索，比上一届政府增长了 24%。但自 2016 年以来，受全球经济增长放缓和石油价格下跌影响，联邦政府科技投入预算增长速度放缓，与《墨西哥科学技术法》和国家规划中提出的到 2018 年全社会研发投入占国内生产总值 1% 的目标尚有一定距离。

根据 2016 年 10 月底墨西哥最新发布的 2017 年联邦政府预算文件，联邦政府科学、技术和创新总预算为 858 亿比索，共包含外交、农业、交通、经济、教育、卫生、环境、科技等部门的科技创新投入预算，比 2016 年减少了 5.7%。其中面向科技部门（墨西哥科技理事会）投入的预算约为 270 亿比索，比 2016 年削减约 23%，大约减少了 70 亿比索，为 4 年以来首次降低。

面对联邦科技投入大幅减少，墨西哥科技理事会主席表示 2017 年将调整现有项目分布，利用好已有资金，优先保证重点项目发展。其中，用于支持行业科技研究的部门基金不受当年财政预算执行的影响，基本保持稳定增长。同时，将进一步加大力度实施私人部门研发投入激励计划和用于支持州政府与市政府科技发展的混合基金，以提高私人部门和地方政府的科技投入。未来墨西哥全社会研

发投入强度能否达到既定目标 1%，很大程度上取决于墨西哥私人部门和地方政府的研发投入增长情况。

目前墨西哥联邦政府科技投入约占全社会研发投入的 70%，私人部门研发投入仅占 20% 左右。然而，虽然 2017 年联邦预算文件显示，科学、技术、创新预算投入比 2016 年有所减少，但根据培尼亚总统在 2016 年 12 月举行的国家科学、艺术和文学奖颁奖大会上的讲话，在 2017 年联邦政府将投入额外的 1000 亿比索用于研究和试验发展。如果增加该额外投入，预计墨西哥全社会研发投入在未来两年将保持持续稳定增长，并有望达到投入强度 1% 的既定目标。

### 2. 高素质人才持续增加，基础设施建设放缓

由于在 2017 年墨西哥联邦政府年预算中，对墨西哥科技理事会的科技投入预算和教育部的教育投入预算分别减少了 23% 和 14%，墨西哥科技理事会实施的青年研究人员教授计划、研究生奖学金、研究人员国家体系等计划和项目受到一定程度的影响。墨西哥主要的大学也因此受到科技、教育预算减少的影响。

但据墨西哥科技理事会主席称，墨西哥科技理事会将优先保证研究生奖学金项目，当前共有 6200 个奖学金，国内外比例分别为 90% 和 10%。2017 年该数量将保持稳定甚至会略有增长。研究生奖学金和人才质量支持计划将投入 95 亿比索，主要将用于提供 56 573 个研究生奖学金，其中 24 829 个为新增奖学金。

而在科技基础设施建设方面，尽管墨西哥总统在 2016 年 5 月政府工作报告中提出未来两年将建设 4 个国家研究中心，受预算削减的影响，投向该领域的预算减少了 75%，该计划预计将推迟到 2017 年。墨科技理事会将保证已开工建设的研究中心项目顺利进行。

### 3. 创新创业支持稳定，有望激发企业潜力

2017 年，墨西哥将继续通过创新激励计划、技术创新基金、部门创新基金、混合基金等支持企业、科研机构和大学等创新主体加大研发投入，推进技术创新和产学研合作。例如，在面向企业的创新激励计划中，针对中小微企业技术创新、大型企业技术创新、协同创新 3 种类型分别采用不同的激励方式，促进产学研合作和技术转化，以鼓励企业开发新产品、新工艺和新服务等。自 2013—2016 年，创新激励计划共投入 144 亿比索，在信息、食品、农业、化学、汽车、交通、装备等行业共支持 3325 个项目。

此外，在 2017 年墨西哥联邦政府预算中，通过了 2017 年度一揽子经济计划，其中新增了一项面向私人部门的财税激励计划。在该项计划中，设置了企业为技术和创新发展及高技术人才而投资实验室、设备等建设的项目支持，通过该

项目将给予企业技术创新发展为期10年的税收抵免。

在支持创业方面，墨西哥继续在高等教育和研究中心实施创业发展促进政策，鼓励和支持年轻人技术创新和自主创业，同时将继续加强知识产权保护和专利申请。墨西哥经济部将继续通过创业者基金、种子基金和风险投资等促进技术型创业企业成长发展。

## （三）面临的问题与挑战

在本届政府执政的最后两年，科技创新领域的发展还是面临着较大的挑战，主要表现在以下方面。

### 1. 联邦政府研发投入增长空间有限

受石油价格下跌和全球经济增长放缓的影响，墨西哥联邦政府财政收入下降，2017年大部分部门削减预算达30%左右，联邦政府研发投入部分出现一定程度的负增长，未来两年预计很难保持大幅度增长。

### 2. 企业研发投入增长缓慢，私人部门研发投入比例太小

墨西哥本土企业普遍规模不大，大部分制造业主要由外方独资，企业在研发投入和技术创新方面动力不大，因此长期以来墨西哥私人部门科技创新投入规模不大，增长缓慢。

### 3. 高等教育未能提供高质量的人才供给

墨西哥教育普及率相对不高，研究生规模较小，受制于政府研发投入偏少，研究人员得不到充分的资助。

（执笔人：朱　浩）

# 巴　　西

2016 年，巴西政坛动荡，政治形势跌宕起伏，曲折离奇。随着巴西石油公司贪腐案调查的不断深入，牵涉了多名政府高层，总统罗塞芙、众议长库尼亚相继被弹劾和解职，参议长卡列罗斯一度被罢免，虽后经联邦法院投票得以继任，但其总统继任人选资格终被撤销。

巴西的经济形势也同样不容乐观。巴西央行从 2016 年 10 月起两次降息，基准利率由 14. 25% 降至 13. 75% ，并预测 2016 年巴西经济将衰退 3. 43% ，通胀率为 6. 69% ，高于政府全年通胀 6. 5% 的目标。经济的负增长将使巴西经济出现自 1930 年以来仅有的一次连续两年萎缩。

5 月 12 日，特梅尔作为代总统刚上台就任命了 23 个新部长，宣布将巴西科技和创新部与通信部合并为巴西科技创新和通信部，由卡萨布任部长。特梅尔正式上任后在多个场合突出强调创新是现代社会发展的基石，对经济、就业、科技、教育、文化的发展起着至关重要的作用。卡萨布认为科技创新乃是带领巴西克服经济危机、走出困境、回归快速发展道路最重要的法宝。

## 一、出台科技创新战略及相关政策措施

### （一）颁布《2016—2019 年国家科技创新战略》

巴西科技和创新部 2016 年 5 月颁布了《2016—2019 年国家科技创新战略》。该战略是落实科技创新领域公共政策的中期指导性文件，也是建设扩大和巩固科技创新体系的全面部署。战略阐明了巴西科技创新成果、国家科技创新面临的挑战，确定了未来重点发展的优先领域与指标。

战略确定了 11 个国家优先发展的战略领域，分别是航空航天和国防、饮用水、食品、生物群落和生物经济、社会科学技术、气候、数字经济和数字社会、能源、核能、卫生及集成和先进技术。

## （二）颁布《创新法修改法令》

罗塞芙总统1月11日签署了《创新法修改法令》。该法令主要鼓励巴西创业创新的政策改革，使科学和产业更加紧密结合，对规范政府与私营部门在科研领域的关系、提升法律安全和透明度，提高科技创新和审批效率有重要意义，促进巴西经济发展和就业改善。该法令通过简化流程，允许公立大学全职教授在私人企业从事科研活动并获得薪水，打通私企和公共研究机构间人力资源的流通，提供了更加自由的科研环境。

## （三）制订落实温室气体减排计划

巴西政府制订温室气体减排国家自主贡献的落实初步计划，并征求了社会各界意见。该计划是由巴西环境部牵头，与科技创新和通信部等部委联合制订，涵盖能源、农业和林业领域，得到了美洲开发银行的技术支持。国家自主贡献的目标是，在2005年的基础上，到2025年减排37%，到2030年减排43%，到2030年可再生能源在能源结构中占比为45%，到2030年将恢复1200万公顷的植被并结束非法森林砍伐，恢复1500万公顷的退化草场。该计划的落实资金需通过融资解决。据估算，仅恢复植被一项就需14年，花费310—520亿雷亚尔，但可提供21.5万个就业岗位，实现税收64亿雷亚尔。

## （四）重启国家科技理事会协调机制

国家科技理事会（CCT）是总统最高科技咨询顾问机构，执行秘书处保留在巴西科技创新和通信部。理事会成员包括联邦政府不同部委的13位代表，8位科技生产和应用领域代表（任期3年），6位国家教育、科研机构领域代表（任期3年）。从2014年6月起，在两年多的时间里该运行机制处于暂停状态。2016年11月，特梅尔决定重启该机制，新任命了理事会全体成员。这对巴西科技发展是一个积极信号。

## （五）“科学无国界”项目缓慢推进

巴西继续推进“科学无国界”项目。该项目选送本国学生赴海外一流大学学习深造，主要是培养专业技术人才和高端人才，提高国家创新能力和竞争力。截至2016年11月底，已有92 880名（除本、硕、博以外，还有交流学者）学生申请此项目并完成学业，其中国外联合培养本科生73 353名，占总体学生比例的78.97%；国外联合培养博士生9685名（占10.42%）；国外培养博士生3353名（占3.61%）；国外培养博士后4652名（占5.00%）。

本科生数目在该项目中所占比重最大。但经过多年评估，政府认为大部分本科生没有做好在外学习的准备，同样受制于目前的财政危机，决定不再为本科学生提供经费，而将有限的资源投入到培养研究生、博士和博士后等高端人才上。

### （六）完善国家大型科研基础设施

2016 年 2 月底，南极科考站重建项目开工。南极科考站全名为费拉兹司令南极科考站，2012 年被一场大火烧毁。此次巴西南极科考站由中国电子进出口总公司负责重建，计划最多容纳 64 人，主体建筑面积 4500 平方米，设有 18 个室内实验室、7 个环境和大气监测点，以及风电塔和停机坪等设施。该项目预计 2018 年完工。

另外，多用途反应堆由巴西国家核能委员会负责建设，用于产生和研究放射性同位素、实现核燃料放射性实验、动力反应堆结构材料测试实验及多个领域中子束研究。该反应堆预计投入 8.5 亿雷亚尔（时价约合 3.3 亿美元），计划 2017 年投入使用。

## 二、科技预算改革情况

2016 年，原巴西科技和创新部与原巴西通信部的预算执行是分列核算，预计 2017 年预算将会合并。2016 年科技和创新部初始总预算经费约 46 亿雷亚尔，其中约 5 亿雷亚尔需冻结作为储备资金，能使用的为 41 亿雷亚尔。如果算上通货膨胀进行数据修正，2016 年科技和创新部的经费比 2006 年少了 27%，比 2010 年少了 52%，而巴西科研人员数目在这 10 年间翻了一番。预计 2017 年巴西科技创新和通信部整体预算约为 41 亿雷亚尔。

2016 年巴西最受瞩目的财政改革当属限制公共开支的第 55 号宪法修正案。修正案拟规定自 2018 年起 20 年内，立法、行政、司法、检察等公共部门财政开支年增长率不得高于上一年度通胀率，开支超过上限的部门在次年不能涨薪，且不能增聘工作人员和增加其他财政开支。该修正案从施行第 10 年起将允许总统在任期内对限制公共开支标准修改一次。如果最终修正案正式通过，未来 20 年财政支出将保持在目前水准。巴西科技界认为，这对巴西科技发展会造成“灾难性的”后果。

## 三、重点科技领域发展情况

### （一）航天领域

巴西 2016 年年底前将从法国泰雷兹阿莱尼亚宇航公司接收首颗防务和战略通信同步卫星。该卫星具有多个可为巴西偏远城镇提供高速上网服务的 Ka 波段卫星转发器，拥有其他 5 个军用通信 X 波段。这是巴西未来 10 年计划发射升空的 3 颗通信卫星之一，由远景航天科技公司负责，计划 2017 年 3 月从法属圭亚那库鲁航天基地发射升空。此次双方签订的合同里包含了相关技术转让和巴西技术人员培训等内容，巴方意在自主研发制造剩余 2 颗通信卫星。

远景航天科技公司由巴西国家电信公司（占股 49%）和巴西航空工业公司（占股 51%）共同出资 5 亿美元，用于研发满足巴西政府卫星通信需求的航空航天技术，包括为偏远城镇和国防战略通信提供互联网宽带服务。

巴西计划将不再发展 VLS-1 火箭，正与德国航空航天中心开展微卫星运载火箭项目 VLM-1。VLM-1 运载火箭为 3 级固体火箭。第一级：1 台 S50 固体火箭发动机，推力 400 kN；第二级：1 台 S50 固体火箭发动机，推力 400 kN；第三级：1 台 S44 固体火箭发动机，推力 33. 24 kN。巴西计划于 2018 年在阿尔坎塔拉基地首次发射该火箭。

### （二）互联网与宽带

据巴西国家地理和统计局 11 月底初步统计数据显示，2015 年巴西互联网用户（10 岁以上）为 1. 021 亿，比上年增长 7. 1%。互联网普及率从 2014 年的 54. 4% 上升到去年的 57. 5%。所有地区的增长率都呈上升趋势，其中中西部地区为 8. 7%，东北部地区为 8. 4% 和东南部地区为 6. 8%，增长最快。青少年用户访问互联网的数量最多，15～19 岁年龄段的用户超过了 80%。40～49 岁及 50 岁以上年龄段的互联网用户数量增长最快，分别为 13. 9% 和 20. 1%。

巴西政府于 2010 年 5 月启动的“全国宽带计划”，原计划预计 2016 年 12 月前竣工，但进展缓慢。2016 年 5 月，巴政府提出了一项名为“智慧巴西”的国家宽带发展计划，当年预计投入 7. 62 亿雷亚尔（约合 2. 17 亿美元），到 2019 年共投入资金 18. 5 亿雷亚尔（约合 5. 29 亿美元），用以发展宽带。巴西互联网用户总数位列世界前 5 位，但仍有 9800 万人无法接触到网络。“智慧巴西”计划到 2019 年巴西拥有光纤网络的城镇数量比例将由 53% 升至 70%，使宽带网络覆盖巴西 90% 的人口。

## 四、科普活动情况

### （一）巴西科学进步社团第 68 届年会召开

巴西科学进步社团第 68 届年会 2016 年 7 月 3—9 日在巴伊亚南方联邦大学举行。本届年会的主题为“可持续发展、技术、社会融合”。国家和地区科技主管部门高层、科研机构、大学及大中型企业每年均派员与会并参与相关议题讨论。科学进步社团是一个民间非营利科学社团组织，现有来自企业和科技界活跃会员 6000 余人。社团自 1948 年成立，每年举办一次年会，从未间断，对巴西科技系统扩大和完善全国范围内科普起到了积极作用。

## （二）举办第 13 届国家科技周

巴西于 2016 年 10 月 17—21 日举办了主题为“科学哺育巴西”的第 13 届国家科技周。科技周期间，全国有 550 个城市组织了 55 676 项科普活动，有 1966 家机构参与其中。自 2004 年设立国家科技周以来，该活动已成为巴西全国最大规模的全民科普活动。因受财政危机的影响，本届国家科技周规模比 2015 年锐减近 50%。

（执笔人：王　磊　莫鸿钧）

# 智　　利

自2014年巴切莱特政府执政以来，受国家经济发展困顿、科技管理体制危机等问题影响，智利科技创新发展并未获得明显提高，其研发投入占GDP的比重也只有0.4%，远低于OECD国家2.36%的平均水平。2016年，随着总统决定组建科技部并任命了新的国家科委主任，智利科技管理重新步入轨道，创新创业发展也有所进步。

## 一、2016年智利科技创新发展10件大事

（1）1月18日，总统巴切莱特宣布智利将启动立法程序组建科技部。根据组建时间表，新设立的科技部将于2017年9月正式运行，2018年的国家财政预算中科技部将作为独立部门列支。具体立法工作将在智利总统府秘书部协调下，由教育部、经济部、财政部和总统国家发展创新咨询委（CNID）联合商讨制定完成，并按计划将立法草案于2016年3月底前提交国会。截至2016年10月底，国会尚未对该立法草案进行讨论。

（2）1月19—24日，智利第五届“未来大会”召开。“未来大会”由智利政府、参议院、科学院联合举办，设有天文、太阳能、人工智能、气候变化、大数据、生命科学、纳米技术和机器人8个分论坛，来自全球21个国家的近百名学者专家在会上进行了主题演讲，其中包括4位诺贝尔奖得主和4位智利国家科学奖得主。该活动已成为智利乃至拉丁美洲最大的科技盛事。

（3）2月1日，天文学家玛丽亚·特雷莎·鲁伊斯当选智利科学院首位女院长。玛丽亚·特雷莎·鲁伊斯现年69岁，是智利大学天文系教授。此前曾担任智利大学天文系主任、智利科学院副院长等职，并于1997年荣获智利国家精准科学奖。2016年10月，鲁伊斯又获得联合国教科文组织“女科学家奖”，成为智首位获此殊荣的女性天文学家。

（4）3 月 21 日，巴切莱特总统任命天文学家马里奥·哈姆伊担任国家科委主任和总统科技顾问。马里奥·哈姆伊现年 56 岁，是智利大学天文系和智利国家天文台教授，同时担任智利天体物理千年研究所所长，2015 年曾获智利国家精准科学奖。由于国家科委内部人事安排问题，哈姆伊上任前，智利国家科委主任一职已空缺 2 个多月，科学界和政界都对其充满希望。

（5）世界上最大的地基望远镜 E-ELT 将落户智利。5 月 25 日，欧洲南方天文台与意大利 ACE 工程集团（由 Astaldi、Cimolai 和 EIE 集团三家公司组成）签署了价值 4 亿欧元的合同。这 3 家公司将在智利第二大区的阿尔玛索山建造支撑 E-ELT 望远镜的主体结构，以及围绕它的穹顶结构。E-ELT 镜面直径为 39 米，由 798 块高 1.4 米的六棱镜组成，预计 2024 年建成使用，届时其将成为世界上最大的地基光学红外望远镜。

（6）智利第一颗自主研发卫星“Suchai 1 号”于 11 月发射。“Suchai 1 号”卫星造价 30 万美元，由智利国家科委支持、智利大学承担并资助研发。目前已制造完成并运抵美国加州，于 11 月由美国 SpaceX 公司的“猎鹰 9 号”运载火箭送入太空，按计划会在太空中工作 6 ～24 个月，完成信号传输和拍摄太空照片等任务。

（7）智利最南部麦哲伦大区将科技发展列为区域发展的优先方向。麦哲伦大区计划利用其靠近南极的独特地理位置优势，在未来 3 年设立 3 家研发中心，分别为智利最大的生物医药中心（计划于 2017 年完成）、南极研究中心（计划于 2018 年完成）和亚南极研究中心（计划于 2017 年筹建），并将大力推动大区与世界各国科研机构开展科技合作。

（8）智利签署《跨太平洋伙伴关系协定》（TPP 协定），其中涉及的知识产权问题引发国内各方争议。智利外交、内政和财政等几大政府部门对 TPP 协定签署大力支持，而智利许多党派、非政府组织、议员和民众则对 TPP 协定提出抗议。抗议内容主要集中在网络知识产权保护、生物制药专利保护期和植物新品种知识产权保护 3 个方面。

（9）路透社发布 2016 全球适宜创业国家排行榜，智利位居第 6 位。9 月，路透社发布了对全球排名前 45 位的经济体进行的创业环境分析，智利以 59.2 分位列第 6 位，拉美第 1 位。2016 年 1 月，在美国全球创业发展研究所（GEDI）公布的全球创业指数（GEI）排行榜中，智利排名第 16 位，拉美第 1 位。

（10）智利首批 3 家国家级大型技术转移中心成立。11 月，由智利生产力促进委员会（CORFO）支持组建的 3 家国家级大型技术转移中心正式成立。3 家技术转移中心分别为 HubTec（天主教大学牵头）、KnowHub（智利大学牵头）和 Apta（北天主教大学牵头），每家都由 10 所以上的高等院校和科研机构联合组成，并吸引了部分企业和国外科研机构的参与。

## 二、智利科技创新发展的基本情况

### （一）科技管理体制架构

智利政府部门中与科技管理相关的主要有国家科委（CONICYT）、生产力促进委员会（CORFO）和总统国家发展创新咨询委（CNID），此外，各个行业部门也设有专门司局负责促进行业科技发展。其中，CNID 的主要职能是向总统提出有关促进国家科技创新发展的政策建议，并不负责科技事务的具体管理。智利国家科技管理工作主要由国家科委和生产力促进委员会负责，分别对口基础科研和应用技术推广两方面的管理。

智利国家科委成立于 1967 年，行政管理隶属于教育部，主任由总统直接任命，主要职能是作为总统在科技发展领域的顾问，通过推动科技进步来促进国家经济、社会和文化发展。目前，智利国家科委下设 12 个科研专项基金，以促进人才培养和提升国家科技水平。

智利生产力促进委员会成立于 1939 年，行政管理隶属于经济部，宗旨是通过支持投资和创新创业等方式提升国家产业竞争力与多样化发展，加强人员和技术能力建设，实现区域间平衡和可持续发展。生产力促进委员会下设专项 30 多个，支持各类创新创业、孵化器建设和技术转移等，其中影响力较大的包括支持企业科技创新的“智利创新”（InnovaChile）专项和支持初创型企业发展的“智利创业”（Start-upChile）。

### （二）科技创新投入产出情况

近 10 年来，智利投入科技创新的经费呈持续增加趋势。2016 年，智利研发投入预算为 6692.34 亿比索（约 10.39 亿美元），比 2015 年的 6378.81 亿比索（约 9.54 亿美元）增长 4.9%，较 2007 年时的 2943.36 亿比索（约 4.15 亿美元）增长了 127.4%。但是，智利 2016 年 R&D 经费占 GDP 的比例预计仅为 0.4%，远低于 OECD 国家 2.36% 的平均水平。

创新主体方面，根据智利国家统计局 2014 年的数据，政府是智利科技创新经费的主要投入来源（44%），企业投入比例相对较低（32%），尤其是大企业对技术研发等创新领域缺乏积极性。高等院校和研究院所是智利科研的主力军，目前智利有 70 多所公立和私立大学，其中智利大学、智利天主教大学和康塞普西翁大学是智利的传统科研优势院校。2016 年，智利圣玛利亚理工大学因科研表现突出成为智利高等院校综合排名的新晋第一。

根据世界经济论坛公布的 2016—2017 年度全球竞争力报告数据，智利国家竞争力排名位居拉美第 1 位，全球第 33 位。在世界知识产权组织发布的 2016 年创新指数排行中，智利位居拉美第 1 位，全球第 44 位。

### （三）国际科技合作情况

目前，智利同全球 40 多个国家和组织建立了科技合作，智利国家科委与上述国家和组织签署了 166 项合作协议或谅解备忘录。其中，智利将 33 个国家和组织列为重点关注国，并将美国、德国、法国、巴西和中国作为国际科技合作的优先方向。

2016 年，智利同美国、德国共同启动了物理、信息技术、医学、生物化学和地球科学领域的联合研究项目；同德国在自然资源可持续利用、生物技术、可持续农业、食品安全和循环经济几个方面启动第二期平行研究项目征集；同法国开展博士与博士后奖学金交换生项目；同中国国家自然科学基金委联合举办第一届中智地震与防灾减灾双边研讨会；智利国家科委执行主任率团访问巴西，并启动两国科技应对人口老龄化的联合研究。此外，智利同日本、芬兰、欧盟、OECD 等国家和国际组织也进行了良好的科技互动。

## 三、近年智利科技创新发展新特点

（1）R&D 投入增速放慢，但政府在技术转移和创新创业方面的支持比例增大。受国际经济形势影响，智利近 5 年 R&D 投入在波动中缓慢增长。2011—2015 年，其 R&D 投入占 GDP 比例分别为 0.37%、0.36%、0.38%、0.36% 和 0.39%，2016 年投入强度达到 0.4%。相比 R&D 总投入，本届政府期间智利支持创新创业发展的投入比例继续提高，从 2014 年占 R&D 总投入的 20% 增长到 2015 年的 21.1%，预计 2016 年将增长到 22.7%。CORFO 计划到 2018 年，其下设的各类创新创业项目还将资助 6000 多家企业。

（2）企业（尤其大企业）参与创新整体水平较低，但企业研发投入呈快速增长趋势，且中小微企业和个体创业者参与创新创业积极性高。根据智利国家统计局 2014 年的数据，企业创新投入只占全国的 32%，尤其是大企业更倾向于购买国外技术产品与服务，而缺乏自主创新的积极性。但随着智利《R&D 税收优惠法》的颁布与修订，智利企业研发投入有大幅提升，2015 年企业投入自主研发的经费比上年增长 80%，2016 年前 7 个月比上年同期增长 57%。越来越多的中小企业开展创新性活动，仅 2015 年申请国家创新创业项目的中小企业就增长了 60%。

（3）天文仍是智利科研最重要的领域，但对可再生能源、生物技术、极地研究、自然灾害防治等领域技术的关注与需求也不断加强。凭借其得天独厚的观测条件和政府为外国天文观测机构来智利设台提供的多种便利，智利目前已拥有了国际上 40% 的大型望远镜，预计到 2020 年将达到 70% 。随着政府“能源 2050”长期发展规划的发布，智利对可再生能源的技术需求也不断提升。此外，近年智利也通过研讨会、联合研究、人员交流等形式开展生物技术、极地和自然灾害防治领域的国际科技合作。

（4）社会各界推动科技创新文化建设，创新创业蔚然成风。智利国会自 2011 年起每年举办“未来大会”，邀请全球的知名学者专家来智利阐述对未来科技发展的认识，提升普通民众对科技的认识。智利知识产权局举办创新与知识产权国际研讨会，邀请来自欧洲和拉美其他国家的官员介绍创新创业经验做法和知识产权管理，并请欧洲的优秀创业者介绍经验。智利大学每年邀请获得诺贝尔奖的科学家来智利访问，并专门设置环节与中小学生见面交流。此外，智利《信使报》、TVN 国家电视台、智利大学、ESE 商学院等媒体和学术机构每年都会举办各类创新创业论坛、比赛或评奖活动，鼓励更多企业和个人参与创新创业。

（5）区域创新创业发展程度差异大，首都大区表现遥遥领先，但近年外省区参与创新发展积极性不断提高。首都大区是智利大学、院所、孵化器等研发创新机构的主要根据地，智利 50% 以上的创新投入均集中于此。以申请国家创新创业项目支持的企业为例，2015 年智利生产力促进委员会支持了 540 家企业的 684 个创新创业项目，其中只有 120 个项目由外省区企业承担，且集中于 4 个大区。此外，申报专项支持的外省区企业中 89% 为首次申报。为改变这一情况，CONICYT 专门设立了区域科技研发专项，CORFO 将支持外省区创新创业的经费也从几年前的 25% 提升到 48% 。此外，外省区对科技创新的重视较之前也有很大加强，如瓦尔帕莱索大区、湖大区和比奥比奥大区出台了一系列推动本地创新创业发展的措施，麦哲伦大区将科技创新作为大区发展的优先方向，艾森大区成立了大区第一家互联网创新中心等。

（执笔人：陈小鸥）

# 欧　　盟

2016 年，虽然欧盟经济呈现“脆弱恢复增长”的迹象、但难民危机升级、英国脱欧成真、民粹主义兴起、恐袭威胁加剧等重重挑战，依旧使欧盟难以摆脱“老问题未解、新问题频出”的颓势。尽管如此，围绕“欧洲 2020”战略确定的智能型、可持续、包容性增长的目标，欧盟始终坚持把科技创新视为最重要的驱动力之一，继续致力于增加全社会研发创新投入，完善创新生态系统，改进研发创新价值链，加速科技创新成果转移转化，提高科技创新效率质量，创造环境条件刺激全社会参与到创新进程中，加速向知识密集型经济社会转型升级。

## 一、研发框架计划有序推进，平稳跨入实施中期

“地平线 2020”计划的实施分为三个阶段：2014—2015 年为开局阶段，2016—2017 年为中期阶段，2018—2020 年为收官阶段。经过前两年的顺利开局，“地平线 2020”计划在 2016 年平稳跨入中期阶段。2015 年 10 月，“地平线 2020”计划推出 2016—2017 年 160 亿欧元工作计划。之后在 2016 年 7 月，欧委会对工作计划进行了修订。根据新版工作计划，“地平线 2020”计划在 2016 年的总投入约 85 亿欧元，较 2015 年增加 12 亿欧元，占 7 年期总预算的约 10.9%，比年平均预算比例 14.3% 低了 3.4 个百分点。具体来说，针对其三大支柱——科学卓越、工业领先和社会挑战，以及三大专项——欧洲创新与技术研究院（EIT）、联合研究中心（JRC）、欧洲原子能共同体（EURATOM）的核能专项等，2016 年经费安排如下。

### （一）科学卓越

2016 年，欧盟在科学卓越方面的经费安排基本与前两年持平，预算总额约 30 亿欧元。如表 3－5 所示：欧盟研究理事会约 17 亿欧元，重点支持前沿基础研

究；约2.3亿欧元支持未来和新兴技术；玛丽·居里行动计划（MSCA）投入约8亿欧元，重点支持中青年科研人员培养；在世界一流科研基础设施上投入约3亿欧元。

表3-5 科学卓越2016年经费预算

| 序号 | 主要行动 | 总预算/亿欧元 | 2016年预算/亿欧元 | 比例/% |
|---|---|---|---|---|
| 1 | 欧洲研究理事会（ERC）：最优秀科研人员领衔的前沿研究 | 130.95 | 16.67 | 12.73 |
| 2 | 未来和新兴技术（FET）合作研究：开创性的创新领域 | 26.96 | 2.29 | 8.49 |
| 3 | 玛丽·居里行动：科研培训和职业生涯发展计划 | 61.62 | 7.65 | 12.41 |
| 4 | 科研基础设施（含e-Infrastructure）：建造世界一流的基础设施 | 24.88 | 2.94 | 11.82 |
| 合计 | | 244.41 | 29.55 | 12.09 |

## （二）工业领先

重点支持关键使能技术，撬动和激励私人资本和风险投资流向研发和创新领域，大力促进中小企业创新，确保欧盟工业技术领先。2016年预算约19亿欧元，主要部署如表3-6所示。

表3-6 工业领先2016年经费预算

| 序号 | 主要行动 | 总预算/亿欧元 | 2016年预算/亿欧元 | 比例/% |
|---|---|---|---|---|
| 5 | 保持使能技术和工业技术领先：信息通信技术、纳米技术、材料、生物技术、制造技术、空间技术 | 135.57 | 14.46 | 10.67 |
| 6 | 撬动风险资本：激励研发和创新领域的私人投资和风险投资 | 28.42 | 3.75 | 13.19 |
| 7 | 中小企业创新：促进各类中小企业各种形式的创新 | 6.16 | 0.42 | 6.82 |
| 合计 | | 170.15 | 18.63 | 10.95 |

## （三）社会挑战

“欧洲2020”战略确定了七大社会挑战：卫生健康；农业、海洋与生物经济；能源安全；智能交通；气变行动、环境保护、资源有效利用与原材料；反思性社会（Reflective Societies）；社会稳定与安全。2016 年，“地平线 2020” 计划在应对社会挑战方面总预算约 27 亿欧元。具体部署如表 3 -7 所示。

表 3 -7　社会挑战 2016 年经费预算

| 序号 | 主要行动 | 总预算/亿欧元 | 2016 年预算/亿欧元 | 比例/% |
| --- | --- | --- | --- | --- |
| 8 | 健康、人口变化和福利 | 74. 72 | 5. 10 | 6. 83 |
| 9 | 食品安全、可持续农业和林业、海运海事和水资源研究及生物经济 | 38. 51 | 3. 65 | 9. 48 |
| 10 | 能源安全、清洁能源和能源效率 | 59. 31 | 6. 73 | 11. 35 |
| 11 | 智能、绿色和一体化交通 | 63. 39 | 4. 47 | 7. 05 |
| 12 | 气候行动、环境资源、原材料 | 30. 81 | 3. 58 | 11. 62 |
| 13 | 变化世界中的欧洲：包容性、创新性和反思性（Reflective）社会 | 13. 09 | 1. 54 | 11. 76 |
| 14 | 社会安全：保护欧洲及其公民的自由与安全 | 16. 95 | 1. 85 | 10. 91 |
| 合计 | | 296. 78 | 26. 92 | 9. 07 |

## （四）EIT、JRC 及其他相关经费安排

除上述三大支柱外，欧洲创新与技术研究院（EIT）和联合研究中心（JRC）作为欧盟直属机构，其科研和创新活动在“地平线 2020” 计划中设有独立预算。2016 年，EIT 经费预算总额 2. 93 亿欧元，JRC 非核（Non-nuclear）类工作直接经费约 3. 30 亿欧元。此外，科学与社会行动和传播卓越扩大参与行动近 1. 5 亿欧元。具体部署如表 3 -8 所示。

表 3 -8　EIT、JRC 及其他研发 2016 年经费预算

| | 主要行动 | 总预算/亿欧元 | 2016 年预算/亿欧元 | 比例/% |
| --- | --- | --- | --- | --- |
| 欧委会直属研发机构 | 欧洲创新与技术研究院（EIT）：支持知识和创新群体 | 27. 11 | 2. 93 | 10. 81 |
| | 联合研究中心（JRC）：为欧盟的政策提供强有力的科学支撑 | 19. 03 | 3. 30 | 17. 34 |
| 其他 | 科学与社会 | 4. 62 | 0. 56 | 12. 12 |
| | 传播卓越，扩大参与 | 8. 16 | 0. 91 | 11. 15 |

另外，欧洲原子能共同体（EURATOM）的核能科研与培训专项计划 2016 年

的预算约为1.91亿欧元，如表3－9所示。

表3－9 核能专项2016年经费预算

| EURATOM 核能专项 | 总预算/亿欧元 | 2016年预算/亿欧元 | 比例/% |
|---|---|---|---|
| 核聚变研发计划 | 7.08 | 1.32 | 18.64 |
| 核裂变研发计划 | 3.16 | 0.59 | 18.67 |
| 合计 | 10.24 | 1.91 | 18.65 |

### （五）2017年研发创新投入85亿欧元

在新版工作计划中，欧盟将2017年的研发创新投入预算确定为85亿欧元。从目前资金分配的情况来看，欧委会针对跨部门、跨行业研发创新活动的支持力度较为突出。例如，在循环经济方面，投入3.25亿欧元支持“工业2020”（Industry 2020）计划，全方位确保欧盟经济的健康可持续发展；在智慧城市发展方面，预算11.5亿欧元，以实现环境、交通、能源及数字化网络之间的高效集成与协同运转；在自动驾驶的技术和标准研发方面投入超过5亿欧元；物联网研发投入3.7亿欧，扩大数字技术在欧洲的应用。针对难民危机，欧盟还特别加强对人口迁移方面的相关研究的统筹，投入1100万欧元支持移民潮涌入管理和社会融入等方面的政策研究。

工作计划中，还增加了若干全新主题。例如，在“绿色经济”项目征集中新增“Closing the Water Gap”主题，共投入1亿欧元用于减少欧洲在水资源科研创新活动中存在的碎片化现象，为实现巴黎COP21的可持续发展目标做出贡献；在1.33亿欧元的绿色汽车研发投入中，拨款2000万欧元支持下一代电池研发与集成，用于交通与能源行业的电池生产方面，恢复欧盟昔日的竞争力；在预算2.8亿欧元的可持续食品安全主题中，划拨400万欧元支持欧委会“食品2030”（FOOD 2030）行动的政策设计与实施，从整体上统筹欧洲食品与营养安全领域的研发创新活动。

此外，欧盟已开始酝酿下一个研发框架计划——FP9。2016年10月，欧委会以FP9为题，面向社会各界开启关于制定FP9的公共咨询活动。欧委会正在专家组协助下，针对2030年之后欧洲面临的挑战进行战略规划，并将于2017年下半年完成。

## 二、高举“开放”旗帜，引领科技创新全球化潮流

欧盟及其成员国是现代文明与现代科技的发源地，但全球化背景下世界科技创新版图发生根本性变革，逼迫欧盟及其成员国深刻反思和采取行动，对曾经

“引以为豪”的科技创新体系进行变革。近年来，在创新型联盟旗舰计划框架下，欧委会推出一系列科研与创新融合和创新驱动经济社会发展的政策措施或行动计划，“地平线2020”计划在其中发挥的主导作用功不可没。然而，创新型联盟记分牌每年一度的统计数据显示，欧盟科技创新成果的转移转化并不完全尽如人意，缺乏颠覆性创新所必需的灵活性和响应能力。为此，本届欧委会把“开放科学、开放创新和向世界开放”确定为欧盟科技创新的未来发展方向。

## （一）开放科学

欧委会强调，科学卓越是经济社会未来繁荣的基础，而开放科学是科学卓越的关键。欧盟开放科学主要有两大目标：提高科技创新效率、质量及影响力；促进科技人员和科技知识跨国际跨行业自由流动扩散。2016年4月，欧委会科研与创新委员莫达斯在荷兰出席活动时以“开放科学：分享与成功”为题做演讲。莫达斯指出，开放数据已经是世界上不可逆转的潮流，科学出版的模式即将改变，开放科学的时代已经来临。以欧洲生物信息学研究所为例，研究显示，该研究所通过对全球生命科学研究人员免费开放科研信息，每年可为用户带来13亿欧元的效益，这是该研究所年度直接运营费用的20倍。开放数据提高了科研公共投资的效率，更重要的是有利于科学家发现新成果，促进多学科复合研究。

开放科学意味着向大众开放数据，意味着必须理清版权问题，意味着有适宜的基础设施，以及要与科学出版公司协商新的商业模式、筹资模式，同时拓宽科学出版以外的信息渠道。2016年2月，欧洲议会科研与创新委员会全票通过了欧委会制定的欧盟科研数据开放共享政策指导性文件，要求欧盟层面公共财政基金（如“地平线2020”计划、结构与投资基金、融合基金等）资助支持的科研与创新项目全面实施开放数据政策。同时，欧盟成员国层面也将采取具体政策和行动加以落实。自2017年开始，在“地平线2020”计划中，已经实施3年的开放科研数据试点（Open Research Data Pilot）将得到全面普及，所有获得研发框架计划资助的项目必须符合开放科研数据的要求。

开放数据需要清晰的法律框架。为此，欧委会将制定一份版权指令提案，为研究成果设置一些例外条款，同时还将在欧盟数据保护框架协定中加入相关的条款。另外，在基础设施方面，欧委会计划在2020年前建成欧洲开放科学云（European Open Science Cloud），并尽快制订相应的行动计划。欧委会还将很快建立开放科学政策平台，为欧委会提供关于开放科学议程的政策建议。

## （二）开放创新

当前，在全球范围内，研发创新活动呈现跨国家、跨领域、跨行业、跨学科的发展趋势。欧盟创新型联盟记分牌中的“开放创新”指标数据显示，越是开放创新指标靠前的成员国，其国内的研发创新活动越活跃，科技创新效率质量越高，创新能力更强，经济结构性转型升级更快，如德国等北欧国家。

与世界主要竞争对手美、日、韩相比，欧盟的开放创新指标数据体现出以下问题：①工业企业和全社会研发创新投入严重不足；②欧盟经济结构相对优势主要集中于传统的中高技术制造产业（一定程度上得益于传统的制造工匠），尽管战略性高技术产业和知识密集型服务业总体上持续改进，但差距仍在继续扩大；③科技创新成果跨成员国跨领域跨行业转移转化能力不足，包括信息数字化应用、科技创新周期较长、创新创业门槛过高、商业便利环境不足、高风险投融资缺失和战略关键技术落后等，关键技术如信息通信技术（ICT）、纳米技术、先进材料和生物技术；④科技创新资源分散，成员国及其行业各自为政。

有鉴于此，欧盟科研与创新委员莫达斯正不遗余力在欧盟层面积极推动实施开放创新战略，希望通过复制欧盟研究理事会模式，建立专门的欧盟创新理事会（EIC）。他一再强调："欧洲拥有世界一流科学技术，但缺乏市场需求的颠覆性创新产品与服务，特别是欧盟每年高新技术创新创业数量同世界主要竞争对手的差距日趋拉大，且很难产生世界级顶尖高新技术企业。欧盟必须尝试新的行动举措和设立新的创新管理机制，广泛吸引欧洲创新创业者参与。在全球化竞争日趋激烈的当今世界，科技创新成果及时转化为市场需求的创新产品与服务至关重要。"欧委会已于 2016 年 2 月启动关于设立欧盟创新理事会的社会公众咨询活动，呼吁社会大众和利益相关方积极参与，共同探讨设立 EIC 的可行性。

### （三）向世界开放

当今世界没有任何一个国家或区域独自面对复杂严峻的全球社会挑战，因此科技创新需要全球相互合作开放。加强全球科技创新合作，可以保持科技创新的卓越性，创造新的商业机遇，促进全球可持续发展。作为欧盟外交与安全政策的重要组成部分，欧盟最新的国际科技创新合作战略于 2014 年起正式实施，其主要目标是促进欧盟科技创新更加卓越，创建具有吸引世界一流科技创新人才的欧盟研究区（ERA），努力提升欧盟工业企业全球竞争力，共同应对全球社会挑战和支持欧盟统一对外政策。

2016 年 10 月，欧委会发布《欧盟国际科技创新合作战略评估报告》。该报告对欧盟科技创新合作战略六大优先行动的进展情况进行了评估，包括"地平线 2020"计划支持的国际科技创新合作项目；改进和创造国际科技创新合作条件；强化欧盟在国际多边框架下的主导作用；加强欧盟成员国之间的伙伴关系；统一协调欧盟科技创新政策；加强国际科技创新人员的合作与交流。评估结论指出，为了积极应对诸如减缓气候变化、抗击传染性疾病、确保粮食安全和促进绿色发展等全球社会挑战，欧盟国际科技创新合作战略在对外开放方面总体上表现突出。

欧盟科技创新“向世界开放”的步伐正继续加快。2016 年 10 月 18 日，在“地平线 2020”计划支持下，地中海首个合同制紧密合作型科技创新伙伴关系（PRIMA）组建完成并正式启动。首批参与的 9 个成员国包括法国、意大利、西班牙、葡萄牙、希腊、捷克、卢森堡、塞浦路斯和马耳他，以及地中海沿岸 4 个国家埃及、摩洛哥、突尼斯和黎巴嫩。德国正在谈判申请加入。PRIMA 伙伴关系向全球开放，欢迎欧盟其他成员国或世界第三国广泛参与。计划中的 PRIMA 伙伴关系建设运营期为 10 年，总研发投入 6 亿欧元，其中 4 亿欧元由参与方出资，欧盟“地平线 2020”计划配套资助 2 亿欧元。

目前，超过 1.8 亿人口生活在水资源严重短缺和粮食连年减产的地中海盆地，已对当地生态环境和人口健康稳定构成现实威胁。为此，PRIMA 伙伴关系主要聚焦于地中海盆地的可持续水资源管理与粮食生产积极解决方案，为地中海沿岸国家带来更多的清洁水和健康食物，促进当地经济和创造就业机会，从源头上解决欧盟移民难题。

## 三、研发创新投入总量持续增加，整体创新地位稳固

研发创新对于欧盟经济增长和创造就业具有重大影响。2016 年 1 月，欧委会发布第七研发框架计划（FP7）评估报告。报告指出，欧盟在科研创新领域每 1 欧元的投资，预计可带来约 11 欧元的回报，经济效益可观。未来 25 年内，FP7 每年将为欧盟带来约 200 亿欧元的增长，总体经济效益达 5000 亿欧元。未来 10 年，FP7 每年可创造 13 万个科研岗位。而对于非科研岗位，未来 25 年 FP7 每年新增就业可达 16 万人。与此同时，欧洲的科学卓越水平也不断得到提升，工业创新能力和竞争力不断增强。

### （一）研发投入

据欧盟统计局 2016 年 11 月 30 日发布的最新数据，2015 年，欧盟 28 国研发投入总量约 2988 亿欧元，绝对值较 2014 年增加 127 亿欧元。然而，从研发强度来看，则比 2014 年略有下降，由 2.04% 降为 2.03% 。从部门来看，企业依然是欧盟研发投入的主体，2015 年研发投入超过 1911 亿欧元，约占欧盟总研发收入的 64%；教育机构研发投入超过 693 亿欧元，占 23%；政府投入超过 357 亿欧元，占 12%；私人非营利性机构约 25 亿欧元，占比不足 1% 。

在 28 个成员国中，研发强度超过 3% 的国家有 3 个，分别为瑞典 3.26% ，奥地利 3.07% ，丹麦 3.03% 。其中，瑞典取代芬兰，成为欧盟研发强度最大的国家；奥地利从 2015 年的第 4 位上升至第 2 位。丹麦保持在第 3 位的位置。研

发强度超过 2% 的国家共有 6 个，分别是芬兰 2.9%、德国 2.87%、比利时 2.45%、法国 2.23%、斯洛文尼亚 2.21% 和荷兰 2.01%。保加利亚、希腊、克罗地亚、马耳他、拉脱维亚、罗马尼亚、塞浦路斯 7 个成员国研发强度低于 1%。

## （二）科技人力资源

欧盟统计局 2016 年 11 月 30 日更新的数据显示，2015 年欧盟 28 国研发人员全时当量约达 285 万，其中约 54.3%（155 万）分布在企业，这一比例远低于美国（约 80% 以上）和中国（2014 年约 78%）。此外，政府研发人员占 13.2%（37.5 万），高校研发人员占 31.6%（90 万）。欧盟科研人员总量位居世界前列，但多年来，企业研发人员比例偏低的问题始终未得到明显改善。

从 2009 年到 2015 年，欧盟 28 国研发人员全时当量增加 36 万人年，增长约 14.4%。研发人员全时当量增长最多的是德国（7.9 万人年），随后是英国 6.9 万人年，波兰 5 万人年，荷兰约 4 万人年。但是从增长比率来看，波兰以 67.6% 高居首位，马耳他和爱尔兰分列第 2、第 3 位，分别为 52% 和 49%。出现负增长的国家有 5 个，其中西班牙降幅最大，达 2 万人年，其次是芬兰减少 5702 人年，立陶宛、克罗地亚和塞浦路斯的在该指标上都有所萎缩。

## （三）科技产出

在科技论文产出方面，根据美国国家科学基金会发布的 2016 年版《科学与工程指标》，2013 年全球科技论文产出总量为 220 万篇。其中欧盟以 61 万篇继续领跑世界。随后是美国 41 万篇、中国 40 万篇和日本 10 万篇。2003—2013 年，尽管欧盟科技论文产出的数量一直在增长并遥遥领先，但其在全球占比上的下降趋势却始终难以扭转，从 2003 年的 33% 降至 2013 年的 27.5%。从学科来看，欧盟与美国、日本的科技论文产出主要集中在生物和医药科学上。其中，欧盟科技论文产出的 40% 来自生物医药领域；美国的比例更高，达到 46%；日本与欧盟相当，约为 39%。

在专利申请方面，欧盟统计局 2016 年 7 月 7 日更新的数据显示，2005—2014 年，欧盟 28 国向欧洲专利局（EPO）提交的专利申请量累计达 57.1 万件。其中，德国约 22.0 万件高居首位；法国 8.7 万件、英国 5.5 万件、意大利 4.6 万件和荷兰 3.4 万件。同期，美国 33.4 万件，日本 21.2 万件，韩国 5.3 万件，中国 4.2 万件。多年来，欧盟 28 国专利申请量一直比较稳定，每年均在 5.6 万件左右波动；美国在 EPO 的专利申请量在 2005 年达到峰值 3.7 万件后逐年下降，到 2009 降到最低点 3.02 万件，从 2010 年开始逐渐回升，2014 年已达到 3.68 万件，接近 2005 年的水平。

## （四）创新能力

据世界知识产权组织（WIPO）发布的《2016年全球创新指数》，2016年欧盟有7个成员国进入全球最具创新力国家的10强，分别是：第2名瑞典、第3名英国、第5名芬兰、第7名爱尔兰、第8名丹麦、第9名荷兰和第10名德国。瑞士已经连续6年排名世界第1位，虽非欧盟成员国，但属欧洲研究区（ERA）国家。欧洲国家多年在全球10强中占据8席，足见欧洲创新能力之强。

衡量企业竞争力和创新能力的重要指标之一是企业研发投入。《2016年欧盟工业研发投资记分牌》对全球2500家企业（占全球企业研发投入的90%）的最新研发投资数据进行了分析比较和排名。结果显示：2015—2016财年，全球工业企业研发投入达6960亿欧元，比上年度增加6.6%，创历史新高。其中，美国、欧盟和日本分别占38.6%、27.0%和14.4%（图3-1）。欧盟28个成员国工业企业研发投入达1883亿欧元，年增速高于全球平均水平，也高于美国5.9%的年增速。

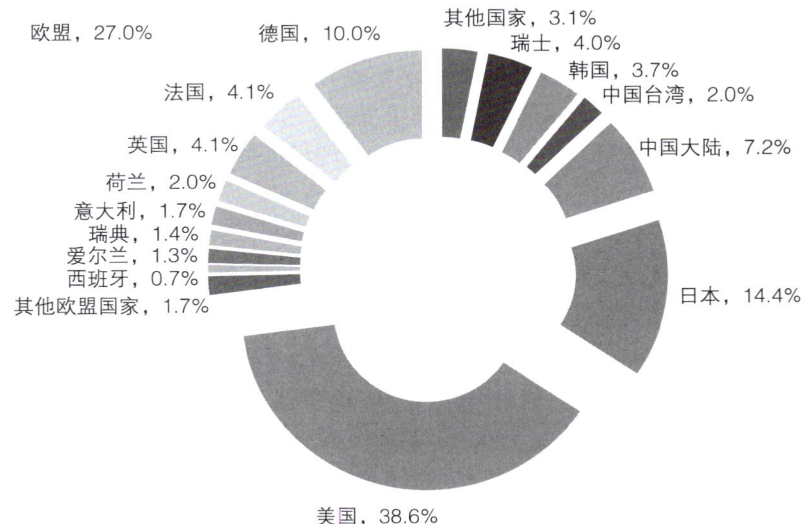


图3-1　全球工业企业研发投入占比

来源：《2016年欧盟工业研发投资记分牌》。

2015年，研发投入排名前50位企业占全部2500家企业研发投入的40%。其中，欧洲15家，美国23家，日本4家，中国4家，瑞士3家，韩国1家。欧盟30家工业企业进入研发投入100强，主要分布在汽车、制药、生物技术、信息通信技术（ICT）、航空航天和国防工业等领域。其中，德国、法国、英国和荷兰分列欧盟前4位，工业企业研发投入分别为698亿欧元、285亿欧元、282亿欧元和141亿欧元。

在研发投入10强企业中，大众、三星、英特尔位列前3位，其后分别是Alphabet、微软、诺华、罗氏制药、华为、强生和丰田。其中，欧洲企业3家，美国4家，中、日、韩各1家。另外，从行业趋势看，2015年，欧洲企业仍在汽车行业研发投入势头强劲，约占R&D总投入的27%，其次是制药行业，约占18%。

## 四、科技创新成果颇丰，持续保持国际领先地位

### （一）前沿基础研究领域

高温超导体材料研究获得新进展。绝大多数高温超导体材料具有共性：即在原子层面的结构相对简单而在分子层面的结构排列规则有序。这在一定程度上为高温超导材料研究，包括低成本环境友好型高温超导材料开发提供了捷径。FP7项目LEMSUPER在一整套试验检测、理论分析和数字模型的基础上，充分利用相对轻质廉价、原材料丰富、环境友好型、无毒副作用的硼、碳和氧为原材料，开发出系列高温超导富勒烯材料新家族，如硫化钼超导体材料系列和多层硒化铁超导材料系列。项目采用的新研究方法让科技人员易于实现高温超导材料的设计，有效控制高温超导材料在超高压和强电场环境条件下，未达到化合物反应之前的绝缘与超导之间的功能切换。

欧盟超低温物理科研基础设施面向全球开放。根据欧盟科研基础设施战略论坛（ESFRI）确定的路线图，FP7提供420万欧元资助（总投入540万欧元），由欧盟12家超低温物理实验室组成的MICROKELVIN团队，建成面向欧洲乃至全球科技人员开放的欧盟超低温物理虚拟科研基础设施（e-Infrastructure）网络体系。截至目前，已有欧盟14个成员国及联系国的72个科研团队和部分国际科研团队，利用欧盟超低温物理e-Infrastructure开展超冷物质的基本问题研究，已在国际学术刊物上发表数百篇同行评审科研论文和申请数十项专利，并成为欧洲物理学会超冷物质研究开发的主要技术支撑。

### （二）能源和交通领域

新一代高效太阳能电池技术获突破。欧盟GLOBASOL项目自2013年3月开始长期致力于新一代高效太阳能电池技术的研制开发。项目把最大化吸收利用太阳辐射全光谱光线确定为技术开发路线，这意味着不仅需要提高太阳光伏转化效率还需要提高太阳辐射热转化效率。项目首先利用基于有机或有机金属全染料及准固态电介质的创新型敏化介观太阳能电池（SMSCs）材料，高效吸收750纳米波长以内的太阳能辐射光线：SMSCs再通过采用量子点（Quantum Dots）技术，

高效吸收 750 ～1100 纳米波长的太阳辐射光线；对于 1100 纳米波长以上的太阳辐射光线，主要采用基于纳米结晶、纳米线和非晶体合金组合的热电转换材料，保持 500 ～700 开氏温度范围内的最佳性能。将 2 种新材料混合再加入碘化铅和碘甲基铵，很容易实现自然形成的对称结晶结构材料。利用新型混合光电和热电材料技术开发的新一代高效太阳能电池原型，太阳能转化效率已超过 28%，创造了新的世界纪录。

无人驾驶车辆进入实地场景检测。由 FP7 提供部分资助，由欧盟主要汽车制造企业参与组成的欧洲无人驾驶车辆技术平台（ADAPTIVE ETP）主导，研制开发的 8 辆无人驾驶汽车原型顺利完成第一阶段的“实验场地”严格检测，将全面进入第二阶段的“实地场景”检测。8 辆原型中，包括 7 辆从小轿车到旅行客车不同类型的载人汽车和 1 辆货运卡车。车辆均安装了 ADAPTIVE 技术平台研制开发的全套自治驾驶控制系统及其软硬件装置。目前，ADAPTIVE 技术平台已获得欧委会授权，将在实地场景检测中收集、整理、分析相关数据，开发无人驾驶车辆新的评估方法和标准，包括研究探索无人驾驶车辆的有关法律责任解决方案。

## （三）先进制造与新材料领域

研制成功轻质薄壁组件先进制造工艺。轻质薄壁组件正在交通、电力和医疗等行业得到广泛应用。由于轻质薄壁组件相对传统合金材料组件的“低刚度”，在切削铣磨加工过程中容易受到各类振动或刺激源的影响，导致组件产品不同程度的变形，或只能直接报废或需要人工再处理。欧盟 NYDAMILL 项目通过开发创新型自适应夹紧装置（Clamping Devices）、先进切削铣磨工具、高阻尼和低刺激生产工艺流程设计及利用计算机辅助制造技术开发系列控制软件（包括有限元模型和振动动态控制），研制成功轻质薄壁组件的先进制造工艺。目前，正在 5 个行业进行中试示范结构优化应用开发。初步结果表明可有效提高轻质薄壁组件产品的精确度，提高工艺流程稳定性 30% 以上，提高生产效率 15% 以上，减少原材料消耗 20% 以上。与此同时，还可节约生产工艺流程 30% 以上的能源消耗和冷却剂使用，总体上可节约生产成本 20% 以上。

研制成功污染物清除多功能光敏纳米复合材料。现代经济社会日趋严重的空气和水污染，已对地球生态系统和人类自身健康构成巨大威胁，清除各类有害的污染物势在必行。欧盟 LIMPID 项目成功研制开发出低成本污染物清除多功能光敏纳米复合材料。该材料既适用于紫外光，也适用于可见光，可有效清除传统清洁技术很难清除的药物残留和内分泌干扰物（EDCs）等污染。由于光敏多功能纳米复合材料很容易实现在有机或无机聚合物中的扩散，可利用聚合物难溶于水和空气的特点，避免对生态环境构成潜在的二次污染风险。该材料具有广阔的商业化应用前景，例如，渗入混凝土或砖块或作为建筑物表面涂层，应用于城市空气污染物清除；渗入水处理过滤膜，应用于水中污染物清除；作为纺织物涂层还具有杀菌效果。

## （四）节能环保领域

巧用海绵自然修复沿海水域水质。欧盟 CRC 项目利用海绵自然修复沿海水产养殖场水域获得成功。海绵具有很强的各类污染物吸收能力，如碳氢化合物、重金属残留、化学成分和药物成分等及其衍生物，每千克海绵每天可有效净化 2～20 立方米的海水。该项目通过对采自大西洋海域的“自然”海绵进行分类，从中优化筛选出 3 种吸收能力较强的“高产”品种进行人工繁殖培育，并在欧盟不同海水环境、不同污染程度的 8 处试验基地进行分析试验研究。结果表明，海绵除对前述污染物具有较强的吸收能力外，部分海绵还对某些污染物表现出特别吸收功能，如重金属铅、生物制剂残留或药物成分，包括特别吸收对牡蛎生长构成严重威胁的大肠杆菌（E. Coli）和溶藻杆菌（Vibrio Aestuarianus）。该成果可推广应用于海水重度污染区的自然修复，具有“一劳永逸”的治理优势。

成功研制新概念智能玻璃窗。建筑行业占到欧盟终端总能源消费结构的近 40%，尽管现代建筑普遍采用双层或三层玻璃窗格，玻璃层之间充满空气甚至真空，或采用电致变色玻璃节能技术，但玻璃材料总体上相对较低的隔热性，仍然是节能建筑的最薄弱环节。欧盟 FLUIDGLASS 项目采用目前欧洲市场上流行的标准三层玻璃窗格作为研究基础，利用含有暗色纳米颗粒物的水基液体替代玻璃层之间的空气或真空。外玻璃层液体通过自动调节其中的纳米颗粒物数量实现最大化吸收阳光热量和遮挡强烈阳光的功能。液体中纳米颗粒物的数量越多，吸收的热量越多，遮挡阳光的效果越好。内玻璃层液体可以根据室内室外气候环境条件，自动加热或制冷液体保持室内温度舒适度。整个玻璃窗的主要功能，最大化增加玻璃窗格的隔热性。新概念智能玻璃窗已进入中试示范结构优化阶段，初步结果显示出巨大的商业化应用潜力，可在原有基础上至少降低 30% 以上的建筑能源消耗。

（执笔人：宋海刚）

# 英　　国

2016年是英国保守党政府2015年5月赢得大选后独立执政（2015—2020年）以来的开局之年，也是英国政府开展教育、科技、创新体制改革的转型之年。尽管2016年6月公投脱欧对英国未来科技发展产生了一些不确定性的影响，但是英国政府坚持把加强支持科学、研究与创新促进经济增长作为政府议程的核心，稳步推进科技、教育与创新改革的各项任务，在政府财政预算削减前提下，大幅增加研发投入，稳定维持与欧盟科研计划的制度安排。总体来说，2016年英国科技与创新呈现出全面、平稳、持续、良好的发展态势。

## 一、英国科技创新总体情况

### （一）研发投入

根据英国国家统计局2016年3月公布的数据，2014年，英国国内研发总支出为306亿英镑，较之2013年增长5%，扣除通胀因素，则增长3%。其中，民口研发支出为288亿英镑，较之2013年增长5%，占总研发支出的94%；军口研发支出为18亿英镑，较之2013年减少19亿英镑，占研发总支出的6%。按不变价计算，2014年民口研发支出比1990年164亿英镑增长了76%，而军口研发支出则比1990年的47亿英镑减少了63%。2014年英国研发强度为1.67%，与2013年相同，但低于欧盟28个成员国的平均研发强度（2.03%），在欧盟中排第11位。

从经费使用看，英国政府与研究理事会研发支出为22亿英镑，较之2013年减少5%，占总研发支出的7%。高等教育行业研发支出为79亿英镑，较之2013年增加3%，占总研发支出的26%，高等教育行业研发经费主要来源于英国4个高等教育拨款委员会和7个研究理事会。私营非营利部门研发支出为6亿英镑，较之2013年增长7%，占总研发支出的2%。企业研发支出为199亿英镑，占总研发支出的65%，较之2013年增加了11亿英镑，增幅为6%。企业研发支出最多的6个行业分别是：制药39亿英镑，计算机编程和信息服务24亿英镑，汽车和零部件23亿英镑，航空17亿英镑，各种商业活动、技术测试与分析14亿英镑，机械装备10亿英镑。

## （二）科技产出

根据发表研究论文的质量评价，英国排名世界第1位。在生物科学干细胞研究领域，英国发表论文占全球引用率的11%；工程与物理科学领域论文影响引用率继续提高，至少过去10年一直高于美国；在天文、粒子物理、核物理前沿研究领域，英国发表的论文引用率影响因子评估世界排名第1位。

根据创新署2015年影响评估报告，自2007年成立以来，政府财政共计投入18亿英镑支持创新，同时企业配套创新投入超过18亿英镑，对英国经济的回报达到131亿英镑，每1英镑的创新投入GVA增加达到7.3英镑。总计支持了7600家机构或组织，新增就业岗位55 000个，平均每个机构新增就业岗位7个。持续创新的企业比不创新的企业生产效率高出13%。

2016年9月，英国商业、能源与产业战略部发布了英国2015年度创新调查报告，报告主要结论如下。

总体创新趋势：相比2010—2012年，2012—2014年英国创新的企业越来越多。创新企业的比例由45%上升到53%；大型企业创新的比例为61%，中小型企业创新的比例为53%；42%的企业采用非技术创新，主要包括新的商业实践、组织工作职责的新方法及改变市场营销理念或战略；24%的企业采取了技术创新，包括产品创新、工艺创新。

国家、区域与行业创新：创新活动涵盖英国所有地区和行业。四大地区比以前的创新力度更大，其中英格兰的企业创新比例达到54%（上一次调查结果为45%），威尔士为51%（上一次调查结果为47%），苏格兰为50%（上一次调查结果为44%），北爱尔兰为45%（上一次调查结果为40%）。

创新环境与出口：40%的创新企业开展了与其他部门的合作创新活动，21%的创新企业与大学或高等教育机构开展了合作，与政府或公共研发机构合作的企业占14%。创新企业更加具有出口导向，27%的创新企业参与了出口业务。

投资、技能与创新保护：与创新相关的投资，主要包括资本收购（先进机械、设备或软件）和内部研发（35%的企业）。"各种形式设计"的投资由4%增加到9%，而外部研发的收购则由14%降低到了4%。创新企业更倾向于聘用高质量的员工，聘用STEM硕士和博士的创新企业比例占10%，而非创新企业仅占4%。采用正式的方法保护创新的企业很少，商品或服务的复杂性和保密是多数企业常用的保护方法。

创新动力与限制因素：提高商品或服务的质量是企业的主要创新动力，占33%，替代过时的产品或工艺占32%，扩大商品和服务的范围占29%，扩大市场份额占26%，降低环境影响（9%）、提高健康与安全（12%）则是最少的高评价的创新驱动因素。自我评价限制创新的前5个主要因素都与成本和市场相关，包括资金短缺（占17%）、直接创新成本太高（占15%）、过度假设的经济风险（占14%）、融资成本（占14%），现有企业主导市场则占10%。

## 二、英国科技创新政策动向

### （一）努力消减公投脱欧的潜在影响

2016年6月23日，英国全民公投结果确定英国将脱离欧盟。自加入欧盟以来，英国科技发展从欧盟获益匪浅，英国对欧盟资金的投入占比约为12%，但从欧盟获得的研发资金占比却达15%，2007—2013年，总计获得了88亿英镑的科研经费，是欧盟科研项目的最大受益国之一。科技创新是英国经济增长与可持续发展的基石，为减少脱欧对英国科学超级大国地位潜在的不确定性影响，确保英国科技的世界领先地位，英国政府明确表示，政府对科技持续支持的承诺将坚不可摧，在英国正式脱欧前，所有在英学习或工作的欧盟学生、研究人员、商人、游客及英国参与欧盟“地平线2020”计划的现有制度安排完全保持不变；对支持英国经济发展的所有欧盟重点项目将给予绿灯，消除英国决定脱欧后未来申请欧盟资金的不确定性。

### （二）改组成立商业、能源与产业战略部

英国首相特雷莎·梅上任后，将英国能源与气候变化部（DECC）和商业、创新与技能部（BIS）合并为一个新的政府部门——商业、能源与产业战略部（BEIS），格雷格·克拉克（Greg Clark）被任命为该新部门的内阁大臣。原商业、创新与技能部关于技能与高等教育管理的职能划归教育部，原商业、创新与技能部大学与科学部长乔·约翰逊（Jo Johnson）继续担任教育部和商业、能源与产业战略部的大学、科学、研究与创新联合部长（国务大臣）。

新成立的商业、能源与产业战略部的职责包括：①制定并实施全面的产业发展战略，管理政府与商业界的关系；②确保国家能源供应安全，提供可靠、可负担、清洁的能源；③确保英国在科学研究和创新方面保持世界领先地位；④应对气候变化。

### （三）启动成立英国研究与创新署

根据英国政府对高等教育和研究系统的改革建议，2016年6月，英国原商

业、创新与技能部公布了英国研究和创新体制改革的具体方案。本轮改革方案的主要内容是，将现有7家研究理事会和英国创新署及英格兰高教委员会稳定支持高校科研的职能进行整合，成立英国研究与创新署（UKRI）。新成立的UKRI仍然属于与政府保持“一臂之距”的非政府部门公共机构，其主要职能是统筹管理英国每年60亿英镑的全部科研经费，在坚持相对独立的霍尔丹原则前提下，按照相关法律要求，由议会负责UKRI的问责。UKRI将成立统一的董事会，其董事会成员、主席和CEO将由国务大臣任命，主要职责是确定英国研发总体战略方向、综合交叉领域的协调决策，以及向国务大臣提供关于不同研究领域的平衡资助建议。现有7个研究理事会的理事会和英国创新署的理事会将继续保留，另外将新成立一个理事会，主要负责原英格兰高等教育委员会负责的研究与知识交流的稳定支持职能。也就是说，在UKRI的统一框架下，继续保持英国科研稳定支持与竞争性支持的“双重支持系统”。各理事会主要负责各自领域的战略方向及科学、研究与创新等具体事务。国务大臣将根据UKRI董事会提出的战略优先主题和不同研究领域资助平衡的建议，确定各理事会的年度预算。

本轮英国研究与创新体系改革的主要目标，一是进一步加强研究与创新各执行机构间的统筹协调，使研究与创新管理体系在应对未来的重大挑战中更具有综合性、战略性和灵活性；二是积极应对日趋复杂的世界挑战，加强跨领域的方法及跨传统部门界限的合作；三是进一步提高行政管理效率，削减公共机构的行政开支。

### （四）发布新的5年科技预算

2016年3月4日，英国原商业、创新与技能部发布2016/2017财年至2019/2020财年英国科学与研究资助的预算分配方案，这是英国按照2015年年底制定的面向2020年的政府支出决定，做出的各科研管理机构的详细科研经费分配方案，以继续保护英国在科研方面的投资，支持英国世界级的研究基础。英国2016/2017年科研资源性预算为47亿英镑，随着物价指数增长，到2019/2020财年资源性预算将达到51亿英镑，与此同时，英国对科研基础设施的资本性预算投资达到创纪录的69亿英镑，新一届英国政府2016—2020年总科研预算将达到263亿英镑。英国政府的科技预算还包括2016/2017财年至2020/2021财年的15亿英镑全球挑战研究基金（GCRF），用于确保英国的研究在解决发展中国家所面临的问题中发挥领导作用。

2016年11月23日，特蕾莎·梅政府首次发布年度财政预算声明。在继续保持每年资源性科学经费投入水平保持在47亿英镑和每年11亿英镑的科学资本性投入的基础上，特蕾莎·梅政府将为研究与创新每年额外增加20亿英镑的研发投入。这也是特蕾莎·梅政府建设英国宏伟的现代化产业战略优势的第一步行动计划，以应对长期的结构挑战，吸引英国企业的回归。特蕾莎·梅政府产业战略第一步行动计划的主要内容包括：一是到本届政府结束前（2020 年），政府每年新增 20 亿英镑的研发投入，确保英国企业处于科学和技术发现的最前沿；二是建立新的产业战略挑战基金，帮助英国企业充分利用其尖端的研究优势，如人工智能、生物科技、机器人与自动化等，英国具有将这些研究优势转化为领先全球的产业与商业化潜力；三是进一步评估现行的研发税收优惠政策，使英国成为科学家、创新者和高科技投资者的家园，确保英国在全球的竞争力。

## （五）任命首个国家技术顾问

2016 年英国政府任命 Liam Maxwell 为首个国家技术顾问。国家技术顾问将扩展政府同数字和技术产业的关系，提升英国的数字经济，并为公民提供世界一流的公共服务；促进英国的海外利益，并夯实英国同世界上最好的数字政府之间的联系。

基于数字技术的交叉性质，国家技术顾问将与内阁办公室大臣及文化、媒体和体育部数字经济大臣密切配合，整合跨部门行动，促进文化、媒体和体育部的数字技术运用，实现数字领域增长，支持新兴技术，并为数字企业的繁荣创造良好的环境。数字领域对英国经济的贡献估值为 1183 亿英镑。国家技术顾问将确保英国吸收正确的投资和创新，维护英国在该领域的全球领军地位。

## （六）颁布政府资助项目经费管理新标准

2016 年 12 月，英国内阁办公室发布政府资助经费管理新标准，以最高标准防止欺骗，确保公共经费按照预期开支。新标准将基于具有灵活性的最佳实践基础之上实施，确保研究和创新资助经费不会受到不利影响。政府资助项目经费管理 10 条新标准主要内容包括：①对每个政府资助的项目任命一位负责官员，对项目的全生命周期负责；②对超过 10 万英镑经费的项目，都需要采取严格的批准程序；③新立项项目需要采取专家建议，包括高风险、新的和有争议的，或者现有项目需要更改目标和经费的，都需要采取学科专家的审视与建议；④支出水平和风险成比例的项目，在审查和批准阶段就要提供商业计划，作为批准程序的一个环节；⑤政府资助项目必须采取竞争方式，如果竞争方式不合适可以例外批准；⑥必须签订严格的资助协议；⑦所有政府资助项目都必须适用于尽职调查和欺诈风险评估；⑧所有政府资助项目都必须要约定产出和确定长期产出；⑨所有政府资助项目每年至少进行一次依据进度的财务对账评估，得出继续、终止或调整资助的结论；⑩所有从事政府资助项目的管理人员必须接受资助管理最佳实践的核心培训。

此外，所有政府研究资助的计划必须同意开展以下活动：①出版和宣传利用纳税人资金的研究成果；②举办科学与研究宣传展示活动，如科学节、皇家学会夏季科学展览、研讨会、简讯等，与议会分享信息；③与第三方机构或商业伙伴合作或通过其组织、沟通或出版研究成果，应让政策部门知晓；④为政府政策和资助提供专业的科学与学术建议；⑤为未来的研究资助提出建议。

# 三、国际科技合作

## （一）牛顿基金

牛顿基金是英政府利用国际发展援助经费开展的一项重大国际科技合作计划，于2014年启动实施。牛顿基金实施近3年来，不仅成果丰富，影响广泛，而且成为英国政府与合作伙伴国家加强科学与创新务实合作的重要支撑。截至目前，牛顿基金共资助了420个合作研究项目，主要领域包括可持续粮食生产、城市化、抗生素耐药性等。启动实施头2年，共资助访问研究员和学者1000多名，约1750名研究人员在英国与合作伙伴国建立了联系。2016年度的重大进展包括：

——大幅增资。2014年英国政府决定在未来5年内（2014—2019），从国际发展援助预算中拿出3.75亿英镑（每年7500万英镑）设立牛顿基金。2015年保守党政府单独执政后，进一步确定对牛顿基金总投资翻倍，总计达到7.35亿英镑，全部从国际发展援助预算支出，并从2019年延长至2021年，牛顿基金英国政府的财政资助额度将从每年7500万英镑提高到2021年时达到1.5亿英镑。此外，目前英政府与维康基金会的合作讨论已经取得积极进展，维康基金会将为牛顿基金与中国和东南亚国家的合作提供额外的合作经费。

——吸纳肯尼亚为第16个伙伴国。英国政府与肯尼亚政府宣布为进一步加强两国在科学与创新领域的联系，共同启动牛顿－犹塔费迪基金（Newton-Utafiti Fund），加强两国研究与创新的合作伙伴关系，肯尼亚成为英牛顿基金的第16个合作伙伴国。

——设立牛顿基金奖。为扩大牛顿基金的影响力，2016年6月，英大学与科学国务大臣宣布设立每年100万英镑的牛顿基金奖，牛顿基金奖将从2017启动，到2021年，每年从不同的合作伙伴国中评选出5个贡献突出的科学研究与创新项目，每个牛顿基金奖的奖金为20万英镑，用于支持获奖项目继续开展未来更高水平的研究和创新活动。

——在牛顿基金和维康基金的支持下，英国医学研究理事会投资400万英镑征集项目，成功立项26个，总计330万英镑，与合作伙伴国共同应对公共健康面临的挑战。

——英国生物技术与生物科学研究理事会投入1200万英镑与巴西、印度、中国开展双边合作，共同建设8个（巴西2个、中国2个、印度4个）关于农业氮肥的虚拟联合中心。英国生物技术与生物科学研究理事会与自然环境研究理事会还联合投资650万英镑，支持英国与中国、越南、菲律宾、泰国联合开展水稻长期可持续生产的双边与多边合作项目。

### （二）全球挑战研究基金（GCRF）

GCRF是英国政府利用国际发展援助资金，在2015年《财政开支审查》中宣布斥资15亿英镑成立的研究基金，于2016年正式启动。15亿英镑的全球挑战研究基金，研究理事会将执行其中7.24亿英镑预算任务，而且3.24亿英镑已经分配给了7个研究理事会，其余的3.77亿英镑有待研究分配。2016年度主要进展包括：

——首轮项目征集。英国生物技术与生物科学研究理事会、医学研究理事会、艺术与人文研究理事会、经济与社会研究理事会、自然环境研究理事会联合宣布将以4000万英镑经费进行首轮跨学科项目资助。项目领域包括非传染性疾病、全球感染、农业和食品体系。此举旨在利用英国世界一流的研究基础为减少和预防人类和饲养动物疾病提供解决方案。

——战略计划项目征集。英国研究理事会联合发起战略计划项目征集，战略计划将有效帮助加强应对发展中国面临挑战的研究能力。战略计划的申请应遵循英国国际发展援助指南，围绕英国援助战略和联合国可持续发展目标，提出一致性和战略性的目标宗旨，包括如何对接现有的机构伙伴和战略来支持国际发展研究，如何与现有的投入相互补充，以及如何确保这些能力和能力建设的可持续性并在未来能够得到加强。战略计划将执行4年，资助经费200万～800万英镑。

——应对寨卡病毒研究。2016年2月，英国医学研究理事会快速响应，启动了“寨卡病毒风险的自然特征研究”项目。

### （三）国际小麦产量伙伴计划（IWYP）

这是一个全新的国际资助与协调伙伴计划，旨在开展加速应用科技发现改善小麦良种的研究与开发。计划将有关研究资助机构、国际援助机构、基金会、企业和主要小麦研究机构联合起来，致力于未来20年将小麦基因产量潜力提高50%。2015/2016年，IWYP宣布资助8个研究项目，与英国、澳大利亚、美国、墨西哥、印度、阿根廷和西班牙的伙伴共同资助联合研究项目，总投资2000万美元，其中5个项目由英国研究团队牵头，英国生物技术与生物科学研究理事会资助570万英镑。

### （四）支持全球卫生研究与合作

英国政府将和比尔及梅林达·盖茨基金会联合成立3亿英镑基金，以共同应对疟疾对死亡的威胁。未来5年内，英国将为该基金出资5亿英镑，而比尔及梅林达·盖茨基金会每年投资约2亿英镑，因此这一基金总额将至少为3亿英镑。该笔新成立的3亿英镑基金是英国致力于全球卫生研究的又一笔重大投资。此外，英国还于2015年11月宣布成立10亿英镑的罗斯基金（Ross Fund），以开发、检测和提供一系列的新产品（包括疫苗、药品和诊断等），帮助发展中国家应对最为严重的传染性疾病。

## （五）阿波罗医疗基金

2016年1月25日，世界三大制药巨头阿斯利康、葛兰素史克和强生宣布与英国3所顶尖大学——帝国理工学院、伦敦大学学院和剑桥大学联合出资4000万英镑，成立“阿波罗医疗基金”（Apollo Therapeutics Fund），支持多个疾病领域开创性研究的新药转化。

未来6年，这三大制药公司将分别向阿波罗医疗基金出资1000万英镑，而这3所大学的技术转移办公室（公司）——帝国理工集团公司、剑桥企业公司和伦敦大学学院技术转移公司，将分别向该基金出资330万英镑。阿波罗医疗基金的大体运作是先从这3所大学选出能够转化的临床前研究成果，然后由这三大制药公司竞标购买，或对其他生物制药公司进行专利许可。这3所大学也将为此提供研发专长和额外资源，协助项目的商业评估和开发。

阿波罗医疗基金将覆盖所有疾病治疗领域涉及的各种药品类型，包括小分子药物、多肽药物、蛋白药物、抗体药物、细胞和基因疗法等。根据协议，任何一个药品如果开发成功，这3所大学和其技术转移办公室（公司）将获得50%的专利许可费用和50%的销售收入，剩下的50%则在公司剩余股东中分配。

（执笔人：彭斯震）

# 法　　国

2016 年法国宏观经济延续了上一年度缓慢上升的趋势，总体状况良好，结构性改革取得初步成效，但改革依然面临重重困难。难民等社会问题突出，安全形势依然十分严峻。在此背景下，法国全年科技创新发展略经波折，年中为削减财政预算，奥朗德政府曾经计划削减科研经费，但在 8 位诺贝尔奖获得者科学家的联名反对下取消了该决定，从而保持了科技投入的稳定态势，科技产出成果依然显著。法国预算部年中发布的 2017 财年预算案显示，未来一年政府仍将加大教育和研发投入，科技创新前景向好。

## 一、加强科技创新投入

### （一）科技创新投入稳中略有小幅提升

法国全社会研发总支出在 2014 年为 481 亿欧元，占 GDP 的比重为 2.26%。2015 年预计研发投入占 GDP 的比重为 2.3%。法国目前的研发强度距其制定的到 2020 年达到 3% 的目标还有较大差距。目前法国位列 OECD 研发投入强国第 6 位，处于以色列、韩国、日本、德国、美国之后，但是处于英国、西班牙、意大利之前。

2013 年法国有约 57.53 万研发人员及支撑人员从事研发相关活动，占 41.8 万全时工作岗位。研发人员数量从 2008 年到 2013 年迅速增长，增长比率为 16.9%，其中，企业增长了 26%，政府部门增长了 5%。目前，法国每 1000 个劳动力人口中就有 9.3 个研发人员，这一比例比韩国和日本少，但比德国、美国和英国都高。

### （二）科技创新产出持续增加，创新绩效略有提升

2014 年法国科技论文产出量排名世界第 6 位，占全球份额的 3.3%。2013 年

法国在专利注册欧洲体系中排名世界第4位，申请量占6.3%，在美国体系中排名世界第7位，专利授权量占2.1%。法国从欧盟“地平线2020”计划中获得的资助占全部科技计划资金的11.1%，是“地平线2020”计划的第三大受益国。

法国高质量持续的科技创新产出为国家带来了强大的创造力。一是使法国拥有稳定持久的国际影响力。75%的外资企业高管认为创新和研发是法国吸引力的重要组成部分。二是拥有迄今为止55个菲尔兹奖中的12个。55%拥有高等学历的法国人均从事科技相关的职业，欧盟的平均水平为47%。三是外资在法国开展研发活动的数量不断增加，2013年有91项研发投资，2012年是58项，且研发活动外溢效应显著。四是法国高技术企业增长迅速，2014年全欧洲快速增长企业中86家是法国企业。五是外资占法国企业研发费用支出的27%，雇用了1/4的研发人员，特别是在航空航天制造和电子元件、计算机行业。法国高新技术研发投资占GDP的比例为2.3%，每年产生4.3万个专利，涵盖从民用核能到生物科技、自动化、信息化的各领域。

## 二、全面落实国家科技创新发展战略

2013年至今，法国出台了《法国欧洲2020》《高等教育和科研法案》《国家创新计划》《国家科研战略（2015—2020）》《构建知识型社会》《国家科研基础设施战略（2016年）》等重大科技战略。目前，上述一个法案五大战略已构成法国新时期国家科技创新战略的基本架构。2016年政府采取了一系列举措全面落实国家科技创新战略。

### （一）更新科研基础设施路线图

2016年3月，法国科研部发布《法国研究基础设施国家战略2016》，从社会科学与人文、地球系统与环境科学、能源、生物学与健康、材料科学与工程、天文学与天体物理学、核物理与高能物理、数字科技与数学、信息科技9个领域，制订当前和未来即将建设的研究基础设施发展和运行计划。该战略是在法国积极参与欧洲研究基础设施论坛背景下，对每4年发布一次的国家研究基础设施发展路线图的更新。更新版路线图首次详细介绍了这些设施的社会经济影响、国际合作、数据量、数据存储方式及其可获得性、建设和运行成本、人员当量等信息。

### （二）整合科研计划

法国投资总署公布的《法国未来投资计划2015年报》显示，截至2015年，未来投资计划1期（2009—2013年，预算350亿欧元）与2期（2013—2017年，预算120亿欧元）共投入约470亿欧元，资助了约2500个项目，对公共科研与企业创新起到了积极的促进作用。

为独立评估未来投资计划实施至今的优势与不足，并对计划的 3 期提出建议，法国投资总署委托法国战略与预见总署组织专家委员会对计划进行了评估。评估报告指出，根据法国目前的经济环境、发展形势和预算条件，以应对经济危机为首要目的的应急项目应逐步让位于有助结构性调整的长期项目；应提高经费的使用效率，使计划 3 期的有限经费发挥更大作用。报告对未来投资计划 3 期提出的具体建议包括：持续投资长期项目，少开展短期的新项目；杜绝项目经费挪作他用；杜绝对项目的重复投资，对市场失灵情况进行及时分析；在计划 1 期与 2 期的相关资金尚未用尽时，延续那些符合计划目标的项目但不投入新的经费；合并某些高度重复的项目，尤其是工业发展项目，减少企业的重复申请；将新的经费集中投入于符合计划标准并已经展现卓越“转化”能力的项目上。

法国政府已决定在 2016—2025 年 10 年间加大投入，实现提升竞争力和能源转型目标，实施未来投资计划 3 期。该计划总额 120 亿欧元，其中 36.5 亿欧元投向科研和大学，23 亿欧元直接投向生态与能源转换，另外六大重点投资板块分别为可持续工业创新（17 亿欧元）、国防工业技术（15 亿欧元）、航空航天（13 亿欧元）、数字经济（6 亿欧元）、青年、培训及国家现代化（5.5 亿欧元）和卫生健康（4 亿欧元）。超过一半的投资涉及生态与能源转换战略。

## （三）改善科研管理

2016 年 4 月和 12 月，法国教研部部长公布了改善法国高等教育与科研现状的 70 项举措，旨在简化不必要的管理程序和方法，为大学生创业和科研人员的工作提供便利，使高等教育与研究体系更为简洁、灵活和透明。具体包括：围绕让科研人员拥有更多时间用于科研，提出压缩法国国家科研署项目申请书的篇幅；减轻科研机构应对法国国家科研署项目监管的行政与财务负担；简化对知识产权的管理；国家科研署设立新项目为没得到欧洲研究理事会（ERC）资助但被评估为“优秀”的科研人才提供支持，并由所在机构协助这些青年人才申请新一轮的 ERC 资助，每年政府将拨款 1000 万欧元专门支持这些青年人才；国家科研署撤掉重复项目，把对青年人才的资助集中于“年轻研究人员”项目；简化科研人员成果转化、创建企业及获得收益的程序；加强对海外优秀科研人才的吸引：发放新的人才多年居留证；简化对海外科研人员的聘用流程；集中法国所有科研资助机构的项目招标信息于一个统一网络平台；优化法国国家科研署的项目申请系统：根据国家科研机构名录设立统一的科研机构身份认证体系，设立科研人员简历与发表成果的共享机制；优化法国国家科研署项目申请系统对机构用户的审核：根据国家科研机构名录设立统一的研究单元及其主管机构的身份认证体系；项目申请的提交需由研究单元负责人与主管机构的财务与业务负责人同时提供密码才可生效；协调统一不同公共资助机构对项目的招标管理要求；改善生命科学研究中动物实验许可的申报与审批程序，免去审批费用；起草公民参与科学的指南以规范并促进参与科学的发展；保障基础研究在国家科研署项目中的分量。

### （四）加强技术转移和成果转化

2016 年 6 月 8 日，法国工业部长与教研部长共同提出促进科技成果转移转化的 10 条举措，认为法国公共科研因其研究成果的卓越性、设备与技术的高质量，将为经济发展提供机遇，强调大学在国家创新体系中具有重要地位，是联系公共科研与企业的重要主体。10 条创新举措包括：一是在联合研究单元设立唯一的知识产权委托代理人，以更好地联系企业，加快知识产权合同的签署；二是在联合研究单元中应提前确定专利收益的分配，以缩短后期谈判的时间；三是放松对加速技术转移转化公司（SATT）最晚应在成立 10 年后取得收益的限制，由 SATT 根据自身发展情况后推该期限，以投资更长期的项目；四是改善加速技术转移转化公司的管理，对于前 3 年评估为优秀的 SATT，法国中央政府将缩小对其的管理权限，不再使用一票否决权，而把主要的管理让权给 SATT、所在地的地方政府；五是提升 SATT 行政理事会的专业性；六是要求技术研究院（IRT）在短期内加紧与公共科研机构的联系，促进合作成果产生；七是向没有达到卡诺研究所认证标准但具有较好发展潜力的研究所提供一定支持，作为后备卡诺研究所；八是在巴黎第六大学等 3 所大学试点研究联系公共科研人员与企业，促进科技成果转移转化的新机制，由这些大学与法国教研部、法国投资总署共同确定目标与评价指标；九是将两个公共孵化器并入当地的加速转移转化公司，以加强新创企业与公共科研的联系；十是指定专人评估法国 1999 年出台的《技术创新与科研法》中关于科研人员创建企业的规定，就如何改善并真正发挥这一规定的作用提出可行性建议。

## 三、强化对未来工业创新的支持

2016 年 5 月，法国政府对实施近 3 年的“新工业法国”战略进行了阶段性盘点，提出进一步优化布局、加大投资力度。该战略于 2013 年提出，旨在通过创新驱动法国工业转型升级，配套有 34 项具体产业发展计划。鉴于优先项目过多，导致核心产业发展动力不足、重点不明确，经济部于 2015 年宣布调整“新工业法国”战略，启动“未来工业”计划。调整后的总体布局为“一个核心、九大工业解决方案”，“未来工业”计划是“新工业法国”第二阶段中的核心，通过数字技术改造实现工业生产转型升级，以工业生产工具现代化帮助企业转变经营模式、组织模式、研发模式和商业模式，从而带动经济增长模式变革，建立更具竞争力的法国工业。九大“工业解决方案”，包括数据经济、智慧物联网、数字安全、智慧饮食、新型能源、可持续发展城市、生态出行、未来交通、未来医药。该计划仿照的对象是德国“工业4.0”，计划的很多设计环节与德国合作，包括法德合作项目，被称为法国版“工业4.0”。为推动“未来工业”计划还提出了五大支柱：一是大力提供技术支撑，促进企业结构化项目实施，为3D打印、物联网、增强现实（AR）等新技术新兴企业提供协助，在3～5年内打造欧洲乃至世界的领军企业；二是开展企业跟踪服务，通过提供税收优惠和贷款等财政资助，帮助中小企业实现信息化转型升级；三是加强工业从业者，尤其是年轻一代的技能培训，法国全国工业委员会为此推出两大计划——一方面设立未来工业领域的跨学科研究项目，培育研究人员，另一方面开展有针对性的在职教育和继续教育；四是加强欧洲和国际合作，在欧洲和国际层面建立战略伙伴关系，以德国为重点，全面对接法国“未来工业计划”与德国“工业4.0”，通过欧洲投资计划框架下的共同项目实现目标；五是宣传推广法国“未来工业”，动员所有利益关系人来宣传相关项目。

（执笔人：孔欣欣）

# 爱　尔　兰

2016年，爱尔兰经济全面复苏，GDP增长有望达到4.2%，就业人口首次超过200万，出口等主要经济指标表现良好，继续在西方发达经济体中保持较高的增长速度。2016年年初，爱尔兰大选后经过70天艰难组阁，产生了少数派新政府，统一党领袖肯尼连任总理。统一党领导的上届政府克服金融危机影响、恢复经济增长的努力得到了多数民众的认可，但由于国民实际收入增长缓慢、社会福利下降和公共服务弱化等因素的影响，统一党没能在大选中赢得绝对多数议席，不得不联合少数独立议员组成少数派政府。新政府在继续实施就业行动计划和创新战略的同时，将更加注重社会福利的均衡提升，增加教育、医疗卫生、交通等公共产品的供给。在经济和创新政策方面，新政府继续推行吸引全球高技术跨国公司的对外开放政策，全面实施“创新2020战略”，增加研发投入，吸引全球高技术企业和高层次人才，鼓励公共研发部门与企业合作，营造良好的创新生态环境。

## 一、国际竞争力跻身世界前列

根据瑞士洛桑国际管理学院（IMD）发布的《2016年世界竞争力年鉴》，爱尔兰国际竞争力排名已经上升了9位，从2015年的全球第16位跃居到第7位，是2000年以来取得的最好名次。在IMD报告中，爱尔兰已经成为欧元区最具竞争力的经济体。

《世界竞争力年鉴》是国际著名的竞争力评价报告之一，该报告采用300多个指标，评估各个经济体在全球市场竞争的能力。从分项指标看，爱尔兰的经济绩效居第6位，比2015年提升了6位；政府效率居第13位，提升了2位；商业效率居第2位，提升了11位；基础设施居第23位，提升了1位。在基础设施指标中，爱尔兰技术基础设施排在第19位，科学基础设施排名第21位。

根据世界知识产权组织（WIPO）最新出版的《2016 年全球创新指数》，爱尔兰在全球的创新指数进入全球前 10 位，排名第 7 位。根据汤姆森·路透最新《核心科学指标》，从篇均论文的引用率看，爱尔兰纳米科学世界排名第 1 位，计算机科学和免疫学世界排名第 2 位，动物和奶制品研究世界排名第 3 位，材料科学世界排名第 5 位。2016 年，爱尔兰的科研人员在信息、新材料、生物技术等领域取得了一系列新的突破。

## 二、加大科研基础设施建设和人才培养投入力度

2016 年新年伊始，爱尔兰科学基金会宣布拨款 2800 万欧元用于科研基础设施建设，目的是确保爱尔兰研究人员通过使用现代化的设备和设施，继续保持其国际竞争力。此项计划一共涉及 21 个资助项目，包括应用地球科学、制药、生物资源库、海洋可再生能源、物联网、天文学、大数据及使用纳米材料的增材制造等领域。这些项目的实施，将使得爱尔兰科研设施和设备在欧盟或全球处于领先水平，提高对全球顶尖人才的吸引力，提升爱尔兰在基础科学、前沿领域和高技术产业科研能力与影响力。

爱尔兰就业企业与创新部于 2016 年 8 月启动了一项总投资近 4000 万欧元的“研究员计划”。这些资金通过爱尔兰科学基金会分配给 24 个项目，项目经费从 50 万欧元到 270 万欧元不等，项目执行周期为 4 ～5 年，支持的研究人员数量超过 200 名。这些资金为研究人员提供了一个重要平台，以改进他们的研究，进一步提升爱尔兰在诸如健康、农业、海洋、能源和产业技术等领域的研究水平。该计划还吸引了 39 家企业的参与，为研究人员提供更广泛的职业发展机会，也给产业界合作者提供了可以获取杰出专业知识和基础设施的机会。“研究员计划”与欧盟“地平线 2020”计划进行了对接，以获得更多的欧盟资源，增加国际科研合作。为了更好地推动爱尔兰在欧盟“地平线 2020”计划中获得更多项目，爱尔兰科学基金会“研究员计划”涉及多个政府部门和资助机构的协同参与，其中有 7 个项目是与经济部、地质调查局、海洋研究所和环境保护署等机构共同资助的。

## 三、吸引国外高技术人才

2016 年爱尔兰就业企业创新部启动了一项新的国家项目“爱尔兰技术/生活”（Tech/Life Ireland），政府计划在未来 3 年，投资 190 万欧元，与产业界合作建设一个网站，吸引顶尖技术人才来爱尔兰工作，将爱尔兰打造为追求技术职业发展最理想的目的地。该项目由其下属的爱尔兰企业局和投资发展局及信息技

术行业共同实施，帮助每年吸引 3000 名顶尖信息技术人才来爱尔兰工作。

该计划的内容是建立一个面向国际市场的网站，采用数字和社交媒体展示爱尔兰独特的生活方式、技术环境和工作机会，吸引有才能、有经验的信息技术专家来爱尔兰工作，促进创造高端技术职业发展机会。根据人才流动分析、当地人才搜寻和产业专业人才招聘咨询，该计划将最初的目标市场定位于中南欧国家。

爱尔兰信息通信技术企业雇用了 8 万名员工，2009—2015 年就业人员数量显著增长。2013 年爱尔兰未来技能人才需求专家组认为爱尔兰信息技术人才缺口很大，不仅软件产业，其他诸如金融服务、商业服务、零售和高端制造业等部门对信息技术人才的需求也很大。最近的就业数据也显示，信息通信技术行业就业人数增长超过了预期。

爱尔兰已经成为全球技术中心之一，吸引着全球知名信息通信技术领域的跨国公司来爱尔兰进行战略性商业投资，这也使得爱尔兰成为欧洲信息技术产业的中心。爱尔兰高质量的生活，加上信息通信技术行业良好的发展基础，对全球的高端人才产生了较大的吸引力。这些也是跨国公司在爱尔兰取得成功的关键因素。该网站的建立将有助于强化这一发展趋势，吸引越来越多的跨国公司选择爱尔兰作为进入全球市场的门户。

## 四、鼓励科研成果转移转化

2016 年年初，爱尔兰发布了《鼓舞人心的合作伙伴——国家知识产权协议（2016)》。国家知识产权协议提供了一种制度和方法框架，在这个框架内，企业和科研组织可以开展合作，企业能够从新想法、新技术和发明（知识产权）中获益，企业和科研组织之间的协作过程更加直接。就业企业创新部所属的爱尔兰知识转移局（KTI）制定的这一新协议与现有的政策相一致，并增加了一些加快产业和研究组织协商过程的实用方法。《鼓舞人心的合作伙伴——国家知识产权协议（2016)》包括两大部分：第一部分是政策文件，确定了产学研合作研究和企业获得国家资助研究取得知识产权的制度框架。第二部分是资源指南，概要介绍了国家知识产权管理准则，给出了丰富的知识产权资源的链接和符合准则要求的文件模板，以及可用于正式产学研合作的参考协议。爱尔兰在促进技术转移方面取得了良好的成效。根据之前的评估，在上一版协议实施的 2014 年，与科研组织合作的企业数量增加了 46%，工业界和研究组织之间签署了近 2000 个新的合作协议，技术许可数量增加了 21%。新的协议简化了产学研合作的流程，有望进一步促进企业与科研组织的合作。

## 五、深化国际科技合作

2016 年爱尔兰正式加入了国际生命科学研究组织“欧洲生物信息平台”(ELIXIR),已经成为其第 19 个成员。加入 ELIXIR 是爱尔兰研究开发和科学技术的国家战略“创新 2020 战略”中确定的关键行动之一。ELIXIR 的会员资格将使爱尔兰能够利用这一成果,进一步加强在生命科学研究领域的国际合作。ELIXIR 重要使命之一是支持产业和鼓励创新,产业战略的核心目标是支持中小企业。加入 ELIXIR,爱尔兰公司可以从这个欧盟基础设施提供的服务中受益。爱尔兰的会员资格还将为爱尔兰研究人员竞争欧盟“地平线 2020”计划资金提供更多的机会,有利于加强与欧洲的合作。

2016 年,爱尔兰进一步深化了与欧洲空间局的合作,与其签署了建设空间产业孵化中心协议,双方在爱尔兰合作建设空间产业孵化中心。未来 5 年里,空间产业孵化中心将孵化 25 家空间技术相关的创业企业。目前爱尔兰有超过 45 家企业与欧洲空间局合作开发高新技术,为全球市场提供空间技术系统和空间技术相关的服务和应用。空间产业孵化中心将有助于爱尔兰创新企业进入空间技术的前沿领域,开发先进材料、微电子、航天航空等新技术,为欧洲空间计划和全球市场提供相关服务,创造新的就业机会,加快爱尔兰空间技术相关产业的发展。爱尔兰已经建立了空间技术产业集群,这个新的空间产业孵化器将可以充分利用政府已经投资的研究基础、技术设施,以及欧洲空间局的专业知识。爱尔兰于 1980 年 12 月成为欧洲空间局成员。与所缴纳的费用相比(2014 年为 1700 余万欧元),爱尔兰政府的投资获得了较好的回报。2015 年爱尔兰从欧洲空间局获得了大约 7600 万欧元的采购合同,创造了 600 个高收入的技术岗位,预计到 2020 年这一数字将翻一番。

作为政府应对英国脱欧的措施之一,爱尔兰调整了对外经贸政策,提升了亚太市场在对外政策中的重要度。中国作为亚洲最大的市场,当然也更加受到就业企业和创新部的重视。爱尔兰就业企业和创新部新任部长玛丽·米切尔·奥康纳,在爱尔兰政府部长出国团组受限的情况下,将访问中国的计划优先提到议事日程,体现了其对发展爱中科技合作关系的重视。

## 六、2017 年趋势预测

根据爱尔兰政府公布的财政预算,2017 年爱尔兰科研预算比 2016 年略有增长。爱尔兰就业企业和创新部 2017 年全部预算为 8.58 亿欧元,比 2016 年增长 0.58 亿欧元,增长了 7.25%,这是近 10 年来该部门预算增长最多的一次,反映出爱尔兰政府期待依靠就业增长、企业发展和创新创业强化和稳固经济发展动力的政策取向。2017 年，爱尔兰就业企业和创新部计划通过该部门的努力，创造 4 万到 4.5 万个新的就业岗位，到 2020 年创造 20 万个新就业岗位，其中包括 13.5 万个区域就业岗位。2017 年就业企业和创新部下属机构的预算也都有所增长：爱尔兰科学基金会年度预算为 1.625 亿欧元，比 2016 年增加了 550 万欧元，增长幅度为 5.12%；爱尔兰企业局（贸易与科技局）研发项目经费预算为 1.22 亿欧元，比 2016 年增长了 447 万欧元。

2017 年爱尔兰将继续实施“创新 2020 战略”和就业行动计划，以“卓越、人才、影响力”为核心，增加对重大科研基础设施、高端科技人才、技术成果转移等方面的资金支持，加大对创造新就业岗位的创业企业的支持。爱尔兰就业企业和创新部将通过其下属的爱尔兰科学基金会、投资发展局、贸易与科技局提升国家整体创新能力和优化区域创新体系布局，更加注重与亚太地区的合作，应对英国脱欧带来的挑战，保持经济持续较快增长的势头。

（执笔人：高昌林）

# 荷　　兰

2016 年以来，尽管世界经济仍存在诸多不利因素，但受投资强劲反弹、贸易增长和国内消费拉动影响，荷兰经济形势较好，已回归欧洲领先经济体行列。

## 一、科技总体表现与研发投入

根据世界经济论坛发布的《2016—2017 年全球竞争力报告》，荷兰的全球竞争力排名第 4 位，较上年提升 1 位，位列欧盟国家之首；在欧盟发布的《创新型联盟记分牌》中，荷兰自 2015 年取代比利时成为第二梯队——“创新追随者”行列的第 1 名（总排名第 5 位）后，2016 年成功晋级到“创新领导者”行列（总排名第 5 位）。荷兰在科技论文产出方面的表现也非常优异。据 Elsevier 研究，在研发投入排名前 10 位的国家中，荷兰研究人员篇均论文影响因子排名世界第 1 位，单位研发投入下论文引文数排名第 1 位，人均论文发表数量居世界第 2 位，科研论文的影响因子排名世界第 3 位。其科学合著和论文被引率在国际上的排名也非常靠前，尤其是在“科学出版物占全球被引次数最多的科技出版物的 10% 中的数量”这一指标上，荷兰在全球排名第 1 位。总之，2016 年，荷兰的经济和科技创新均表现出了良好的发展趋势。

从研发投入来看，根据 Rathanau 研究所 2016 年 11 月更新的科学统计数据，荷兰 2015 年度研发投入为 136. 3 亿欧元，比 2013 年度增长约 4 亿欧元，研发投入占 GDP 比重的 2. 01% 。和往年相比，企业和高等教育机构的研发投入继续缓慢增长，而公共研究机构的研究投入基本保持不变或稍有增加。其中，企业投资占 56% ，高等教育领域投资占 32% ，研究机构投资占 12% ，公共研发投入的比例下降了 1 个百分点。表 3 - 10 显示了 2000—2015 年荷兰研发投入的分布情况。

表 3-10 2000—2015 年荷兰研发投入分布情况 单位：亿欧元

| 领域 | 2000 年 | 2001 年 | 2002 年 | 2003 年 | 2004 年 | 2005 年 | 2006 年 | 2007 年 |
|---|---|---|---|---|---|---|---|---|
| 商业领域 | — | 41.72 | — | 43.00 | — | 45.26 | — | 50.46 |
| 政府投资 | — | 29.54 | — | 32.17 | — | 33.10 | — | 34.74 |
| 高等教育 | — | 0.10 | — | 0.15 | — | 0.25 | — | 0.19 |
| 私营非盈利 | — | 3.29 | — | 3.02 | — | 3.73 | — | 3.70 |
| 国外资助 | — | 8.87 | — | 9.49 | — | 11.73 | — | 11.01 |
| 总计 | 77.20 | 83.52 | 83.91 | 87.83 | 91.33 | 94.07 | 98.60 | 100.10 |
| 领域 | 2008 年 | 2009 年 | 2010 年 | 2011 年 | 2012 年 | 2013 年 | 2014 年 | 2015 年 |
| 商业领域 | — | 46.99 | — | 62.39 | 64.51 | 65.15 | 67.78 | 66.38 |
| 政府投资 | — | 36.48 | — | 41.67 | 40.57 | 42.48 | 44.02 | 45.47 |
| 高等教育 | — | 0.30 | — | 0.38 | 0.53 | 0.37 | 0.22 | 0.23 |
| 私营非盈利 | — | 4.32 | — | 4.05 | 3.85 | 3.91 | 3.86 | 3.60 |
| 国外资助 | — | 11.29 | — | 13.86 | 15.67 | 15.52 | 16.79 | 20.62 |
| 总计 | 100.11 | 99.38 | 101.88 | 122.35 | 125.13 | 127.43 | 132.68 | 136.30 |

## 二、荷兰科技领域重大动向和事件

### （一）完成《荷兰国家科学议程》制定工作

《荷兰国家研究议程》（以下简称《议程》）于 2016 年完成并予公布。《议程》提出 140 个首要的科学问题，是在征求全国 12 000 条意见建议的基础上归纳提炼而成，是由荷兰社会公众和知识联盟共同推动的、经过自下而上的特殊过程最终得到的结果。这些重要问题揭示了当今荷兰社会面临的复杂挑战，提出了荷兰科学研究计划在未来几年内需要关注的领域。《议程》的目的是在研究中产生更多的整体协同作用，并加强荷兰研究的一致性、效率和影响。《议程》重点关注荷兰研究的优势领域，并期望在未来几年在这些领域里能取得巨大进步。提出的许多问题都涉及欧盟“地平线 2020”计划的主题，并显示在这些研究领域里荷兰可以为欧盟研究计划做出最大贡献。

### （二）发布最新版《国家大型科研设施路线图》

2016 年 12 月，由全国大型科研基础设施常设委员会制定完成了最新版《国家大型科研设施路线图》，通过对 160 多个候选项目的筛选，最终确定了 33 个项目。其中包括 16 个单独的项目，还有 17 个集群项目。2017 年中期入选路线图名单中的 33 个项目可以提出资助申请，2018 年将会完成评审和资助计划。下一轮评审将于2020年进行。常设委员会的“大型科研基础设施”网站和数据库也于2016年年底正式上线。

## （三）发布《2016年国家能源展望》

《国家能源展望》（NEV）是荷兰有关能源的政治决策和社会讨论的年度参考来源。它描述了荷兰能源系统和温室气体排放从2000年至今的发展情况，并基于实施和政策建议提出直至2035年的预测。2016年11月，荷兰公布了《2016年国家能源展望》报告，其要点包括：①到2020年可再生能源恐无法实现达到14%的目标，但到2023年可再生能源有望达到16%的目标。②1990—2020年，温室气体排放量预计降低23%，2020—2030年，温室气体排放量将不会减少更多，但2030年以后，排放量预计将继续减少，从而在2035年降低至30%。③能源价格低于此前预期。

## （四）皇家科学院发布《科学和学术连接：2016—2020年战略议程》

2016年，荷兰皇家科学院发布《科学和学术连接：2016—2020年战略议程》报告，提出了要在2020年前实现的目标及具体实施方案。

皇家科学院作为科学文化传播平台要在2020年实现4个目标：①优化科学院的表现，具体包括：更多地安排科学和艺术领域的公开演讲；帮助荷兰建立鼓励和促进研究的环境；加强学术团体、青年科学院及艺术团体与研究所之间的合作，特别是不同年龄层科学家之间的互动；使更多的青年研究者（博士或博士后）参与活动。②成为荷兰科学家和学者的平台，具体包括：通过邀请荷兰科学家和学者参与评奖活动等，提高其在国内外的知名度；修订科学和学术奖项的相关条款和奖金额度，使之更适应社会变化和科学院发展目标；通过捐款和筹款等新政策发掘新的资助来源。③在学术交流和教育方面发挥重要作用，具体包括：发挥在线科学讨论平台的功能；使政策制定和决策者将更容易获得科学和学术知识；促进科学在公共传播中发挥关键性作用；成为新闻记者和其他想在科学领域寻找专家和可靠信息者的路标；发展初中级教育和教师培训，促进对儿童和青少年对探究式学习方式的认识。④提升科学对荷兰及欧洲政策的影响，具体包括：促进科学院的政策咨询报告和前瞻研究对荷兰和欧洲的政策制定做出重要贡献；更紧密地参与重要国际组织的管理，并领导所参与的主题研究。

作为研究组织，皇家科学院提出的3个目标是：①明确作为国家研究组织的定位，具体包括：成为被普遍认可的研究组织；积极吸引荷兰和外国的顶尖研究人员；与其他研究机构（包括活跃在荷兰国内外的大学研究单元）开展合作，在重要的研究主题上发挥关键作用；建立广泛联盟，成为研究基础设施建设的中心；为社会创造更多的价值；优化开发获取研究成果的方法和途径。②强化国内外研究合作网络及研究设施，具体包括：推动新合作网络；建设和维护研究基础设施；支持荷兰研究人员尽可能地申请欧盟基金；加强与中国和印度尼西亚的科技合作。③加强国内及国际合作，具体包括：积极参与国家研究议程的制定和执行，向社会宣传国家研究议程的内容；支持合作研究聚焦国家战略需求，开展优先领域研究，同时也要注重自由探索式研究。

## 三、国际科技合作状况

### （一）积极参与欧盟科技合作，在欧盟中发挥重要的作用

荷兰非常重视参加国际合作及欧盟的研究项目，尤其是欧盟合作项目。荷兰成功地参与了欧盟第七研发框架计划（FP7）和欧盟“地平线 2020”计划。自 2007—2013 年年底，在 7 年里荷兰争取到 FP7 资助项目 5173 项，获得资助约 7 亿欧元。荷兰的项目申请成功率为 22.56%，在参与国中居第 2 位，而欧盟的平均成功率为 17%。

2016 年，荷兰共有 2628 人参与“地平线 2020”计划，获得经费资助 13.2918 亿欧元，比 2015 年增长 7.7 亿欧元，殊为可观；2016 年，参与的中小企业数量达到 557 个，获得经费资助 2.1 亿欧元，也比 2015 年翻番；ERC 首席科学家人数 158 人，也大大超过 2015 年的 73 人，获得经费资助 0.94 亿欧元；居里行动计划研究员（MSCA Fellows）人数 238 人，获得经费资助 2.36 亿欧元，是 2015 年 0.69 亿欧元的 3 倍多。项目申请总人数为 8335 人，成功率为 16.1%，高于欧盟平均数（13.9%）。在欧盟 28 个参与国中，参与人数居第 6 位，获得的经费数额位居第 6 位。由此可见，荷兰对欧盟项目的参与程度日益紧密，而获得的项目和经费数额也大幅度增长，涨幅惊人。

### （二）重视并加强同其他科技强国及新兴经济体的科研合作

除与欧盟国家合作外，荷兰非常重视同新兴国家和经济体之间的科技合作。目前荷兰双边科技合作的主要合作对象包括中国、印度、印度尼西亚、南非等，其中对印度尼西亚的合作为海岸研究合作，和南非的合作为天文学，与印度的合作为社会科学领域。与中国的合作则已有约 30 年历史，在农业、水利、交通、生物医学、城镇化、创意产业、新材料等多个方面和领域都有合作。在荷兰科学研究组织资助的国际合作项目中，与中国的合作项目约占 1/4，这也表明中荷科技合作的紧密程度。值得注意的是，2016 年中国台湾地区也与荷兰科学研究组织开展了一些合作，主要是学者互访和联合研讨会，没有共同合作的研究项目。

（执笔人：张新民）

# 比　利　时

2016年，比利时各大区政府加强基础研究、可持续发展、中小企业创新，积极落实创新驱动增长的政策和实践，确定科技创新合作的优先领域和模式，加强科技人力资源与创新人才的培育，打造创新生态系统，推动经济和就业增长，努力解决经济增长疲软问题。根据世界经济论坛发布的《2016—2017年全球竞争力报告》，比利时在全球138个经济体中排名第17位。2016年，比利时毕业于高等教育的人数比例达到42.7%，高于欧洲平均水平，而且这些毕业生的就业率达79.5%，也超出欧洲平均水平。比利时有最先进的研究型大学、产业集群和研发中心，在食品饮料、医药、化工、纳米技术和清洁技术领域都处于世界科技与创新前沿。

## 一、科技管理体制改革

米歇尔政府上台以来，实行了国家第六次体制改革，进一步弱化了联邦机构的职能，致力于将联邦科技管理职能分散到语区和大区。新的科技改革举措已于2016年年底出炉，原隶属于比利时联邦科技政策办公室（BELSPO）的空间部门分离出来，成立联邦空间总署，BELSPO的其他部门将作为一个正司级机构并入经济部。BELSPO原来所管辖的11个科研机构仍归重组后的BELSPO管理。BELSPO之前与国外机构所签合作协议仍然有效。改革后的联邦空间总署和并入经济部的BELSPO仍由科技国务秘书斯勒尔斯女士分管。整体改革于2017年7月1日完成。

### （一）BELSPO管辖的11个科研机构合并为两大集群

一是合并比利时宇宙大气物理研究所、皇家天文台、皇家气象研究院成立气象集群；二是合并皇家自然科学研究院、国家档案馆、皇家文化遗产及艺术研究院、皇家图书馆、皇家艺术及历史博物馆、皇家美术馆，成立文化遗产集群。

### （二）创立高科技研究中心，带动数字经济发展

世界顶尖微电子研究中心（IMEC）和数字研究育成中心（iMinds）于2016年2月19日宣布合并，沿用IMEC的名称，为数字经济领域开创了一个世界一流的高科技研发中心。此项改革已于2016年年底完成，合并后的机构预期将为现有的合作伙伴带来更多附加价值，进一步提升比利时法兰德斯大区的影响力。

## 二、领域进展

### （一）微电子

2016年，比利时在纳米电子与光电领域进行世界领先级的研究，取得以下突破。

在硅电子集成电路方面：IMEC和Inpria（一家研制高性能EUV光刻胶公司）及东京电子（TEL）合作，成功开发金属氧化物极紫外（EUV）光刻胶材料的集成制程工艺。与传统有机EUV光刻胶材料工艺相比，这种基于新颖金属氧化物光刻胶材料的工艺具有工艺简化和成本较低的特点。此外，IMEC与Global Foundries、Intel、Micron、SK Hynix、Samsung、台积电、华为、Qualcomm及索尼合作，成功开发先进逻辑缩微技术及横向与垂直无接面环绕式全环栅（GAA），在实现10 nm以下技术节点的道路上取得突破性进展。该装置具有程序简单、可靠性高、低频噪声小、静电控制能力强等特点，能使大量静态存储器（SRAM）以更短的路径缩放。2016年，IMEC扩展了用于量子计算的硅技术平台。IMEC将实施用于量子计算的量子位和支持纳米电子功能，利用其先进的硅技术（芯片技术）平台，在其工业联盟计划框架内立项，并争取欧盟ECSEL项目SENATE和TAKE－5的额外支持。IMEC的目标是在最先进的芯片技术和新兴的量子技术之间建立桥梁，这也是IMEC硅技术平台的自然延伸，确保实现量子计算功能与工业技术平台的兼容。在量子计算技术的生态系统中，IMEC的关键位置是支持新的量子计算技术从实验室技术到实用技术供应方再到商品化技术的过渡。这将是一个面向大学、中小企业和工业合作伙伴的量子技术合作计划。

在无线通信方面：比利时微电子研究中心IMEC和布鲁塞尔荷语自由大学（VUB）成功开发性能最先进的低功耗分数锁相架构自校准高速（10 Mbit/s）相位调制器，实现10.25 GHz条件下误差向量（EVM）达到－37 dB的优异性能，具有世界领先的－246.6 dB品质因数，是高效极坐标发射器的极佳解决方案。

在光电子方面：IMEC成功开发用于大视野实时成像的微米分辨率微型无透镜数字显微镜。与传统的光学显微镜相比，无透镜数字显微镜不需要昂贵和庞大

的光学透镜组件来获取可视化显微图像，用 CMOS 图像传感器捕获图像，并使用软件数字重建。IMEC 开发的无透镜显微镜具有与传统光学显微镜相当的微米尺度精度，同时尺寸更小，价格更便宜，捕获视场更大，样品处理时间更短。该显微镜在生命科学和生物技术中有多种应用前景，如无标签细胞监测、自动化细胞培养或自动高通量显微镜等。IMEC 还推出了一套新的线扫描 VNIR 超光谱图像传感器解决方案，它具有更广的光谱范围，从可见光到近红外，新的线扫描 VNIR 传感器和快照马赛克相机在尺寸和光谱范围上都优于现有的技术。这一成果是实时快照高光谱成像技术市场的一个新的里程碑。

在传感方面：IMEC 和半导体制造商英飞凌（Infineon）合作推出用于汽车工业的 79 GHz CMOS 雷达传感器芯片，可用于全自动驾驶的紧凑型、低功耗、经济高效的雷达芯片解决方案。与主流 24 GHz 频段雷达相比，77 GHz 和 79 GHz 频段可实现更精细的距离、多普勒和角分辨率，可用于开发具有集成的多输入多输出（MIMO）天线的雷达芯片。该芯片不仅能检测大型物体，而且能检测行人和骑车人，从而为所有人创造更安全的环境。

在科研基础设施方面：IMEC 于 2016 年 3 月宣布向全球开放其全新 300 mm 洁净室，确保其在纳米电子研发领域的全球领先地位，为整个半导体生态系持续提供服务。洁净室包含生物纳米实验室、纳米电子实验室、显影与无线及电子测试实验室、太阳能发电试产线及硅上氮化镓、硅光子与 MEMS 试产线等，投资总额为 10 亿欧元，其中 1 亿欧元来自弗区政府，另外 9 亿欧元来自半导体产业各大厂商的联合研发资金。

## （二）生物医学

2016 年，比利时科研团队在生物医学的基础医学、临床医学、公共卫生等方面取得了令人瞩目的突破性和创新性进展。

在基础医学方面：ULB 肿瘤研究中心与剑桥大学合作的研究小组开展的一项研究结果表明，细胞的致癌基因表达取决于细胞的克隆动力学。鲁汶大学的研究团队发现导致帕金森病的基因突变影响了突触的压力应对机制，导致突触破坏，中断了大脑信号传导，最终导致神经退行性变。鲁汶大学和法兰德斯生物技术研究中心的研究团队检测了乳腺癌原发灶和肺部转移灶，发现这两种肿瘤具有不同的利用营养生长的方式，因此提出了转移性肿瘤细胞调整代谢来适应所侵蚀的特异性器官的结论。

在临床医学方面：根特大学肿瘤研究中心与鲁汶大学研究人员合作发现了凋亡的癌细胞可成为防止癌细胞生长的一种有效疫苗。根特大学附属医院牵头的一个国际研究小组的最近发现，药物 Dupilumab 可改善慢性鼻窦炎患者的鼻息肉。

## （三）环保领域

巴黎气候大会召开后，比利时各大区政府2016年达成共识，同意坚决履行《巴黎协定》。在长期目标上，承诺将全球平均气温增幅控制在2摄氏度以下，并向1.5摄氏度温控目标努力，以降低气候变化风险，将全球气候治理的理念进一步确定为低碳绿色发展，将减排指标分解到地方政府和工业、交通、建筑、农业等相关行业。2016年布鲁塞尔首都大区在城市的可持续发展方面大力投资，将在辖区范围内建成100万平方米低碳环保建筑，达到欧盟统一低能耗标准，并符合最高安全级别的要求。

（执笔人：沈　龙　王　旺）

# 挪　威

挪威自然资源禀赋条件优越，工业发达，国家富裕。其科技创新体系较为完备，科研和创新人才储备相对丰富，在地球物理、石油技术、气候与环境、海洋科学、临床医学、极地科学等领域具有很强的研究实力和水平。挪威政府重视研究创新，在创新战略决策和经费分配方面发挥主导作用。2016 年，挪威政府在碳捕捉与封存（CCS）、海洋科技、生物经济等领域制定或发布新的规划，以实现经济的绿色转型，推动技术驱动型社会建设。

## 一、挪威创新能力排名

根据《2015 年创新型联盟记分牌》，挪威的创新能力在欧盟国家处于中等水平，排名第 16 位。另据挪威统计局的统计分析，挪威的创新能力在欧盟排第 13 位。根据世界知识产权组织（WIPO）、康奈尔大学和英士国际商学院（INSEAD）联合发布的《2016 年全球创新指数》，挪威在世界 128 个国家和经济体中的创新表现排名第 22 位，在欧洲排名第 13 位。在北欧国家中，挪威科技创新能力虽不位于前列，但上升趋势较为明显。

## 二、完善科技创新体系

在经济全球化和科技国际化的大背景下，挪威完成了对科技资源配置结构和科技管理模式的调整和改革，形成了较为完善的科技创新体系。挪威研发体系大致分为三个层面：第一层为战略层，属政治层面，包括议会和政府，制定科技发展战略和决定政府经费投入方向和力度；第二层为战术层，包括公共机构和组织，如研究理事会、创新署、工业发展集团（NIVA），负责科技创新计划的组织和实施；第三层为执行层，包括大学与大学学院、研究院所和企业。

战略层面呈现出多元化特征。挪威议会设有负责科技事务的常务委员会。挪威政府所有的18个部委均把研究与开发放在重要位置，负责提供本领域的研究经费。同时研发经费体现集中性的特点，教育与研究部（以下简称教研部）、卫生部、贸工部、外交部、国防部5个部委管理着85%的政府研发资金，其中教研部约55%、贸工部约10%。教研部的职责是制定和协调教育与科技政策，提出研究领域的白皮书。教育研究大臣作为“内阁研究委员会”主席，负责协调政府各部门的科研工作。教研部负责协调不同部门间的研究政策，并研究制定国际科技合作政策。对挪威研究理事会（RCN）行使管理职能。教研部有关科研方面的日常工作由其内设的研究司负责。贸工部主要负责贸易、工业和海洋食品领域的政策，促进相关贸易、研究与创新和产业发展，下设研究与创新司，负责研究与创新政策的制定，致力于研究成果的转化和使用，提高社会创新活力，推动知识产权的保护和应用。贸工部负责管理挪威创新署和挪威工业发展集团。

在战术层面，挪威研究理事会作为科研计划的专业管理机构，着力于基础研究和技术开发。挪威创新署和挪威工业管理集团，负责技术创新、推广和示范。挪威政府通过政策、资金和管理手段实现上述3家机构的协调和配合，进一步实现创新链条不同阶段的无缝衔接，保障整个创新体系的创新效率。挪威研究理事会在挪威科技创新体系发挥着重要作用，管理50%的政府研发投入和100个专项计划。其扮演三大角色：一是咨询者，广泛征求社会各界意见，向政府提出科研需求和政策建议；二是实施者，建立和实施各类资助计划，促进国家科研政策的落实；三是联络者，促进研发人员、资助者、科技成果使用者互动交流。挪威研究理事会就其管理职能在世界上是独一无二的，相似职能在其他国家一般是由多个单位分担，保证了挪威研究理事会具有很强的协调性。研究理事会下设科学部，能源、资源和环境部，社会和健康部，创新部4个科研管理部门及国际合作部。挪威创新署的宗旨是推动创新、国际化和宣传，促进产业和区域发展。其总部位于奥斯陆，在各郡设有分支机构，并向30多个国家和地区使领馆商务处派有工作人员，得到贸易与工业部和地方政府的共同支持。利用其国际和国内知识网络，通过资助、贷款、担保、入股、建立创新合作网等方式，为创业者、初创企业和中小企业提供“无缝隙”的服务。挪威工业发展集团有政府背景，其资金来自政府各个部门。以商业化模式管理挪威境内的科学研究区、科技园区和孵化器。运营12个贷款和风险基金，向挪威的高科技创新企业提供风险资本。

从执行层面来看，挪威形成了高教机构、研究院所、企业“三位一体”的创新格局。挪威有8所综合性大学，25所国家大学学院，约50余个独立的研究院所，主要从事基础研究和应用研究。挪威的企业研发活动占总体研发活动的50%，也是挪威最大的研发承担者，主要从事技术的试验发展。挪威超大企业比其他北欧国家要少，超过500人的企业大约有100家。

挪威科技创新体系具有科研活动集中、创新活动分散的特点，其科研活动主要集中在奥斯陆、卑尔根、特罗姆瑟等高校和科研院所集中的城市，其中奥斯陆地区占到40% 以上。

## 三、实施长期科技发展规划

《2015—2024 年科研与高等教育长期发展规划》明确了挪威科技发展的战略目标，包括建设知识型社会、致力于成为世界一流科技体、提高挪威科技在世界科技版图上的可见度和影响力。挪威依托其丰富的自然资源、强大的工业集群和一流的人才队伍，设定了 4 个战略重点，包括：应对气候变化，实现绿色转型和增长；提高医疗保障水平；生产更加健康、安全的食品；促进挪威的社会发展。该规划的具体目标包括：持续加大研发投入力度，到 2030 年，挪威全社会的研发投入占 GDP 的比重达到 3%；政府财政资金支持的研发投入占 GDP 的比重达到 1%，刺激和推动产业界在研发方面加大投入。近期（2015—2018 年），政府将采取的具体措施包括：增加 500 个新的高水平研究岗位；投入 4 亿克朗，加强研究基础设施建设，优先推动两个科研基础设施建设项目，一是建设奥斯陆大学生命科学、制药及化学新大楼，二是升级改造位于特龙海姆的海洋和空间中心；投入 4 亿克朗，推动挪威科技界积极参加欧盟科技框架计划——“地平线 2020”计划。该项规划设定了 6 个优先领域，具体如下。

### （一）海洋

海洋在挪威的工业和贸易中发挥着至关重要的作用。从环境友好的角度出发，推动远洋、近海和大陆架工业技术的发展。

（1）近海和大陆架工业的价值。加强海洋资源的可持续开发，推动海产品的可持续利用。进一步巩固挪威大陆架油气生产的技术水平，保持挪威石油产业在工业集群和专业技能上的国际领先。

（2）海洋资源和生态系统的管理。应对气候和环境变化，加强海洋生态系统研究。

（3）清洁海洋和安全健康的海洋食品。从提高公众健康的角度，研究和生产更多海洋食品。

### （二）气候、环境和清洁能源

挪威将实现低排放社会转型摆在最优先位置。

（1）应对全球气候、能源和环境挑战的技术。加强太阳能和相关材料、碳捕捉与封存（CCS）、水力发电、环境友好型船舶技术、生态友好型油气技术、废弃物管理和再生、环境监控和绿色建筑等领域研发。

（2）低排放社会转型。将产业界作为实现低排放的关键，重点领域包括资源勘探、环境技术、清洁能源技术、工业新型生产方式等。

（3）适应气候变化的技术。就确定城市应对气候变化的脆弱地带、风险的防控及适应气候变化的可持续措施开展研究。

（4）适应环境的社会发展。针对自然界多样性减少、外来物种入侵、新植物的爆发和动物疫病等，研究控制污染、减少食品浪费、有效的资源开发，实现从原始材料生产到消费的全链条管理。

## （三）卫生保健等公共服务

优质高效的卫生和保健、高质量的公共服务是挪威福利社会的重要支柱。

（1）基于知识的公共服务。针对公共服务部门的工作内容和评估方法开展研究，提高社会福利水平。

（2）使公共部门成为创新的推动者和使用者。强化挪威的社会管理基础设施，包括注册数据和生物银行；开发用于警务和安保的无人机技术、数字通信系统和 DNA 生物测定技术。

（3）更好的卫生与保健知识体系。加强疾病的预防、治疗和康复研究。注重抗生素耐药性、老年痴呆、戒毒治疗研究、肌肉骨骼疾病和罕见病研究。开发先进的医疗设备。

## （四）使能技术

使能技术作为引领社会变革的根本技术，支撑着挪威长期规划的其他领域。

（1）生物技术和纳米技术。生物技术着重于海洋产业、农业、健康领域。纳米技术着重于能源、食品、健康与医药、信息通信和电子领域。

（2）信息通信技术。着重于个性化医药的 e-Health 技术、信息安全和个人信息保护。

（3）先进制造。挪威将先进制造作为提高挪威经济竞争力和适应性的优先选择，包括机器人、3D 打印等。

## （五）创新创业与工业发展

挪威经济社会发展的主要挑战包括低排放社会转型、人口老龄化及未来石油产业弱化。

（1）推动研发和人才流动。依靠减税计划刺激产业界加大研发投入；通过卓越中心平台促进产业界人才队伍建设和人才交流培养。

（2）创新、创业和商业化，加强挪威研究理事会、挪威创新署、挪威工业集团之间的协调和统一，鼓励突破性研究和技术进步，催生新业态。

（3）面向社会挑战的商业开发。推进生物经济发展、强化森林工业价值链和卫生保健产业。

### （六）世界级的学术团队

推动产业界与世界科技的领先者合作，吸引优秀人才。

（1）世界级研究团队。开展高质量的国际交流，利用卓越中心和创新中心等平台，使国际合作成为世界杰出研究机构的先决条件，促进以研究机构为主体的长期国际合作。

（2）吸引和培养人才。加强挪威工业集群（如 Blue Maritime）建设，积极参与国际大科学工程。

（3）优异的研究基础设施。参与欧盟科研基础设施合作，积极推进包括奥斯陆大学生命科学、制药和化学大楼和特隆海姆海洋空间中心等科研基础设施建设。

## 四、科技优势领域

挪威的科技优势主要集中在环境与气候变化、海洋、食品安全和能源、医学和健康研究等领域，在生物技术、信息通信技术、新材料和纳米技术等领域也具有较大优势。挪威具有特色的四大产业技术领域为造船工业、海产养殖业、海上油气业、环境工业。

### （一）碳捕捉与封存（CCS）技术

挪威议会和政府在成功实施 CCS 方面雄心勃勃，其研究也一直走在世界前列。蒙斯塔得 CCS 技术中心于 2012 年 5 月建成，耗资 52 亿克朗（按当时比价约为 10 亿美元），具有年捕捉 10 万吨二氧化碳的能力，成为世界各地验证二氧化碳捕捉技术的平台。2016 年 7 月，挪威石油和能源部完成了所有 CCS 项目的可行性预研，旨在确定至少一个可行的技术路径并进行成本估计。挪威石油和能源部计划于 2017 年秋季完成概念研究，2018 年开始工程设计，2019 年秋季确定项目投资预算。

### （二）生物经济新战略

2016 年，挪威政府制定了新的生物经济战略，致力于促进挪威的价值增长和就业、减少温室气体排放、可再生生物资源的可持续有效利用。该战略提出，生物资源的综合高效利用对挪威未来的相关工业发展至关重要，生物经济涉及农业、林业和水产等领域，需高度关注研究与创新活动。为此，需采取广泛的跨学科研究方法，开展跨部门和领域的合作。挪威研究理事会、挪威创新署和挪威工业发展集团负责实施该战略。

### （三）海洋科技领域新进展

2016 年，挪威海洋和海岸区域科技计划（HAVKYST）实施期结束，开始制定新的海洋科技战略。近 10 年来，HAVKYST 计划立足海洋生态相关领域研究，关注高质量的海洋环境领域创新研究，为海洋资源的高效利用奠定了知识基础，提高了挪威在渔业和水产研究领域的国际影响力。HAVKYST 计划的研究涉及海洋与气候、食品生产、能源、运输等相关领域，总投入 10 亿克朗，支持了 335 个项目，共发表 307 篇国际科技论文、1900 余项科技出版物及 216 项科普读物，其中 90% 的项目包含国际科技合作，合作的科学家来自 37 个国家。

2016 年 5 月，挪威贸工部和石油能源部宣布将制定新的海洋战略和海洋科学总体规划。新战略将更加注重跨领域合作，提高挪威在石油天然气、海运和渔业等领域技术和人才的竞争力。海洋领域科研项目将更加强调项目的集成性，实现从注重单个部件的小项目向大的集成性项目转变，从单一物种研究向生态系统研究转变，从单一的生物方法向跨学科研究转变，提高挪威在海域、生态系统和资源管理方面的国际科技地位。

## 五、国际科技合作

挪威重视国际科技合作，在气候、环境、健康等全球性挑战领域颇有成就，并视其为提高研发质量的重要手段。挪威国际科技合作的核心是参与欧盟科技框架计划（“地平线 2020”计划）和欧洲研究区，并且发布了《与欧盟研究与合作的战略》白皮书。挪威每年在参与欧盟科技合作方面投入的经费约为 20 亿克朗，并力争获得欧盟“地平线 2020”计划经费总额的 2% 。挪威积极参加欧洲研究区的基础研究合作，挪威是“欧盟联合研究计划”的参与方，而且还是部分计划的协调国，每年投入大量经费，领域涉及神经退行性疾病、农业和粮食安全、健康饮食、文化遗产、城市化、气候研究一体化、抗生素耐药性、水资源、海洋资源有效利用等。

（执笔人：杜鹤亭）

# 瑞　　典

2016 年，瑞典经济并没有出现预期的强势增长。在国际创新绩效排名方面瑞典继续保持领先，国际竞争力排名有所上升，科技投入略有增加。在生物医药、材料科学、汽车、信息等科技优势领域继续取得新进展。12 月初，瑞典政府向议会正式提交了《知识合作——应对社会挑战和增强竞争力》研究政策法案，该法案将在未来 10 年内指导瑞典研究和创新的发展方向。

## 一、总体表现

瑞典经济研究所（NIER）数据显示，2016 年前三季度国内生产总值比上年同期增长 2.8%。出口、家庭消费是拉动经济增长的主要动力。固定投资和政府支出变化不大。前三季度失业率为 7.1%，与去年同期相比增加 0.1%。

在创新方面，根据欧盟委员会发布的《2016 年创新型联盟记分牌》，瑞典继续保持欧盟创新领导者地位。在世界知识产权组织（WIPO）、美国康奈尔大学、英士国际商学院（INSEAD）联合发布的 2016 年全球创新指数（GII）中，瑞典排名第 2 位，位于瑞士之后，较上年上升 1 位。

在国际竞争力排名中，瑞士洛桑国际发展研究院（IMD）《2016 年世界竞争力报告》将瑞典排在第 5 位，较之上年的第 9 位上升了 4 位；在世界经济论坛（WEF）发布的《2016—2017 年全球竞争力报告》中，瑞典从上年的第 8 位上升至第 6 位。

## 二、政策动向

瑞典政府 2016 年陆续发布了一系列创新政策和国家战略。

## （一）“知识合作——应对社会挑战和增强竞争力”研究政策法案

2016 年 12 月初，瑞典政府向议会正式提交了 10 年研究政策法案，法案名为“知识合作——应对社会挑战和增强竞争力”，表明了瑞典政府制定该法案的目的。作为国家长期规划，法案将在未来 10 年内指导瑞典研究和创新的发展方向。同时，法案部署了 2017—2020 年研究和创新预算，共计 67.95 亿克朗。

政府制定法案的总体目标为促进瑞典成为世界上领导科研和创新的国家、最重要的知识型国家，通过高水平科研、高质量教育和持续创新促进社会发展，为全民社会福利制度提供保障，增强工业竞争力以应对来自内部及全球的社会挑战。

创新与合作是法案的两大主题。瑞典政府希望能够通过改善科研环境、加强科研基础设施建设、提高研究所的科研实力等方式吸引优秀人才，保持其持续创新能力。为应对来自瑞典内部及全球的社会挑战，法案制定了国家 10 年研发方向、专项行动及战略创新领域合作项目。另外，法案还在加强人文和社会科学研究经费、增加高等教育经费、加强性别平等、保护青年科学家发展、加强研究所和测试及示范环境建设、参与国际标准化、减免专家税、知识产权保护与欧盟合作及国家采购等多个方面提出了具体措施。

## （二）国家战略创新领域合作计划

2016 年 7 月，基于国家创新理事会对瑞典和全球面临的社会挑战的评估，政府推出了国家战略创新领域合作计划。该计划旨在推动公共部门、产业界和学术界之间的交流，为当今的社会挑战寻找创新的解决方案，加强瑞典的创新力和全球竞争力。计划针对气候与环境、健康与生命科学、数字化未来三大社会挑战设置了包括下一代出行和交通、智慧城市、循环和生物经济、生命科学和工业互联网及新材料 5 个领域。政府为每个项目指定一个外部指导委员会。委员会由来自产业界、政府和学术界的 20 名代表组成。该战略计划由企业创新大臣负责组织落实。

## （三）智能工业——瑞典新工业化战略

6 月，瑞典企业和创新部发布了“智能工业——瑞典新工业化战略”，该战略以提升瑞典工业界全球竞争力为目标，部署工业 4.0、可持续生产、技能提升和瑞典实验平台 4 个战略方向，通过政策调整调动政府、工业界、企业界和产业界的积极性，确保瑞典工业界在应对全球化、数字化及可持续生产挑战过程中，能继续获得全球价值链中最高附加值部分的利益。

### （四）遏制抗菌药物耐药性国家战略

4 月，瑞典卫生和社会事务部发布了遏制抗菌药物耐药性国家战略。战略要求瑞典公共卫生署在 7 个战略领域制定措施，以加强瑞典在遏制抗菌药物耐药性行动中的国际领导地位。8 月，瑞典公共卫生署被 WHO 认定为遏制抗菌药物耐药性合作中心，在全球遏制抗菌药物耐药性方面将发挥更加重要的作用。

## 三、科技经费投入

瑞典统计局数据预测，2016 年，政府共投入研发经费 344 亿瑞典克朗，按可比价格计算，比 2015 年增加 7.47 亿克朗，占政府预算的 3.7%，比 2015 年下降 0.1%。其中，高等院校经费 172 亿克朗，比 2015 年增加 3.46 亿克朗，占总经费的 50%。2016 年，加上高等院校，公立研究资助机构获得经费约为 276 亿克朗，比 2015 年增加 3.3 亿克朗。能源、交通、电信及健康等领域的经费得到增加，而社会科学领域的投入有所减少。

与 2015 年相同，生物和医药领域获得的资助最多，占总量的 34%，自然科学次之，占 28%。公共研究基金会的研发经费超过 16 亿克朗，按可比价格计算，比 2015 年增长 3.5 亿克朗。2016 年，国防研发资金超过 12 亿克朗，占总经费的 4%，为 2011 年以来政府首次增加该项投入。12 月初，政府发布的“知识合作——应对社会挑战和增强竞争力”研究政策法案对 2017—2020 年的研发经费做了较为详细的部署。瑞典公立研究资助机构的经费预算如表 3 – 11 所示。

表 3 – 11　瑞典 2017—2020 年研发和创新经费预算执行方案

单位：亿克朗

| 执行单位 | 2017 年 | 2018 年 | 2019 年 | 2020 年 |
|---|---|---|---|---|
| 高等院校 | 0.15 | 5.20 | 7.80 | 13.00 |
| 瑞典研究理事会 | 0.45 | 2.20 | 2.80 | 2.75 |
| 瑞典创新署 | 2.65 | 3.20 | 4.30 | 5.75 |
| 瑞典环境、农业科学和空间计划研究理事会 | 0.25 | 2.10 | 3.25 | 3.50 |
| 瑞典健康、劳工和社会福利研究所 | 0.40 | 0.95 | 1.45 | 1.75 |
| 瑞典国家空间理事会 | 0 | 0.25 | 0.40 | 0.40 |
| 瑞典研究院 | 0 | 1.00 | 1.00 | 1.00 |
| 合计 | 3.90 | 14.90 | 21.00 | 28.15 |

## 四、国际科技合作

### （一）与发达国家的合作

2016 年 9 月 27 日，瑞典与美国签署了开展癌症研究的双边合作协议。美方由“癌症射月计划”负责人格雷格·西蒙负责。10 月 6 日，两国政府在华盛顿签署了为期 10 年的第二期空间合作框架协议。美国副总统拜登会见了到访的瑞典高等教育与研究大臣科努特松。

2016 年 2 月 12 日，瑞典教研部与日本外交部在东京召开第六次瑞日科技联委会。会议期间，双方分别介绍了当前科技发展形势并就科技创新政策进行了深入讨论。在生命科学领域，日本医疗研究发展机构与瑞典研究理事会提出在抗生素耐药性方面开展合作。在老年社会方面，日本科技局与瑞典创新署联合征集项目，希望将学术界及产业界整合，刺激创新，使社区设计和服务能够满足老年人的需求。在环境、农业、林业和气候变化领域，瑞典环境、农业和空间计划研究理事会将与日本农业、林业和渔业部，日本林业和林业产品研究所，日本国家环境研究所共同开展生物质能研究，在林业生态系统和智慧城市方面也存在合作可能。日本极地研究所和瑞典极地研究秘书处将就北极大气中的等离子体物理开展合作研究，并就继续合作实现 EISCAT_3D 升级（下一代欧洲不相干散射雷达系统）达成合作共识。日本学术振兴会与瑞典研究和高等教育国际合作基金会共同支持了促进科研人员交流和国际合作的项目。

英国是瑞典在研究、创新上的重要伙伴。英国脱欧对瑞典的对外科技创新合作产生了相当大的影响。一方面，瑞典过去在欧洲的科技创新合作主要以参加欧盟合作为基础。英国脱离欧盟意味着未来瑞典在对外合作中要将英国作为独立的合作伙伴。这将影响瑞典国际科技合作的布局和安排。为此，瑞典政府要求瑞典创新署和瑞典研究理事会联合开展英国脱欧对瑞典国际科技创新合作的影响分析。第一份报告将于 2017 年 5 月 1 日提交政府。另一方面，英国脱欧也为瑞典加强其在欧盟中的科技地位提供了机遇。欧盟一些与研发有关的机构需要搬离英国，瑞典希望能将这些机构引入，以增强瑞典的研发实力和影响力。例如，瑞典现正积极努力，希望将欧洲药品管理局（EMA）的总部从英国迁至瑞典。

### （二）与发展中国家的合作

2016 年 2 月，印度尼西亚研究、技术与高等教育部长访问瑞典，与瑞典教育与研究部签署了“高等教育、研究和创新合作意向书”。瑞典高等教育与研究大臣科努特松还访问了沙特阿拉伯、阿曼和卡塔尔，以增强与这些国家的学术交流与合作。

### （三）参与国际重大研究项目

欧洲散裂中子源（ESS）是在瑞典兴建的欧洲大科学装置，预计于 2025 年在隆德建成。瑞典承诺了 ESS 最大份额的投资。为了加强协调工作，瑞典政府于 2016 年 11 月委派上届政府的环境大臣莱娜·埃克作为政府总协调员。莱娜·埃克从政多年，经验丰富。选择她作为 ESS 的总协调员，凸显了瑞典政府对这个大科学项目的重视。

瑞典高等教育与科研大臣科努特松参加了在美国华盛顿召开的 25 国北极研究第一次部长级会议。瑞典本身重视北极研究，特别是气候与环境变化带来的挑战。2015 年曾与美国就北极研究签署协议，由美国利用瑞典的奥登号破冰船（Oden）开展北极研究。

### （四）瑞典驻外科技处的管理变化

瑞典驻外使馆的科技处过去一直由瑞典增长分析署负责，其作用是了解驻在国的科技创新等发展情况，发布研究报告，帮助瑞典政府和各界开展与驻在国的科技与创新合作，但一般不介入双方合作的具体项目。2016 年，瑞典政府强调了以出口为导向的战略，调整了瑞典增长分析署的职能，将其负责驻外科技处的业务划归瑞典企业与创新部。瑞典企业与创新部对外的主要兴趣在于促进出口，因此，已有的驻外使馆的科技处业务基本并入商务处，人员也在调换之中。未来瑞典驻外使馆的科技处恐将不复存在。

（执笔人：艾瑞婷）

# 芬　　兰

2016年，芬兰经济走出衰退呈现恢复性增长，但仍面临结构性改革和失业率居高不下等挑战。据芬兰国家统计局2016年10月27日公布的数据，2015年芬兰研发（R&D）经费支出为61亿欧元，比2014年锐减了4.4亿欧元，占GDP的比例为2.9%，延续了2009年以来的持续下降趋势。芬兰的全球竞争力排名2016年也有所下降。根据世界经济论坛发布的《2016—2017年全球竞争力报告》，芬兰在138个国家中排名第10位，比2015年下滑了2位。在创新能力方面，芬兰仍然保持世界领先地位。在世界知识产权组织和美国康奈尔大学等联合发布的《2016年全球创新指数》报告中，芬兰总体排名第5位，比2015年上升1位，重返“最具创新力经济体”前5强（瑞士、瑞典、英国、美国、芬兰）。在欧盟发布的《2016年欧洲创新记分牌》中，芬兰位列第3位，与2015年排名持平。

## 一、研发经费投入与人力资源

2012年以来，芬兰研发投入强度呈下降趋势。据芬兰统计局2016年10月27日公布的数据，2015年芬兰R&D经费支出为61亿欧元，比上一年锐减了4.4亿欧元，占国内生产总值（GDP）比重为2.9%，自1999年以来首次回落到3%以下。2015年芬兰企业在产品开发方面的投资减少了3.6亿欧元（8%），占R&D经费总额的比例从2008年的74%降至67%，大学R&D经费支出几乎保持不变，而研究院所和其他公共部门的R&D经费支出则减少了7000万欧元。据芬兰统计局预测，2016年芬兰全社会研发支出预计将下降约1亿欧元，占GDP的比例将不会超过2.8%。

根据芬兰统计局公布的2016年芬兰政府财政预算案，芬兰政府用于研究和开发活动的经费拨款为18.45亿欧元，比上年减少1.57亿欧元，占财政总预算的比例为3.7%（较2014年减少0.1%），公共研发经费支出占GDP的比例预计为 0.96% 。从拨款渠道看，由芬兰教育文化部管理的 R&D 经费占 60.3% ，就业经济部占 26.5% ，社会事务与卫生部占 3.8% ，农业与林业部占 3.9% ，其他占 5.5% 。从支出渠道看，2016 年除芬兰科学院资助的政府研发经费小幅增长外，其他公共资助机构的预算拨款都大幅缩减。国家技术创新资助局提供给企业和研究机构的公共研发经费被大幅削减 1.07 亿欧元，较 2015 年减少了 23.2% 。

在人力资源方面，芬兰仍然保持领先优势。据欧洲统计局 2016 年 10 月发布的最新数据，2014 年，芬兰研发人员占劳动力人口总数的比例达到 1.9% ，仅次于丹麦（2% ），在欧盟国家中排名第 2 位（与卢森堡并列）。

## 二、重大科技政策和战略

### （一）《健康领域研究与创新活动发展战略——路线图 2016—2018》

加快健康领域发展是芬兰政府促进经济增长的重点战略之一。2016 年 6 月 14 日，芬兰发布了《健康领域研究与创新活动发展战略——路线图 2016—2018》。该路线图结合 2015 年新一届联合政府发表的施政纲领，对 2014 年发布的发展战略提出了进一步细化的实施方案。该战略的目标是通过加强环境建设，使芬兰成为健康领域研究与创新、投资及产业发展的国际先行者，同时利用科技进步成果，进一步提升人民的健康和福祉水平。芬兰政府将在研究和创新生态系统建设中发挥核心作用，着力建设创新友好型监管体系，统筹协调研究和创新资助机制，以及通过公共采购，在健康和社会服务结构性改革中为创新解决方案提供应用机会，使芬兰成为一个领先市场。为实现上述战略目标，路线图制定了 48 项具体措施，主要集中在以下 12 个行动领域。

（1）大学和大学医院所在城市共同建立研发和创新生态系统（医院集群）并与企业开展相关合作；

（2）强化高校、研究院所及大学医院在其重点研究领域的特色发展，提升集群的国际竞争力；

（3）加强健康领域科研机构之间的合作研究，为公共决策和社会发展提供更好的服务（包括私营部门的参与）；

（4）在国家层面强化高校及研究院所在健康领域的技术转移和商业化合作；

（5）芬兰国家技术创新资助局（TEKES）与芬兰科学院进一步加强合作，根据健康技术的研发特点设计新的资助工具，促进研究成果的应用；

（6）利用国有资本（芬兰产业投资基金和 TEKES）投资，促进健康领域风险投资发展；

（7）芬兰科学院、TEKES 及其他公共部门将从战略和业务层面开展合作，共同支持健康领域的发展；

（8）更新立法，以保证个人健康数据和病人资料可用于研究目的；建立国家基因组中心，出台基因组数据应用的法规和指南；

（9）政府相关部门与产业组织采取联合行动，增强芬兰在欧盟的影响力；

（10）在医疗技术更新、药品监管及卫生立法中鼓励创新解决方案的应用，支持创新型公共采购；

（11）支持从事健康技术及医药开发的中小企业进入市场，加强相关法规和标准的培训和咨询；

（12）采取系统行动（Team Finland Health），制订和实施健康领域年度推广计划，吸引国际产业投资。

路线图将由芬兰就业与经济部、社会事务和卫生部、教育和文化部、研究与创新资助机构（TEKES、芬兰科学院）及健康领域相关部门共同组织实施。

### （二）《芬兰循环经济路线图 2016—2025》

2016 年 9 月 29 日，由芬兰创新基金（Sitra）与芬兰环境部、农业和林业部、经济事务和就业部合作，联合产业部门和其他关键利益攸关方共同编制的《芬兰循环经济路线图 2016—2025》正式发布，提出了通过增加附加值创造、加速循环经济发展的路径和步骤，旨在使循环经济成为芬兰经济增长、投资和出口的重要驱动力。

芬兰政府的目标是，到 2025 年，使芬兰成为循环经济全球领导者，其具体行动主要集中在基于芬兰传统优势并相互关联的 5 个重点领域：可持续的粮食系统（降低排放和资源消耗）；基于森林的循环（结合数字技术开发新产品和服务）；技术循环（材料和产品生命周期及重复利用率最大化）；运输和物流（非石化燃料的无缝智能应用系统）；共同行动（营造促进和鼓励循环经济发展的经营环境）。在每个重点领域，路线图都制定了 3 个层面的行动措施，包括：政策行动，如加大对促进循环经济发展的跨学科项目的研发资助，加强公共私营部门合作，扩大公共采购，消除监管障碍和建立激励措施，开发循环经济发展指标体系等；重点项目，如 Kemi-Tornio 循环经济创新平台、创新生物产品国际示范平台；试点项目，如由芬兰国家技术创新局支持的“木质素生态系统开发”项目和芬兰贸易投资旅游总署 FinPro 负责的“创新生物产品和技术的出口支持”项目。

### （三）《能源与气候战略 2030》

2016 年 11 月 24 日，芬兰政府发布了《能源与气候战略 2030》，明确了芬兰实现气候和能源目标的具体路径和措施，包括实施新的可再生能源支持计划，基于技术中立性和经济重点提供补贴。芬兰的长期目标是成为一个碳中性社会。根据计划，芬兰将以可持续的方式增加无排放可再生能源的使用，到 2020 年年底，使其份额上升到 50% 以上，自给自足率超过 55%，煤炭将不再用于能源生产，进口原油需求将减少一半；在 2030 年前，可再生运输燃料在能源消费中的份额将提高到 40%。

### （四）《生物未来 2025 计划》

2016 年，芬兰科学院启动了《生物未来 2025 计划》（BioFuture2025），旨在寻求新概念、识别新机会并支持探索生物经济领域重大进步新路径的研究，主要目标包括：增加对向生物经济过渡进程中所产生的社会和环境挑战的理解；为可持续生物经济的出现构建新的知识基础；发展和加强多学科和跨学科研究合作，培育生物经济研究创新科学方法。该计划下设两个研究主题：一是智能生物质和高附加值产品及循环经济相关生产技术与服务；二是生物基自然资源使用对社会变化、价值观、伦理和行为的影响。BioFuture2025 总预算 1000 万欧元，资助对象可以是单个项目也可以是项目联盟，资助周期不超过 4 年（2017 年 1 月 1 日至 2020 年 12 月 31 日）。

### （五）卓越研究中心计划

卓越研究中心（COE）计划是芬兰主要的基础研究计划之一，自 1995 年开始实施，已经支持建立 6 批共计 129 家卓越研究中心，在建的包括 2012—2017 和 2014—2019 两期 COE 计划资助的 29 家中心。2016 年，芬兰科学院启动了第七批卓越研究中心（2018—2025）计划的组织工作。本期计划将在以下几个方面进行改革：为促进芬兰的科学振兴，将重点支持突破性研究和具有杰出潜力的年轻研究人员；为鼓励高收益或高风险研究，将卓越研究中心的资助周期从 6 年延长到 8 年：在立项后第 5 年对前 4 年卓越研究中心建设情况进行全面科学评估以确保科学振兴目标的实现；根据中期评估结果确定是否对卓越研究中心后 3 年的建设继续提供资助。

## 三、科技创新领域主要事件

### （一）颁发“千年技术奖”

2016 年 5 月 24 日，芬兰总统绍利·尼尼斯特在赫尔辛基为美国生物化学家弗朗西斯·阿诺德颁发了第七届“千年技术奖”（Millennium Technology Prize），以表彰其在推进定向进化法方面做出的贡献。定向进化法即在实验室模拟自然界进化，以创造出更好的蛋白质。这项技术运用生物学和进化理论来解决许多重要问题，可以替代效率较低甚至具有危害性的技术。“千年技术奖”由芬兰政府

2002 年出资设立，每两年评选一次，奖金金额 100 万欧元，旨在表彰国际上为促进人类社会可持续发展、提高生活质量并能够带动更广泛创新而做出革命性贡献的科研人员。

### （二）颁发 2016 年度“芬兰科学院奖”

2016 年 11 月 24 日，芬兰科学院为图尔库大学的恺撒·玛窦玛姬（Kaisa Matomäki）和来自于赫尔辛基大学的埃尔德－桑托斯（Helder A. Santos）颁发了第十四届芬兰科学院奖（The Academy of Finland Awards），他们分别获得 2016 年度“芬兰科学院科学勇气奖”和“芬兰科学院社会影响奖”。芬兰科学院奖旨在表彰和鼓励具有广阔发展前景的杰出研究人员，同时通过颁奖突出芬兰科学院认为重要的研究目标。该奖项的候选人必须是芬兰科学院研究员或其资助的博士后研究人员，由芬兰科学院下设的 4 个专业研究理事会提名，交由芬兰科学院委员会研究决定最终获奖人选。

### （三）发布首张芬兰科学地图

2015 年 12 月，芬兰 VTT 国家技术研究中心发布了首张芬兰科学地图，基于自然语言和机器学习的新方法，对 1995—2011 年芬兰科研体系的变化进行了分析，显示了由 60 个主题领域及相互联系构成的芬兰科学发展结构。研究结果显示，芬兰的科学研究变得更加多元化。除了在医学（临床医学、基础医学研究、健康科学）和自然科学（生物科学、物理学和天文学、化学）领域的传统优势外，芬兰在信息技术（电气工程和电子工程、计算机与信息科学）、社会科学和经济学等领域也开展了广泛研究，正在形成新的具有国际影响力的研究优势。

### （四）举办 Slush 系列活动

2016 年 11 月 30 日至 12 月 1 日，第九届 Slush 初创企业研讨会在芬兰首都赫尔辛基会展中心举办，共吸引了来自 120 个国家的 1.75 万名人士参加，包括 2300 家初创企业和 1100 家风险投资基金机构代表。据 Slush 现任 CEO 玛丽安内·维谷拉（Marianne Vikkula）介绍，目前从整个欧洲来看，芬兰的早期风险投资额占 GDP 的比重最高，其中有许多协议就是在 Slush 大会上签订的。2013—2015 年，Slush 的投资人见面会为创业公司筹集到超过 5 亿欧元的资金，其中芬兰公司获得约 2 亿欧元的投资。

## 四、国际科技合作

2016 年，芬兰继续通过资金支持和支撑服务等措施，促进科研人员交流、加强区域合作和与重点国家的双边合作。尤其值得关注的是，芬兰利用担任北欧部长理事会轮值主席国的契机，积极加强与北欧理事会成员国的科技创新合作，力争在北欧生物经济发展和开放科研合作等方面发挥领导作用。芬兰科学院与包括中国在内的12个国家和地区的20个对口机构建立了长期合作机制，主要以开展研究项目联合资助和支持研究人员交流的方式推动基础研究领域的国际合作。芬兰国家技术创新局在欧盟、美国和中国等重点国家和地区都设立了海外办事机构，为芬兰企业和研发机构与国际伙伴实现对接建立渠道和搭建平台，同时通过实施联合创新计划等措施，为芬兰企业，特别是中小企业开展国际合作，实现全球化发展提供资助。

根据欧盟《地平线2020国家概况》，截至2016年9月，芬兰共有821家机构参与了“地平线2020”计划，共获得资金支持3.5亿欧元，其中包括中小企业171家，获得资金支持7681万欧元。芬兰申请者的竞标成功率为12.9%，接近欧盟平均水平（13.3%）。此外，作为欧洲科技研究合作网络（COST）的创始成员之一，芬兰一直充分利用COST促进科研人员交流，并通过COST行动与欧盟其他成员国开展广泛的多学科研究合作。2016年4月5日，芬兰国家技术创新局联合欧洲企业网络（EBN）和瑞典国家创新局（VINNOVA）在赫尔辛基组织了“欧洲之星·智慧城市ICT解决方案项目对接”活动，为芬兰相关领域的中小企业开展跨国合作研发创造机会。

### （一）启动“北欧蓝色生物经济路线图”项目

“北欧蓝色生物经济路线图”项目旨在确定北欧在蓝色生物经济领域的合作领域，特别是通过开展联合研究，制定水及水生自然资源开发利用的路线图。芬兰于2016年5月31日至6月1日在赫尔辛基举办了蓝色生物经济国际会议，围绕蓝色生物经济的增长潜力进行研讨，发布了由芬兰自然资源研究院牵头制定的北欧蓝色生物经济路线图草案，征求与会者及各方意见。2016年12月21日，芬兰农林部宣布《北欧蓝色生物经济路线图》已经北欧部长理事会通过，将于2017年开始实施。

路线图定义的蓝色生物经济是指基于可再生水产资源可持续和智能应用的商业活动，包括诸如渔业、鱼类加工和水产养殖，基于水专业知识和技术的商业活动，水生生物质（如藻类）的利用及基于水和水环境的旅游和娱乐等活动。根据路线图，成员国将加强在水产业方面的合作，即鱼类和其他水产养殖，并开发具有高附加值的产品，如食品、化妆品和药品。其他合作领域包括水专业技术和健康服务。成员国将通过共享新理念来提高合作水平，以市场导向、创新及资源有效利用为重点进行开发工作，以实现蓝色生物经济的快速增长。

### （二）启动“北欧天鹅生态标签，循环经济和产品环境足迹”（SCEPEF）项目

为探索欧盟正在开发的环境足迹方法能够为第三方认证的生态标签应用带来什么新的影响，芬兰环境研究所启动了 SCEPEF 项目，重点研究北欧天鹅的产品标准如何进一步提升产品耐用性，促进材料循环及再利用，旨在为北欧部长理事会和欧洲委员会提出政策建议，促进循环经济发展。SCEPEF 项目将在北欧部长理事会资助下，由芬兰环境研究所牵头，联合北欧天鹅组织及相关研究机构共同开展，项目周期将持续到 2018 年。

### （三）举办“北欧开放科研论坛 2016”

为进一步促进芬兰开放科研计划（ATT）的实施，加强与北欧各国在开放科研领域的交流与合作，芬兰教育和文化部于 2016 年 11 月 21—23 日在赫尔辛基举办“北欧开放科研论坛 2016”，主题为“开放研究数据”。来自欧盟委员会、美国及北欧各国有关政府部门、科研机构和专家学者的代表围绕开放科研的社会影响、如何通过加强合作研究创新资助工具和为研究人员提供相关支持服务等措施进一步推动开放科研进行了政策交流和经验分享，为在北欧地区开放科研起到了积极作用。

### （四）实施“泛欧亚科学实验计划”

“泛欧亚科学实验计划”（PEEX）是一个多学科综合研究计划，旨在研究泛欧亚地区面临的全球可持续发展的关键科学与应用问题，目标是在全球气候变化及经济全球化背景下解决人类社会所面临的全球性挑战，加深对气候变化、空气质量、生物多样性、粮食与能源生等问题的认识，并通过整合多学科研究认知该地区在地球系统科学研究中的重要作用。2016 年 5 月 18—20 日，第二届泛欧亚科学实验计划科学会议暨第六次 PEEX 会议在北京召开。此次大会由中国科学院遥感与数字地球研究所、赫尔辛基大学、俄罗斯空间监测研究所联合主办。来自中国、芬兰、俄罗斯、挪威等 12 个国家的 160 余名专家学者参加会议。PEEX 的实施主要包括以下方面：协调和推进 PEEX 领域的现有活动（研究—基础设施—教育）；建立新的 PEEX 活动，如研究项目或新的监测站点；开展与国际组织间的网络合作，以寻找协同创新及开展活动的机遇；与利益相关者及最终使用者建立对话平台。

（执笔人：钱金秋）

# 丹　　麦

2016 年，丹麦政府发生重组，高教与科学大臣两次换人。预计全年 GDP 增长 0.8%，公共研发投入比 2015 年有所减少，政府出台了《数字安全国家战略》《航天行业发展战略》《无人机发展战略》《北极科研与教育战略》等一系列新的科技政策，同时继续加强国际科技合作。

## 一、新出台的科技政策和行业发展战略

2016 年 6 月，丹麦政府发布国家《航天行业发展战略》，旨在通过政府、企业和研究者的合作，促进相关领域发展。此战略提出三大目标：促进基于航天系统的私营企业的发展；大幅提升丹麦在欧洲航天项目申请中的成功率；提升基于航天系统的公共服务部门工作质量及效率。该战略由高教与科学部、能源气候部、商业增长部、运输与建设部、外交部等联合制定，共提出 46 项具体倡议，由科技创新署协调各部门共同实施。

2016 年 9 月，丹麦政府发布了欧洲首个国家层面上的《无人机发展战略》，以促进民用无人机技术的开发和应用。该战略由丹麦高教与科学部、运输与建设部联合制定并组织实施，提出六大目标：加强无人机技术的研发、建立具有国际吸引力的无人机技术试验设施、推动无人机在公共部门的应用、加强有关无人机研发和使用方面的教育活动、国家参与无人机技术国际标准化进程、推动丹麦无人机研究及产业国际化。该战略包括 23 项具体倡议。国家将出资 960 万美元将位于欧登塞安徒生机场（HAC Airport）的丹麦无人机系统试验中心打造成国际无人机技术研发和试验中心，推动无人机在丹麦的研发和应用，使丹麦成为欧洲在无人机领域的先行国家。高教与科学部已将无人机列入国家研究基础设施路线图；拟拨款在南丹麦大学、奥胡斯大学、奥尔堡大学建设 3 个无人机技术中心。作为国家战略的一部分，南丹麦大学出资在试验中心兴建复合材料实验室、集成

实验室和3D雷达系统实验室。

2016年11月，丹麦高等教育与科学部发布《北极科研与教育战略》，旨在确保丹麦在北极研究领域的国际领先地位，这也是配合实施丹麦北极战略的一项重要举措。丹麦强调加强对北极的研究，培养更多的人才，重视国际合作，争取把格陵兰建设成为全球性的北极研究中心。2011年，丹麦政府、格陵兰政府、法罗群岛政府联合发布《2011—2020年丹麦王国北极战略》，其核心是保持北极地区经济的可持续发展，保护北极地区脆弱的气候、环境和自然生态，与国际伙伴密切合作，以确保北极地区的和平、安全和稳定。

## 二、研发投入现状

丹麦全社会研发投入占GDP的比例近年来保持在3%左右。丹麦国家统计局2016年12月发布的数据显示，2015年丹麦研发经费投入约600亿克朗，其中，公共部门投入220亿克朗，私营部门投入380亿克朗，研发投入占GDP的比例为2.96%，在欧盟成员国中仅次于瑞典和奥地利，如表3-12所示。

根据2016年度丹麦预算法案，教育与研究经费受到削减，丹麦独立研究理事会、创新基金会等机构的2016年度预算都有所减少，各大学的科研项目受到一定影响，这一问题引起社会广泛关注。各政党在讨论2017年度预算时，同意适当增加科研经费，尤其是增加气候、能源、环境、生物资源、有机食品、航天、无人机等方面的科研经费。

2016年，丹麦GDP预计增长0.8%，公共研发预算为212亿克朗（表3-13），同比减少4.94%，约占2016年GDP的1.05%。公共研发投入占GDP比例已连续多年保持在1%以上。

表3-12 2012—2016年丹麦研发投入占GDP比例

| 年份 | 2012 | 2013 | 2014 | 2015 | 2016（预计） |
|---|---|---|---|---|---|
| 全社会研发投入占GDP比例 | 2.98% | 2.97% | 2.92% | 2.96% | — |
| 公共研发投入占GDP比例 | 1.03% | 1.09% | 1.06% | 1.07% | 1.05% |
| 私营研发投入占GDP比例 | 1.95% | 1.88% | 1.86% | 1.89% | — |

数据来源：丹麦统计局，2016年。该局以前公布的全社会研发投入占GDP比例超过了3%，但2016年对数据进行了修正，最新公布的数据稍低于以前公布的数据。

表 3－13　2012—2015 年丹麦公共研发投入经费来源

单位：亿克朗（现价）

| 研发经费来源 | 2012 年 | 2013 年 | 2014 年 | 2015 年 | 2016 年 |
| --- | --- | --- | --- | --- | --- |
| 中央财政拨款 | 161. 314 | 164. 957 | 163. 162 | 163. 165 | 153. 823 |
| 欧盟、北欧部长会议等国际项拨款 | 14. 634 | 18. 078 | 15. 984 | 16. 832 | 16. 493 |
| 地方财政拨款 | 23. 020 | 25. 655 | 30. 162 | 34. 634 | 35. 654 |
| 丹麦国家研究基金 | 5. 648 | 6. 020 | 6. 159 | 6. 045 | 6. 180 |
| 总计 | 204. 616 | 214. 710 | 215. 467 | 220. 976 | 212. 150 |

数据来源：丹麦统计局，2016 年。

## 三、科技人才与教育情况

在丹麦 570 万总人口中，有超过 80 000 人从事与研发相关的活动，这部分人即研发人员。2016—2017 学年，丹麦各大学录取的新生人数达到 66 439 人，比上学年增加 1. 75% 。

丹麦重视吸引外国优秀学生来丹麦攻读硕士和博士，鼓励他们毕业后留在丹麦工作。在国外获得博士学位的外籍人员若来丹麦工作，可享受个人所得税减免政策。丹麦高等教育与科学部推出了“顶尖人才计划”（Top Talent Denmark），每年都在中国、巴西等国家举行丹麦日活动，以吸引优秀留学生。2016 年，丹麦与韩国新签订了互派公费留学生协议。目前，丹麦各大学的国际留学生数量已占学生总数的 10% 。

## 四、国际科技合作

丹麦政府重视科技、创新、气候、能源等领域的国际合作，将其视为实施全球化战略的重要内容。丹麦已与中国、日本、美国、巴西、印度、以色列等国家签订了双边科技合作协定，在美国硅谷、中国上海、德国慕尼黑、韩国首尔、印度新德里/班加罗尔、巴西圣保罗、以色列特拉维夫等地设立了丹麦创新中心。其中在特拉维夫的中心是 2016 年 10 月设立的，丹麦高教与科学部启动与以色列的知识合作行动计划。丹麦在全球主要创新热点地区设立创新中心，其主要任务是推动科研、创新、教育、人才、商业等领域的双边合作。另外，丹麦创新基金会每年投入 4000 万克朗，支持其与中国、巴西、印度、韩国的双边研发项目。

在气候、能源和绿色增长等领域，丹麦政府发起了全球绿色增长论坛（Global Green Growth Forum，3GF），该论坛自 2011 年成立以来，已连续举办了 5 次峰会，伙伴国已增加到 9 个。2016 年 6 月和 10 月，在哥本哈根分别举行了第5次3GF峰会和伙伴方会议。丹麦正与伙伴国密切磋商，启动3GF再思考进程，以提升3GF的全球影响力。2016年11月，丹麦宣布向发展中国家提供1100万克朗气候技术援助资金。

积极参与欧盟科研合作、“地平线2020”计划和航天活动。2016年5月，丹麦向欧盟递交《丹麦参与欧洲研究区（ERA）的路线图》，强调丹麦积极参与建设开放、统一的欧洲研究区，希望加强与欧盟各国的合作，共同应对重大挑战。据丹麦科技创新署2016年12月发布的信息，丹麦在参与欧盟“地平线2020”计划方面十分成功，自2014年以来，丹麦公司和个人已经获得825个项目，共获得经费约37亿克朗（相当于“地平线2020”计划竞争性项目经费的2.52%）。2016年12月，在欧洲航天局召开的部长级会议上，丹麦承诺3年内为国际空间站、地球观测、航天技术开发等活动提供3.5亿克朗经费。

欧洲散裂中子源（ESS）数据管理和软件中心投入使用。ESS项目最初由瑞典和丹麦发起，于2014年9月开工建设，项目建设预算约19亿欧元，共有17个欧洲国家参与建设，预计2019年初步建成，2023年正式运行。2015年9月，该项目被欧盟批准获得欧洲研究基础设施联合体（ERIC）资格，这意味着今后可能有更多的国家参与ESS。ESS主要设施建在瑞典的隆德市郊外，其数据管理和软件中心（DMSC）设在丹麦的哥本哈根。2016年5月，ESS宣布John Womersley自11月1日起接替Jim Yeck担任ESS总干事。2016年8月，丹麦高教与科学大臣宣布ESS数据管理和软件中心在哥本哈根大学建成并投入使用。

总之，与前几年相比，丹麦2016年出台了较多的科技新政策，也更加重视国际合作。这是由于在连续多年经济增长乏力、高福利社会制度面临危机的背景下，丹麦政府希望通过出台新的政策和举措，充分发挥丹麦在一些领域的科技和创新优势，促进就业和出口，推动经济发展。

（执笔人：陈德春）

# 德　国

德国是世界经济和科技创新强国。尽管 2016 年面临难民危机、恐怖主义威胁和经济不振的困局，德国联邦政府仍然十分重视科技发展，继续增加公共财政科研投入，强化科研体系建设，营造宽松的创新氛围，促进中小企业创新，优化科技人才支持政策，吸引全球顶级人才和科研后备力量，进一步深化和拓展国际合作，在科技前沿领域取得了一批重大成果。

## 一、科研投入情况

德国研发投入近年来持续增长，研发领域从业人员数量也创下历史新高。依据德国联邦教育和研究部（BMBF，以下简称联邦教研部）《2016 年德国研究与创新报告》（简称 BuFI 2016）及其补充卷本，德国联邦政府、企业及学术界对科研的投入在 2014 年达到了约 840 亿欧元，其中 2/3 的资金源于经济界；总研发投入约占 GDP 的 2.9%，接近“欧盟 2020 战略”确定的 3% 的目标，位居欧洲之首。

德国联邦政府近年来对研发的支持力度不断增强。联邦政府 2016 年的研发预算达到 158 亿欧元，较 2005 年的 90 亿欧元增长约 76%。据联合国教科文组织《2015 年科学报告：面向 2030》，所有欧盟国家中，只有德国真正在过去 5 年中增加了公共研发投入。2011—2013 年欧盟研发投入排名前 40 的公司中有 12 家德国企业，大众、戴姆勒公司和宝马公司位居前 3。另据德国联邦统计局数据，2014 年，德国研发领域从业人员数量首次超过 60 万人，较 2000 年增长 22%。大量的研发投入确保了德国创新力的持续增长。

通过这些投入，联邦政府将资助对社会发展、未来经济增长和繁荣具有特别意义的研究课题，例如，数字经济和社会、可持续经济和能源、创新就业环境、健康生活、智能交通和公民安全等。

联邦教研部是支配科研经费的主体。从研发经费预算执行部门看，联邦教研部支配联邦层面 59.92% 的研发经费。其他 10 余个联邦部门支配比例合计约 40.00%，其中，联邦经济和能源部（BMWi，以下简称联邦经济部）负责创新政策和产业相关研究，管理能源和航空领域的科学研究及面向中小企业的科技计划，占经费的 21.34%；农业部、卫生部、交通部、环境部等管理与本部门职能相关的科技计划，约占经费的 8.39%。

2016 年，联邦政府研发经费预算分布在 21 个领域中，其中，健康研究和卫生经济领域最多，约为 22.3 亿欧元；超过 10 亿欧元的有能源研究和能源技术、气候环境和可持续发展、航空航天、人文经济和社会科学、中小企业创新、基础研究大型设备 6 个领域。各领域支出比例与 2015 年基本保持平衡。

## 二、重点科技战略和计划

### （一）出台数字战略，持续推动数字经济转型

作为落实“数字议程”的重大举措，德国联邦政府于 2015 年 9 月出台了“智能网络化战略”，其核心目标是充分挖掘并优化利用信息和通信技术潜力，抢抓数字化、网络化所带来的机遇，促进宏观经济增长与社会政治繁荣。该战略建立了由联邦经济部、联邦教研部等七部门共同参与的协同推进机制，突出自愿参与、公开透明、显示度和辐射性、专业化监督四大原则，着力支持教育、能源、卫生、交通和公共管理五大应用领域，明确了 36 条可操作性强的具体措施。

“2016 年德国汉诺威消费电子、通信及信息技术博览会”（CeBIT 2016）以“数字经济：参与、创建、成功”为主题，重点关注经济和社会的数字化。联邦政府总理默克尔出席展会时强调了加快数字化进程的必要性，并表示加快现有产品与互联网连接的进程，可充分挖掘提升效率的巨大潜力。联邦经济部部长加布里尔则在展会上提出了“数字战略 2025”，通过创新发展能力及新技术、新工具的使用，实现德国制造业的变革，进一步推进“数字德国”的实现。6 月，联邦交通部推出“数字铁路战略”，以促进轨道交通数字化发展。其中包括将投资 7500 万欧元用于数字化应用的研发，以提高铁路运力。

德国联邦教研部、联邦经济部、联邦交通部及联邦内政部 4 部委联手，与欧洲最大的应用科学研究机构德国弗劳恩霍夫协会共同落实“大工业数据空间计划”，旨在基于共同的数据使用标准，使德国企业进入全球性的数据开放和共享空间，以应对世界范围内日趋迫近的数字化挑战及相应的工业生产和商业模式变革。

## （二）设立“工业 4.0 标准化理事会”，继续引领工业 4.0 的发展

“德国工业 4.0”自 2011 年提出以来，其内涵正不断演化和发展，并得到德国联邦政府的大力支持。2015 年 11 月，在德国全国信息技术峰会上，联邦经济部、联邦教研部正式推出了“工业 4.0 平台地图”。这份虚拟在线地图上清晰标注了遍布德国各地的工业 4.0 应用实例和试验点。旨在借助实践案例、具体操作建议和试验点，推动德国企业特别是中小企业早日进入工业 4.0 时代。

从工业 4.0 纳入德国新一轮《高技术战略 2020》到“工业 4.0 平台”的成立，德国联邦政府及民营企业在推动工业 4.0 方面不遗余力。CeBIT 2016 期间，德国联邦信息经济、通信和媒体协会（BITKOM）、德国标准化学会（DIN）、德国电气电子和信息技术委员会（DKE）、德国机械设备制造业联合会（VDMA）及德国电气工程和电子工业协会（ZVEI）等德国工业界与标准化领域权威机构共同宣布，正式设立“工业 4.0 标准化理事会”，以提出工业 4.0 数字化产品的相关标准，并协调其在德国和全球范围内落地。德国联邦政府希望通过主导标准化进程持续引领工业 4.0 的发展。

## （三）推动“自动与互联汽车”国家战略的实施，引领全球汽车产业革命

联邦政府内阁于 2015 年 9 月通过了联邦交通部提交的“自动与互联汽车”国家战略。通过实施该战略，联邦政府在德国力推自动与互联汽车技术，力争在核心创新阶段充当领跑者，并让自动互联驾驶技术“落实到路”，成为该技术的先导市场，进一步巩固制造国地位。自动和互联汽车的发展涉及多个领域，因此需要在完善基础设施、优化法律环境、加强创新研究、建设智能网络、强化信息安全和数据保护等领域采取措施。

2016 年 9 月，联邦教研部在德国沃尔夫斯堡正式启动“开放式混合实验工厂”科研园。园区将重点研发轻量化、环保、安全的未来汽车。该项目在联邦政府“公私伙伴创新——科研园”资助倡议框架下将得到联邦教研部提供的最高额度达 3000 万欧元的资助。

9 月，联邦政府批准国家氢能及燃料电池技术创新项目第 2 阶段实施计划（NIP Ⅱ），把氢能和燃料电池技术政府资助计划延长至 2026 年，支持的重点从第 1 阶段的研发向第 2 阶段的研发、示范运行及市场培育并重转移，抢占世界新能源汽车产业领先地位。NIP 计划总经费预计 14 亿欧元。

## （四）建设“未来城市创新平台”，加速科研成果应用

2016 年 2 月，联邦教研部和联邦环境建筑部（BMUB）联合举办“通往未来

城市之路”论坛，并由此开始“未来城市创新平台”建设工作。“未来城市创新平台”是 BMUB 主导下的联邦政府跨区工作组“国家和国际视野下的可持续城市发展”的一部分，其目的是为了让科研新成果更快进入城市日常生活。德国联邦政府希望通过“未来城市创新平台”不仅能够开展新项目和计划，而且能跨越知识和实践之间的鸿沟，将研究成果更好地转化为社区实践，为城市居民创造更好和更健康的生活。联邦教研部共投入 1.5 亿欧元，环境变化、能源供应和城市交通等是重点资助领域。

## （五）启动“哥白尼项目”，促进能源转型

2016 年 4 月，联邦教研部启动了能源转型“哥白尼项目”，未来 10 年计划投资约 4 亿欧元，为能源系统转型寻找解决方案。该项目是德国目前为促进能源转型开展的最大科研资助行动，将精选 230 家学术和经济界机构参与。

## （六）实施新一轮精英大学计划，促进大学尖端研究，加速研究成果的转移转化，改善青年科学家职业发展路径

2016 年 4 月，德国科学联席会（GWK）通过了新一轮精英大学计划及其 2 个补充计划，以促进德国大学尖端研究，加速研究成果的转移转化，改善青年科学家职业发展路径。

精英大学计划以提高大学尖端科研水平为目的，通过“精英集群”和“精英大学”两类计划资助大学之间及大学与科研机构、企业及社会的合作，促进德国顶尖大学拓展各自优势学科的国际竞争力，以奠定其在国际竞争中的优势。政府每年提供 5.33 亿欧元，长期资助大学。资助的资金由联邦和大学所在的州按 75：25 的比例分摊。

“创新大学”资助计划针对高校除教学与科研外的第 3 个使命，即转移和创新，特别是中小型大学和应用技术大学的知识与技术转移，旨在加强高校在区域创新体系中的战略地位，扩大高校与企业和社会的合作。计划支持已拥有经济和社会合作战略、具备知识和技术转移结构和经验的高校，总经费 5.5 亿欧元，期限 10 年，联邦和高校所在州按 90：10 的比例分摊。计划规定，至少一半的计划总经费和被资助项目需分配给应用技术大学或在应用技术大学协调下的联盟。

完善青年科学家职业发展路径计划，主要为优秀的青年科学家提供终身教授职位。联邦政府将从 2017 年起至 2032 年提供 10 亿欧元用于提高高校青年科学家职业道路的可预见性和可计划性，增强德国对本国和国外青年人才的吸引力。该计划主要措施是在德国高校建立除传统聘任程序之外另一条让青年科学家成为终身制教授的职业发展道路，即青年科学家在考查期通过后直接转成终身教授，且资助计划结束后仍保留终身教授。联邦政府将资助增加 1000 个职位。

### （七）推动实施海洋研究计划“可持续海岸、海洋和极地研究”，加强对海洋资源的利用

2016 年 6 月，联邦教研部揭幕“海洋从这里开始”的主题展览，正式开启德国“2016—2017 海洋科学年”。联邦政府将实施“可持续海岸、海洋和极地研究”（MARE：N）的海洋联合研究计划，有关海洋的未来将成为今后几年德国科学界的研究重点。德国联邦政府希望通过实施 MARE：N 计划，制定针对海洋污染、过度捕捞和过酸化等问题的研究战略，以缓解由于气候变暖、经济高速发展、环境污染，对人类和海洋生态造成的巨大环境压力。联邦教研部将在今后 10 年为相关研究项目提供超过 4.5 亿欧元资助经费。加上德国研究机构的持续支持，今后 10 年针对海洋未来的研发投入将超过 40 亿欧元。

### （八）推出“纳米技术行动计划 2020”，加强纳米材料研究和生产的国际竞争力

2016 年 9 月，德国联邦政府推出了“纳米技术行动计划 2020”，以应对气候变化、能源转型、数字化、健康、流动性和工业 4.0 等社会挑战。该行动计划由联邦教研部、联邦劳动和社会事务部、联邦食品与农业部、联邦卫生部、联邦环保部、联邦经济部等多部门共同实施，目标是安全、环保地生产和使用纳米材料，并进一步加强纳米材料研究和生产的国际竞争力。该计划特别支持在材料科学和纳米技术领域活跃的研究密集型中小企业，包括专业技术人员的教育和培训。联邦教研部拟于 2016 年提供大约 1.9 亿欧元的经费资助纳米技术的推广使用。大约有 2200 家来自工业、服务业、科技和协会的机构活跃在德国的纳米技术领域，来自工业的参与者占到了一半，其中 75% 是中小企业。

### （九）全面实施“开放获取”战略，促进新知识传播

2016 年 9 月，联邦教研部全面实施“开放获取”战略。“开放获取”意味着公众可以通过互联网（如网络期刊）免费获取学术论文，每个人可以查找、阅读并继续传播文章。新举措应有助于开放获取成为德国学术论文发表的标准模式。联邦教研部此项战略的重要措施是对所有通过联邦教研部资助的项目引入“开放获取”附加条款。由联邦教研部资助项目产生的学术文章或马上在“开放获取”模式下发表，或在解禁期后上传至相应的文件服务器。科研人员可以自由选择是否发表文章及在哪个杂志上发表文章。此外，联邦教研部将借助国家能力和互联办公室的力量支持相关州、高校和科研机构拓展其“开放获取”能力。联邦教研部支持高校和科研机构创新文章发表模式，并将与学术界一同继续推动“开放获取”的发展。

## 三、创新体系建设

德国注重构建面向未来的科研体系，建立以高校为核心的、竞争与合作网络交错、功能和机构分工明确的多元化科学体系，核心关注点包括增强高等院校、强化大学外科研机构、突出各科研主体的战略优势、促进科研体系内机构间的合作。为此，2016 年采取了一些重点措施。

### （一）成立行业科研机构

2016 年 1 月，弗朗恩霍夫协会在哈勒成立了新的微结构和系统研究所（IMWS）。5 月，亥姆霍兹联合会与工业界开始遴选实验室，共同创建亥姆霍兹创新实验室（HIL），以加强科研成果的转移转化。6 月，德国教研部在“2016 生产研究”大会上宣布，将资助建立两个新的能力中心，用于研究工业 4.0 及其对于劳动组织、服务及物流带来的影响。两个中心一个是位于斯图加特的“未来工作实验室”，主要研究产业劳动的数字转型；另一个是位于多特蒙德的创新实验室“物流中的混合服务”，将混合服务作为研究重点。两个能力中心共同的核心任务是促进中小企业科研成果转化。到 2019 年，德国教研部将为这两中心建设投入 1500 万欧元。

### （二）开展创新体系评估

2016 年 2 月，德国研究创新专家委员会向默克尔总理提交了 2016 年的《德国研究、创新和科技能力评估报告》（EFI）。报告指出，欧洲最具创新实力的 10 家企业有 6 家是德国企业，2005—2016 年，德国劳工市场产生了 12.6 万个与研究有关的新岗位。报告同时也指出，德国中小企业在国际比较中具有创新投入少、创新密集程度降低等不利因素。为此报告建议，联邦政府实施的新高科技战略重点不应仅局限于技术和工艺领域，也要涵盖社会创新，这对解决重大社会性挑战的意义更重要。报告还特别提出在创新科研政策方面应进一步推动数字化发展，以提升价值创造和增加就业。未来的重点政策应继续聚焦创新、数字化和中小企业的科研资助等领域。

11 月，德国工程院（Acatech）相继发布“工业 4.0 领域的工程设计、评估和措施”和“全球背景下的工业 4.0：国际伙伴合作战略”研究报告。“工业 4.0 领域的工程设计、评估和措施”研究报告指出，未来几年，实物、过程和系统的实时联网将改变产品、生产和商业模式。针对智慧产品和服务的第一批示范项目为产业界提供了巨大的机遇。为了利用这些机遇，要求对工程设计呈现全新视角，这将成为未来整个产品和服务全周期的组成部分，包括生产、服务、物流、寿命结束及订单处理部分。该研究考察了工程设计在德国企业目前的定位，明确了在向工业4.0转变可能发生的变化，并指出潜在的问题。最后，指明企业就过程、方法、IT工具、组织和能力应采取的行动措施。“全球背景下的工业4.0：国际伙伴合作战略”研究报告则是基于对德国、中国、日本、韩国、英国和美国150多位专家的访谈，阐述了工业4.0框架下，在哪些方面开展国际合作是有意义的，以及如何建立合作。该报告指出，随着经济向工业4.0转型，产生了具有很高灵活性的价值创造网络。企业不仅要在其内部还必须同外部伙伴的体系建立网络化联系，最终需要在国家和国际层面形成新的合作形式。同样重要的，还需制定一致的规范和标准，以使不同系统之间具有可操作性。该研究分析了国际合作及目前围绕企业标准建立面临的竞争中所蕴藏的机遇和挑战，并通过所关注国的概况，阐述其工业4.0的框架条件和现状。最后，为德国参与者指明在同国际伙伴交往中所应采取的措施。

## 四、支持中小企业创新

2016年2月，德国联邦教研部启动一项名为“中小企业先行”的资助计划，支持德国中小企业进行创新研发。尤其是在“数字经济”“健康生活”及“可持续经济”等高科技战略和核心技术开发方面，帮助中小企业加强与高等院校、科研机构和大型企业合作，提供必要的专业人员支持，培养研发后备力量，同时简化项目资助的申请程序。为此，德国联邦教研部决定扩大对中小企业的资金支持力度，年度资助经费提高到3.2亿欧元，该计划将持续至2017年。

4月，德国联邦教研部在斯图加特大学设立首个“中小企业工业4.0测试环境－I4KMU”国家级联络协调处，旨在增进产研结合，促进科学与经济进步。斯图加特大学工业制造与工厂营运研究所（IFF）负责该国家级联络协调处的日常运行，承担“鼓励中小企业参与工业4.0”的陪伴性研究工作。协调处除了提供一般性的咨询工作外，还能帮助企业把其初步想法与国内研究机构提供的“工业4.0测试环境”实现最佳对接，并协助企业申请政府资助。联邦教研部在《高技术战略》框架内为联络协调处项目提供200万欧元的经费支持，项目期限设定为3年。

6月，联邦经济部与高技术创业者基金、德国工商大会等机构一起呼吁德国中小企业和集团公司参与第三轮高技术创业者基金的筹集工作。筹资目标为3亿欧元，期待企业能出资30%，每年资助不超过40个初创公司。第三轮高技术创业者基金将于2017年上半年正式投入使用。

8月，德国联邦教研部开始支持中小企业加入区域创新集群和网络中有全新应用前景的研究和研发项目，旨在拓展德国中小企业的科研基础，帮助中小企业来在快速发展的数字化时代提升创新能力。通过更新其生产流程、产品、服务及其商业模式，开发新的市场潜力，促进中小企业的发展。联邦教研部部长万卡表示，要鼓励中小企业敢于开展更多的研究和创新工作，重点支持至今还没有获得资助的中小企业。“中小企业－网络C”（KMU-NetC）是新方案“中小企业先行－联邦教研部中小企业创新10点计划”中的一部分。借此计划，联邦教研部将资助新的商业想法、项目和模式，并致力于将科研成果和商业模式解决方案在中小企业中进行推广和应用。联邦教研部将借助“KMU-NetC”计划资助联合研发项目。所资助项目的主题是开放的，项目也可以是跨技术领域的。区域创新集群和网络将协调所有的联合项目，同时每个项目应至少有2个中小企业参与其中。该全新资助方案将有2年的试运行阶段，并要求区域创新集群和网络在11月15日前递交首批项目草案。

## 五、完善法律法规

### （一）通过《科研时间合同法》修正案，完善青年科研人才培养机制

德国《科研时间合同法》修正案于2016年1月在联邦参议院获得通过。博士生、科研助手和博士后们将会在新的法律框架协议里签订工作合同。这份修正案旨在消除科研领域不合理的短期雇佣现象。通过该修正案，高校和科研机构在和年轻的科研人员订立工作合同时的一些错误做法将得到有效遏制，工作的可计划性也将得到改善。

### （二）通过《可再生能源法》修订案，能源转型进入新阶段

2016年6月，联邦内阁通过了《可再生能源法》（EEG）修订提案，这将为进一步推广可再生能源并将其与电网建设同步、通过市场手段调节对可再生能源的补贴额度等奠定法律基础。《可再生能源法》修订案的核心内容有：以市场竞争方式替代目前的国家定额资助模式，提高调控效率，控制成本增长；倡导主体多元，为小型能源公司提供公平竞争机会；加快电网建设，根据当地电网实际能力，合理分配新增产能。新修订案的最终目的是实现可再生能源占整个能源结构的40%～45%（2025年）及55%～60%（2035年）的既定目标。

### （三）实施《电子健康法》，完善医疗通信系统

2016年1月德国《电子健康法》（E-Health-Gesetz）开始生效，该法旨在促进医疗系统的数字化和电子健康卡在德国的尽快实施和普及。其核心内容包括建设具有高度安全标准的数字基础设施和让医生和病人使用方便的电子健康卡。

（执笔人：尹　军　王金花）

# 瑞　　士

2016 年是瑞士新一届联邦政府开局之年，多党协商联合执政的格局保持稳定，社会政治经济形势平稳。据瑞士联邦经济部预测，2016 年瑞士 GDP 将有 1.5% 的增长，并且保持持续向好的势头，失业率维持 3.3% 的低水平，尤其是进出口增长将分别达到 3.9% 和 4.4%，企业设备投资增长 2.5%。数据说明因瑞士法郎汇率与欧元脱钩引起的瑞士法郎升值对瑞士实体经济的负面影响已基本化解。与大部分欧洲国家经济艰难爬坡复苏乏力，社会矛盾和危机时有发生的情况形成鲜明对照。

## 一、教育科研是重点保证的优先领域

瑞士联邦委员会提出的《2017—2020 年促进教育、科研和创新报告》已经由瑞士议会审议批准，即将实施。其主要内容包括：加强高等职业教育、重视培养科研后备力量、加大医学专业学生培养、增加创新投入。未来 4 年经费投入每年递增 2%，总额达 260 亿瑞士法郎。教育科研创新在瑞士联邦政府适度从紧的财政政策背景下，仍是重点保证的优先领域，但增长幅度尤其是对科研领域的投入增长与预期有较大距离，引起科研和经济界的忧虑。

根据由瑞士大学、科研机构、科研促进机构及经济界经过广泛调研提出的《关于瑞士 2017—2020 年促进教育研究创新的建议》，教育科研创新领域的领先地位对瑞士国际竞争力具有决定性作用，2013—2016 年联邦政府对教育科研创新的投入年均增长 3.7%，这种高强度的支持要继续保持，才能巩固和强化教育科研作为瑞士成功模式支柱的地位。需要着力解决几个关键问题：一是优化科研后备人才的培养和支持体系，重点是创造年轻科研人才尽早独立开展研究工作的环境；加强对科研基础设施的投入，建设具有国际领先水平的科研基础设施；加强科研成果转化，大力搭建科研和经济之间的桥梁，促进大学科研机构与企业的合作；能源领域研究开发作为重点，应继续加大支持力度，助推能源转型目标的实现。在政府财政投入增长远低于预期的形势下，实现上述目标难度很大，需要重新规划和调整。

## 二、瑞士国家创新园建设进展顺利

瑞士国家创新园建设于2016年1月正式开始。为使国家创新园充满活力，明确了联邦政府的角色定位为“担保与后援”。联邦政府为创新园提供3.5亿瑞士法郎的融资信用担保，专门成立创新园基金会对贷款进行管理，政府担保贷款主要用于支持创新园区基础设施配套建设，创新园内的大型建筑则主要吸引社会投资。对于创新园建设直接相关的土地和不动产开发法律法规进行调整，为创新园发展提供法律支撑条件。但对于创新园的建设过程，联邦政府不参与具体管理，由科技园所在各州政府和参与的大学、科研机构与企业代表成立实体运作。

瑞士国家创新园是一个分布在瑞士创新活动最活跃地区的5个创新园形成的网络体系，采取“1会5园”的构架，即瑞士创新园基金会和5个分布在瑞士各地的创新园。瑞士创新园基金会受瑞士联邦政府委托，负责瑞士国家创新园的顶层设计和整体规划，依托政府信用担保在资本市场融资，组织公关和对外推广活动等。基金会最高决策机构是董事会，成员来自瑞士参与创新园建设计划的联邦和州政府、企业、两所联邦理工大学及保罗谢尔研究所等科研机构，日常工作由设在首都伯尔尼的基金会秘书处承担。其基本任务为：作为瑞士国家创新园的代表，在国内和国外进行推广和宣传，吸引国际高端创新资源；作为融资平台，依靠联邦政府信用担保和参与计划的金融机构的支持，为各创新园区筹集资金；协调和组织各个创新园区，在“瑞士创新”的旗帜下形成优势互兴、和谐互动、共同发展的态势，确保与联邦和地方政府部门保持高效协调与合作；指导各个园区形成统一规范的服务质量体系、标准及品牌。

5个分布在瑞士各地的创新园区，构成瑞士国家创新园的实体，具体由所在地区的地方政府、经济界、高校、科研机构承担建设任务，但有各自特色和重点发展的创新领域。5个园区及其重点发展领域分别是：巴塞尔创新园，重点发展生物医学工程、生物医药技术；阿尔河谷创新园，重点发展加速器技术、先进材料、人类健康、新能源技术；苏黎世创新园，重点发展生命科学、环境工程、数字技术和通信技术；洛桑联邦理工大学创新园，重点发展先进制造、信息技术、工程管理、生命科学和智能建筑；比尔创新园，重点是先进制造技术、新型储能技术、新型交通工具和先进医疗设备。

## 三、发布《数字化瑞士战略》

2016 年 4 月，瑞士联邦委员会发布《数字化瑞士战略》，是瑞士联邦政府在 2015—2019 年建设数字化社会，应对社会政治经济文化教育科研领域挑战的纲领性文件，其核心目标是：在数字化环境中实现创新、增长和富裕，努力保障所有参与主体的机会均等，在数字化条件下保障社会透明度和安全性，通过数字化带动实现可持续发展。行动领域和目标包括：大力发展数字经济，发展分享型经济并应对其带来的挑战；建立完善的适应数字化社会要求的法律法规体系和数据基础设施，提供更加便利的公共数据信息服务，保障公民对自身数据信息的掌控能力；加强信息基础设施建设，2020 年实现高速宽带数据网络覆盖全境，建立创新型的物流体系以适应电子商务的发展，实现交通体系的智能化、网络化和更加人性化，能源供应体系大力应用创新技术，实现和优化信息技术领域的全程循环经济；加强数字化政府和数字化医疗卫生健康体系建设；在社会政治生活中大力推广数字化，为瑞士特有的全民参与民主制度提供新的支撑手段；继续大力推进瑞士知识型社会，加强教育和科研领域最新数字化技术的应用，依托数字网络提供广泛的教育（包括继续教育）的内容，推进文化事业数字化进程；加强数字化进程中的安全与信任体系建设，保护公民应对数字化过程中的风险，特别是在网络虚拟空间对儿童和青年群体的保护；加强数字化进程中的国际合作，在数字安全领域开展全球合作，积极参与互联网未来发展与治理的讨论，争取更多的互联网资源为瑞士所用，积极支持国际社会消除发达国家和发展中国家间的数字鸿沟、创造均等机会的努力，在数字化时代推动全球可持续发展。

## 四、加强对中小企业创新支持力度

瑞士联邦委员会在 2016 年追加投入 6100 万瑞士法郎，用于支持中小企业创新活动，应对瑞士法郎升值对瑞士中小企业特别是出口导向型企业竞争力的负面影响。支持的重点为：继续实施 2015 年推出的针对创新型中小企业的补贴政策，帮助企业克服实施创新项目资金成本上升的困难；支持中小企业开展创新成果转化。例如，对获得政府支持的创新项目所取得成果进行转化，企业自筹资金比例可以从原先规定的 50% 降低 30%；加强对中小企业创新提供专家咨询和指导服务。

瑞士政府新推出的促进产学研创新合作的一项重要举措，是支持企业与高校及科研机构共同建立产学研创新合作平台——国家主题网络，即选择对瑞士经济发展具有重要意义的关键技术领域，由产学研联合提出申请，经瑞士技术创新委员会组织评估遴选后确定支持的对象，构建产学研创新合作的网络信息平台。瑞士政府列入2017—2020年支持建设和运行的产学研创新合作网络已确定，涉及的关键技术领域有碳复合材料、生命科学、表面加工和处理、生物技术、食品加工、光子技术、物流技术、增量制造、大数据服务、虚拟环境交互与模拟。

瑞士在支持中小企业创新创业方面走在欧洲前列。2016年4月，在瑞典首都斯德哥尔摩举行的欧洲尤里卡创新大会上，由瑞士高技术初创企业NeMoDevices公司完成的尤里卡创新项目“Opto-Brain”经国际评委多轮评审，认为该创新项目的组织管理及在微系统、新材料、系统集成领域具有突出的创新性，并且提供了具有广泛后续开发潜力的新颖技术平台，从1000多个竞争项目中脱颖而出，获得本年度“尤里卡创新奖”。

瑞士国家科研基金会和瑞士创新委员会实施的“桥”计划2016年正式开始。这是两大机构间首次直接合作，目的是促进基础研究、应用研究、技术创新和科研成果转化之间的衔接，搭建科研和经济之间的桥梁，促进支持大学科研机构与企业的合作。

## 五、改革国家科研基金

瑞士国家科研基金会是受联邦政府委托管理瑞士国家公共财政科研经费的主要机构。2016年，瑞士国际科研基金会对科研项目管理进行大幅度改革，力求实现科研项目资金使用“更透明、更具吸引力、更高效”，主要涉及的是科研项目类资助资金的使用年限、项目申报要求及评审流程。例如，科研项目资金的最长使用年限由以前的3年延长到4年，更加适应科学研究周期的规律，尤其是有利于年轻科研人才培养；原则上一个申请人只能获得一个科研项目的支持，目的是保证科研经费竞争的公平公正，鼓励和促进科研人员在科研工作中的专注性，研究课题的多样性，避免“赢家通吃”的现象；强化责任，原则上每个科研项目只由一人申请，由其对科研课题的设计及实际科研工作负责。具体实施细则于2016年2月发布并执行。截至2016年10月1日，共收到科研项目申请842项，申请科研资金51.2亿瑞士法郎。与2015年比较，申请项目数量减少22%，但申请的科研经费总额增加了约6%，显示项目申请质量和规模有所提升，符合预期所要达到的效果。

值得注意的是，瑞士国家科研基金会推出和优化组合系列专项资助计划，加大针对年轻科研人员独立开展科研工作的支持，以期至2020年前后形成协调、简化、透明的支持年轻科研人才成长的资助体系。一是尽量消除年轻科研人员独立申请科研项目的障碍和降低“门槛”，例如，对博士后人员申请科研项目，将不再以是否在大学或科研机构获得固定工作岗位为前提，科研项目经费中可将申请人的工资列入，让年轻科研人才在更加平等的环境中展开竞争，真正优秀的人才尽快成长；二是推出专门针对年轻女性博士后科研人才的专项；三是清理优化重组目前名目繁多的支持博士研究生和青年科研人员科研学术交流的专项，重点将转向支持博士研究生在博士论文研究阶段就能展开独立的自选课题研究，为他们在科研职业生涯的准备和起步阶段提供更好的扶持，帮助他们尽早形成自己的科研方向。

（执笔人：张　快）

# 意　大　利

2016 年意大利经济继续缓慢复苏，预计经济增长 0.8%，包括劳动法改革在内的一系列改革极大地促进了意大利国内经济环境好转，但是政局的动荡使上半年的繁荣景象未能得以保持，市场出现消极走向。12 月 4 日，意大利宪法改革公投失利，主张通过政治改革复苏经济的意大利总理伦齐随后宣布辞职，现任外长保罗·真蒂洛尼被意大利总统马塔雷拉任命为新总理。经济增长乏力和政局的不稳定继续对意大利科技发展带来不利影响，科技投入不足和科研人才流失仍困扰着科技界，但创新仍然是政府谋求科技发展的主旋律。

## 一、重要的科技政策及发展动向

### （一）意大利教育大学与科研部长易帅

12 月 12 日，新任总理真蒂洛尼向总统递交了过渡政府内阁名单。民主党人瓦莱利亚·费代利女士以全新面孔当选新任教育大学与科研部长，替代了在任两年多的斯特法尼亚·贾尼尼部长。

### （二）出台新的国家研究计划

2016 年 5 月 1 日，意大利政府批准通过了“2015—2020 年国家研究计划”（NRP 2015—2020）。该计划是支持研究和创新的重要文件，是发展和提升国家产业竞争力的重要平台。该计划由贾尼尼部长领导的教育大学科研部与科学界、学术界、经济部门和相关主管部门共同磋商起草，并得到意大利经济规划部际委员会（CIPE）批准。

根据该计划，意大利教育大学科研部将在头 3 年（2015—2017 年）为研究和创新投资 25 亿欧元，这样，教育大学科研部分配给大学和研究机构的资金将达到每年 80 亿欧元。

NRP 2015—2020 强调基础研究的重要性，认为只有基础研究才能使产业界应对不断变化的社会挑战。一个国家的研究自由与其竞争力之间有着直接联系，因此，NRP2015—2020 大力投资于基础研究（对基础研究的投资主要是通过对人力资本和研究基础设施投资来进行），但没有设定任何优先科学领域，认为人文科学对意大利的就业、福祉、公正和稳定性也很重要。

虽然对基础研究没有设定优先学科领域，但 NRP 2015—2020 对应用研究和转化研究提出了一个分类，根据生产部门的工业权重将其分成 12 个最有发展前景的专业领域，分别是：航空航天、农产品、文化遗产、蓝色增长、绿色化学、设计创意与意大利制造、能源、智能制造、可持续交通、卫生、智能安全和包容性社区、生活环境技术。

NRP 2015—2020 旨在作为一个知识平台指导意大利产业发展和竞争力提升。基于对意大利研究体系的优劣势分析，制订了六大干预计划，每个计划都有各自的宏观目标、行动计划和专用资源。

（1）国际化。将国家目标国际化，并与欧盟和全球计划相协调和整合。欧盟资源相较于国家资源更为重要，竞争性资源相较于普通资源更为重要，因此，NRP 2015—2020 将意大利的国家计划和资源与欧盟“地平线 2020”研究创新计划紧密结合，并使 NRP 2015—2020 与欧盟的标准和文书保持一致，以利于意大利的研究人员和研究成果参与国际竞争。

（2）为人力资本投资提供核心舞台。NRP 2015—2020 关注公共和私营研究部门的人力资源，旨在增加受教育和培训的研究人员数量，并为优秀人才创造环境和机会，让其充分发挥知识生产和转移的重要作用。

（3）为研究基础设施提供选择性支持。研究基础设施是基础研究的支柱，因此受到 NRP 2015—2020 的极大关注。NRP 2015—2020 首次定义并启动了基础设施评估流程，使之与欧洲研究基础设施论坛（ESFRI）的标准和机制保持一致。

（4）公共与私营部门的研究合作是研究和创新的驱动力。基于应用研究的专业化领域而设立的国家技术集群，被认为是大学、公立研究机构和企业之间及中央和地方之间对话的永久性基础设施。NRP 2015—2020 通过支持社会创新、研究资助及持续透明的研究交流和信息活动，优先与社会进行互动。

（5）支持意大利南部的研究与创新。通过建立国家运作计划、大区运作计划和普通资源之间的协同运作机制，支持南部研究与创新。

（6）关注研究支出的效率和质量，这是所有其他目标的先决条件。将通过定义和加强评估、检测、透明度、简化和行政强化过程来提高，这将确保研究和创新公共投资的可信度、效率和及时性。

## （三）签署有利于创新型初创企业发展的新法令

为支持企业创新，进一步促进经济增长和就业，提高意大利高技术和高技能行业的生产力，并使创业者更易于承担经营风险，2016 年 3 月，意大利经济发展部签署了两项针对创新型初创企业的法令，一个是让创新型初创企业投资者获得税收激励，另一个是使创新型初创企业更容易获得“担保基金”。

第一项新法令规定，对创新型初创企业投资的自然人，如果投资额达到 50 万欧元，就可以获得 19% 的投资税收减免。如果减免额大于应纳税总额，则超出的部分可在接下来的几年里扣除（最多为 3 年）；对创新型初创企业进行投资的企业，则可以从应纳税收入中减免其投资额的 20%，减免额最高可达 180 万欧元。如果所投资的创新型初创企业是社会目标领域的，则减免额可提高至 25%；如果所投资的创新型初创企业是专门从事能源领域的高技术产品服务及市场的，则减免额可提高至 27%。总投资额达到 1500 万欧元的创新型初创企业可获得税收激励。

第二项新法令将可获得“担保基金”的企业范围扩大至创新型中小企业。新的程序规定，未经“担保基金”管理人员进行财务评估的企业，仍可以通过银行和信贷集团获得担保资金。

自 2016 年 5 月 17 日起，意大利创新型中小企业获得“担保基金”的程序将被简化，这一新举措允许创新型中小企业在未通过财务报表评估的情况下，亦能获得“担保基金”。“担保基金”是意大利支持中小企业创业的一种手段，为中小企业银行贷款提供公共资金担保。在这一新举措干预下，中小企业能够真正在没有担保的情况下获得银行贷款，对银行来说也是“零风险”，在公司破产的情况下，贷款将通过“担保基金”来偿还，如果“担保基金”被耗尽，则由国家直接偿还。

## （四）对企业研发费用实行新规定

为落实意大利官方公报于 2015 年 8 月 18 日发布的第 139 号法令，2016 年起将对企业研发费用实行新的财务规则，新法令将执行欧洲第 2013/34 号法令，主要变化如下：

研发费用是指企业研究和获得必要的知识以获得新产品、新工艺和新服务所发生的费用，分为基础研究、应用研究和开发费用。在新法令生效前，对基础研究费用的财务处理与应用研究和开发费用的处理是不同的。

从 2016 年起，一方面，基础研究和应用研究的费用将实行同样待遇，不能作为资产出现在资产负债表中；另一方面，开发费用可以资本化，因此可以出现在负债表中，但需要满足如下要求：成本必须是可识别、可测量的、并且与明确定义的工艺或产品有关；项目必须是可行的，即技术上可行；费用必须是能够通过将来的收入收回的。

此外，新法令修改了开发费用的摊销期限，在审计委员会事先同意的情况下，开发费用可以折旧到整个使用期中，但是不晚于5年。

### （五）经济发展部通过了2.1亿欧元的能源研究预算

2016年4月，意大利经济发展部批准通过了“2015—2017年3年能源研究计划”，并为能源研究活动提供2.1亿欧元的研究预算，重点关注可再生能源发展和能效提高。

## 二、吸引和留住人才的重要政策和计划

### （一）推出特殊的签证政策和计划来吸引高素质人才

近年来，意大利科研人才流失严重，在吸引外来人才方面也鲜有好的表现。为此，意大利经济发展部联合其他部门共同推出了吸引外来人才的签证政策和计划。

为了吸引欧盟外具有创新精神的创业者来意大利投资，意大利经济发展部与意大利外交部、劳动部和内政部共同推出了“意大利初创企业签证政策”，这是意大利吸引外资和高素质人力资本的一种战略手段。该政策用一种快速、集中、简化的在线机制，为打算在意大利创办创新型初创企业，或者作为股东加入已有的创新型初创企业的申请者发放工作签证。

此外，政府还推出了“意大利初创企业枢纽计划”，将上述提到的签证“快速通道”扩展至已经持有定期居留许可（如研究型定期居留许可），并且打算到期后留下来创办创新型初创企业的欧盟外公民。这样就可以将居留许可转换成一个“创新型初创企业家许可”，在无须离开意大利境内的情况下，同样从初创企业签证提供的简化措施中受益。

### （二）新的国家研究计划推出留住研究型人才的举措

在2016年5月1日通过的“2015—2020年国家研究计划”（NRP 2015—2020）中，基础研究被给予极大关注，特别是对成功获得欧洲研究委员会（ERC）资助的意大利和外国研究人员给予极大关注。数据证实，当前选择在意大利的高校或者公关研究机构从事研究的ERC资助获得者所占百分比仍然很低。为此，意大利教育大学科研部推出了“吸引ERC资助获得者”的专门行动，针对当前在意大利高校或公共研究机构开展ERC研究活动的研究人员，发布总资助额为1000万欧元的项目征集活动。由候选人通过所在研究机构提交最佳项目，

然后根据国家研究担保委员会设定的标准进行遴选。提交申请的首席研究员将有机会获得最高达5年期ERC项目总金额20%的项目资助（30万～60万欧元不等，基于ERC项目的价值）。

除了2016的项目征集外，教育大学科研部将在2017年和2018年继续发布项目征集活动，每年的资助额将提高到2000万欧元。

## 三、重要的科技统计数据

### （一）研发投入统计

根据意大利国家统计局2016年11月18日发布的最新研发统计数据，按当前价格计算，2014年意大利国内研发总支出（GERD）达到223亿欧元，比2013年增长6.20%；按不变价格计算，同比增长了5.30%。2014年研发强度达到1.38%，而2013年为1.31%。

企业、高等教育部门、政府部门和私营非营利部门的研发支出都较上一年有所增长。其中，企业研发支出比上年增长7.5%，高等教育部门增长6.5%，政府部门增长0.8%，私营非营利部门增长5.5%。

就四大主要研发支出部门在研发总支出中的占比而言，企业与私营非营利部门的研发支出之和在研发总支出中的占比从2013年的57.7%上升至2014年的58.3%；政府的研发支出占比下降了0.7个百分点，从14.0%降至13.3%；高等教育部门的研发支出占比保持相对稳定，从28.3%增至28.4%。

2014年，与研发活动相关的公共和私营部门雇员总数（按全时当量计算）达到24.95万，比2013年增长了1.1%。各部门研发人员数变动情况差别很大，其中，私营非营利机构增加7.2%，企业部门增加3.6%，而高等教育部门减少了2.3%，公共研究部门减少了1.3%。

2014年，研究人员总数（按全时当量计算）达到11.82万，比2013年增加了1.7%。除公共研究部门研发人员总数稍有减少之外（-1.3%），其他部门都有所增加。

根据收集到的临时数据，2015年意大利国内研发总支出比2014年减少了，按当前价格计算减少了1.8%，按不变价格计算减少2.4%。

2016年的临时数据显示，公共研究部门的研发支出减少了1.4%，企业研发支出增长了5.2%，私营非营利机构研发支出增长了2.2%，高等教育部门研发支出数据不可获。

根据政府研发预算拨款或支出（GBAORD）数据，意大利政府对研发活动的支持力度减少了，从2014年的84.50亿欧元降至82.66亿欧元。

## （二）创新综合指标

《2016 年欧洲创新记分牌》报告显示，意大利是一个中等程度的创新国家，其创新绩效在 2011 年之前稳步提高，在 2012 年出现下降，2013—2014 年再次出现增长，2015 年创新绩效略有下降。意大利相对于欧盟的创新绩效从 2008 年的 78% 增至 2015 年的 83%。

意大利在大多数指标上低于欧盟平均水平，特别是在财政支持和企业投资方面差距明显，其中，风险资本投资、海外专利许可和专利收入方面表现最差。但是，就创新者指标而言，意大利优于欧盟的平均水平。

此外，《2016 年全球创新指数报告》显示，意大利创新在全球的总排名为第 29 位，落后于马耳他、捷克和西班牙。但是，意大利在创意和工业原创设计领域表现极佳。

## （三）科技论文统计

根据汤森路透 2015 年对意大利最近 5 年内 21 个主要领域的科学论文统计分析报告，2009—2013 年，意大利发表的科技论文总数达 281 243 篇（至少有 1 名作者为意大利人），其中发表论文数量最多的领域是“空间科学”，其次是“神经科学与行为”和“地球科学”。

从被引情况来看，“空间科学”领域的论文篇均被引次数为 13.46 次，比全球平均水平（9.61 次）高 40%。此外，论文被引率较高的领域还有临床医学（比全球平均水平高出 47%）、物理学（高出 34%）和农业科学（高出 33%）。

## （四）知识产权统计指标

2016 年世界知识产权组织发布的最新知识产权统计指标显示，2015 年，意大利在全球的知识产权申请数量总排名为：专利申请数（居民和海外专利申请总数）排名全球第 11 位，商标申请数排名全球第 11 位，设计数排名全球第 5 位。

（执笔人：盖红波）

# 奥　地　利

2016 年奥地利政府内阁进行改组，联邦交通创新技术部部长两次更迭，奥地利原总统菲舍尔离任，范德贝伦成为新任联邦总统。经济方面根据奥地利银行专家预测，奥地利经济复苏趋势持续，2016 年经济增速为 1.5%。政治和经济的稳定，确保了奥地利科技政策实施得以保障、科研投入持续增长。继续加大推进工业 4.0 发展，制定实施开放创新战略、鼓励大众创业，密切产学研合作，积极投身欧盟合作研发计划，实现 2020 年研发支出 3.76% 的比例和跻身欧盟创新领导者行列是其科研发展的目标。

## 一、持续增加研发投入

据统计预测，2016 年奥地利研发支出比上年（104.4 亿欧元）增长近 3 亿欧元达到 107.4 亿欧元，同比增长 2.9%；研发支出占国内生产总值的 3.07%，在欧盟 28 国内其研发支出比例比上年再升 1 位，位居芬兰、瑞典之后排名第 3 位。

按部门划分，在总投入所占比重最大的是企业。2016 年，奥地利企业共投入 51.4 亿欧元开展研发，占总投入的 47.80%，比去年增长 4.58%。国外研发投入为 17.2 亿欧元，比重占总投入的 16%，标志着奥地利作为研发基地的国际吸引力。奥地利公共财政在 2016 年共支出 38.3 亿欧元的研发经费，占总支出的 35.7%。尽管公共研发支出比例已经处于较高水平，但奥地利政府比对成为创新领导者的目标认为仍应加大支持力度。据奥地利经济研究所 Wifo 预测，要实现到 2020 年研发强度达到 3.76% 的目标，奥地利届时的研发投入总额需达到近 150 亿欧元。

创新投入的不断增强一定程度上提升了奥地利的创新能力。在欧盟发布的 2016 创新能力报告中，奥地利终止了连续 5 年的位次下滑，从 2015 年的 11 位上升为2016年的第10位。在联合国公布的2016年全球创新指数排名中，奥地利全球排名从2015年第18位下滑至第20位，在欧洲范围位居第12位。在系列评比指数中，奥地利分别在政治稳定（第3位）、法制（第8位）、高等教育（第2位）、研发支出比例占GDP比重（第7位）等排名靠前；分别在创业难易度（第80位）、借贷难易度（第53位）、市场投融资（第60位）和新创企业（第81位）评分较低。另据彭博社2016年全球创新综合排名，奥地利位居第13位，比去年上升4个位次。奥地利分别在学者比例及科学研究（第7位）、专利（第13位）和生产力（第14位）等方面占据优势，但在高技术密度方面仅居第30位。

创新能力缓慢提升一方面显示了奥地利政治、经济和科研界近年来所做出的努力及在结构改革方面的有效性和必要性，另一方面显示了在其他工业国家高速发展的背景下奥地利尽管加大了创新投入，但在提升创新体系效率方面的迫切性。

## 二、实施“开放创新战略”

开放创新是创新思维的转变，从“由内到外”到“由外到内”，该理念和实践在全球得到迅速发展和丰富。近年来，奥地利政府在科研创新领域大力投入，但与其制定的“科研、技术、创新”战略目标，跻身欧盟的“创新领导者”行列仍存在较大距离。为此，由奥地利联邦科研经济部和交通创新技术部牵头，在全国范围内开展了开放创新大讨论，以“民主、平等、开放、创新”的方针为指导，举办系列研讨会和公民大讨论活动，谋划适合奥地利未来发展的思路和战略，借此打造未来社会发展新平台和寻找经济发展新动力，寄望成为欧洲乃至世界的创新创业强国。

针对创新体制僵化、行政体制冗繁造成的创新产出太少的情况，“开放创新战略”经由500多名来自科学界、经济界的学者和普通民众进行研讨，秉承“民主、平等、开放、创新”的方针，制定了包含40项举措、核心之一是激发高等院校和科研机构领域的创新动力的战略性文件。2016年2月，奥地利政府就“开放创新战略”的制定开展公众咨询，7月该战略在联邦政府获得通过，后在阿尔卑巴赫技术论坛上正式向社会公布。

奥地利实施“开放创新战略”主要从3个方面抓起，即发展开放创新文化和社会开放创新能力，强势推动开放创新发展的社会资源和框架，以及推动新型跨学科对接合作。在第1个方面针对具体问题划分了五大抓手，分别是加大对创新重要性的认知，加强对开放创新方法、原理及领域等信息的宣传，传播开放组织文化，促进承担风险意识的培养，以及注重失败学。第2个方面划分为6个方向，分别为公民、社会积极参与国家创新举措，更多私人创新投资，更多开放创新资金扶持，顺畅开放创新项目申请渠道，提供更多实验性、跨学科工作机会，以及推广开放创新成果知识产权保护。第 3 个方面主要从跨部门、扩领域合作理念推广，组织合作平台搭建及区域产业集群跨行业、跨国合作优势发挥 3 个方面予以实现。

针对以上 3 个方面，奥地利计划以 12 项举措开展实施创新战略：设立开放创新奖；推广开放创新范例；建立奥地利开放创新联盟；加强扶持，增设对开放创新项目的资助计划；加强引导，创建需求导向机制开展开放创新；广开渠道，优化投融资结构；优化开放创新成果知识产权保护；制定开放创新产品税费优惠政策；推动产业集群合作开放创新；推动建立虚拟、现实开放创新文化、方式方法策略研究机制；推动设立中小企业开放创新能力中心；服务中小企业创新产品市场定位。

## 三、签署 2016—2018 年度大学绩效协议和修正大学法

大学在奥地利科研领域特别是在基础研究领域具有重要地位，近年来奥地利政府一直在加紧推进产学研合作和科研创业。新年度绩效协议和 2002 年大学法的修正案内容对此具有积极促进作用。

奥地利联邦科研经济部与全国 22 所大学签署了新 2016—2018 年度的绩效协议。根据新绩效协议，财政拨款将比上一年度增加 6.15 亿欧元，同比增长 6.8%。在目标定位方面，新协议强化特色研究、推动研究基础设施的共建共享、开展合作国际互联及提升在欧盟项目如“地平线 2020”计划中的角色定位。除此之外，协议还特别强调了开展大学和产业界的互通合作，解决社会问题；在青年科研人员方面增加学术岗位以扩大其学术发展空间。

目前奥地利面临的亟待解决的问题是人才的海外流失，其原因有二：一是因国籍归属不同，对教授晋升的区别对待；二是缺乏制度化教授晋升途径。据 2002 年大学法第 98 款针对教授的考核管理规定，年轻科研人员无法在本校由副教授晋升教授。为此，奥地利将 Tenure-Track-Model 作为大学系列改革目标之一。具体法律修正案于 2016 年 10 月正式生效，使科研人员职业生涯规划向以英美为主的国际标准靠拢，简化程序，使科研人员有望在本校晋升教授，特别是使缩短青年尖端人才的教授之路成为可能。从战略视角，该项措施一方面有助于提升奥地利大学在国际排名中的竞争力，另一方面改变目前奥地利大学教授席位欠缺的窘境。

## 四、促进科研成果产业化

2016 年年初，奥地利联邦科研经济部和奥地利研究促进署宣布在知识转化和产学研结合领域启动四大资助计划。奥地利政府希望通过系列资助计划的实施，重点扶持中小企业开拓新市场，巩固奥地利优势领域的创新地位。四大资助计划分别为：①“COIN Aufbau”，中长期资助小型研究机构和高等专业学校，用以在特定领域提升专业技术能力。项目总金额为 900 万欧元，单项申请额度可达 200 万欧元，执行期可达 5 年（无技术领域限制）。②“COIN Netzwerke”，中长期资助高等专业学校或研究机构与企业开展合作，重点为中小企业。项目具体内容不仅包括联合创新成果的转化，同时扶持产学研可持续转换网络的建设。目前项目总金额为 450 万欧元，单项申请额度可达 50 万欧元，项目执行期 2 ～3 年。③“Forschungskompetenzen fur die Wirtschaft”，扶持高校和企业联合开展新型特殊培训。项目执行期为 1 ～2 年，项目方包括至少 3 家中小企业和 1 家高校，并建立长期合作模式。项目总金额为 510 万欧元，单项金额可达 50 万欧元。④新“Research Studios Austria”计划，扶持小型科研机构的科研成果迅速市场化。项目资金预算为 1050 万欧元，重点支持领域为工业 4. 0，能源环保技术和生物技术。

## 五、继续推进工业 4. 0 发展

奥地利在 2016 年继续推进工业 4. 0 发展。2016 年奥地利共计投入 1. 25 亿欧元用于开展工业 4. 0 研发，其中包括继 2015 年在 Wiener Seestadt 建立的第 1 家工业 4. 0 实验工厂后，新建 3 家实验工厂；新增设 4 个基金教授席位等。同时奥地利创新部履行在 2015 年 Alpbach 技术论坛上的承诺，投入 5 亿欧元实施 Turbopaket Technologie“涡轮增压一揽子计划”以缩短技术研发和产品上市周期；其他相关技术扶持计划如 Produktionder Zukunft（未来产品）将增加资金 400 万欧元，总资金池达 1850 万欧元；新设生产辅助系统研发项目资助资金（约 400 万欧元）；以及宽带扩容计划资金 4 亿欧元。

## 六、扶持创业企业和中小企业发展

基于奥地利“开放创新战略”和“创业者之国战略”，2016 年，奥地利对创业企业和占全国企业总数 99% 以上的中小企业实施了创业扶持计划和引导措施。

2016 年 7 月，奥地利联邦政府推出了“一揽子创业扶持计划”。计划内容为

3 年内为创业相关者提供约 1.85 亿欧元资金，目标为创造新的就业岗位和至 2020 年 5 万个新创企业。具体举措包括：为创新创业企业提供至多 3 个名额的员工工资补贴；向奥地利经济服务公司 AWS 的商业天使基金注资；向 AWS 种子基金注资 2000 万欧元；对投资创新初创公司的投资者进行资金风险担保，每年累计投资达 25 万欧元者最多可获得 20% 的投资返还；对中小企业融资公司至多 15 000 欧元的所得税务减免；面向初创企业成立数字化一站式服务；效仿苏黎世联邦工学院模式设立大学创业奖学金；实施新的创业签证；筹建紧缺职业岗位清单，提供人才来源；研究促进署和经济服务公司的 24 小时快速资金申请。

此外，奥地利联邦交通创新技术部联合奥地利专利局共同推出针对初创企业的“一揽子”知识产权保护扶持措施，用于保护技术发明、商标及外观设计等企业初创阶段商业运作的基础。根据相关条款，初创企业可向奥地利研究促进署申请获得最高 1 万欧元“专利支票”（占企业知识产权相关支出的 80%），用于支付包括专利咨询、国内外专利费及专利律师等费用。奥地利专利局自 2016 年 10 月 17 日起推出“临时专利申请”（PRIO），在创新初始阶段即对企业应对未来市场竞争开展保护；在品牌保护方面，专利局推出了快速通道，实施线上申请，缩短流程在数周之内。

（执笔人：周顺杰）

# 捷　　克

2016年捷克努力维稳政局，基本保持了经济和社会的平稳发展，GDP有望增长2.4%，同时政府继续推动科研创新改革，提高政府科研投入，加大科研基础设施建设，鼓励科研成果产业化，并积极促进对外科技合作，促进科技的发展。

## 一、国家的科技政策动向

### （一）颁布《2016—2020年国家研发创新政策》

捷克政府于2016年年初批准通过了《2016—2020年国家研发创新政策》。捷克未来几年将根据经济和社会发展的需求，重点发展应用型研究。此外，捷克还将改进科研管理和经费资助体系，希望取得更多前沿科技成果，并鼓励企业广泛参与科研成果产业化。为了大力促进捷克的经济发展，政策确定的重点发展的应用研究领域包括生物技术、纳米技术、数字经济、自动化、航空和铁路交通，以及机械、电子、钢铁和能源等传统领域。此外，文化和创意产业也在重点领域中有所体现。《2016—2020国家研发创新政策》明确了捷克科技发展过程中亟须完善的5方面工作：①整合科研管理部门：整合现有科研管理部门，设立一个全新的政府部门——研究发展部，统一负责科研院所的科研经费管理，并对外负责开展政府间国际科技合作和科技外交工作。②推动科研机构创新：改进科研机构评估体系，推动取得更多尖端科研成果并实现产业化；鼓励科研人员开展国际合作；对研究中心和大型科研基础设施的经费投入遵循公开透明的原则。③加强公立机构与私营机构的合作：通过改进科研经费的评估和使用方式，促进科研人员与企业开展合作。捷克现有的部分研究机构将改造成应用研究中心，公立研究机构的科研设备也将对企业开放，用于开展研发工作。④鼓励企业创新：通过国家创新基金等财政和服务激励的方式促进中小企业开展研发工作。⑤明确战略发展方向：根据面临的挑战和发展需要及时确定重点发展的相关领域。

## （二）更新完善“智能专业化的研究创新战略”

2016 年 7 月，捷克政府进一步完善了“智能专业化的研究创新战略”（RIS3 战略），确定了七大科研创新优先发展领域，分别是：数字技术与电子工程、21 世纪的车辆、先进装备与工业技术、尖端医疗与前沿医学、文化与创意产业、农业与环境、社会挑战。“RIS3 战略”旨在推动整合欧盟结构项目资金、国家资金和企业研发投入等资源，重点发展最有前景的研发领域，提高捷克的竞争力。

## （三）改革科研创新管理法案，推动成立研究与发展部

2016 年 8 月，捷克政府通过了改革研发与创新工作法案的纲要，内容包括 2017 年成立一个全新的政府部门——研究发展部，负责统一管理科研经费，整合科研机构协调发展，制定国家科技发展政策，以及确定科研优先发展领域。该部的成立旨在推动国内经济发展，提高国家竞争力。

## （四）改革科研评估体系，提高科研资金的使用效率和透明度

捷克研发创新理事会将自 2017 年逐步启动全新的科研评估体系，以改变以往科研评估重科研成果数量、轻科研成果质量的现象。新评估体系将与国际标准接轨，国外专家也将参与科研评估工作。基础研究和应用研究将设不同评估标准。该评估体系将在 2017—2019 年 3 年内逐步得到完善，2020 年起将每 5 年周期性地开展全面评估工作。

## （五）批准通过《捷克工业 4.0 倡议》

2016 年 8 月，捷克政府批准通过《捷克工业 4.0 倡议》。该倡议概括介绍了第四次工业革命的相关信息，指出捷克经济和产业的发展方向，并提出一些建议措施。捷克工业 4.0 的具体行动方案将于 2017 年发布。

## （六）捷克政府批准《下一代互联网发展规划》

捷克政府于 2016 年 2 月批准了《下一代互联网发展规划》，该规划预计将提取约 140 亿捷克克朗（约合 5.8 亿美元）的欧盟基金。《下一代互联网发展规划》计划在未来几年内使捷克各城镇的互联网至少达到 30 兆带宽。目前，该带宽的网络已覆盖 64% 的捷克家庭，高于欧盟平均水平，但在捷克乡村地区的覆盖率远低于欧盟平均水平。

### （七）捷克农业部发布“2016—2020 年研发创新战略”

2016 年 5 月，捷克政府批准通过了农业部“2016—2020 年研发创新战略”。该战略旨在确保国家和欧盟境内的食品安全，助力实现国家能源自给，提高行业效率和竞争力，推动景观保护，促进农村发展与休闲开发，并积极应对气候变化问题。战略提出将通过研发与技术支持发展创新农业和林业，其中将重点发展的三大优先领域包括：自然资源的可持续管理、农业和林业的可持续发展、可持续的食品生产体系。确定的九大研究方向包括土壤、水、生物多样性、林业、农作物种植与植物健康、动物养殖和兽医医学、食品生产、农业、生物经济。

### （八）增设捷克驻美国科技外交官

捷克政府拟于 2017 年 1 月向美国派驻科技外交官，加强两国科研机构和企业在科研创新和成果产业化领域的合作。捷克政府曾于 2015 年秋季向以色列派驻了第一位科技外交官。

## 二、国家研发创新投入情况

捷克共和国近两年的全社会研发投入已占 GDP 的 2% 左右。2016 年的政府科研创新经费预算为 286 亿捷克克朗，比去年增长 21 亿捷克克朗。为了确保公共研发经费持续稳定的增长，2016 年 5 月，捷克政府还批准通过了 2017 年政府研发创新预算，总额达 327 亿捷克克朗，提高了用于基础研究建设的经费、研究机构的事业费和国际合作经费。为了改善捷克科研成果产业化的商业环境，提高捷克的国家竞争力，捷克公共研发经费将聚焦于国家经济和社会发展的需要，推动应用研究中心的建设，重点支持应用研发工作。

按部门而言，捷克教育青年体育部（MSMT）2017 年将新增经费 11 亿捷克克朗，用以匹配欧盟研发教育运行经费；捷克技术署（TACR）2016 年的经费预算为 29 亿捷克克朗，2017 年将增加 6 亿捷克克朗，新增经费主要是用于开展伊普西隆（EPSILON）计划，重点支持研发新产品、新技术工艺和服务；捷克科学基金署（GACR）作为主要支持基础研究的部门，2016 年经费预算达 38 亿捷克克朗，2017 年还将增加 4 亿捷克克朗；捷克科学院（CAS）2016 年的经费预算为 48 亿捷克克朗，2017 年将新增 3 亿捷克克朗；其余的经费预算主要用于支持大学和各部门的研究机构开展科研工作。

## 三、国家科技计划更新

### （一）教育青年体育部启动“卓越计划”

捷克教育青年体育部作为捷克政府对外科技合作协定项目的主要执行机构，2016 年整合了以往双边国际科技合作项目，新启动了“卓越计划”项目，下设 6 个子计划项目，分别用以支持捷克政府对外开展双边和多边的研发国际合作，鼓励捷克科研人员参与欧洲研究区域（ERA）建设，以及推动捷克科研机构深入开展尤里卡（EUREKA）国际应用研究项目计划。

### （二）技术署设立新项目计划支持开展应用研究

2016 年，捷克技术署新设立泽塔计划（Zeta Program），支持青年科研人员开展产学研合作。泽塔计划项目将于 2017—2025 年实施，总经费达 8.47 亿捷克克朗（约合 3600 万美元），其中 7.2 亿捷克克朗来自国内财政经费。项目将于 2016—2021 年进行征集，每个项目执行期为 1 ～2 年，企业和研究机构的青年科研人员都可提交项目申请，每个项目的最大资助额度为总经费的 85% 。

### （三）积极参与欧盟“地平线 2020”计划

截至 2016 年 7 月，捷克共向“地平线 2020”计划提交了 3271 份项目申请，占欧盟 28 个成员国总申请数量的 1.26% ，比 2015 年的 1573 份项目申请增长了 1 倍。其中 360 个项目申请机构共获得 9109 万欧元的资金支持，成功率为 11.5% ，在欧盟成员国中排列第 16 位，比 2015 年获得的 4696 多万欧元的项目资金增长了 1 倍左右。捷克参与该计划中合作最为密切的 5 个欧盟国家依次为德国、意大利、西班牙、法国和英国。

## 四、重要科研基础设施建设与运行

2016 年，捷克利用欧盟资金兴建的大型综合科研基础研究设施建设工作稳步推进。

捷克光束线激光中心（ELI）按计划在进行室内装置组建安装。该中心已由来自 13 个国家 40 个研究所的科研人员共同参与建设和运行。作为捷克几十年以来较大的科学装置项目之一，ELI 因涵盖高能超快光子束线和粒子束线，为基础研究和高科技领域带来前所未有的技术手段，将对相关学科和领域产生很强的带动和辐射作用，尤其在物理和生命科学等领域做出很多尖端的研究工作，带动捷克物理科学、材料科学、生命科学及光学工程等相关学科的发展，有迅速进入国际一流水平的可能。

捷克生物技术与生物医学中心（BIOCEV）于2016年6月正式运行启动。目前，该中心已明确五大研究方向：功能基因组学、分子生物与病毒学、结构生物学与蛋白质工程、生物材料与组织工程学、诊断与治疗研究。该中心拥有的6项现代核心研究技术设施包括：表型基因组研究分析中心；分子结构研究分析中心；显微镜成像技术；定量与数字聚合酶链反应（PCR）技术；脱氧核糖核酸（DNA）、核糖核酸（RNA）与蛋白质的组学（OMICS）分析技术；低温贮存细胞、小鼠精子和胚胎技术。已组建的56个研究团队拥有近400名研究人员，其中1/3来自澳大利亚、加拿大、法国、乌克兰、波兰和德国。该国际化的研究团队曾取得过320余项科研成果。

（执笔人：谷　敏　郭晓林）

# 塞尔维亚

2016 年 4 月，塞尔维亚提前举行大选，前进党联盟胜选继续执政，新政府的领导人依然是武契奇总理，新政府治国的优先关注点依然集中在基础设施建设、创新和贸易三大领域。创新与科技密切相关，由此可见科技的发展依然是新政府的重点。虽然新老政府的执政党都是前进党联盟，但新政府组阁花费了近 4 个月的时间。保持原名的塞尔维亚教育科技发展部不但更换了部长，还更换了负责科技事务的国务秘书。新科技国务秘书到位，已经是 2016 年 9 月中旬，以致教育科技发展部在相当长的一段时间里处于看守的状态。

## 一、明确国家创新战略目标

按照塞尔维亚政府的设想，2015 年是设计之年，2016 年是实施计划之年。前教育科技发展部在世界银行的帮助下精心编写制定的《塞尔维亚 2016—2020 年国家创新战略——“科研与创新”》于 2016 年 3 月 3 日被政府正式采纳，看上去开局顺利，但随后的一系列事件导致塞尔维亚科技发展的步伐大大减缓。一是 2015 年因为裁员和低薪酬引发部分教师长时间罢教抗议；二是 2016 年 4 月 13 日宣布的、涉及 1 亿多美元经费预算的、与《塞尔维亚 2016—2020 年国家创新战略——“科研与创新”》配套的《塞尔维亚 2016—2020 年国家科研竞争性项目征集方案》出台不到 1 个月，就被以民主投票的方式予以否决，理由是科学家还不适应竞争经费的机制；三是塞尔维亚提前大选。三大事件中，尤以《塞尔维亚 2016—2020 年国家科研竞争性项目征集方案》被否决的后果对塞尔维亚科技发展的影响最大最深远，因为它直接延缓了《塞尔维亚 2016—2020 年国家创新战略——“科研与创新”》的步伐。随后，教育科技发展部召集科技界各部门代表，起草制定了竞争条款和相关细则，但在 2016 年 11 月新方案再次被延迟。之后，在新一届教育科技发展部的百日施政报告中，披露了未来经费分配的可能模式。塞尔维亚教育科技发展部正在准备对塞尔维亚科研院所进行评估，评估分两步：一是科研院所的自我评估和来自外部的评估；二是采用“智能专业化战略”（Smart Specialization Strategy）对科研院所“量体裁衣”，根据被评估科研院所的自身情况制订出能最大限度发挥被评估院所自身优势的计划。这些评估最终将直接影响科研经费的分配方案。

尽管塞尔维亚在科技改革中遇到一些问题，其主管部门未能如期实施《塞尔维亚 2016—2020 年国家创新战略——“科研与创新”》，但走创新之路已经成为塞尔维亚不可逆转的发展方向。根据教育科技发展部 11 月 21 日发布的百日施政报告，正在制定执行《塞尔维亚 2016—2020 年国家创新战略——“科研与创新”》的行动方案。《塞尔维亚 2016—2020 年国家创新战略——“科研与创新”》中明确了两个科研发展目标：一是融入欧盟科研系统；二是为塞尔维亚发展知识经济而努力。

## 二、加强基础设施建设

2016 年，塞尔维亚在科研重大基础设施的建设方面：一是利用欧洲发展银行的贷款在克鲁古耶瓦茨大学兴建占地 11 500 平方米的生物医学中心。建成后的医学中心将包括干细胞库、分子和细胞学研究室、药物学研究室等机构和设施；二是塞尔维亚天文台在塞尔维亚南部高山区 Vidojevica 天文观察站安装一台口径 1.4 米的天文望远镜。该天文望远镜的口径之大和功能之新在东南欧都是首屈一指。

## 三、加强国际合作

近年来，塞尔维亚非常重视国际科研合作和地区性科研合作。加入欧盟“地平线 2020”计划和参加“西巴尔干研究与创新中心”是塞尔维亚教育科技发展部 2015 年的两大政绩。欧盟也通过其他的合作计划和援助继续帮助指导塞尔维亚朝一体化方向前进。例如，2016 年 11 月，多瑙河流域各国负责科技部门的代表和来自欧盟的代表在斯洛伐克举行了欧盟多瑙河流域战略第五次年度论坛，讨论国家层面上的科研与创新合作，包括各自设立创新基金，支持科研成果转化，投资于人力资源和培养年轻科学家，以及应用“智能专业化战略”分析各参与国的优势并发表了共同宣言：“负责科研创新部长们的联合宣言”（Joint Statement of Ministers Responsible for Research and Innovation）。早些时候，也是在欧盟的组织和参与下，塞尔维亚和其他西巴尔干国家在马德里召开的地区合作会议上讨论了相互开放科研资料的议题。尽管塞尔维亚教育科技发展部在征集国家科研项目时，其拟实行的竞争机制受到强烈抵制，但塞尔维亚教育科技发展部在征集国际科研合作项目中实行竞争机制却无人非议。值得一提的是，2016 年6 月，中国国家主席习近平访问塞尔维亚时，两国政府签署了“共同资助科研项目”的协议。塞尔维亚在科研经费并不宽裕的情况下，拨专款 100 万美元用于此项合作。

## 四、重点发展信息技术领域

塞尔维亚政府选择了信息产业作为创新的重点产业，着力打造数字化社会。根据世界银行的资料，塞尔维亚 IT 产业产值只占其 GDP 的 4%，IT 从业人员仅占就业人员的 2%，因而认为发展数字产业的潜力很大。2016 年伊始，塞尔维亚政府就宣布从 1 月 4 日起采用电子办公的方式审批建筑许可的申请，并宣布将和美国 CISCO 公司合作，在塞尔维亚所有的中小学里安装无线网络，用以提高教育质量。2016 年 8 月下旬，新政府刚成立就宣布将成立部长级领导牵头的、专一负责 IT 事务的工作小组，希望通过更多的 IT 技术市场化，使得其 IT 产品出口额能在 2 年内有大幅度的增长。据塞尔维亚总理经济和投资顾问的预测，到 2020 年，塞尔维亚的 IT 产品出口产值将达到 10 亿欧元。配合政府的大政方针，教育科技发展部也将 IT 专业纳入全国中小学的必修课程。

（执笔人：陈永宁）

# 保加利亚

2016年，保加利亚创新表现仍处于欧盟中后位置，但是总体上保持改善态势，一方面表现在其创新指标取得进步；另一方面表现在研发支出有较大增长，尽管政府投入有所减少，但是企业投入大幅增加，海外投资稳步增长。在科技创新体系方面，保加利亚政府开启了改革之年，主要科技部门都进行了人事和机构重组，并且出台了新的国家科研发展战略，启动了卓越中心和能力中心建设。

## 一、创新指标有进步

从全球创新评价结果来看，保加利亚的创新指标有所改善，居全球中上游，但在欧盟中仍属于创新表现较落后的国家之一。根据康奈尔大学、世界知识产权组织和欧洲工商管理学院联合发布的《2016年全球创新指数》，保加利亚在参评的128个经济体中的总体创新指数排名第38位，比上一年上升1位，在欧盟28个成员国中排在波兰（39位）、希腊（40位）、克罗地亚（47位）和罗马尼亚（48位）之前，是迄今表现最好的一次。另据世界经济论坛发布的《2016—2017年全球竞争力报告》，在参评的138个经济体中，保加利亚总体竞争力指标排名第50位，较上一年上升4位，在创新能力指数上排名第65位，较以往有所进步。但是，根据欧盟发布的《2016年欧洲创新记分牌》，保加利亚排名倒数第2位，仅排在罗马尼亚之前，二者同属一般创新国。

## 二、研发支出明显增加

根据保加利亚政府发布的最新初步统计数据，保加利亚2015年度GDP为886亿列弗（约合454亿欧元），国内研发支出总额为8.47亿列弗（约合4.34亿欧元），比2014年增长了29%，研发强度达到0.95%，但是仍低于欧盟2%的平均水平。从近两年研发支出的增速来看，保加利亚计划到 2020 年把研发支出占 GDP 的比例提升至 1.5% 的目标很有可能实现。不过，政府的研发投入实际上在不断下降，比上一年下降了 1.4% 。保加利亚研发支出总额大幅增加的主要原因是：企业增加了研发支出，较上一年大幅增长 113.0% ，其中本土企业的支出增幅为 123.0% ，外资企业研发支出的增幅为 12.5% ；需要注意的是，企业研发支出中，外资企业虽然占比有所下降，仍占一半以上，仍是保加利亚研发支出的最大来源。总体而言，政府、本土企业、海外资金（包括欧盟提供的研发经费和外资企业研发支出）作为三大资金来源，分别占 2015 年研发支出的 20% 、33% 和 44% 。

## 三、教科部改革现状

在推动科技发展方面，教科部以往的表现可以说是低效、无力、问题重重。教科部不但未能有效执行国家科研战略，不能推动落实以科技创新活动促进经济发展的战略目标，而且其下属的科学基金会由于缺乏监管、管理混乱，自 2011 年以来一直处于腐败丑闻和混乱之中，未能有效履行其主要职能，广为科学界所诟病。最近 5 年，教科部部长几乎一年一换，但是在革弊鼎新方面均无建树。这些部长往往是教育家或科学家出身的专业人士，然而教科部的问题积弊日久，牵涉到政界千丝万缕的多方利益，恐怕缺乏政界人脉的专业人士难以应对。

保加利亚原教科部部长因政治等原因于 2016 年 2 月初辞职，国民议会任命副总理梅格丽娜·库列娃女士兼任教科部部长。库列娃就任部长后，负责基础教育的副部长、负责科学和高等教育的副部长、负责欧盟项目的副部长都先后辞职或被解职，到 4 月中旬，教科部领导班子已全部更换。此次库列娃被任命兼任教科部部长，显然意在借重其作为副总理及联合执政党之一的副主席的政治资源和政治能力，有效推动教科部人事和机构等方面的重大变革。库列娃上任后不久即签署了对该部科学司进行机构调整的命令，随后着手对科学基金会进行改革，除了机构重组、人员更换之外，还全面修订了科学基金会的规章制度。

## 四、颁布新的国家科研发展战略

在教科部的所有改革措施中，最值得关注的是 2016 年 6 月颁布的新的国家科研发展战略草案，并于 10 月经议会批准颁布。新战略全面采纳了欧盟政策支持项目报告的有关建议，提出了 2025 年的新目标，调整了公立机构和企业研发投入比例。

### （一）全面采纳欧盟政策支持项目报告的建议

保加利亚政府积极融入欧洲研究区（ERA）以带动本国科技发展，其科技政策制定过程也极为重视欧盟的经验和意见，成为首个接受欧盟政策支持项目指导的国家。新版国家科研发展战略基本上全盘采纳了欧盟政策支持项目报告中提供的建议：增加研发支出；改革科研体系，包括加强部门协调，改革科研管理机构，完善科研项目评审流程等；集中资源支持高水平科研单位，包括利用欧盟资金建设部分科研卓越中心以加强科研基础设施建设；重视发展科技人力资源，采取包括设立欧盟科研基金联络办公室等措施以帮助科研人员和创新型企业申请欧盟项目，采取设立博士后制度等措施以建立科研职业激励制度；鼓励科研单位与企业合作，强调促进科研单位、企业、社会团体形成伙伴合作关系。

### （二）设定 2020 年和 2025 年的新目标

新版国家科研发展战略重申了到 2020 年实现全国研发支出占 GDP 的比例达到 1.5% 的目标，并进一步提出到 2025 年实现 2% 的目标。公共研发支出到 2020 年将达到 8.2 亿列弗（约合 4. 1 亿欧元），其中包括保加利亚政府预算投入的 3.2 亿列弗和欧盟“面向智慧增长的科学和教育”计划提供的 5 亿列弗资金。新版国家科研发展战略在 2020 年目标中，将公共研发支出占 GDP 的比例从原先设定的 0.70% 调低至 0.45%，企业研发支出的比例则相应地从原先设定的 0.80% 调高至 1.05%。

从新版国家科研发展战略设定的研发投入目标可以看出，尽管保加利亚政府宣布要大幅提高研发支出，却无意于增加政府研发支出，而是把提高研发支出的希望放在海外资金，特别是欧盟资金上。到 2020 年，保加利亚政府投入占全国研发支出和公共研发支出的比例双双下调，而公共研发支出中欧盟资金将占 60%，保加利亚政府投入仅占 40%；目前，海外资金占保加利亚企业研发支出的一半以上，要实现调高企业研发支出的目标，离不开海外资金的支持。

## 五、启动卓越中心和能力中心建设

2016 年 8 月，保加利亚教科部宣布，未来 5 年利用欧盟“面向智慧增长的科学和教育”计划提供的资金，建设 4 个卓越中心和 8 个能力中心。这是保加利亚落实新版国家科研发展战略、提高研发支出的重要举措。

欧盟资金将被主要用于购置先进科研设备和建设两类中心的场所。根据规划，资金投入总额为 3.5 亿列弗资金（约合 1.75 亿欧元），其中 4 个卓越中心面向基础研究，总共投入 2 亿列弗，每个卓越中心的投入为 3000 万～7000 万列弗；

8 个能力中心面向应用研究，总共投入 1.5 亿列弗，每个能力中心的投入为 2700 万～4800 万列弗。预计 4 个卓越中心将新增 70 多个高级科研岗位，与企业开展至少 40 个合作项目；8 个能力中心将新增 100 多个高级科研岗位，与企业开展至少 110 个合作项目。卓越中心和能力中心涉及的领域均是智慧专业化创新战略确定的“机械电子与清洁能源技术”“信息通信技术”“健康产业与生物技术”“创意与休闲新技术”及其细分领域。

卓越中心和能力中心是保加利亚利用欧盟资金实现本国科研基础设施现代化的主要途径，是落实本国科研发展战略的重要举措。这两类中心以芬兰、瑞典、德国等西欧发达国家类似机构为样板，有望在建成后成为吸引本国和海外高水平专业人才的平台，将与欧洲一流研究中心建立战略合作伙伴关系。两类中心定位不同，建设和运行的目标也不一样。卓越中心面向对象以科研机构为主，从事有市场前景的基础研究工作，重在培养一流的学术研究能力；能力中心主要面向对象以企业或有企业化前景的科研机构为主，从事面向市场的应用开发和产品的商业化，重在培养一流的创新创业能力。保加利亚政府希望通过中心的建设，集中资源支持高水平科研单位，同时促进科研院所、高等院校和企业的合作，推动智慧专业化战略的实施，提高科技经济竞争力。

保加利亚具备较高研发水平的机构均可申报卓越中心和能力中心。一般来说，有资格申报的机构包括保加利亚科学院和农业科学院的部分研究所、部分其他科研院所、大学、企业及相关产业创新集群。卓越中心和能力中心建设将依托申报单位，或者新建科研基础设施，或者升级改造既有科研基础设施，所需资金全部由欧盟提供，不需要申报单位提供配套资金。保加利亚政府自 2016 年 8 月 22 日开始接受卓越中心和能力中心的申报，历经 5 个月至次年 1 月 23 日截止，然后由欧盟专家组进行为期 3 个月的评估，最后由欧盟批准同意，到 2017 年 5 月可确定入选名单。保加利亚政府认为中心应具备 2 个特征，一要强调资源集中，二要强调协同效应，所以申报单位力量不宜分散，鼓励各有关单位组成联合体进行申报，特别提出企业应作为中心的参与组成部分。

## 六、科学院与农业科学院改革

近些年，由于预算大幅削减，保加利亚科学院一直受到经费不足和人才流失的困扰，迄今没有丝毫改善的迹象，反而趋于恶化。科学院的科学家为抗议薪水过低多次准备上街进行示威，都被时任院长沃德尼恰罗夫阻止，同时他也被认为没有做出足够努力争取增加预算，再加上科学院内部薪酬分配矛盾突出，科学院内部的积怨终于在 2016 年 1 月爆发，沃德尼恰罗夫在科学院代表大会上受到弹劾，最后在表决中仅以几票的优势勉强过关保住院长职位，威信严重受损，在剩余不足1年的任期里再没有什么大的作为。2016年12月1日，科学院代表大会选举朱利安·瑞瓦斯基院士为新任院长，任期4年。瑞瓦斯基表示，未来将着重维护和发展科学院的科研潜力，保持科学院的可持续发展能力，主要面对的挑战是如何留住青年科技人员和吸引海外保裔科研人员，以缓解科研队伍人员老化，如何争取更多的政府预算和争取来自欧盟及企业的项目资金。

保加利亚农业科学院则在2016年维持了主要领导的稳定，院长续任4年，为推进后续改革保障了领导基础。7月，保加利亚政府通过了农业科学院法案修正案，提出多项改革措施：一是农科院将拥有更大的财政自主权，实行绩效工资改革，预计将大大激励科研人员的工作积极性，科研产出将增加，收入也将随之显著提高；二是农科院将引入部分企业家作为理事会成员，以求加强学院与企业界的联系与合作；三是农科院下属的各实验站和实验基地将并入相关研究所，作为研究所开展示范和培训的组成部门；四是农科院将成立3个研究与创新中心，分别是农业、食品及资源可持续管理研究与创新中心，畜牧、渔业、水产研究与创新中心，遗产基因研究中心与植物育种协作网。

（执笔人：罗　青）

# 俄　罗　斯

2016 年，俄罗斯虽然继续遭受西方经济制裁，国内经济持续低迷，但俄罗斯对本国科技发展战略意义的认识丝毫没有动摇，致力于打造创新发展现代体系的努力也从没有间断。俄罗斯政府一方面组建专业机构，另一方面制定惠及全社会的科技政策，以此促进现代创新发展体系的形成。特别是俄罗斯于 2016 年年底出台了《俄罗斯联邦科学技术发展战略》，将其置于与《俄罗斯联邦国家安全战略》同等重要的位置，用以指导未来 10 ～15 年俄罗斯科技创新领域的发展。未来，随着《俄罗斯联邦科学技术发展战略》的实施，俄罗斯经济复苏和科技创新能力提升值得期待。

## 一、科技创新发展成效

近年来，俄罗斯科学技术发展出现了一系列显著变化，基础科学研究不但在国家科学技术发展全局中牢牢占据基础性地位，在国际上也变得更有竞争力，据 2016 年 1 月下旬彭博新闻社发布的创新国家排名，俄罗斯排名提升至第 12 名。

首先，论文发表数量呈逐年增加态势。从 2013 年开始，俄罗斯扭转了在国际期刊发表论文数量下降的趋势，保持了连续 4 年的增长。2013—2014 年，俄罗斯研究人员发文在国际科学刊物中的占比为 2. 11% ，至 2016 年年初，这一数值达到 2. 28% ，近 3 年同行评议的文章分别为 29 010 篇、30 044 篇和 31 542 篇。2015 年，俄罗斯高校发表的科学论文数量占俄罗斯发表全部论文总数的 39. 8% ，联邦科研机构管理署所辖科研院所占比为 32. 8% ，合作发表论文占比 14. 4% ，俄罗斯高校发表论文数已超过科研院所。

其次，成功遏制科研人员数量减少态势。从 2014 年起，实现了 25 年来俄罗斯科研人才数量的首次增长，当年研究人员总数增加了 4500 人，2015 年又比 2014 年增加了 6588 人，其中 39 岁以下青年研究人员增长了 3. 6% ，占研究人员总数的 44.9%。

最后，科研经费稳步增长。2014 年，全俄罗斯研发总支出达 8475 亿卢布，占 GDP 的 1.19%，同比增长 13%；2012—2015 年，国家级基金会资助金额翻了近两番；2015 年，俄罗斯支持基础和探索性研究的经费由 2012 年的 850 亿卢布增加到 1000 亿卢布。

## 二、科技和创新领域的主要政策

### （一）出台《俄罗斯联邦科学技术发展战略》

2016 年 12 月 1 日，俄罗斯联邦总统普京签署第 642 号总统令，正式批准实施《俄罗斯联邦科学技术发展战略》（以下简称《战略》）。俄罗斯在制定《战略》构想之初，就提出将“设置一个使俄罗斯本国科学技术有能力解决全球性课题的目标”作为基本任务。普京指出，《战略》在法律上等同于《俄罗斯联邦国家安全战略》。《战略》是俄罗斯在中长期（至 2035 年）制订行业科技发展战略规划、联邦级国家计划、联邦主体国家计划，以及国有企业和国有股份公司专项计划的基础性文件。

制定《战略》的核心目的是明确国家中长期科技发展目标任务、战略方向、重点领域和发展前景，规定国家科技政策的基本原则、主要内容和保障措施，确定实施步骤，并对预期成果做出研判，保障俄罗斯实现长期可持续快速均衡发展。《战略》规定，俄罗斯计划在未来 10～15 年实现科技发展重点领域的一系列转变。一是采用先进的数字和智能制造技术、机器人制造系统、新型材料和新型结构设计方法、大数据处理、机器人学习和人工智能技术；二是发展节能环保型经济，提高碳氢原料的开采和深加工效率，开发新能源及其输送和存储方法；三是实现个性化医疗与精准医疗，合理利用包括抗生素在内的各类药物；四是大力发展高效环保农产品和水产品加工业，研究推广化学与生物制剂平衡使用的动植物保护方法；五是防范打击可对社会、经济和国家构成威胁的各类危险源；六是建立智能交通通信系统，在开发领空、太空、大洋、南极、北极等方面占据世界领导地位；七是采用人文科学与社会科学方法推动人与自然、人与技术，以及社会组织之间的良性互动。《战略》实施分为 2 个步骤：第 1 阶段 2017—2019 年，第 2 阶段 2020—2025 年及以后。

### （二）启动新版《俄罗斯联邦科学技术创新法》编制工作

由俄罗斯联邦教科部等部门牵头启动编制的《俄罗斯联邦科学技术创新法》将取代 1996 年颁布的《俄罗斯联邦科学与国家科技政策法》。新版科学法将更加全面、更具系统性和更具划时代意义。其主要宗旨是积极支持有创意的科学家、科研团队和参与科研活动的机构及科技创新发展，为发明创造提供适宜的环境，为科研工作者职业生涯和个人价值自我实现创造条件，建立基于科学家声誉的透明清晰的科学职业生涯原则并形成支撑科研开发最优成果的开放竞争体系。新版科学法将是推动俄罗斯科技立法全面现代化，促进科技活动成果转化利用效率的基础性文件。新版科学法草案计划于 2016 年年底前提交各有关联邦权力执行机构征求意见，2017 年中期完成文本准备，2018 年提交国家杜马批准。

### （三）联邦科研机构管理署提交优先发展项目

俄罗斯联邦科研机构管理署科学协调委员会分 4 批确定了 77 个涉及俄罗斯科学发展优先方向的项目，这些项目与俄罗斯科学院、教科部和相关联邦权力机构进行协商后确定。其中项目内容如下。

数学、物理、信息和技术科学分部提出的项目涉及加速器和核物理技术项目、高能物理和基本粒子物理项目、人工智能聚集方法和数据分析保护项目、光子学项目、自然科学和工程学中的大规模超级计算机数学建模项目等。

化学科学分部提出的项目涉及物化涂层、替代能源、新材料和物质项目，资源及能效催化剂项目，高能材料、技术及其应用项目，结构和复合材料项目，研制和推广用于重要疾病治疗的俄罗斯本土创新药剂项目，微电子和化学能元器件项目，资源节约型烃加工及原料再生项目，基于分子系统的有机合成及前景材料项目，通过物化法为高科技提供功能性无机材料项目等。

人文科学分部提出的项目涉及经济发展和现代化战略新理论项目，俄罗斯全球发展和战略利益项目，俄罗斯社会经济空间项目，在社会和文化变革时代下的俄语和俄罗斯民族语言项目，俄罗斯历史文化遗产和精神财富项目，历史进程、社会转型和社会潜力项目等。

环境科学分部提出的项目涉及北欧岩石圈重要战略矿产的演变，包括其非传统类型和基于科学的预测、发现、开发项目等。

跨学科研究和项目分部提出的项目涉及用于前景技术和牢固结构的分层材料项目，化学、生物和医学领域的磁现象研究项目等。

### （四）总统国情咨文指导科技创新发展

2016 年 12 月，俄罗斯总统普京在其所做的国情咨文中阐述了 2017 年俄罗斯科技发展重点，主要包括以下几个方面：①在本国重点大学，包括地区性大学建立“能力中心”，负责收集、积累一个或多个技术领域的知识和信息，寻找最优应用方案，为有市场前景的科技项目提供智力和人员支持。②进一步发掘基础研究在经济增长和社会发展中的科技支撑作用。③进一步拓展对经济增长有重要推动作用的工程学、信息技术等学科领域的工作岗位。④政企合作建设现代中等职业教育体系。⑤政策和资金支持引入竞争机制，重点支持具有科研实力并能够做出成果的科研团队与机构，兼顾俄罗斯科院的科研院所和其他科研机构。⑥逐步扭转科研成果转化率低、时间长的问题。

## 三、科技创新管理最新动向

### （一）成立技术开发署

2016 年 5 月，俄罗斯联邦第 1017 号政府令批准成立俄罗斯技术开发署，为自治非商业组织，承担技术转移职能，为企业提供配套服务，通过技术转化，扩大俄罗斯技术转让成交数量，推动俄罗斯企业技术升级和现代化改造以提高竞争力。主要工作职责有：提供技术转移支持，收集、更新国内外与技术相关的信息数据，协助俄罗斯企业获得国内外的先进技术，协助在俄罗斯规划和实施本地化技术项目等。机构内设监事会，监事会主席由俄罗斯联邦政府副总理德沃尔科维奇担任，成员包括政府权力机关、社会及专家组织、投资机构的代表。

### （二）继续加强科研基础设施建设

一是斥资 30 亿卢布建设“钛谷”二期工程。“钛谷”由位于斯维尔德洛夫斯科州的数家钛生产企业组成的协会而得名，是俄罗斯 8 个工业生产类经济特区之一，始建于 2012 年。根据俄罗斯联邦经济发展部提供的数据，启动“钛谷”二期工程大约需要 30 亿卢布的投资，该笔资金将用于新建基础设施和修复现有基础设施。俄罗斯政府希望通过二期工程建设尽快达到设计产能，到 2025 年，“钛谷”二期工程将会创造 1000 个就业岗位并吸引约 300 亿卢布的私人投资。

二是投资 15 亿卢布用于科研基础设施改造。俄罗斯联邦科研机构管理署科研基础设施发展委员会，依据专家工作组的评审结果，批准了科研设施共享中心和独有科研装置现代化改造试点计划 2016 年工作的重点领域，总预算约为 15 亿卢布。试点工作涉及天体物理与宇宙空间研究、加速器与核物理、超级计算机中心及生物资源搜集领域。

### （三）加大人才支持力度

一是出台支持青年才俊的新举措。俄罗斯联邦政府签署关于俄罗斯总统助学金提供和支付程序的命令。该命令涉及对“参加联邦、地区或地方财政预算高等教育机构本科和专科培训并表现出卓越才能者”的支持。计划每年提供不超过

1.2 万个资助名额，每个名额每月大约资助 2 万卢布（约合 300 美元），资助金将在国家 2013—2020 年《俄罗斯联邦国家教育发展规划》框架内拨付。二是出台鼓励科技人员回国政策。这项政策拟吸引 15 000 名科技人员回国，主要措施聚焦高工资、实验室的国家支持、项目经费及社会保障等方面。

## 四、重点科技领域发展动态

### （一）基础研究基金会扩并人文科学基金会

2016 年，俄罗斯联邦政府将人文科学基金会并入基础研究基金会，新的基金会不限制研究领域，也减少了行政部门的干预。合并后人文科学地位不会下降，资助幅度也不会下调，对跨领域的研究资助额度还会提高。2017 年度，俄罗斯政府增加了基础研究基金会的财政拨款额度，达到 203 亿卢布（2016 年基础研究基金会和人文科学基金会的拨款分别为 109 亿卢布和 18 亿卢布）。

### （二）开工建造“尼卡”项目超导对撞机

2016 年 3 月，杜布纳联合核子研究所启动“尼卡”项目超导对撞机建设。该项目是杜布纳联合核子研究所主导的大科学项目，主要有该所的 18 个成员国负责实施，已有来自 32 个国家的 70 个研究机构的 300 多名科学家参加项目筹备工作。项目拟投入 175 亿卢布（约合 2.273 亿美元），其中，88 亿卢布由俄罗斯政府出资。杜布纳联合核子研究所是世界级的现代科学中心，它同 64 个国家的 700 多家科研机构和高校建立了合作关系，仅在俄罗斯，它就同来自 50 个城市的 170 家研究中心、高校、工业企业和公司合作。

### （三）撤销俄罗斯联邦航天局，批准新的联邦航天专项计划

2015 年 12 月，俄罗斯总统普京签署了正式撤销俄罗斯联邦航天局的总统令，成立于 2015 年 8 月的俄罗斯国家航天集团公司（Roscosmos）将承接其大部分职能，其主要职责是在航天领域贯彻俄罗斯国家政策并进行法律法规调控，下达航天技术装备及航天基础设施的科研、生产和供货任务。同时，航天集团还承担扩展俄罗斯在航天领域国际合作及为航天活动科研成果服务于俄罗斯社会经济的发展提供保障条件的职责。

2016 年 3 月，俄罗斯政府审议并批准实施新一期的“俄罗斯联邦至 2025 年航天专项计划”。新航天计划执行期内，俄罗斯将把在轨卫星数量增加到 73 颗。新的航天计划减少了运载火箭的种类，将对在轨航天器控制系统实行统一化。预计，整个航天（专项）计划的经费投入将为 1.4 万亿卢布（约合 200 亿美元）。

### （四）出台工业建筑材料发展战略

2016 年 5 月，俄罗斯政府通过第 868 号令颁布《俄罗斯工业建筑材料 2020 及展望 2030 发展战略》，其目标是在俄罗斯形成具有高技术、竞争力、稳定且均衡发展等特征的创新型建筑材料工业，并向内部及外部市场提供高质低价及节能的建材产品，降低俄罗斯建筑行业对国外技术、设备及原材料的依赖。战略分 3 个阶段实施：2016—2018 年为第 1 阶段，将通过降低外部经济和外部政策局势对俄罗斯国内建筑材料工业的不利影响，完成积聚行业潜力的任务；2019—2025 年为第 2 阶段，俄罗斯国内建筑材料的生产技术及发展将转向基于俄罗斯国产技术和设备；2026—2030 年为第 3 阶段，俄罗斯国内形成新的行业竞争结构。

### （五）启动量子计算技术开发项目

俄罗斯联邦教科部、俄罗斯国家原子能公司及俄罗斯远景研究基金会启动建立联合实验室项目，用于发展和具体应用基于超导元件和结构的量子计算技术。项目参与方的任务是研发超导库比特制造技术，发展库比特初始化、控制和读取方法及技术。项目总投资超过 7.5 亿卢布，其中，2.1 亿卢布用于大学执行方实验室建设，俄罗斯远景研究基金会拨款近 3.4 亿卢布用于项目框架下的科研，俄罗斯国家原子能公司拨款 2 亿多卢布用于全俄罗斯自动化研究所实验室设备购置。

### （六）正式挂牌成立联邦级北极综合研究中心

2016 年 4 月，俄罗斯联邦科研署署长米哈伊尔·科丘科夫签署了在阿尔汉格尔斯克成立联邦级北极综合研究中心的命令，依托阿尔汉格尔斯克地区 12 个科研机构组建全国唯一的北极研究中心，它将总体整合该地区的智力资源和管理资源用以保障俄罗斯在北极地区的国家利益。北极研究中心承担的重点科研任务包括：提高北极地区能源基地的效率和可靠性、大陆架开发、在专属经济区行使俄罗斯主权、构建完整的通信信息空间、消除人为因素对生态的影响等。按照计划，到 2020 年，该中心的科研人员总数将达到 500 人。

## 五、国际科技合作

2016 年，俄罗斯依然高度重视与其他国家的科技合作。在与美国合作方面，俄罗斯科学院西伯利亚分院地质与矿物研究所与美国光纤激光器巨头 IPG Photonics 成立联合工程技术中心，俄罗斯斯科尔科沃科技学院与美国德克萨斯大学奥斯丁分校和麻省理工学院合作研发能大幅提高氢燃料产量的催化剂，两国科学家还联合开展北极气候研究。在与欧洲科技合作方面，俄罗斯与瑞士科学家合作研发可替代激光装置的芯片，并积极参与欧洲核子研究中心项目研究。在与日本科技合作方面，俄罗斯和日本学者联合研制出古海洋恢复的新方法。另外，俄罗斯还与南非等国开展射电望远镜项目合作。

（执笔人：陈　强　郑世民）

# 白俄罗斯

2016年，白俄罗斯国内政局稳定，但经济形势不容乐观。为保障并促进创新型经济发展，白俄罗斯政府采取多项措施刺激经济增长，调整税收和贷款政策，鼓励中小企业和个体私营企业发展，推动深加工产业发展等。根据《2016—2020年白俄罗斯共和国社会经济发展规划纲要》，白俄罗斯先后制定了《2016—2020年科技优先发展方向》和《2016—2020年国家科技计划》，并采取多项政策举措，以确保《2016—2020年白俄罗斯共和国社会经济发展规划纲要》的顺利实施。

## 一、2016年白俄罗斯经济形势

根据白俄罗斯国家统计局委员会公布的数据，2016年1—9月，白俄罗斯GDP总量为693亿白俄罗斯卢布（约合361亿美元），同比下降2.9%。其中，工业产值581亿白俄罗斯卢布（约合303亿美元），同比下降1.7%，采矿业同比增长0.4%，加工业同比下降1.3%。

2016年1—9月，白俄罗斯对外贸易逆差达23.97亿美元，同比增加5.53亿美元；出口172.45亿美元，同比下降15.7%；进口196.42亿美元，同比下降11.9%。其中，对独联体国家出口104.22亿美元，同比下降1.2%；对欧亚经济联盟国家出口80.66亿美元，同比下降2.7%；对俄罗斯出口77.63亿美元，同比下降0.8%。白俄罗斯对非独联体国家出口68.24亿美元，同比下降31.1%，其中，对欧盟国家出口44.77亿美元，同比下降32.9%。白俄罗斯从独联体国家进口119.22亿美元，同比下降12.1%，其中，从欧亚经济联盟国家进口111.14亿美元，同比下降13%；从俄罗斯进口110.68亿美元，同比下降13%。白俄罗斯从非独联体国家进口77.20亿美元，同比下降11.7%，其中，从欧盟国家进口39.04亿美元，同比下降8.9%。白俄罗斯与独联体国家的贸易逆差为15亿美元；同比减少 15.13 亿美元；与欧亚经济联盟国家的贸易逆差为 30.48 亿美元，同比减少 14.68 亿美元；与俄罗斯的贸易逆差为 33.06 亿美元，同比减少 15.93 亿美元。白俄罗斯与非独联体国家的贸易逆差为 8.962 亿美元，上一年同期为顺差 11.69 亿美元；与欧盟国家的贸易顺差为 5.729 亿美元，上一年同期为 23.83 亿美元。

从贸易结构上看，2016 年 1—9 月与独联体国家的贸易占白俄罗斯外贸总额的 60.6%（上一年同期为 56.4%），非独联体国家占 39.4%（上一年同期为 43.6%），欧亚经济联盟国家占 52%（上一年同期为 49.3%），俄罗斯占 51%（上一年同期为 48.1%），欧盟占 22.7%（上一年同期为 25.6%）。

## 二、《2016—2020 年白俄罗斯共和国社会经济发展规划纲要》

2016 年是白俄罗斯第 5 个五年计划（2016—2020 年）的第 1 年。为确保第 5 个五年计划顺利实施，2016 年年初，白俄罗斯政府对第 4 个五年计划（2011—2015 年）的效果和成就进行了总结。

第 4 个五年计划期间，白俄罗斯保持了政治和经济稳定，克服了衰退，确保了经济增长。另外，白俄罗斯在若干领域取得了显著的效果。例如，白俄罗斯进入了人类发展指数极高的国家及地区的前 50 名；人均国内生产总值（购买力平价）从 2010 年的 1.54 万美元增长到 2015 年的 1.77 万美元；社会保障水平提高，居民收入增长，低收入居民比例从 2011 年的 7.3% 降低到 2015 年的 5.1%；人口增长速度加快，2014 年起实现了 20 年以来的人口初次开始增长。

2016 年年初，白俄罗斯政府就如何实施《2016—2020 年白俄罗斯共和国社会经济发展规划纲要》专门召开了会议，经济部副部长克鲁多表示，白俄罗斯实现未来 5 年经济增长目标有 9 个重点方面，包括：通过改善大型国有企业的资产管理质量，降低产品成本，保障企业盈利水平；完善供货、劳动和服务结算的支付系统；开展公平竞争，采取一系列反垄断措施；推动出口多元化；通过行业或地区发展规划实现合理的进口替代，完善国内市场的保护机制；加速发展中小商业，并将其列入进口替代和区域发展规划；吸引外国资本发展生产；降低本国银行贷款利率；推广节能和高效利用资源。另外，未来 5 年，白俄罗斯将重点发展医药、微电子、光电技术、激光系统、新材料等高科技领域产业，着力推动氮磷钾复合肥、欧Ⅴ和欧Ⅵ柴油的生产，并完成含氯原料加工的建设。

## 三、白俄罗斯科技发展总体情况及为保障并促进创新型经济发展所采取的政策举措

根据白俄罗斯国家科委统计，截至2015年年底，白俄罗斯共有各类科研机构439个，在编人员总数26 200人（包括博士648名，副博士2822名），从业人员中科研人员有15 406名，占从业人员总数的58.8%，其中20.3%为从事自然科学研究，7.1%为从事社会经济和人文科学研究。从企业对创新投入情况来看，白俄罗斯开展技术创新的企业共有342家，占企业总数的19.6%，2015年企业对创新总投入10.6万亿白俄罗斯卢布，约合8.9亿美元。全年R&D投入占2015年GDP的0.18%。

为保障并促进创新型经济发展，推动《2016—2020年白俄罗斯共和国社会经济发展规划纲要》的顺利实施，白俄罗斯制定了《2016—2020年科技优先发展方向》，具体包括能源及其高效利用与核能、农业机械化和生产、工业建筑技术和生产、医学及医用技术和制药、化学技术及石化、生物－纳米技术、信息通信及航空航天技术、自然资源合理利用及深加工、国家安全与防御能力及紧急状态防护9大领域。

根据新的优先发展方向，白俄罗斯国家科委还制订了《2016—2020年国家科技计划》及《工农业生产一体化》《机械制造及其工艺一体化》《微电子》《低吨位化学》《工业生物技术》《标准仪器及科学仪表》等专项计划。

## 四、中白科技合作

2016年9月28—30日，白俄罗斯总统卢卡申科访华，与中国国家主席习近平举行会谈。两国元首共同决定建立相互信任、合作共赢的中白全面战略伙伴关系，发展双方全天候友谊，携手打造利益共网体和命运共同体。两国元首共同签署了《中华人民共和国和白俄罗斯共和国关于建立相互信任、合作共赢的全面战略伙伴关系的联合声明》，并见证了外交、经贸、投资、教育、科技、金融、农业、旅游、“一带一路”建设等领域双边合作的签署。

在中白双边科技合作方面，2016年两国合作稳步发展，合作项目按计划实施，互派团组增多，人员往来频繁，合作关系日益活跃。据初步统计，本年度中白双方共签署了22个合作项目，包括新材料与能源、光电子、激光技术、通信技术、农业与生物技术及信息技术等领域。其中绝大部分都计划在“中白工业园”框架内成立合资企业，生产高技术产品。

（执笔人：张纪山）

# 日　本

2016年，日本启动《第5期科技基本计划（2016—2020）》，确立了促进产业创新和社会变革、解决经济和社会发展的关键课题、强化科技创新的基础实力和构筑人才、知识、资金的良性循环体系四大战略目标。同时按照政府制定的科技创新综合战略，着力推进五大任务：推进“超智能社会”（Society 5.0），增强人才实力，推动大学及其科研经费综合改革，形成人才、知识及资金统筹集成的开放创新平台，强化科技创新实施体制。

## 一、科技发展概况

### （一）全社会科技投入

根据日本总务省统计局《2016年科学技术研究调查结果》的数据，2015年度（2015年4月—2016年3月）日本全社会研发经费总额为18.9310万亿日元，比上一年度减少0.2%，占当年度国内生产总值（GDP）的3.56%，比上一年度减少0.1%。以上2项数据，均系3年来首次出现下降。研发经费中，用于自然科学的研究费为17.5170万亿日元，比上一年度减少0.2%，占全部研究费的92.5%。民间对于研发的支出达15.5270万亿日元，占整体支出的82.0%。国家及地方公立机构支出为3.3274万亿日元，占整体支出的17.6%。在用于自然科学的研究费中，基础研究经费为2.5455万亿日元，占14.5%；应用研究经费为3.7923万亿日元，占21.6%；开发研究经费为11.1792万亿日元，占63.8%。

### （二）政府科技预算

2016年是日本《第5期科技基本计划（2016—2020）》启动之年，日本政府科技相关预算总额为43 692亿日元，其中，中央政府投入为38 665亿日元，地方政府为5027亿日元。

日本政府各省厅科技预算分配中，文部科学省所掌管的科技预算比例最高，达 65.0%；经济产业省位居第 2，为 15.6%；防卫省与厚生劳动省均为 3.1%，农林水产省为 3.0%。

2016 年度的科技预算重点方向为：①最大限度确保对战略性创新创造计划（SIP）的投入。该计划自 2014 年设立，支持跨省厅跨领域的能源、新一代基础设施和区域资源开发 3 个方向。②《科技创新综合战略 2015》提出的重要政策措施。包括：构建解决经济与社会课题的能源、健康长寿、新一代基础设施、培育新产业、区域资源开发等重点方向的 11 个系统、158 个项目；推进创新系统建设与制度改革；挑战产业创造与社会变革；支持地方创新；支撑 2020 年东京奥运会的科技创新等。

## （三）科技人才发展

截至 2016 年 3 月 31 日，日本共有科学技术相关从业人员 106.00 万人，比上一年度减少 1.8%。其中，研究人员 84.71 万人、科研事务人员 8.96 万人、辅助人员 6.68 万人、高级技工 5.66 万人。

在 84.71 万研究人员中，企业的研究人员为 48.62 万人，同比减少 3.9%。非营利和公立机构的研究人员为 3.88 万人，同比减少 1.1%。大学的研究人员为 32.21 万人，同比增加 0.2%。女性研究人员的比例有了显著的提高，达到 13.84 万人，占比逐年提高，达到 15.3%，保持了持续增长势头。

## （四）知识产权创造

根据日本《专利行政年度报告书 2016》数据，一方面，日本发明专利申请件数自 2006 年度以来呈渐次减少趋势，2015 年为 318 721 件，比上年度减少 2.2%；另一方面，日本向本国专利机构申请的 PCT 国际发明专利件数除 2014 年以外年年呈增长趋势，2015 年达到 43 097 件，比上年度增长 4.4%。这表明日本专利申请结构由过去的偏重国内转向重视海外，反映出研究开发与企业活动的全球化对知识产权战略的影响。

根据世界知识产权组织（WIPO）按申请人国别统计的 PCT 国际发明专利申请数据，2015 年日本的 PCT 国际发明专利的年度申请量为 44 051 件，比 2011 年增长 13.3%，排名仅次于美国的第 2 位。从世界五大专利机构申请专利数量来看，日本专利局 2015 年专利申请量为 31.9 万件，比上年度略减。

## （五）科技论文发表

根据日本科技与学术政策研究所 2016 年 8 月发布的《科学技术指标 2016》数据，2014 年日本产出论文数量为 7.69 万篇，比上年度减少约 2%，位居世界第 5 位。

对论文的统计不仅仅是论文数量，还要考察论文质量，即论文被引用的情况。2012—2014 年，日本入围 Top 10% 论文数为 4331，位居美、中、英、德、法、意之后的第 7 位；入围 Top 1% 论文数为 340，位居美、中、英、德、法、加、澳、意之后的第 9 位。

### （六）国际技术贸易

《2016 年科学技术研究调查结果》报告数据显示，2015 年度（2015 年 4 月—2016 年 3 月），日本企业国际技术的年度贸易额连续 4 年增长。技术出口总额 3.9498 万亿日元，比上年度增加 7.9%，其中，向海外母公司和子公司的技术出口占出口额的 74.7%，达到 2.9496 万亿日元。技术出口再创历史新高，2015 年度技术贸易顺差 3.3472 万亿日元，比前年增长了 6.4%，连续 6 年增长。

## 二、科技政策新动向

### （一）出台《第 5 期科技基本计划（2016—2020）》，支撑构建“超智能社会”

从 2016 年 4 月 1 日起实施的《第 5 期科技基本计划（2016—2020）》提出了促进产业创新和社会变革、解决经济和社会发展的关键课题、强化科技创新的基础实力和构筑人才、知识、资金的良性循环体系四大战略目标。

为促进产业创新和社会变革，将“挑战性研究和挑战型人才”“超智能社会”（Society 5.0）及“‘超智能社会’技术基础”作为科技创新的战略重点，鼓励打破常规、通过“非连续性创新”创造新的价值，着力建设与集成完善 11 个重点跨行业智能系统，实现世界领先的“超智能社会”。

为解决经济和社会发展的关键课题，将“保障持续增长和区域活力”“保障国家安全、国民生活品质”和“参与解决全球性课题”作为科技创新的战略重点，由政府各部门、产学研各方创新力量总动员，打破部门及行业领域藩篱，实现从研究开发到社会应用“一条龙”的技术创新。

为强化科技创新的基础实力，将“增强人才实力”“加强创新环境和基础”及“加大科技计划及预算改革力度”作为科技创新系统改革的重点，根据知识创造、价值创造的需求，培育并合理配置各类人才使其充分发挥作用，强化建设支撑研发活动的各类设施、装备和信息情报平台；适应开放创新的需求，通过大力推进大学和公立研究机构的改革，进一步加强基础研究与学术研究，并与企业科技创新良好衔接与配合；推进现有科技创新计划与国家预算的改革，重点推动在基础研究中举足轻重的大学的组织体系和研究资金体系的综合改革，提高国家科技资金的利用效率和使用效果。

为构筑人才、知识、资金的良性循环体系，将“强化推动‘开放创新’的措施”“支持中小企业和风险创新企业进军创新事业”“用好知识产权和标准的国际化战略”“修订完善法规制度支持科技创新”“强化地方区域科技创新系统”和“抢先抓住全球需求进行开拓性创新”作为重点，展开科技创新系统的改革。在世界性“开放创新”兴起的过程中，通过企业、大学和公立研究机构的密切配合，通过加强推动风险创新企业的设立创业，使得人才、知识、资金打破各种壁垒流动循环起来，建成人才、知识、资金的良性循环体系，充分利用国内外的人才、知识、资金，创造出新的价值并迅速推动其社会应用，以增强国家竞争力。

## （二）实施“科技创新综合战略 2016”，力推年度重点任务与措施

2016 年 5 月通过的“科技创新综合战略 2016”，根据《第 5 期科技基本计划（2016—2020）》规定的主要任务提出了 2016 年度的五大重点任务和措施。

（1）推进“超智能社会”。继续推进创新性研究开发计划（ImPACT）等挑战性研究开发项目计划；以高水平道路交通系统、能源价值链最优化、新制造系统为核心，协调推进《第 5 期科技基本计划（2016—2020）》提出的 11 个社会智能系统的建设；建设可供交通、能源、基础设施管理等各方面共享利用的三维地图、影像信息、地球环境信息、人・物・车信息、行业间流通信息五大数据库；推进覆盖创新性基础研究到产业化应用的人工智能技术研发；推进提高生产效率和提升安全安心生活品质的机器人技术研发；实施跨学科跨业界的关于科技创新与社会伦理、法规和社会等相互作用的综合性研究。

（2）增强人才实力。建设具备世界最高教育和研究水平的卓越研究生院（暂定名）；建立公正透明的人才评价与培育制度、卓越研究员制度等流动性与稳定性结合的、有利于青年科技人才成长的职业体系；通过设立理工科人才圆桌会议等机制，培育产学研协同创新人才；完善有利于女性发挥作用的环境；提升青少年对科技类职业的兴趣、关心和理解度；消除阻碍产学研人才流动的障碍等。

（3）推动大学及其研究资金的一体化改革。充分发挥各国立大学的优势与特色，推进人事工资制度改革；推动公募型资金改革，包括改善其使用便利性、研究仪器共同利用、对竞争性资金之外的其他资金计提间接经费等。

（4）形成人才、知识及资金统筹集成的开放创新平台。促进不同行业在交叉融合研究领域的产学研合作；提升企业开放创新意识；建立组织机构间产学研合作创新体制；强化国立研究机构的成果转化过渡研究功能；加强小学到大学的创新创业精神培育；制订“风险与挑战 2020”计划，推动创新创业；研究利用

政府采购满足风险企业初创期需求的可能性。

（5）强化科技创新体制改革。创设指定国立大学制度、特定研究法人制度等，快速灵活高效地应对各类研究特性的要求；充分发挥综合科技创新会议的司令部指挥作用，产学研一体化推进“超智能社会”建设与各类人工智能技术的研究开发。

## （三）设立“经济社会与科技创新活性化委员会”，制订科技创新创造未来计划

2016 年 6 月，日本政府在其 2 个重要咨询决策机构——经济财政咨询会议和综合科学技术创新会议下设立了“经济社会与科技创新活性化委员会”，以加强经济政策与科技创新政策的有机结合，提高科技创新效率，助力日本经济再生。根据该委员会的建议，日本政府于 6 月 24 日发布了“2016 年未来社会创造计划”，提出了应对产业升级、社会变革挑战，强化面向挑战的研发投资和人才培养的政策方针：①以第四次产业革命为战略导向。积极推进未来 10 年有望引领世界的人工智能、尖端技术突破，构建运用物联网、大数据、机器人等的新型制造系统，2020 年实现产业化。②加强科技创新体系改革。开展以国立研究开发法人、国立大学为核心的研发活动；促进产学研合作和资源共享；改善科研经费的申请、审查、评价模式；推进中小企业挑战项目；促进开放创新。③重点推进国家政策课题。加强基础科学研究，促进民间资金投入，制定使研究成果效益最大化的从研发到社会产业化的目标；加大力度资助国家战略前沿科学技术研究，包括国家安全、航空航天、海洋、防灾、医疗卫生、社会保障等领域。④促进公立大学、公立科研机构开展具有地方研究资源特色的科研活动。提升基础研究能力，推进重点领域项目的研发，构建有利于区域发展的体系。

## （四）发布《能源环境技术创新战略 2050》，推进五大技术发展

2016 年 4 月，日本综合科技创新会议发布了《能源环境技术创新战略 2050》，提出到 2050 年全球温室气体排放减半和构建新型能源体系的目标与战略。日本将重点推进能源系统集成、节能、储能、可再生能源发电及二氧化碳固化与利用五大技术领域创新。

## （五）设立“人工智能技术战略会议”，推出“人工智能研究开发目标和产业化路线图”

2016 年年初，日本文部科学省、经济产业省和总务省联合成立“人工智能技术战略会议”，组织力量开始了人工智能发展路线图的制定工作。作为路线图的基础，人工智能技术战略会议 4 月 21 日发布了《新一代人工智能技术社会实

装愿景（2016—2030）》。该愿景预测了现在到2020年、2020年到2030年、2030年以后3个阶段日本人工智能技术的总体发展水平和目标，以及这3个时段人工智能在日本制造业、交通运输业、医疗健康介护业、商业流通及物流业的应用效果。

### （六）加强部门间协调，推出“培育理工科人才产学官行动计划”

2017年5月，日本经济产业省和文部科学省联合设立“培育理工科人才产学官圆桌会议”。7月推出了“培育理工科人才产学官行动计划”，提出强化产业界需求与高等教育的对接、充实职业教育，促进博士人才在产业界发挥作用和扩大理工科人才的涵盖范围、充实初等与中等教育三大主题，由产业界、教育机构与政府分别提出短期（2～3年）与中长期的行动计划。

行动计划要求产业界进一步努力推动理科实验室与外派教师，同时积极地宣传；要求政府建立登录退休技术人员的义工组织，在教育机构中有效发挥义工作用；指出培养支持物联网与大数据等领域技术人员的重要性，建议教育机构努力充实奖学金等经济支援，使优秀人才能够安心在研究单位稳定工作。

## 三、科研体制改革动向

日本政府近年在科研管理方面实施了一系列的改革措施，2016年在科研体制改革方面也取得了一些新进展。

### （一）推出特定国立研究开发法人制度

2016年2月26日，日本政府颁布《特定国立研究开发法人特别法》，将国立研究开发法人中具有世界水平的理化学研究所、产业技术综合研究所和物质材料研究机构认定为特定国立研究开发法人，赋予更高的使命要求，给予特殊优惠政策支持，具体包括：一是强化一体化措施和整体治理，专门制定关于特定国立研究开发法人促进研究开发、体制改革等的基本方针；综合科学技术创新会议介入该类法人的中长期目标设定及评估等；主管大臣可以通过解任理事长及根据实际情况做出指示等方式介入研发法人的运营；制定中长期目标时应明确改善业务营运的要求。二是进一步扩大研发法人治理自主权，包括：采取相应措施引进全球最高水平的创新型人才；通过立法手段明确研究开发的特殊性，尊重研发的有关规律；此外，还必须考量新制度的实施状况，据此探讨特定国立研究开发法人制度的完善，并采取必要措施加以落实。三是确保资源投入，包括：确保对基本研究与人员经费的财政投入；灵活制定获取外部资金的政策；确保尖端研究设施的建设与运行经费投入，促进共享利用等。

## （二）创设指定国立大学法人制度

2016 年 5 月，日本国会通过《国立大学法人修订法》，决定创设指定国立大学法人制度，并盘活国立大学及大学共同利用设施存量资产。新法于 2017 年实施。关于指定国立大学法人，新法规定：文部科学大臣可根据评审委员会的意见，从提出申请的国立大学法人中，批准可望达到世界最高水准的教育与研究活动的大学为指定国立大学法人；这类大学的中期目标的制定与变更要参照世界最高水准的国外大学的运行状况；委任对大学运营具有真知灼见的外国人为评审委员会委员；扩大研究成果转化利用出资对象范围；为吸引国际顶尖人才，提高管理层及职员薪酬标准。

## （三）设立量子科学技术研究开发机构

为使隶属于文部科学省的原子能机构能够集中力量处理“文殊”与福岛核事故，日本政府决定对原子能机构进行改革。2016 年 4 月将放射线医学综合研究所与日本原子能研究开发机构的核聚变研究部门进行合并，成立量子科学技术研究开发机构。该机构将致力于将放射线用于尖端医疗领域，将放射线医学综合研究所开发的重粒子线治疗癌症技术与原子能机构的超导技术结合，有望开发出小型化治癌设备。

## （四）重组农林水产研究教育机构

2016 年 4 月，农林水产省将其下属的研发机构进行了重组，以发挥相乘效应，促进研究成果最大化，促进人才培育。为此，将原种苗管理中心、农研机构、农业生物资源研究所与农业环境技术研究所实施合并，成立农业与食品产业技术综合研究机构，以实施高效的从基础到应用的研究。将原水产综合研究中心和水产大学合二为一，成立水产研究与教育机构，以提高研发水平，加强人才培养，发展健康水产业。

## （五）实施“卓越研究员制度”

日本自 1996 年实施《第 1 期科技基本计划（1996—2000）》以来，推行“博士后 1 万人支援计划”、博士后职业路径多样化、任期制与预聘制等多项研究人才政策措施。虽然一定程度上促进了年轻科研人员的流动性，但受经济低迷、大学和科研机构财政投入逐年减少等因素影响，博士就职、博士后向终身制职位过渡等均不如预期，降低了博士升学意愿，终身制研究人员的流动率也相当低。为解决这些问题，2016 年 2 月，文部科学省又新推出“卓越研究员制度”，由用人单位提供需求研究职位和薪酬条件，文部科学省组织公开招募、评审符合卓越研究员条件的40岁以下的博士后研究人员，推荐雇用单位，并给予一定的研究经费支持。

## 四、国际科技合作动向

积极开展国际科技合作与交流是日本科技基本政策之一。《第5期科技基本计划（2016—2020）》将科技外交作为基本方针的内容之一，强调要与科技外交一体化，展开战略性的国际合作，助力该计划提出的促进产业创新和社会变革、解决经济和社会发展的关键课题等四大战略目标的实现。并指出，在科技创新国际化的新形势下，能否构建国际研究网络，迅速有效地利用全球化的知识资源，将对日本国际竞争力产生重大影响。要充分利用科技创新能力，在追求包括日本在内的世界共同利益中发挥主导作用。

日本开展战略性科技外交的基本方针是：①强化双边多边合作推进科技创新；②发挥科技作用解决地球规模问题；③让科技合作成为促进国家间关系载体；④发挥科技立国软实力作用。

目前，日本政府共与中国、美国等46个国家和欧盟签订了32个政府间科学技术合作协定。在协定框架下，开展研究人员交流、合作研究等多种形式的交流合作；定期召开联委会，听取合作活动报告，协商后续合作等。同时，日本积极参与各种多边的科技高层对话会议和多项包括国际热核聚变实验堆（ITER）计划在内的多边国际科技合作计划及中日韩等区域合作。

（执笔人：吴　松）

# 韩　　国

2016 年，受全球经济放缓导致的出口放慢和韩国政局动荡等因素影响，韩国经济发展曲折前行，全年增长率为 2.8%，较 2015 年有所下滑。韩国政府重点推动创造经济发展，大力扶持创业创新，对科技驱动经济发展高度重视，科研管理体制又有新的调整，重点研发领域取得了一些新进展。

## 一、科技投入情况

韩国未来创造科学部（以下简称未来部）2016 年 3 月发布的 2016 年研发预算执行计划显示，2016 年度政府研发预算总额为 19.1 万亿韩元（约合 180 亿美元）。从预算执行部门来看，各部门分配情况如表 3－14 所示。

表 3－14　各部门预算分配情况

| 部门 | 预算额/万亿韩元 | 折合亿美元 | 占比/% |
| --- | --- | --- | --- |
| 未来部 | 6.56 | 58.5 | 34.3 |
| 产业通商资源部 | 3.40 | 30.2 | 17.8 |
| 防卫产业厅 | 2.57 | 23.2 | 13.4 |
| 教育部 | 1.73 | 15.5 | 9.1 |
| 中小企业厅 | 0.95 | 8.8 | 5.0 |
| 农村振兴厅 | 0.63 | 5.7 | 3.3 |
| 海洋水产部 | 0.57 | 5.1 | 3.0 |
| 保健福祉部 | 0.53 | 4.5 | 2.8 |
| 国土交通部 | 0.45 | 3.9 | 2.3 |

从投资领域来看，除了韩国传统强项的电子信息、机械制造、能源与资源等领域投入占比较大外，基础科学、生物科技、宇宙航天领域的投入有所增加，如表 3 - 15 所示。

表 3 - 15　各领域具体投入情况

| 领域 | 预算额/亿韩元 | 折合亿美元 | 占比/% |
|---|---|---|---|
| 电子信息 | 24 981 | 22.1 | 13.1 |
| 机械制造 | 15 641 | 14.3 | 7.9 |
| 生物科技 | 27 948 | 25.2 | 14.6 |
| 能源与资源 | 16 603 | 15.1 | 8.8 |
| 基础科学 | 11 196 | 9.9 | 5.9 |
| 环境 | 6595 | 5.8 | 3.5 |
| 宇宙航天 | 20 504 | 18.1 | 10.7 |
| 材料 | 10 758 | 9.5 | 5.6 |
| 建设交通与安全 | 7649 | 6.8 | 4.0 |
| 其他 | 49 544 | 45.2 | 26.6 |

## 二、科技管理体制改革情况

### （一）成立中小企业技术支援协议会

2016 年 7 月，未来部发表《中小、中坚企业支援方案》，成立中小企业技术支援协议会，推动政府出资研究机构与中小企业间的紧密合作。未来部指出，政府出资研究机构与技术力相对薄弱的中小企业间互有需求。为提高双方合作效率，协议会分设生物科学、电子、通信、能源 4 个领域，每个领域安排研究机构研究人员、企业技术负责人、技术产业化专家在内的 15 名专家委员。各领域每季度召开会议，协调科研机构与企业间的合作。未来部期待这种定期协议体机制能够有效提高研究机构与企业间的合作效率，实现双赢。

### （二）完善研发课题评估标准

2016 年 12 月 9 日，韩国科学技术审议会审议通过了新修改的《国家研究开发课题评价标准》。在这项新法案颁布之前，研究人员普遍对此前以管理为主的课题评价体系提出指责，评估委员的专业性不强导致评估结果无法获得认可。为改善上述问题，未来部先后 9 次开展专业机构实际调查、听取一线研究人员及专家意见，最终确立了改革方案。本次修改的内容主要包括：小额课题免除中间评估，缩小课题报告篇幅；启用退休专家担任评委等方式，提高评估人员专业性；原则上废除 SCI 论文数量指标要求，强化以实际研究成果为中心开展课题评估；区别不同类型研究的评估方式，基础科学注重创意性、挑战性，应用科学注重实用性和成果。这些改革措施，将有利于减轻研究人员负担，调动其积极性，提高研究效率。

### （三）创造经济革新中心全国布局完成，成果丰硕

韩国政府大力支持创新创业，陆续在全国 9 个道（省）和 8 个市设立 18 个创造经济革新中心。截至 2016 年 7 月，韩国最后成立的创造经济革新中心成立已超过 1 周年，政府发表创造经济革新中心运营情况报告，总结了各中心自成立以来的各项工作及所取得成果。根据未来部统计，截至 2016 年 7 月 22 日，韩国各创造经济革新中心共支援初创企业 1135 家、中小企业 1605 家，实现招商融资 2834 亿韩元（约合 2.5 亿美元）。创造经济革新中心孵化的创业企业共实现 1600 亿韩元（约合 1.45 亿美元）的销售增长、增加就业岗位 1359 个。根据规划，到 2017 年，中心将扶持培养 10 万家中小型企业和 400 家产值超过 1 亿美元的企业。

## 三、主要领域科技发展状况

### （一）宇宙航天

得益于韩国国产飞机和民航客机零部件出口扩大，韩国航空宇宙产业近年来发展迅速，继 2013 年实现向中东出口 50 架训练机以后，2016 年又向塞内加尔出口 KT－1S 4 架飞机，成功进军非洲市场。现在正积极推进向东南亚、中南美等地出口韩国国产机。此外，韩国 T50 训练机已在美国顺利完成试验飞行，获得美方好评，有望获得美国空军训练机订单。如果能够进军世界最强航空强国美国市场，将对韩国航空界产生巨大鼓舞。

为推动航空宇宙产业发展，韩国在仁川松岛设立航空产业园，产业园积极推动航空零部件、材料的同时，还将重点支持培育航空产业人才、航空企业技术研发等。同时积极与航空产业强国开展交流合作，12 月韩国与法国共同召开航天产业合作论坛，双方决定今后将通过产业间技术交流实现技术创新合作进军国际市场。韩国航空宇宙研究院与美国国家航空航天局共同合作研制试验用月球轨道船，韩国还计划在 2017 年前研发出试验用宇宙轨道飞船。

### （二）半导体

半导体产业作为韩国代表性的出口产业，2016 年发展势头良好，特别是随着 2016 年搭载大容量存储器、Nand-flash 和临时记忆装置 D-RAM 的大屏智能手

机等热卖推动了半导体价格稳步增长，三星半导体部门、SK 海力士等业绩一路飙升。在三星手机因电池事故而出现史上最大召回的情况下，三星电子业绩依然坚挺，正是得益于半导体部门的优异表现。2016 年，三星研发出第 4 代 V-Nand 芯片，实现了 64 层晶粒堆叠，存储密度再次提高，单独晶粒数据传输速度达 100 Mbit/s，目前三星正在平泽投资 150 亿美元建设最新的生产线。SK 海力士受益于移动 DRAM 市场占有率的提升，加上纳米制成等技术的提高，已成为世界第四大半导体公司，2017 年明确在仁川的 Ml4 工厂进行 3D Nand-flash 产品的第 2 阶段量产。为满足日益增长的需求，该公司决定未来 3 年内在韩国清州投资 20 亿美元建设最新的 3D Nand 生产线。

### （三）5G 技术

韩国 KT 通信公司于 2016 年 11 月发布全球首个 5G 网络标准，此次标准是由 KT 通信公司联合诺基亚等企业共同开发发布的。KT 通信公司还与三星电子进行了基于 5G 技术的网络连接演示，并与诺基亚启动 5G 基站和终端联动试验，英特尔公司目前正在支持开发 KT5G-SIG 规格的芯片。韩国计划以平昌冬奥会示范服务为基础，于 2019 年在全球率先实现 5G 商用。

### （四）电动汽车电池

韩国电动汽车电池生产企业两大巨头 LG 化学和三星 SDI 2016 年以来都取得较大发展，被评价为世界车用锂电池市场的领军企业。韩国科学技术院 2016 年 10 月研发出新一代锂电电池，充电速度比现有锂电池速度快 100 倍，克服了加快充电速度后就降低电池内存的缺点，相比同等大小的锂电池容量增加 50%，韩国业界预计该技术将有望加快电动汽车的商用化。

### （五）基础科学

韩国近年来日益重视基础科学领域研究，大幅增加对基础科学的投入。最新统计显示，目前韩国基础科学领域投资占政府整体科研经费投入比例由 2006 年的 23.1% 上升至 2016 年的 39.0%，2017 年更将上调至 40.0%。韩国基础科学领域主要由韩国基础科学研究院负责，该院成立 4 年以来已经设立 25 个研究分院。2016 年，韩国新一代重离子加速器建设在完成核心加速、试验装置的样品制作和检测工作后已经进入正式制作阶段。

## 四、国际科技交流与合作现状

2016 年，韩国持续推动科技领域的国际交流与合作，其中重点仍是强化与美国、欧盟等发达国家（组织）的传统合作关系，同时加大与新兴国家为代表的发展中国家的国际科技合作力度。

美国历来是韩国国际科技交流的重要合作伙伴。2016年4月，韩国产业部与美国国防部签署合作协议，双方商定共同投资开展应对灾难机器人研究。未来部与美国国土安全部2016年6月签署合作协议，将在未来3年开展网络安全技术共同研究项目。韩国纳米综合技术院与美国南卫理公会大学共同成立韩美纳米共同研究中心。2016年9月，韩美共同召开经济医疗合作论坛，商定双方今后将在精密医疗领域积极开展合作。12月20日，韩国与加拿大签署科技创新合作协议，两国今后将在航空、生命科学、信息通信等领域开展联合研究。

韩国在发展初期，与日本在科技领域有很多合作交流。但最近几年，随着韩日关系的不断恶化和双方产业技术领域竞争日益激烈，双方政府间的科技合作日益减少，合作领域也局限于天文、医疗、水资源、气候等方面。2016年，韩国标准科学研究院与日本日立公司研究所联合研制成功新一代半导体电子显微镜成为两国科技合作中不多的亮点。

韩国与欧盟此前虽然有一些科技合作和共同研究项目，但规模和水平都不高。2016年，未来部与欧盟开展韩欧“地平线2020”计划联合研究项目合作，从2016年开始双方每两年选定共同研究项目，双方各负担144亿韩元（约合1200万美元）的研究经费，双方商定在ICT领域集中展开共同研究，其中主要研究课题领域为物联网、5G通信和云计算。

韩国与德国长期保持良好的科技合作关系。韩国研究院所、大学等与德国开展积极合作，2016年4月，延世大学与德国弗劳恩霍夫研究所共同设立的材料科学研究所在仁川松岛成立。韩国科学技术研究院（KIST）欧洲分院与德国多个研究机构及企业开展了医疗器械开发等合作项目。韩国京畿道等地方政府也与亚琛工业大学等德国科技研究机构合作成立了韩德共同研究所，共同开发世界领先的可穿戴电子设备原材料。截至2020年韩方将投资290亿韩元（约合2600万美元），德方投资2900万欧元，将该研究所建成为包含45名研究人员在内共200人规模的大型研究机构。

韩国保健福祉部与英国医学研究委员会签署合作协议，双方共同选定10名研究人员开展生物健康领域共同研究项目合作。韩国产业通商资源部与法国经济部签署合作协议，双方将在今后3年共同投入300万美元，支持两国研究人员开展交通拥堵地区无人驾驶技术共同研究。

韩国从政府层面大力支持创新创业的同时，积极开展国家交流合作，向其他国家推广韩国的创造经济革新中心模式。在开展对外合作、扶持企业进军国际市场方面取得优异成绩的京畿道创造经济革新中心被选定为全国18个创造经济革新中心的国际合作主管中心，该中心利用自身所处板桥创业园科技企业众多、创新活动活跃、海外合作经验丰富的优势，积极与海外著名创新孵化中心、科技园合作的同时，还积极向蒙古、越南、泰国、柬埔寨等国家传授韩国创新经验，开展国际科技合作。截至 2016 年 6 月底，各中心共支持企业在海外设立法人 19 个，帮助 78 家企业实现海外销售收入 1318 亿韩元（约合 1.15 亿美元）。

（执笔人：宋伟钢）

# 印度尼西亚

2016年是印度尼西亚科技体制改革后快速发展的一年。在2015年完成部门设置与人员调整的基础上，2016年印度尼西亚研究技术与高等教育部深度整合科研、高教与创新，推出诸多促进科技创新的措施。在科技政策方面，政府紧锣密鼓地编制《国家科技总体规划2015—2045》（RIRN），酝酿未来30年印度尼西亚科技发展的目标与任务。印度尼西亚科技研发重点领域保持稳定，各领域重点主题进一步明确。在科技管理方面，政府突出科技创新体系建设，大力发展特色科技中心、区域创新集群与科技园。

## 一、印度尼西亚经济社会与科技发展总体形势

2016年印度尼西亚经济增长保持较快发展。政府采取谨慎的金融措施，积极改善投资环境，把更多的投资放在基础设施建设，进行经济结构改革。世界银行预测，2016年印度尼西亚经济增长率达到5.1%，比2015年有所提升，而且2017年将进一步提高。

### （一）印度尼西亚科技发展总体保持平稳

近年印度尼西亚科技发展水平整体保持平稳。根据世界经济论坛发布的《2016—2017年全球竞争力报告》，印度尼西亚的竞争力指数从2009年的4.26上升至2016年的4.52；竞争力排名则从第54位上升至第41位。

从2010年至今的印度尼西亚科技统计数据来看，其科技事业取得稳步发展。根据印度尼西亚科学院的数据，印度尼西亚研发投入占GDP的比例从2010年的0.048%增长到2014年的0.090%。然而这一研发支出数据没有包括机构人员费等相关费用。2016年印度尼西亚研究技术与高等教育部按照新标准统计了2015年印度尼西亚研发支出，约22万亿印尼卢比（约合人民币110亿元），占当年GDP

约0.2%。

在科技产出方面，印度尼西亚国际科技论文发表量和专利申请量逐年增加，产业和社会对科技的应用也在增长。自2010年以来，印度尼西亚国际科技论文发表量稳步增长，2015年印度尼西亚SCI论文发表量达2400篇，较2010年增长96%，显示印度尼西亚基础研究取得积极进展。

同时，印度尼西亚国内专利申请量继续保持较快增长。2015年印度尼西亚国内专利申请量达8842件，较2010年增长58%，显示印度尼西亚技术开发与商业化同样取得进步。

### （二）印度尼西亚科技发展面临的问题

印度尼西亚科技发展依然面临很多问题，与地区先进国家相比还有差距。在研发投入占GDP的比重上，印度尼西亚不仅远低于创新型国家如瑞典、美国，甚至低于同属于东盟的马来西亚和泰国。科技投入水平较低导致科技人力资源与科技产出不足。2015年印度尼西亚每百万人口中科研人员数为1071人，而马来西亚为2590人。从近年国际科技论文发表量来看，印度尼西亚也逊于新加坡、马来西亚和泰国。

从专利申请来看，在2015年印度尼西亚国内专利申请中，外国人申请的专利7542件，占比达85.3%，显示本国人技术开发与商业化水平仍然较低。此外，印度尼西亚国际专利（PCT）申请量很小，2015年仅为6件，显示印度尼西亚开拓国际市场的能力还很低。而同年其他一些东盟国家的国际专利（PCT）申请量，新加坡为665件，马来西亚为253件，泰国为96件。

印度尼西亚科技产出不足导致经济发展的科技贡献率较低，生产部门缺乏效率，出口货物技术含量低。根据世界银行2015年的报告，印度尼西亚制造业出口中，高技术制造业产品仅占7.1%。

科研经费不足致使印度尼西亚科研基础设施落后，人员培训缺乏，科研产出不高，科研水平提升缓慢。有鉴于此，印度尼西亚政府2016年开始制定长期科技发展规划，计划大幅提高科研经费，加强人才培养，促进产业科技创新。

## 二、印度尼西亚出台长期科技发展规划，明确科技发展目标与任务

2016年印度尼西亚研究技术与高等教育部牵头制定《国家科技总体规划2015—2045》（以下简称《总体规划》）。这是印度尼西亚未来30年科技战略的纲领性文件，明确了科技发展的愿景、目标和重点任务。

## （一）印度尼西亚科技发展的长期愿景、使命和目标

《总体规划》作为国家规划体系中的重要组成部分，明确了科技发展的长期愿景、使命和目标。

印度尼西亚政府明确，科技发展的愿景是使科技成为发明和创新的发动机，进而提高国家竞争力，在国际竞争中占据有利地位。为实现上述愿景，印度尼西亚科技发展的使命是建立基于科技的创新型社会和全球比较优势。基于上述愿景和使命，印度尼西亚科技发展的长期目标是：提高印度尼西亚科研水平、公众科学素养及经济发展的科技含量。为此，印度尼西亚需提高科技人力资源的数量和质量；提高科技产出，改善科技传播与各方参与；提高科技对经济增长的贡献率。

为促进科技发展，印度尼西亚政府制定了研发支出、人力资源、科技产出、科技贡献率等指标的发展规划，提出到2045年将研发支出占GDP的比例提高到5.04%，同时逐步减少政府预算在其中所占比例，引导社会力量加大研发力度；人才是科技发展的最重要资源，希望到2045年每百万人口中科研人员数达8600人，比2015年增长7倍，而且届时科研人员都具有研究生学历；希望科技产出稳步上升，国际科技论文发表量逐年增长，经济发展的科技进步贡献率到2045年增长到70%。

## （二）重点科技领域及其研究主题

印度尼西亚政府确定了未来30年10个重点科技领域及其研究主题。10个重点科技领域分别是：粮食独立自主；创建和利用新能源与可再生能源；医药健康科技发展；交通运输技术与管理；信息通信技术；国防与安全科技发展；先进材料；海洋科技；防灾减灾；人文社科－艺术与文化－教育。政府不仅确定了重点科技领域及其研究主题，还进一步明确了每个重点领域的负责部门。政府希望通过政产学研的协作，推动印度尼西亚科技创新取得长足进步。

## （三）研发经费及其相关政策

印度尼西亚政府将所有技术分为六大类，并为各类技术在各个时期确定了优先支持等级。优先等级高的技术类别，得到的政府预算支持就多。1～6级分配的百分比依次是40.0%、20.0%、15.0%、12.5%、7.5%和5.0%。根据科技及经济发展状况，执行时会动态调整。这一战略安排不仅体现在《总体规划》中，也列入了《国家工业发展总体规划》。

六大类技术中，面向自然资源的基础技术包括：不显著改变自然资源特征的工程技术、非分子工程的农业技术、矿物加工处理、组装和技术集成等。面向自

然资源的先进技术包括：农业基因工程、抗生素、化学合成药物、草药和功能性食品，以及基于自然资源的基础材料等。制造业应用技术包括：机械、国防、医疗设备、电子和纳米材料等。服务业应用技术包括：信息通信技术、财务和物流等。高技术包括：生物医药技术、雷达、大数据应用技术、核能、飞机、机动车（电动/常规）、永磁体、光学等。前沿技术是指短期内没有潜在应用的研究领域，包括：太空、水下探测、基本粒子、量子计算机等。

印度尼西亚政府制定了2017—2019年重点科技领域国家预算分配方案。其中，2017年为27万亿印尼卢比（约合人民币135亿元），2018年为32万亿印尼卢比（约合人民币160亿元），2019年为37万亿印尼卢比（约合人民币175亿元）。政府希望借此促进科技创新，刺激经济增长，同时逐步提高政府研发支出占GDP的比例。2017—2019年，政府将重点资助面向自然资源的技术，重点技术领域为粮食独立自主和海洋科技。

## 三、强化科技管理，促进科技创新

近年印度尼西亚科技发展在全球的竞争地位总体上稳中有升，但面临的挑战依然严峻。主要问题包括：政府和非政府部门的成本与融资难题；运用法律与政策调动与整合所有利益相关者；形成积极的社会与政治价值观，将科技创新体系作为提高人民福祉的重要条件；对研发机构的投资；配套基础设施；科技创新教育；人口数量及分布不均。有鉴于此，2016年印度尼西亚政府出台一系列管理措施，促进科技创新。

### （一）强化企业科技创新

研究技术与高等教育部和财政部2016年加紧制订对企业研发活动的支持计划，其中最重要的是通过税收减免对企业研发活动予以奖励。比如，企业如果将利润的40%用于研发，那政府就只对其剩下的60%利润征税，40%的利润部分则免税。2015年，印度尼西亚企业研发支出占国家研发支出的比例仅为20%，而创新型国家的研发支出中，企业占主导地位。政府希望通过税收减免政策，加强企业的创新主体地位，使科技真正惠及经济，并提高社会福利。

### （二）建立特色科技中心，培养优势技术

特色科技中心计划由研究技术与高等教育部主管，旨在通过4个方面的能力的提升来提高研发机构的水平，分别是：①获取信息和技术的能力；②进行科研活动的能力；③传播科研成果的能力；④发掘利用本地资源的能力。2016年有18个研发机构进入2016—2018年3年的特色科技中心培育阶段。此外，研究技

术与高等教育部还在2016年对经过培育的特色科技中心进行绩效评估，在评估指标中，科研产出占35%，商业化应用占65%。这充分显示特色科技中心注重成果转化与应用的导向。经过考核，有10家特色科技中心考核合格，得到扶持。截至2016年，印度尼西亚45家研发机构被遴选为特色科技中心培育对象，其中19家已被正式评为特色科技中心。

## （三）建立多种创新载体，提高科技进步贡献率

2016年印度尼西亚创新举措的一个重要内容是建立创新集群，即在一个区域内进行系统布局，促使产学研用各方及产业链上下游协同发展。创新集群的发展目标是：建立协同创新中心，提高区域竞争力。涉及的利益相关方包括：研究技术与高等教育部、内务部、地方政府、印度尼西亚科学院、技术评估与应用署、大学、企业、协会和社区。经过各方协作，目前已成功建立了10个区域创新集群，如表3-16所示。

表3-16 印度尼西亚10个区域创新集群

| 序号 | 创新集群 | 地区 |
| --- | --- | --- |
| 1 | 玉米产业创新集群 | 哥伦达洛省 |
| 2 | 香蕉与山药创新集群 | 明古鲁省 |
| 3 | 万由马士红糖创新集群 | 中爪哇省 |
| 4 | 椰子纤维废水处理创新集群 | 廖内省 |
| 5 | 水产品加工创新集群 | 西苏拉威西省 |
| 6 | 食品、纺织与雕刻创新产业创新集群 | 南苏拉威西省 |
| 7 | 金属行业创新集群 | 西爪哇省 |
| 8 | 食品加工机械产业创新集群 | 南苏拉威西省 |
| 9 | 茉莉芬创新集群 | 东爪哇省 |
| 10 | 草药及天然原料创新集群 | 南苏门答腊省 |

（执笔人：王　勇）

# 越　　南

据越南科技部2011—2015年科学技术发展战略总结会议的信息，过去5年，越南在科技领域取得了许多重要成果，科技实力得到加强，高科技和高科技应用产品的价值达到GDP的45%。5年来越南共发表1.17万个国际性科技报告，比上一个五年计划阶段增加1倍，在世界上位居第59，在东南亚位居第4。全球创新指数在141个国家榜上从第71位提高到第52位。越南已成为世界上软件加工业十强国家之一，也是联合国教科文组织承认的世界上能自主研制轮状病毒疫苗的4个国家之一。

但是，越南的科技投入并不多，而且主要依靠国家预算发展科技。2014年政府对科技领域的投资只占国家预算的2%，相当于13.6万亿越盾（约7亿美元）。在国际竞争愈加激烈的情况下，为实现经济真正起飞，越南需要加大科技领域的投入。目前，越南科技研究和应用还很少，经济增长过于依赖廉价劳动力和援助资金。因此，要进行更有力度的革新，尤其重要的是要制定鼓励科技投资的机制，为企业投资科技注入动力。

## 一、科技创新重大政策及举措

### （一）越共“十二大”强调促进科学技术应用、革新和创新

2016年1月26日，越共“十二大”在提交审议的文件报告草案中，继续强调大力发展科学技术，让科技发展真正成为重要国策，成为发展现代生产力和知识经济、提高生产率和竞争力、保护环境和维护国防安全等方面的最重要动力。在各级各行业所有活动中，发展应用科技需要凝聚社会的所有资源，制定机制和政策，鼓励与促进全社会加强对科技领域的投资。除了革新科技管理机制和政策外，应建设先进的科技组织模式，同时优先和加大在科技领域的国际合作，完善促进应用科技革新创新活动及创业的机制和政策。

## （二）发布“2016 年越南科技创新金皮书”

2016 年 8 月 29 日，越南政府对外公布了“2016 年越南科技创新金皮书”。金皮书发布了 71 个越南优秀科技创新项目，这些项目是在越南各有关政府部门、越南中央级组织、各省及中央直辖市人民委员会推荐的 186 个科技创新项目中筛选出来的。发布金皮书目的是鼓励和表彰在自然科学和应用科学领域做出重要贡献的科研人员及重要科技研究与应用成果。

## （三）调整高技术园区政策法规

2016 年 7 月 26 日，科技部与和乐高科技园区中心联合制定园区投资激励法令草案，副总理武德詹出席科技部的发布会。和乐高科技园区将作为国家研究开发高新技术应用中心，成为发展高科技人力资源、企业及高科技产品生产和贸易的中心。

和乐高科技园区按照计划应发展成高科技城。但由于实施过程中的困难和障碍，投资者并没有享受到激励措施的优惠待遇。园区需要更可行和更优惠的政策来吸引投资者，使园区有突破性发展。新的法案明确园区管理委员会的职责，创造更优惠条件，实现“一门式”政策，吸引对园区高科技基础设施及研发的投资，让企业发展享有良好的环境、便捷的程序和低成本的土地使用等激励措施。

## （四）通过技术革新应对气候变暖

2016 年 6 月，越南应对气候变化创新中心（VCIC）举行“创新创业应对越南气候变化”优秀项目颁奖大会。通过举办项目比赛方式，筛选出 300 多个应对气候变化问题的技术创新项目，再从中选出对绿色发展和建设低碳经济带来积极作用的 19 家优秀创意构思企业。这 19 家企业同时获得来自英国国际发展部（DFID）、澳大利亚外交贸易部（DFAT）和世界银行的无偿资金援助。

## （五）推动可再生能源开发利用

政府新批准了国家电力发展规划，这是越南能源政策的突破。根据计划，越南将推动能源转型，发展可再生能源。较高的经济增速使越南在 1990—2014 年的能源消耗量和电力消耗量增加了 9 倍，二氧化碳排放量也随之增加，人年均排放量达 1.7 吨。尽管越南的年平均太阳总辐射量是德国的 4 倍，但越南太阳能发电和风能发电装机容量所占比重较小。越南计划到 2020 年将太阳能发电装机容量提升至 850 兆瓦，将风能发电装机容量提升至 800 兆瓦以上。

### （六）鼓励企业加大科技投入

2016 年 5 月 16 日，越南政府颁布协助与发展创业型企业的第 35 号决议，提出为创业型企业改革创新创造有利环境的具体措施，实现 2020 年前高效运行企业数量达 100 万的目标。越南有关专家建议政府尽快制定有关科技投入具体优惠政策，让企业享受直接利益，这样，企业才有动力投入科技。目前越南已经制定了有关政策，但在组织实施上还未同步。今后科技部将与财政部紧密配合，科技部下属的市场与科技发展局和税务总局进一步良好配合，指导全国各省市税务局对从事科技发展的企业实施优惠政策。此外，越南政府正在积极准备《中小型企业扶持法草案》，拟递交国会审批通过。与此同时，政府总理还批准《2025 年前国家创建生态系统扶持提案》的第 844 号决定，体现越南政府支持与协助创业型企业的力度。

### （七）加强科技人力资源培训

2016 年 2 月 6 日，政府批准了“使用国家预算在国内外进行科技人力资源培训”提案。该提案有助于提高科技人员的业务水平，深化专业知识，提升管理技能和研究能力，发展高新技术。提案建议成立满足国家经济社会发展需求的高层次科技专家人才库，并计划在 2016—2020 年和 2021—2025 年 2 个阶段分别在外国培训专家 150 名和 200 名，旨在建立一支业务水平高、研究能力强的专家队伍。与此同时，这 2 个阶段在外国分别培训 50 个和 80 个研究组，建立研究能力强、具备足够能力完成重要科技任务的研究组。此外，在 2 个阶段分别在国内外为 200 名和 300 名科技管理干部进行有关科技管理知识和技能、创新管理的高端培训。

## 二、主要科技发展成果

### （一）空间技术领域

越南政府于 2006 年 7 月批准了 2006—2020 年空间技术研究和应用国家战略。经过 10 年的实施，已经在许多方面得到发展，重要的研发成果包括信息通信部的 VINASAT－1 号和 VINASAT－2 号卫星，越南科学技术院的 VNREDSAT－1 号卫星，自然资源与环境部的接收图像 SPOT 卫星及运输部的 INMARSAT 号卫星。

越南大地测量与制图局同越南 SISC 设备供应股份公司和越南测量与地图及遥感协会联合开展的 2016—2020 年覆盖越南全境全球定位卫星网络建设的重点项目取得很大进展。该项目将有助于促进越南大地测量与制图技术和基础设施发展，设定新的参照体系，使地图绘制的精度大大提高。

2016 年 5 月 16 日，越南首艘空间飞船已经成功在澳大利亚爱丽斯泉小城发射，在离地面 25 千米的太空运行。科学家可以在高层大气研究、自然资源与环境研究及通信与国防的相关科研工作中有效应用该设备。该设备可以帮助科学家对风暴形成与路径进行观测与研究，快速传送信息与图片。

## （二）高技术园区发展

2016 年 1 月，越南最大技术研究、转让及鉴定中心正式落成并投入运行。该中心位于河内市和乐高科技园区，投资总额为 6000 亿越盾，占地面积为 2.1 万平方米。在机械制造技术、电子自动化技术、节能技术、环境技术等领域开展综合科学技术研究、生产和技术分析。该中心是和乐高科技园区开展的 70 多个项目之一。根据规划，和乐高科技园区总面积近 1600 万平方米，投资总额达近 60 万亿越盾，是研发和高科技应用、培育企业、培训人力、生产及经营高科技产品的综合区域。目前该高科技区对河内工业生产总值贡献率为 40% 左右，对出口总额贡献率为 45%。

胡志明市高科技工业园区成为越南高新区成功典范。2015 年胡志明市高科技工业园区共吸引 28 个投资项目，投资总额达 15.0 亿美元，比既定目标增加 2.7 倍。高科技工业园区的出口总额为 46.6 亿美元，占胡志明市出口总额的 20%，占全国高科技产品出口总额的 92%。除了吸引大量外商直接投资项目以外，胡志明市高科技工业园区不断鼓励企业展开技术更新，吸引诸多世界一流企业投资。

2016 年 1 月 26 日，越南 UNET 科学教育培训股份公司同新加坡凯登公司在河内签署了 Skycare 科学公园建设项目合作协议。该科学公园将在越南永福省永安市兴建，是越南首家科学公园，投资总额 3500 亿越盾，占地面积 5.5 万平方米，预计 2017 年 3 月项目第 1 期将竣工。Skycare 科学公园将是集服务和教育为一体，为学生营造生活技能和英语技能的现代科学中心。

## （三）信息技术产业发展迅速

在过去 5 年里，越南信息技术产业每年保持 10% ～15% 的增长速度，移动互联网技术应用已为越南国内生产总值贡献 37 亿美元。2015 年信息技术与传媒业占越南国内生产总值的 7.5%，国内软件行业收入从 10 亿美元提高到 20 亿美元，IT 行业的总收入从 20 亿美元增至 30 亿美元。预计未来 5 年，该数字将增至 51 亿美元。该行业的人力资源稳步增长，目前已达到约 20 万人。目前越南使用互联网人数约为 4900 多万人，在世界上使用互联网人数最多的 20 个国家排行榜中位居第 15 位。

越南将生物芯片作为优先研发的国家重点产品之一。2016 年 3 月，越南首家生物芯片生产企业已经在胡志明市高新技术区动工兴建。2015 年 11 月，政府总理批准越南生物技术与医疗设备有限公司（BIMEDTECH）实施“将基因芯片技术应用于疾病诊断和治疗”的开发研究项目。该项目投资总额 2790 万美元，建设生物芯片技术研发中心，生产用于卫生、农业、服务业、工业等多领域专用生物芯片。

### （四）医疗卫生领域

越南等离子技术股份公司研制出用于医学与美容中的低温等离子体发生器，使越南成为世界上首个在医疗与美容中成功应用低温等离子技术的国家。

### （五）开发利用清洁能源和再生能源

为保证经济增长得到足够的电力，越南在寻求逐步转向低碳清洁能源，提高可再生能源生产，特别是风能和太阳能。越南争取到 2030 年可再生能源发电总量从原计划的 6.0% 增加到 10.7% 以上，2020 年将原计划的 4.5% 的目标提高到 7.0% 。2016 年，越南与爱尔兰能源公司签署了 22 亿美元的合同，拟建立 3 个风电场，总容量 940 兆瓦，全面开发其巨大的风能潜力。

## 三、开展国际科技合作情况

2016 年，越南持续开展与世界主要国家、组织之间的科技合作，提高自身的科技水平，提升自己的国际影响力。

越南信息传媒部无线电频率局与国际电信联盟无线电通信局签署了卫星运行控制合作协议，注册并成功开展 VINASAT－1 号卫星、VINASAT－2 号卫星，观测遥感卫星 VNREDSAT－I 及碧龙号（Pico-Dragon）小型卫星的频率协调工作。通过合作，越南将能获取世界卫星干扰问题的相关信息，增强越南卫星网络保护能力，提高越南卫星运行控制站工作人员业务能力，满足国际标准要求。

越南积极与欧盟多国开展信息技术领域的合作与交流，主要推动越南基础设施建设、人力资源开发、信息安全产业等多方面发展，致力于在 2020 年将越南发展成为信息技术强国。越南与美国关于民用核能、智能城市、环境保护、水文气象、医疗卫生等多个领域开展合作，涉及重点项目资金支持，专业人才培养培训、基础设施建设等多方面内容。越南与俄罗斯签署了加强和扩大航天领域合作的备忘录，加强地球探测、太空探测、卫星导航、卫星发射服务、天体物理研究，同时俄罗斯作为越南首家核电站“宁顺一号”核电站项目的施工单位，协助越南建设核科学技术中心，为越南核领域发展奠定基础。越南与澳大利亚签署了越澳健康与医学领域合作备忘录，每年澳大利亚政府将向越澳两国科学家提供总额为100万澳元（约合72万美元）的援助，开展健康与医学领域共同研究项目。越南与印度就卫星监测项目展开合作，印度拟投资总额约2300万美元在胡志明市建设1个卫星监测和成像中心，允许越南接收印度卫星传回的遥感图像，服务于农业、环境和科研等领域。

## 四、对未来的展望

2016年11月中旬，越南国会通过2017年社会经济发展计划。2017年越南GDP增长目标是6.7%，计划强调每年要有30%～35%的企业革新运行，劳动生产率年平均提高5.5%。

2016年10月越南国会第十四届二次会议提出，越南将实施2016—2020年经济结构重组计划，转变经济增长模式，注重提高经济增长质量、效益和竞争力，实现可持续发展，提高居民生活水平和越南的国际地位。与会代表提出，经济改革的任务之一是通过应用高附加值的高新技术改善和提高各个经济产业的发展水平，要把各科研院所、科学家、生产组织和科技组织联合在一起，生产才能取得效益。

越南政府已制订雄心勃勃的科技发展计划，提出在社会科学、自然科学、科学与技术领域同步发展。到2020年，越南的一些科技领域将达到地区及国际水平；全社会总科技投入要达到GDP占比2%；平均每10 000个人有11～12个科研人员；在"2016—2020五年计划"阶段每年设备创新率达20%以上；技术交易价值平均每年17%以上；发明申请量达到上一个五年计划时期的2倍；形成5000个科技企业，60个科技组织达到地区及国际水平。

在"2016—2020五年计划"阶段，越南科技发展战略将继续优先落实服务于国家工业化和现代化的科技任务，革新科技管理机制，推进科技市场发展，发展技术服务组织网络，加强科技领域国际合作。政府将加大宣传力度，提高全社会对科技促进国家经济社会发展作用的认识，培养越南创新与创业文化。

未来，越南政府将会继续实施科技投资政策及科技财政改革，鼓励个人和企业建立科技发展基金，进一步吸引投资。政府将发布吸引科技人才优惠政策，支持和鼓励重要行业的科技人员、优秀青年科技人才和主持国家重点科技项目的人员。越南政府将优先投资于5个技术领域：信息与传播技术、生物技术、新材料技术、自动化技术和环境技术。促进这些领域的国际科技合作，推动越南科技发展。

（执笔人：梁雪军）

# 泰　　国

为增强国家的综合竞争力，摆脱中等收入陷阱，泰国政府抓住新一轮科技革命的机遇，实施“泰国工业4.0”发展战略，通过聚焦十大目标产业（现代汽车产业、智能电子产业、高端旅游及保健旅游、农业和生物技术、食品加工业、机器人、航空与物流、生物燃料和生物化学、数字产业、全方位医疗产业），形成产业集群，以东部经济走廊（经济特区）、高新区、工业园区等为战略平台，实现国家的快速、可持续发展。作为国家科技创新的主管部门，泰国科技部紧紧围绕国家战略，工作重点开始由传统的科研管理向创新创业链管理转变，由为科研人员服务延伸到为全体创新创业人员服务；聚焦创新创业生态环境的建设，着力培育初创企业，培养国民创新创业意识，同时以食品科技为突破口推进科技园区的建设，促进产学研用的有机联合，强化技术转移工作力度。

## 一、科技统计数据

根据泰国议会预算办公室发布的《支出预算比较总表2013—2016》，泰国科技部2016财年的总预算为9981 747 000泰铢，占政府预算总额的0.37%，比2015财年增加了1085 245 100泰铢。

根据东盟科学合作伙伴网的统计数据，2014财年泰国研发经费总支出为19.4亿美元，占GDP的比重为0.48%。其中，政府投入4.714亿美元，非政府部门投入7.536亿美元，总研发人数143 187人，每百万人口拥有1496.6名研发人员。2015年发表论文10 886篇，外国直接投资流入108.45亿美元，外国直接投资流出77.76亿美元。

根据泰国研究理事会（NRCT）发布的《泰国研发指数2012—2016》的统计数据，2013年泰国知识产权局收到专利申请10 227份，其中泰国申请人3456份。

## 二、科技创新能力指数及研究型大学排名

2016 年，泰国在多项世界竞争力排行榜的排名和涉及科技创新能力的总体排名有升有降，但总体来说是上升的趋势。洛桑国际管理学院（IMD）发布的《世界竞争力排行榜 2016》，泰国在 61 个经济体中排名由去年的第 30 位上升到第 28 位。世界知识产权组织（WIPO）等发布的《2016 年全球创新指数》，泰国在 128 个经济体中排名由去年的第 55 位上升到第 52 位，其中，人力资本和研究类指标位居第 70 位，商业成熟度类指标第 49 位，知识和技术产出类指标第 46 位，创意产出类指标第 57 位。而世界经济论坛（WEF）发布的《2016—2017 年全球竞争力报告》，泰国在 138 个经济体中排名则由去年的 32 位下降到 34 位，技术就绪类指标排名也由 58 位下降到 63 位，但创新类指标则由 57 位上升到 54 位。虽然泰国在这些排名中升降不一，但总体反映出科技创新能力一直是泰国国家竞争力的短板，泰国政府正全面采取措施改善和提升泰国的创新竞争力。相信再过几年，泰国的国家竞争力排名有望更上一层楼。

泰国高校 2017 年的世界排名比 2016 年稍有提升。在 2016—2017 年 QS 世界高校排名中，朱拉隆功大学位居 252 位，比上年上升了 1 位，玛希敦大学位居 283 位，比上年提升 12 位；在泰晤士高等教育世界大学排名榜中，没有泰国大学入围前 500 强，名次最好的玛希敦大学继续位于 501 ～600，有 4 所泰国大学在 601 ～800 内；在对新兴经济体国家的大学排名中，泰国有 7 所高校进入前 200 名，跟上年持平。本年度泰国无大学进入上海交大的世界大学学术排名 500 强。总之，泰国高校在 2017 年世界主要排行榜中总体排名略有上升，成功止住上年名次大幅下降的势头，来之不易。

## 三、创新政策和措施

《国家科技与创新规划 2012—2021》（National STI Master Plan 2012—2021）是泰国政府目前正在实施的科技规划，目标是 2016 年全国研发总投入达到 GDP 的 1%，到 2021 年，全国研发总投入提升到 GDP 的 2%。计划 2016 年全国研发人数与全国工作人数比达 15∶10 000，2021 年提升到 25∶10 000。该规划根据泰国的科技优势和特点，将创意与数字内容、生物能源、水稻与大米产品、橡胶与橡胶产品、食品加工、电子、汽车与零部件、塑料与石化、时装、高附加值旅游、物流与轨道运输、建筑与相关服务等列为泰国的研发优先领域，这些领域与泰国新近推出的十大产业目标高度吻合，显示出规划的前瞻性。围绕规划提出的目标和国家经济发展对创新的要求，泰国政府 2016 年推出了一系列促进创新的

政策措施。

### （一）整合国家科技决策机构，成立最高“科技内阁”

为进一步加快泰国科技创新事业发展，改变现有国家科技创新政出多门、功能重叠、国家科研资金管理分散的现状，提高决策效率，泰国政府2016年整合了国家科学技术与创新政策委员会、国家创新体系发展委员会、国家研究理事会管理机构，合并成立国家研究与创新理事会（National Research and Innovation Council）。理事会由总理任主席，成员包括2位副总理、19位相关部委部长、3位被撤销单位的秘书长，以及国有科研机构、高校、企业代表和8位总理提名的专家组成，成为泰国最高科技创新政策和国家科研资金分配决策机构。

### （二）设立经济特区，突出创新创业平台建设

东部经济走廊（EEC）是泰国政府2016年力推的最大创新创业平台，是东海岸工业开发区的延伸，不仅聚焦现代汽车产业、智能电子产业、高端旅游及保健旅游、农业和生物技术、食品加工业等泰国已有一定实力的产业，也将涵盖机器人、航空与物流、生物燃料和生物化学、数字产业、全方位医疗产业等面向泰国未来发展的产业。目前泰国政府已为东部经济走廊做好基础准备：①硬件基础设施，通过相互衔接的各种运输模式将区内产业供应链整合起来，通过高速公路、高铁连接曼谷，再通过港口、机场、铁路、公路衔接周边国家；②法律法规，起草并经议会通过了《东部经济特区法》，使特区的管理更加灵活，运营更加高效；③给予投资者、外籍专家更大的优惠权益。

在十大产业集群之中，泰国科技部重点负责食品创新园（Food Innopolis）的建设，政府为此拨出100亿泰铢专款，期望通过聚焦食品的研发创新，将其打造成全球食品创新枢纽。食品创新园坐落在曼谷以北20千米的泰国科技园内，规划占地面积6万平方米，计划入驻3000多名食品产业科研人员和接纳1万多名食品进修生。泰国科技部2016年5月与13家泰国知名食品商、12所大学和科研机构、9个政府部门共同签署了共创食品创新园的备忘录，实现政企研密切合作。为吸引世界级食品公司入园，创新园享受优惠政策。园区还提供实验室测试和分析、技术许可、研发资助、软贷款申请、知识产权、商业对接、外国专家签证和工作许可等一站式服务。

### （三）实施外资科技企业投资泰国综合优惠政策

为吸引外资，特别是科技项目落户泰国，泰国政府按企业投资项目的科技含量，分A、B两类实行不同的优惠政策。A类细分成4级：A1为知识型产业，以

提升国家竞争力的设计和研发行业为主；A2 为发展国家基础设施，具有高附加值，且在泰国投资较少或尚未有投资的行业；A3 为对国家发展具有重要意义，且在泰国相关领域投资极少的科技行业；A4 虽不及 A1、A2 先进，但可增加国内原材料价值以加强产业链发展的行业。B 类分成 B1、B2，包括不具备高科技但对产业链仍具有重要作用的辅助配套产业。A1 可免 8 年以上企业所得税，A2 免 8 年，A3 免 5 年，A4 免 3 年，B 类不免。

按地域划分，符合条件的企业入住科技园增免 1 年企业所得税，外加 5 年半税；工业园区增免 1 年企业所得税。

在产业集群方面，包括汽车及零部件、电子电器和通信设备、环保石油及化工、数字产业等，将免 8 年企业所得税，再加 5 年半税。国际顶级专家享有长期居留权，允许外企拥有土地所有权用于投资优惠权益的业务。

此外，A 类、B1 类还可享受减免机器进口税、免出口产品原料进口税及非税收优惠和额外优惠权益，B2 类可获非税收优惠权益待遇。

## （四）调动各方力量设立创新创业基金

针对泰国创新创业基金不足的现状，政府调动社会资源，共助创新创业，使创业基金数量从 5 年前的 1 个迅速发展到 72 个。例如，由财政部出资 40 亿泰铢，储蓄银行、中小企业银行等国资银行各出 30 亿泰铢，总规模为 100 亿泰铢的中小企业孵化基金。泰国国家科技发展署、泰京银行和泰国证交所共同出资成立的 23 亿泰铢的私募信托基金。工业部联合其他机构设立总额为 6000 万泰铢的风投基金等。政府期望通过创建各种中小企业融资渠道，使中小企业总产值由目前的 5.6 万亿泰铢、占 GDP 的 42% 提升到 2020 年的 8 万亿泰铢、占 GDP 的 50%。

## （五）加快孵化高新企业，扶持初创企业

初创企业是国家可持续发展的基石。2016 年泰国政府出台系列政策和措施，构筑创新创业生态。①首先是 4 月在曼谷举办声势浩大的“首届泰国创业大会”，巴育总理亲自出席并发表主旨讲话，36 000 多人参与了大会的各项活动。下半年又移师东北部和南部，在全国各地点燃创业热潮。②借鉴国际成功模式和经验，寻求国际高新企业的指导和帮助。例如，总理、副总理邀请阿里巴巴、华为等帮助泰国发展本土电商、高科技初创企业。③在工业园、科技园设立各种孵化平台，提供知识产权管理等各项服务，实施中小型企业创新券制度等。④启动“人才流动计划”，鼓励政府和高校科研人员留学归国后，全职或兼职到私营部门工作 3 个月至 2 年。⑤为研发值小于 300 万泰铢的企业提供研发投入 3 倍加计扣除优惠政策。⑥设立技术转移中心，促进技术转移。

## 四、国际科技合作

### （一）牵头东盟科技发展

泰国的科技水平和能力在东盟地区处于领先地位。针对东盟国家间科技合作松散、缺乏稳定资金支持的现状，泰国科技部部长 2016 年 9 月在首届东盟科技创新论坛上宣布，泰国牵头发起设立东盟科学发展基金，首投 100 万美元，以促进东盟国家在科技创新，特别是食品、可持续能源和生物多样性领域的合作，基金从 10 月 1 日起正式运作。泰国已为老挝提供了 14 项科技援助项目，内容涉及生物技术、天文、水资源管理等领域，为缅甸、柬埔寨、越南等新东盟国家提供奖学金，吸引这些国家的留学生到泰国留学。

### （二）泰美政府间科技合作

根据两国 2013 年签署的政府间科技合作协议，2016 年 3 月 7—8 日，泰美政府间科技联委会在曼谷召开会议，确认两国政府间科技合作的五大重点领域：卫生与健康、气候变化、环境（特别是生物多样性保护）、清洁能源和水资源管理，共同支持泰国卫生部和美国疾病控制与预防中心的合作、支持泰美创意合作伙伴的合作，共同推进东盟 - 美国战略合作伙伴计划。双方还确认下次联委会 2018 年在美国举行。

### （三）泰日科技合作

日本长期深耕泰国。日本高校同泰国大学联合建有众多的实验室或研究中心，如秋田大学 - 朱拉隆功大学联合研究实验室、东京医科大学 - 朱拉隆功大学研究与教育中心、大阪大学东盟学术计划中心、设在法政大学的三重大学泰国教育与研究中心、中央大学 - 法政大学联合研究中心等。日本车企除全面占领泰国市场之外，为了顺应泰国政府希望外商提高科技含量的要求，日产、三菱等陆续开始在泰设立研发测试中心。日本国际协力事业机构（JICA）在泰国 GDP 达到中高收入标准后，调整了对泰国技术援助重点，主要集中在食品安全、环境、能源、老年人健康服务等领域，使用日本经验和技术减少环境污染，并强化同泰国研究机构一起培训周边国家科技人员。

### （四）泰国英国科技合作

牛顿基金在两国科技合作上扮演重要角色。作为牛顿基金的一部分，设立于 2015 年的牛顿英泰研究与创新合作基金 2016 年投入 6000 万泰铢同泰方联合开启天文领域的研究，在软件能力建设、硬件基础设施和数据处理等方面启动四大合作项目，由英国科技设施理事会和泰国国家天文研究院共同组织实施。牛顿英泰研究与创新合作基金的优先资助领域包括健康与生命科学、环境和能源安全、未来城市、农业科技、数字与创新。

### （五）泰中科技合作

中泰铁路合作于2013年10月签署备忘录，至今双方共举行了16次联委会会议。2016年12月，颂奇副总理访问北京期间同中国政府再次重签了铁路合作备忘录，显示出两国政府坚定推动中泰高铁项目的决心。中泰高铁项目曼谷至呵叻全长253千米，时速250千米/小时，采取分4段方式推进。首先开工段3.5千米，线下部分由泰方负责施工和融资，线上部分所需技术和设备从中国进口。目前3.5千米设计方案已提交泰方。

（执笔人：曹周华）

# 印　度

在莫迪政府的高度重视下，在科技界、产业界的积极推动下，2016 年印度科技加快发展，取得了系列新成绩。世界著名出版商爱思维尔的斯高帕斯数据库 2016 年报告显示，印度科技研发在过去几年中取得了显著进步。印度工商业联合会和印度研究机构（TARI）合作完成的调研报告，认为印度已成为世界第三大科技创业企业聚集地，仅次于美国和英国。

## 一、加强科技管理，营造良好环境

### （一）发布《2035 年科技展望》

2016 年印度发布了《2035 年科技展望》（Technology Vision 2035）。该报告阐述了“印度制造”面临的困难，提出到 2035 年印度实现强国梦的科技路线图，给出了涉及 12 个行业的发展路线，包括飞行汽车、即时翻译软件、个性化医疗、可穿戴设备及电子传感器、100% 可回收材料等。

### （二）增加科技投入预算

印度政府 2016—2017 财年总预算为 197 806 亿卢比（约 2952. 3 亿美元），比上一财年增加了 11% 。科技部（包括科技署、生物技术署、科技与产业研究院所）在 2016—2017 财年获得中央计划支出 1035 亿卢比（约 15. 4 亿美元），比上一财年预算增长了 12% 。

### （三）实施知识产权新政策

颁布实施知识产权新政策，有效联合政府、研发组织、教育机构、中小型企业、初创企业等，创建一个有利于知识产权保护和知识产权商业化的生态环境，包括提高公众意识、推动知识产权保护、完善法律法规、加强执法和应对知识产权侵犯等，涉及医疗保健、食品安全、环境保护等方面，通过一系列税收减免来推动技术创新研发。新知识产权政策鼓励金融机构给予那些相对没有能力保护知识产权的群体财政上的支持，提供有利于知识产权保护的资金贷款。在知识产权商业化的过程中，鼓励银行、风投基金、天使基金、众筹机构等金融机构共同开发知识产权资产。

### （四）建立印度科研机构审计评估体系

随着印度国家优先战略领域科研投入的不断加大及“创业印度”计划（Start Up India）的开展，政府主导支持的创客企业和孵化器快速涌现，政府支持的科研项目渗入到经济社会各个领域，政府科研资金使用监督问题开始浮现，对科研机构审计评估的必要性日趋凸显。印度提出建立国家科研机构审计评估体系，引入科研机构诚信监督机制，杜绝不轨行为，更好地吸引增加科技资源，服务国家战略优先领域科技发展。重点对政府科技部门和科研机构科技经费进行审计，规范政府部门和科研机构科研活动，提高科技管理水平和科技经费资源效益，提升印度的科学研究与技术研发质量。

### （五）吸引海外科学家回流

近年来，印度科技快速发展，科研环境持续改善，对海外科学家的吸引力也不断增强。同时，印度政府大力实施拉曼纽扬计划、拉马林格姆计划等系列计划，着力吸引定居海外印人科学家回流，减少人才外流。过去 2 ～3 年，超过 250 名定居海外的印裔科学家回到印度工作。数据显示，申请引才计划的数量达到了计划支持数量的 3 倍多。

## 二、推出创业印度计划，促进创新创业

### （一）启动创业印度计划

印度总理莫迪于 2016 年 1 月 16 日启动了“创业印度”计划，这是继“印度制造”“数字印度”之后，莫迪政府发起的又一项开创性举措，用以激励全国的创业精神。该计划旨在促进印度的本地创业，通过政策优惠推动技术创新，改善人才外流现状，鼓励青年企业家留在印度创业。莫迪总理宣布，在未来 4 年时间，提供 1000 亿卢比（约 15 亿美元）财政资金，作为初创企业发展资金，支持制造业、农业、卫生及教育等领域创新创业项目，建立完善创业信贷保障机制，为印度创新创业公司提供金融信贷服务，支持新创企业快速发展，以推动印度经济可持续增长，并创造更多的就业机会。“创业印度”计划还推出相应的政策激励措施，包括初创企业，在成立后前 3 年，可免缴纳收入所得税；简化便利初创

公司注册手续，实现快捷注册；初创企业不受现有劳工和环境等相关法律审查；初创企业享受更为优惠的专利申请政策，专利申请费用可减免80%等。

## （二）启动国家创新发展与治理计划

为加快实施印度总理莫迪提出的“创业印度”计划，印度科技部2016年启动了国家创新发展与治理计划（National Initiative for Development and Harnessing Innovations），计划在今后几年投入50亿卢比（约8000万美元）建设创新创业生态系统，推动知识和技术驱动的创新与创意加速转化。

国家创新发展与治理计划的组织和参与者包括中央政府有关部门、邦政府、学术研究机构、专家顾问、金融机构、天使投资者、风险资本、行业龙头企业等，该计划旨在建设创新驱动的创业生态，实现从发现到支持，再到保护，最后到展示的整个创业链条的无缝连接。整个计划由8个部分组成，分别支持从创意到市场过程中的各个阶段。第1部分为青年创新创业者支持加速计划，主要支持创新创业者建立创新创意雏形，最高支持额度为100万卢比，并提供制造实验室。最后1个部分为种子支持系统，最高支持额度为1000万卢比，通过科技企业孵化器来实施。

目前，印度科技部已在知名学术与研究机构建设了100多家科技企业孵化器，总孵化面积达到约6.5万平方米，在孵企业2000多家。9月3日，印度召开的国家专家咨询委员会还建议建设6个卓越中心。同时，印度科技部还与英特尔、洛克希德·马丁、德州仪器、波音等大企业合作，开展了多项支持科技创新创业的计划。

## （三）建立“创业走廊”

印度科技部计划建立“创业走廊”（Start Up Corridor），将若干孵化器集结为一个实体，通过对该实体进行资助，使各孵化器更好地为初创企业提供个性化服务。在“创业走廊”项目中，允许多学科孵化器（Multi-Disciplinary Incubators）成立实体，与科技部建立联系并获得帮助。被选中的多学科孵化器将获得5000万卢比作为奖励基金，帮助初创企业获得所需支持，从而缩短孵化期。同时，允许孵化器自行集中资源进行企业孵化。印度国家科技创业发展局负责该计划的实施，2016—2017财年该局所获财政预算从上一财年的4亿卢比（约597万美元）增加到8亿卢比（约1194万美元）。

## （四）启动小企业创业合作在线平台

3月，印度总统普拉纳布·穆克吉启动了由政府支持的印度小企业发展银行（Small Industries Development Bank of India，SIDBI）创业合作网（Start Up Mitra

Platform）企业创新生态系统平台，以配套支持政府出台的扶持企业创新发展相关政策和计划，包括初创行动计划（Start Up Action Plan）、企业创新计划 AIM（The Atal Innovation Mission）。印度总统普拉纳布 · 穆克吉表示，这一创客创新生态系统计划和中央政府建设创新型国家目标相符，旨在通过初创行动计划及企业创新计划等国家创新计划，促进创客与相关投资利益方，包括育成中心、天使投资人、风险投资基金等更加密切合作，提升创业创新动力，引导初创企业发展。

### （五）营造创新创业氛围

印度产业联合会 CII（Confederation of Indian Industry）于 2016 年 7 月组织了印度创新峰会，向人们展示创新已成为"创业印度、振兴印度"国家计划聚焦关注点和持续探讨的主题。在中央政府的引导下，地方政府和企业积极投入创新创业。例如，德里成立了创业指导委员会，以推进创业进程、加快创新企业发展、支持初创企业并为城市增加就业机会。德里创业指导委员会在德里对话与发展委员会（Dialogue and Development Commission of Delhi，DDCD）支持下开展工作，由政府官员、企业家、创业者及投资人构成，将为德里地方微型企业、中小型企业及新生代企业和大型企业提供政策咨询和金融支持。国际 IT 巨头 Oracle 计划在印度建设 9 个初创企业孵化器，以帮助新兴企业家与初创企业更好地获得技术上支持。第 1 家 Oracle 初创企业云端加速器（Start Up Cloud Accelerator）在班加罗尔上线，其他孵化器分别设立在孟买、浦那、钦奈、古尔冈、海德拉巴、Thiruvanantapuram 和维杰亚瓦达。初创企业需要申请加入这一项目，审核通过后即可获得参加时长 6 个月的加速项目的资格。

## 三、推进国际合作

### （一）推进金砖国家科技创新合作

作为 2016 年金砖国家轮值主席国，印度在斋浦尔举办了第 4 届金砖国家科技创新部长级会议。此次部长级会议是根据 2015 年 7 月在俄罗斯召开的金砖国家领导人第 7 次会晤上发表的《乌法宣言》和《金砖国家政府间科技创新合作谅解备忘录》召开的。会议讨论通过了"2016—2017 年金砖国家科技创新行动计划"，发表了《斋普尔宣言》，重申将积极落实《金砖国家经济伙伴战略》，强调科技创新在应对全球及区域社会经济挑战方面的驱动力作用，承诺将基于《金砖国家政府间科技创新合作谅解备忘录》，促进金砖国家科技创新合作的制度化和多元化。此外，印度还组织召开了金砖国家卫生部长会议、住建部长会议及金砖国家健康研讨会等系列会议，在多边框架下中印相关科技领域稳步开展。2016 年，中印还就联合开展金砖国家遥感卫星星座计划交换意见，该计划将应用于开展对地观测，发生天灾时进行紧急通信，以及灾难风险防控、监控气候变化等。

## （二）印欧加强生物基科技创新合作

欧盟印度各出资3000万欧元建立的欧印共同科技创新合作基金，每年一次实施国际同行评审的联合研发创新项目公开招标。根据欧印共同科技创新合作基金指导委员会会议纪要，2016年欧印双方科技创新合作主题被确定为生物基经济，围绕可持续粮食安全，蓝色增长，农业再复兴，生物基经济可持续技术、产品与服务开发及应用开展了合作。

## （三）深化印英科技合作

2016年11月7—9日，印英技术峰会（India-UK Tech Summit）在印度新德里举行，印度总理莫迪和英国首相特蕾莎梅出席。会上，印英宣布在健康、能源、食品安全等领域启动一系列联合研究计划，总预算达8000万英镑。其中，抗微生物耐药性领域投入1500万英镑、生殖健康领域投入1260万英镑、生物技术处理工业废弃物领域投入1600万英镑、特大城市大气污染与人体健康领域投入650万英镑、食品安全领域投入500万英镑，并共同投资1000万英镑建设印英清洁能源研发中心。印度－英国科学创新理事会（SIC）也于2016年召开会议，进一步强化科技研发伙伴关系，确立科技研发合作优先领域，重点包括：印度将投入5亿卢比，合作建立印度－英国太阳能网络中心，覆盖太阳能发电、存储和电网集成等领域，尤其是系统水平微电网的设计和发展；印度将投入2.65亿卢比，加强与英国科学技术设施理事会合作，开展中子散射设施合作，提高印度制备纳米材料能力；印度的地球科学部、英国自然环境研究理事会、英国气象局、牛顿基金共同资助800万欧元，开展大规模印度季风观测项目计划等。

## （四）面向全球引技引智

2016年，印度政府发布了面向全球邀请有关单位参与“恒河下水道水处理项目”的通知。该项目是“清洁恒河国家行动”的一部分，旨在利用最先进、最有效的技术对流入恒河的生活污水进行达标处理。印度政府管理部门希望我使馆告知国内相关产业领域的企业，积极参与相关项目工程。印度政府表示，感兴趣的机构或企业可以提交意向书，开展试验工程并免费运行至少1个月。试验工程处理后的水质主要指标达到印度中央控制污染委员会（CPCB）规定的排放标准并经委员会核定后，印度政府将补偿建设成本及免费期之后的监测、运行、维护费用。

（执笔人：单祖华）

# 巴 基 斯 坦

2016 年，巴基斯坦政局基本稳定，国家整体实力和对外影响力增强，国内安全局势有所好转，但仍然发生了数次涉及大批人员伤亡的恐怖袭击，安全形势依然严峻，全国面临反恐和周边环境的严峻挑战。

巴基斯坦部分重要宏观经济指标改善。例如，外国直接投资大幅增长，第二产业增长超预期，大规模制造业回暖，第三产业增长提速，通货膨胀创新低，经济形势向好；但政府债务大幅增加，投资偏低问题依然严重，出口形势进一步恶化，贸易逆差继续扩大。

## 一、科技政策和预算

2016—2017 财年，巴基斯坦政府向科技部拨付经费 75 亿卢比（约合 7500 万美元），其中仅 18 亿卢比用于研发项目，其余用于发薪水和退休金，另外 700 万卢比支付运行费。科技部应议会质询，向议会提交书面函，指出巴基斯坦政府对科技研发投入占国内生产总值的 0.29%，因此创新能力和结果在全球经济体中占的位置很靠后，处于 141 个经济体中的 131 位；全国有 60 699 位科学家，其中有博士学位 10 670 名，大学的科学教育水平低，实验设施不足，缺少科学教师，私营企业对研发投入少等。科技部强调，本届政府采取了不少措施。例如，制定了 2014—2018 年科技战略，开展了 11 个领域的技术预见研究，把 11 个领域的研究成果告诉企业，还进行科普教育，提高博士学位奖学金数额，提高科技部科研院所科学家和研究人员的待遇，制定薪酬标准等。

## 二、巴基斯坦政府推出杰出科学人才培养计划

由巴基斯坦计划发展改革部立项，巴基斯坦科学基金委员会具体承担管理的

杰出科学人才培养计划获得政府15亿卢比资金，帮助中产阶级家庭学生得到高质量教育，由巴基斯坦基金委员会监管培养成为科学家。

巴基斯坦国家高教委设立创新领导委员会，加强高教系统创新。该委员会评估和改善研究、创新和商业化办公室（ORIC）。高教委设立的研究中心向大学研究计划和项目提供战略支持，设立公司，鼓励女性企业家。该委员会的成员不仅来自大学和高教委，还来自著名企业。由国家计划发展部立项拨款，高教委设立技术发展基金。配合联邦政府的2025年远景计划，建立知识经济社会，高教委提出结合《国家人力资源发展计划（2015—2025年）》，提出高等教育2025年远景，提出6项指标。例如，聚焦大学，改善基础教育，成为高质量研究和创新场所；加强与产业界的联系，发展技术，培养企业领袖；与美国合作建设巴美知识走廊，借此平台，10年内资助1万名学生到美国学习，培养1万名博士学成回国；资助研究人员和博士申请和开展项目，把其科研项目成果推向市场。

## 三、应对气候变化措施

巴基斯坦政府批准了巴黎气候变化协议，内阁通过了国家自主贡献报告（INDCs）相关气候变化法律，报告将提交到年度气候变化框架条约缔约成员国大会。巴基斯坦气候变化部部长表示，巴基斯坦将碳排放目标设定在降低20%，但这取决于绿色气候基金能否提供420亿美元的资金。巴基斯坦将成立国家气候变化理事会，这是国家最高气候变化决策机构。

巴基斯坦境内地质构造复杂，气候分形各异，自然灾害频发，亟须采用空间信息技术等技术。巴基斯坦气象系统原有22部雷达，目前只有7部在使用，大多数完成使用寿命。2016年，巴基斯坦气象局向政府提交了6年计划，总值1.59亿美元，升级国家气象预报系统，包括安装和升级全国22部雷达站，400个先进自动气象站，在98个区设立气象观测站，对强降雨、季风暴雨、干旱和洪灾、热带气旋等极端天气做出预报和预警，减少自然灾害损失。政府已批准为期4年的冰川监测网络升级项目，投入850万美元，监测巴基斯坦境内兴都库什、喀喇昆仑、喜马拉雅三大山脉交汇区内5000余个冰川，覆盖15 000平方公里面积，及时预报冰川湖融化、温度、湿度、降雨、风速等数据变化，及时提出预警。巴基斯坦也向绿色气候基金提交总额为3300万美元的冰川湖融化成灾二期项目，但该基金表示今年因人员不足和管理能力缺乏而不予评估。

## 四、多边科技活动

（1）伊斯兰合作组织（OIC）科学技术合作常务委员会（COMSTECH）会议

举行。2016 年 5 月 31 日，在巴基斯坦首都伊斯兰堡成功举办了伊斯兰合作组织（OIC）科学技术合作常务委员会（COMSTECH）第 15 届成员国大会。OIC 有 57 个伊斯兰国家成员国，下属的科学技术合作常务委员会（COMSTECH）挂靠在巴基斯坦。OIC 秘书长在大会致辞中表示，在第 13 届伊斯兰组织峰会上，通过了 OIC 2025 行动计划，强调知识、科学、技术、创新对成员国长期繁荣和社会经济发展的重要性，并表示 OIC 科学议程特别重视加强成员国的科技与创新制度框架，提升科学家能力，帮助培养人力资源，推动公共企业和私营企业研发联结和融合。第 15 届 COMSTECH 成员国大会推出了 2016—2026 年 10 年行动计划，计划通过伊斯兰发展银行筹备 21 亿美元，来开展伊斯兰合作组织成员国的科技大项目；选定 5 个伊斯兰成员国卓越科研中心开展科学家交换，提高欠发达伊斯兰国家的科技能力，以后再选择 5 个卓越中心；确定和资助科学技术创新组织（STIO），负责落实科技项目和活动；建议成员国落实科技发展项目的同时为提高教育质量、保障食品、水和能源安全，提供基础设施的基本需求。会议通过了决议，决议包括“OIC 国家科学技术：目标、优先和行动”文件，确定具体发展目标和目的。例如，组织成员国内建成 50 个大学进入全球 500 强大学，缓解成员国水和食品安全危机，建立应对气候变化队伍，推出计划项目和资源来管理人类卫生的难题等。决议提出要认识科技在国家可持续发展中的作用，为科学家提供环境来推动新战略领域的研究，包括新能源、信息网络、微电子、纳米技术、生命科学、空间和海洋开发，注重制定空间技术领域合作项目。

（2）南方科技促进可持续发展委员会（COMSATS）活动。COMSATS 是巴基斯坦主导面向发展中国和南南合作的科技多边机构，为发展中国家和南南国家科技合作和能力建设提供了重要舞台。2016 年已吸收巴勒斯坦和冈比亚加入该组织，目前已经发展到了 24 个成员国，并有多个国家即将加入。5 月，该委员会在巴基斯坦首都伊斯兰堡举办了协调理事会会议，会议总结了一年来工作，各理事会代表汇报一年来各卓越科学中心业务发展和对外合作业绩，以及下一年度工作计划，通过了第 18 届协调理事会决议，推选埃及国家科学中心主席沙兰为新一届协调理事会主席，沙兰任期 3 年。

会议决议强调推动科技创新合作和交流的重要性，大力推动南南国家之间开展科技合作与交流，呼吁成员国缴纳会费。会议认为，目前已有 5 个国际主题研究组（气候变化，天然产物，信息通信技术，数学建模，农业、食品安全与生物技术），将启动第 6 个国际主题研究组。依靠自己的网络公司，实施远程医疗卫生计划，将远程医疗卫生点扩大到 50 个。启动科学外交计划，提名一批科学大使。启动著名教授计划。设立捐赠基金。巴基斯坦政府从每年资助 20 万美元提升到 40 万美元。会议表扬巴基斯坦、中国、哈萨克斯坦积极而及时提供会员费。

COMSATS 执行主任两届期满，2016 年 10 月，科技部常务秘书梅根转任该委员会执行主任。

## 五、巴基斯坦主要国际科技合作活动

（1）美国继续深入开展美巴之间科技与教育合作。双方签署美国－巴基斯坦第七轮科技合作计划谅解备忘录，双方共同资助 800 万美元，开展共同研究项目。双方在共建水资源、能源联合研究中心的基础上，2016 年启动了美国－巴基斯坦农业和食品安全第 3 个联合研究中心，正在筹建第 4 个美国－巴基斯坦气候变化联合研究中心。

美国－巴基斯坦能源高级研究中心（USPCAS-E）是美国亚利桑那州立大学与巴基斯坦科技部国家科技大学在美国国际开发署的资助下共建成立的。中心以制定能源领域新的课程、培养技术骨干和学生为战略目标，应用研究项目的选择标准看能否对巴基斯坦能源经济、产业、公共设施、人力资源建设等产生影响。中心鼓励产业、政府、非政府组织机构组成伙伴合作关系，开展合作项目。2015 年，中心向巴基斯坦各界征集和开展专题合作项目。2016 年，中心主要围绕能源系统工程硕士和博士学位、热液能源工程硕士和电气能源工程硕士学位招生。

2016 年 2 月，美国－巴基斯坦农业和食品安全联合研究中心在巴基斯坦费萨拉巴德农业大学成立，美国开发署资助 3000 万美元，加州大学戴维斯分校作为美方负责机构，费萨拉巴德农业大学承担巴方合作联盟主体机构，中心将开展农业和食品安全联合研究活动，寻找气候变化、经济问题和食品安全解决方法，建成为学术界与产业界的联系纽带。巴基斯坦与美国加强合作，提出共同建设巴美知识走廊，借此平台，10 年内资助 1 万名学生到美国学习，培养 1 万名博士学成回国。

（2）中巴科技合作关系继续加深。巴基斯坦科技部部长率团出席中国－南亚技术转移与合作创新大会，与中国科技部副部长阴和俊举行会谈，中巴基斯坦科技部在中国－南亚科技伙伴计划框架下开展中巴技术转移中心建设规划和实施。中国科学院多个代表团访问巴基斯坦，签署有关合作文件，与巴基斯坦外太空委员会开展遥感技术和空间技术合作，与巴基斯坦气象局开展中巴世界第三极科学中心共建，并规划共建中巴地球科学中心等。兰州大学与巴基斯坦农业科学研究理事会开展共建中心等。中国国家自然科学基金会与巴基斯坦科学基金会合作，共同资助 14 个研究项目。

（3）巴基斯坦与白俄罗斯合作。9 月 23 日，巴基斯坦与白俄罗斯在巴基斯坦举行第 2 次科技联委会会议，白俄罗斯副总理赛马什科与巴基斯坦科技部长侯赛因举行出席会议并会谈，双方签署合作文件，决定深化合作，分别在各自国家设立巴基斯坦－白俄罗斯科学技术合作联合中心，白俄罗斯－巴基斯坦科学技术合作联合中心设在国家科研机构内，即白俄罗斯科学技术系统分析与信息支撑研究所，巴方的中心设在巴基斯坦科学与工业研究理事会内（PCSIR）。双方确定了今后两年的合作项目，启动了巴方的联合中心，确定 COMSATS 信息技术大学将于 2017 年在伊斯兰堡举办第 2 次巴基斯坦 - 白俄罗斯青年科学家论坛，为白俄罗斯学生提供 6 个奖学金名额。白俄罗斯将邀请巴方代表团来访。

（执笔人：张海华）

# 以色列

以色列中央统计局2016年12月16日发布数据显示，2016年第3季度GDP增长率为3.2%，增速相比第二季度4.9%的增长率有所放缓，显示以色列经济仍然保持较强增长势头。

根据世界经济论坛发布的《2016—2017年全球竞争力报告》，以色列在138个国家和地区中排名第24位。《全球视野》（Global Perspectives）杂志近期发布的最新Indigo指数，以色列在评价的152个国家中排名第36位。

## 一、以色列科技管理和政策

2015年，以色列内阁对1985年颁布的《鼓励工业研究与开发法》进行了第7次修订。根据修订案，2016年1月确定成立以色列国家创新署，2017年正式运行。国家创新署下设理事会，该理事会由8个成员组成，其中有3个公众代表，目的是加强与私人部门的对话沟通，确保决策和项目更加贴近市场需求。国家创新署的主要资金来源是国家财政和特许款项，除此之外，如有合理理由也可以发行债券资助某些特定项目。

### （一）科技投入

根据以色列中央统计局2016年8月31日公布的最新数据，2015年以色列全国民用研发总支出为500亿谢克尔，与2014年研发支出相当，占GDP比例为4.3%，如图3-2所示。以色列的民用研发支出占GDP的比重多年来保持在4.0%以上，领跑OECD成员国和其他发达国家。其中，企业研发投入增长5.3%，政府研发投入增长3.8%，如图3-3所示。

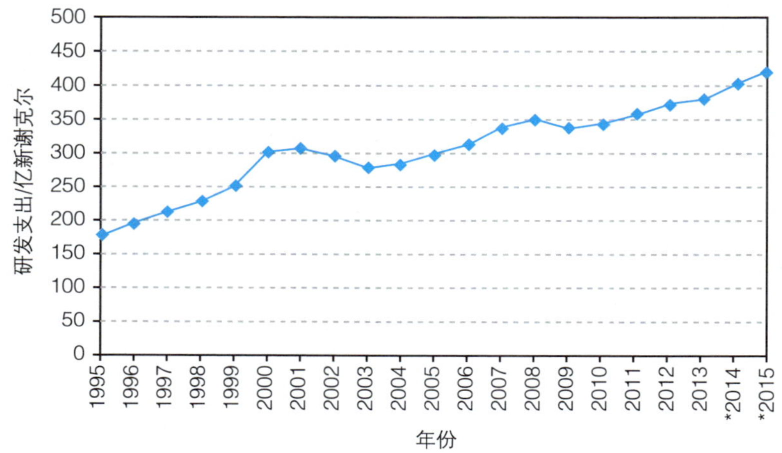


注：＊为临时数据。

图 3－2　1995—2015 年以色列全国民用研发支出（以 2010 年价格计算）

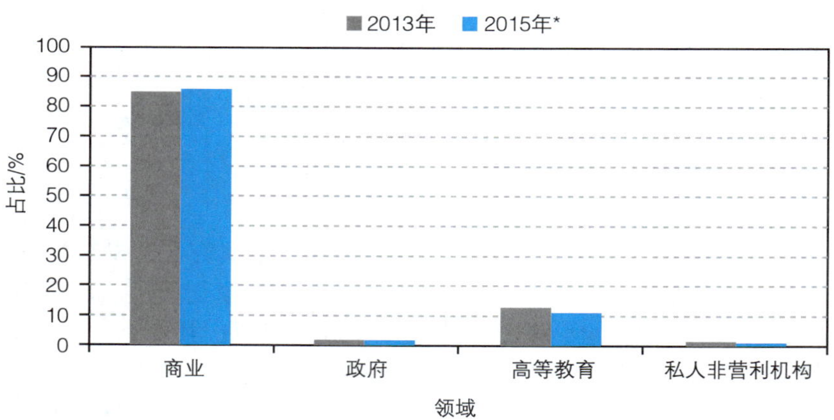


注：＊为临时数据。

图 3－3　2013 年和 2015 年以色列全国民用研发支出领域

## （二）以色列创新情况

### 1. 以色列降低企业股份转让税

2016 年 4 月，以色列税务局宣布降低企业股份转让所得税，即如果公司创始人出售他们持有的公司股份但继续留在公司工作，则只对出售股份所得征收 25%～30% 的所得税。换句话说，股份收入算作资本收益而非劳动收入。该税收新政明确表示，在某些情况下，这种机制的实施对股东的征税方式并没有任何改变。收益被认为是资本而不是劳动收入，这就意味着出售股权所得税率只有25%（主要股东可能会达到30%）而不是48%～50%的边际税率（在征收超额税的条件下）。

### 2. 以色列有望2016年年底立法下调跨国企业所得税

以色列财政部和经济部支持一项被称为“Innovation Box”（“创新一揽子计划”）的立法，提议将把总收入超过26亿美元的企业缴纳的企业所得税下调至6%，26亿美元以下的企业则下调至12%（以色列现行的企业所得税率在16%～25%），股息预扣税率也将从现行的20%～25%下调至4%。

亚太经合组织提出的跨国公司应在研发所在地注册其知识产权建议，已被100个国家和司法管辖区采纳，目前企业在其技术知识产权注册地纳税，纳税地普遍集中在税率较低的国家。以色列正试图把这项新的全球税收改组服务于本国，并期望运用新的税收制度吸引外国企业到以色列设立研发中心并注册其知识产权。以色列此举是为响应亚太经合组织在应对“税基侵蚀和利润转移”（BEPS）这一避税策略时所提供的解决方法。BEPS是人们利用各国家税制差异和不匹配而将利润人为地转移至低税或无税地区的行为。

### 3. 成立部长小组解决高科技行业劳动力短缺问题

以色列总理本雅明·内塔尼亚胡决定成立1个部长级小组，以解决高科技产业劳动力短缺问题。小组组长由总理担任，成员包括财政部部长、教育部部长、内务部部长、移民吸收部部长和科学技术与空间部部长。此外，犹太事务局主席也将加入该小组。该小组的主要任务包括：第一，培训在以色列的工人、工程师和技术人员；第二，为服务于高科技产业的新移民提供激励机制。

## （三）专利技术情况

据以色列知识产权局2015年年度报告，2015年以色列专利申请数量6904件，较2014年增加10%，是自2011年以来专利申请数量最多的1年；授予专利较2014年增加12%，如图3-4所示。专利申请领域包括：人类必需品、操作、运输、化学、冶金、纺织、造纸、建筑、机械工程、照明、加热、兵器、爆破、物理、电气，如图3-5所示。

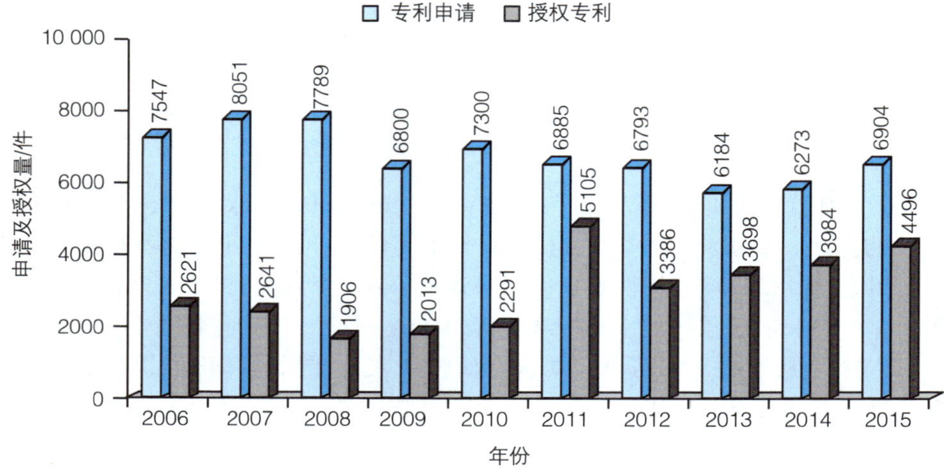


图 3-4 2006—2015 年以色列专利申请及授予数量

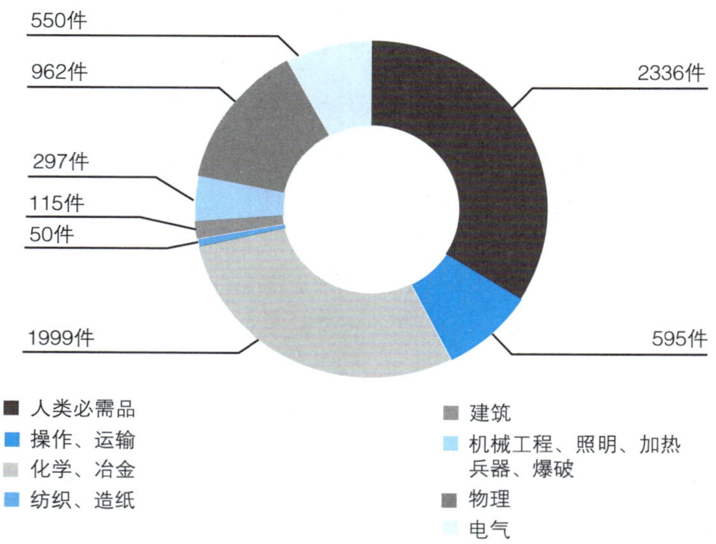


图 3-5 2015 年以色列专利申请领域

## （四）融资及并购

以色列风险投资研究中心（IVC）1 份报告显示，2015 年的合并和收购逼近最高纪录，共完成 96 桩并购退出交易，价值 84 亿美元，为 10 年来第 3 高，相较 2014 年（56.7 亿美元）和 2013 年（63.5 亿美元）出现显著增长。

在高科技企业融资方面，2015 年，以色列高科技行业延续良好势头，企业融资总额达44亿美元，退出交易总额达80亿美元，完成693笔融资交易，新增约700家企业，均创历史新高。2016年，以色列IVC报告显示，2016年前3季度私募股权投资公司在以色列投资总额达到32.6亿美元。

## 二、2016年重要科技发展动态

### （一）基础研究方面

以色列人工智能企业开发投资预测新算法。Zirra公司开发出新的人工智能和机器学习技术，可分析企业的估价、竞争对手和风险因素等相关变量，并对其团队、产品、发展势头和执行力水平进行评级。目的是帮投资公司找到最合适的企业。

本古里安大学在自闭症基因研究方面有新发现：一是自闭症基因格外长；二是自闭症基因的负选择过程比其他基因更活跃；三是没有发现自闭症基因的正选择迹象。研究提供了辨别其他自闭症基因的工具，有望诊断早期自闭症。

特拉维夫大学发现核糖核酸，有望防止乳腺癌扩散。特拉维夫大学科学家针对实验鼠的研究表明，基因调节和化学疗法相结合用于原发肿瘤治疗，能够十分有效地防止乳腺癌转移。该实验结果也可能适用于人类。

以色列生物科技公司NRGene欲破译人类基因密码。NRGene公司与多个医疗诊断及健康公司进行初步交涉，以将其基因组排序软件和运算法则授权予这些公司用于分析人类DNA，帮助确诊早期基因型疾病，并力争为患者量身制定药物治疗。

### （二）生物和医学技术

以色列科学家取得艾滋病治疗新突破。希伯来大学开发出含有1种肽且能帮助多份药物DNA样本进入受感染细胞而引起细胞自毁的药物，有望快速并大幅减少HIV病毒，为艾滋病患者带来新希望。

以色列胰岛素剂量追踪器助糖尿病患者安全注射。以色列Insulog公司开发出胰岛素剂量追踪设备，这款设备能够连接大部分一次性胰岛素笔，并配备智能传感器，可跟踪胰岛素笔震动次数并且可在再次注射胰岛素时重置。

以色列技术首次实现人工培植骨组织植入人体。Bonus BioGroup公司通过抽脂的方法从患者身上抽出脂肪活细胞，首次在全球造出人工的骨头移植物组织，并植入骨质疏松患者体内。此举避免了现有骨骼置换和植入方法所面临的组织排异和手术失败风险。

以色列新型抗癌药物有望彻底阻断肿瘤血管生长。Vascular Biogenics公司利用“基因引擎”追踪癌性肿瘤血管并阻碍其生长，靶向治疗致命性的多形性成胶质细胞瘤等癌症，从而让患者有望携带肿瘤存活。

以色列希伯来大学研究发现：基因调控代谢过程可抵抗病毒感染。希伯来大学牵头的研究显示病毒复制依赖代谢过程，通过靶向代谢过程中的基因调控，阻止丙型肝炎病毒和寨卡等黄病毒科病毒获得其生存必需的关键基础材料，妨碍这些病毒的复制，达到抵抗病毒感染的目的。

## （三）航空航天

以色列新型碰撞预警系统让军事飞行更安全。以色列航空工业公司宣布开发出新型碰撞预警系统，它能分析出相关区域飞机限制并预测出它们的飞行轨迹，从而识别可能发生的碰撞，在军用飞机可能与商用和民用飞机发生悲剧前向飞行员发出警报，从而提高军事飞行的安全性。

以色列无人机载防爆传感器亮相国土安全展。LDS 公司研制的 SpectroDrone 无人机搭载具有多波段激光源、激光测距仪、高分辨率相机及独特算法的探测系统，可远程检测爆炸物、危险物品和毒品。远距离的探测可确保检测人员自身的安全。

## （四）信息科技

英特尔以色列研发中心打造最快处理器。英特尔公司海法团队开发的 Kaby Lake 的 Intel 第 7 代酷睿处理器是公司目前“最强最快”的处理器。它能满足网络用户对高质量视频、超高清高阶标准和用户生成内容、360°视频格式、虚拟现实和数字体育内容等消费需求的增加。

移动宽带技术实现山区通信无障碍。Celliboost 公司基于独立移动系统，开发了 1 项可在偏远地区和露天场所使用的移动宽带技术并已开始将其推向市场。它利用普通移动基础设施，能安全快速大量传输质量与陆地线路相当的高清数据资料、音频和视频通信。

以色列 BioCatch 新技术助银行识别黑客。BioCatch 公司研发的系统可捕捉手眼协调、按压、手颤、导航、滑动页面等 500 多种行为，并对操作者进行身份判断并识别出诈骗的方式，保护账户安全。

## （五）能源与环保

以色列新型汽车发动机能效达传统发动机 2 倍。Aquarius Engines 公司研制出超高效发动机，其技术原理是以多个活塞取代传统发动机，由活塞上下运动完成发动机的每个动作。它的二氧化碳排放量低，但是功率重量比高。安装此款发动机的汽车每箱汽油的行驶距离可超过 1600 千米，是其他相同能耗的汽车行驶距离的 2 倍以上。这款发动机能够助其与日益普及的电动汽车展开竞争。

OpGal 热成像摄像头让隐形污染无所遁形。OpGal 公司认为，为控制污染，应该检查的不是排放烟雾的烟囱，而是天然气、石油和化学药品运输管道的连接口。为此，开发出带有灵敏红外摄像头和高清彩色摄像头的 EyeCGas FX 系统，能够迅速检测乙烯、甲烷、丁烷、丙烷等各类烃气的排放或泄露，随后会通过颜色显示，自动向工作人员发送提醒和警告消息。该系统可安装在石化、石油和天然气加工厂及海上石油平台和钻井架上。

## （六）海洋科技

以色列启动海上油气田勘探招标。能源部启动了以色列 24 个海上油气勘探区首轮的招标行动，并计划于至 2017 年 3 月结束。每个勘探区的面积达 400 平方公里。这也是以色列 4 年以来首次进行的油气田招标。政府希望此次能再探明继塔马尔（Tamar）天然气田和列维坦（Leviathan）天然气田之后的新油气田区。

## （七）智能制造

以色列研制首个车对车网络，减少交通事故。Nexar 公司率先研发出车对车（V2V）网络，其汇聚了超过 5 万名来自旧金山、纽约和特拉维夫用户的数据，可深入了解任何给定时间内的路况。智能手机传感器通过分析周围车辆的行进方向、速度、加速度和路况，可绘制出交通图，在其车对车网络中与其他车辆共享信息。如果发生连环撞车或车辆熄火，该网络系统可提醒用户注意危险并帮助他们避开。

以色列纳米传感技术使无人驾驶更精准。Oryx Vision 公司研发出可接受光波的纳米天线，测量范围可高达 150 米，分辨率高达百万像素，性能优于激光雷达传感器 50 倍。传感器可提供更清晰的视图，降低了自动驾驶汽车系统对算法的要求及做出正确驾驶判断所需要的处理能耗。新产品能够在阳光直射和恶劣天气下正常运行。

以色列人工智能技术保护基础设施免遭黑客入侵。APERIO 公司针对电厂发电机温度、制药厂、食品制造厂及炼油厂的气体流量等所有工业控制系统的服务器，开发出的新产品可通过对比历史数据，找出与现实情况的矛盾之处，提醒用户伪造情况的存在，并在黑客试图伪造良好数据破坏水电网络等关键基础设施时发出警报，采取实时纠正措施。

人工智能助农作物茁壮成长。Prospera 公司使用人工智能和机器学习技术，通过安装在农场上的摄像头和气候传感器，帮助农民实时分析和了解农作物的情况，小到单株农作物，大到多片田地、多种不同农作物。公司提供的方案性价比高、可扩展性强，可以让农民以一种更加高效、更益于可持续发展的方式种植农作物。此外，它们还可以确保农民只按需使用水、农药和肥料，让田地达到最大产量，将尽可能多的农作物送往市场。

（执笔人：李鸿炜　崔玉亭）

# 哈萨克斯坦

2016 年，哈萨克斯坦科技与创新工作稳步开展。在国家“百步计划”的指导下，哈萨克斯坦通过批准《2015—2019 年哈萨克斯坦工业创新发展国家规划修正案》、实施“数字哈萨克斯坦—2020”项目、加快国家标准化体系建设、启动技术商业化项目等措施，不断加快国家科技和创新体系建设，以为实现总统纳扎尔巴耶夫总统提出的“哈萨克斯坦梦”创造条件。同时，哈萨克斯坦还在多个领域与其他国家和国际组织开展了卓有成效的科技与创新合作。

## 一、2015—2016 年度工业、科技与创新统计数据

据世界知识产权组织和美国康奈尔大学共同发布的《2016 年全球创新指数》（GII）排名报告，哈萨克斯坦 2016 年在全球创新指数排名中位列第 75 位，在中亚和南亚地区国家 GII 排名中位列第 2，仅次于印度。

2015 年，哈萨克斯坦创新生产总值（创新产品和服务）达 3772 亿坚戈（约合 11. 4 亿美元），与 2014 年相比，下降 35%，创新产品总值约为 3413 亿坚戈（约 10. 3 亿美元），出口型创新产品总值约达 314 亿坚戈（约 9495 万美元）。

2015 年，哈萨克斯坦全国研发人员总计 24 700 人，其中科研人员 18 454 人（科学博士 566 人，哲学博士 438 人，副博士 5165 人，硕士 3861 人）。从国内研发活动经费支出情况来看，工程技术领域研发支出占总支出的 42. 7%，自然科学领域占 36. 6%，农业科学领域占 11. 0%，医学领域占 3. 9%，人文科学领域占 4. 6%，社会科学领域占 1. 2%。从国内研发经费来源来看，国家财政拨款占 63. 4%，私营领域投资占 36. 6%。

## 二、重大国家工业创新、经济发展和科技规划颁布和项目实施情况

### （一）启动技术商业化项目

为保障国家“百步计划”顺利实施，进一步发展技术商业化体系，哈萨克斯坦于2015年通过《科研成果商业化法》。2016年，在世界银行的支持下，哈萨克斯坦启动“促进生产力创新”商业化项目，资助总额达1.1亿美元，其中40%将支持有潜力的科研项目商业化。项目的预期成果是完善国家创新体系建设，通过加强科研和市场之间的联系，加速技术商业化，增加该领域人力资本储备，最终实现加强国家经济竞争力的目标。该项目重点包括5个部分。

（1）发展创新知识基础建设，通过资助科研项目，激励科研机构开发具有商业潜力高质量研究成果。此外，还将对博士提供资助，吸引海外学习工作的哈萨克斯坦科研人员归国创业。

（2）创新联合投资。通过整合科技、生产和政府资源，确定制造业领域和社会领域具体市场需求。

（3）整合技术商业化周期。计划设立风投基金，创立海外技术转移办公室，加强技术商业化机构能力建设。2015—2019年，将通过竞争方式遴选5～6家高校商业化机构，对外展示技术创业公司通过“国家私人伙伴”方式和降低风险机制获得早期成果。另外，还要在国外设立国际技术转移办公室，促进哈萨克斯坦先进技术在国外市场转移和引入适用于本国的创新技术。

（4）协调发展国家创新体系，设立分析中心，参考世界先进经验，分析国家创新体系现状和发展前景。

（5）成立商业化项目管理组，保障项目有效实施。

### （二）实施“数字哈萨克斯坦 - 2020”项目

2016年，哈萨克斯坦开始实施“数字哈萨克斯坦 - 2020”国家计划。该计划主要包括以下几个方面：发展国家边远地区数字通信；建立现代化数据处理中心；在阿斯塔纳、阿拉木图和奇姆肯特市打造“智慧城市”平台；在教育、医疗卫生等领域引进新信息技术；引进云技术，发展电子政务系统，对政府机构IT基础设施进行现代化改造；建立公共机构大数据中心等。

### （三）批准《2015—2019年哈萨克斯坦工业创新发展国家规划修正案》

2016年9月，哈萨克斯坦总统正式批准《2015—2019年哈萨克斯坦工业创

新发展国家规划修正案》。其主要目的是提高哈萨克斯坦加工制造业竞争力，增加相关领域产品生产率和出口额。为实现该目标，修正案确定了以下主要任务：通过实施传统行业领域企业现代化建设，创建核心产业集群；通过实施产业领域重大项目打造新的工业增长点；创造条件支持出口加工型企业，提高其生产力；为积极实施创新转型的企业创造先决条件。到2019年，哈萨克斯坦加工制造业产品出口量要比2015年增加19%；加工制造业生产力水平要比2015年增加22%；加工制造业领域固定资产投资额要达4.5万亿坚戈；加工制造业能源消耗要比2014年降低至少7%。

该修正案中一个重大创新点是要改变当前国家支持体系，重点发展新市场和提高生产力。未来将把出口导向和提高生产力作为主要衡量标准，对国家支持流程和规则进行修改。系统支持措施包括：改善制造业投资环境；发展和促进出口；提高劳动生产率；加强创新技术发展；鼓励发展产业集群；规范技术计量标准；技术人才培养；提高能源效率。

### （四）加快国家标准化体系建设

2016年，为加快本国标准化体系建设工作，哈萨克斯坦设立国家标准化机构，强化标准化技术委员会的作用，与国家机关、国有企业、行业协会、研究和教育机构等展开讨论，并在该领域开展积极有效国际合作，到2016年年底已经初步形成国家标准化法草案。草案旨在彻底改变现行从苏联时代继承下来的国家标准制度，将有利于消除不必要贸易壁垒，帮助哈萨克斯坦加入国际经济联盟和协会，促进与各成员国之间的贸易，提高产品和服务国际竞争力，保障国民经济增长。

### （五）引进矿产储量国际标准报告制度

为落实“百步计划”第74步，哈萨克斯坦通过引进矿产储量国际标准报告制度，增加矿产资源和油气矿藏透明度和可预见性。2016年6月，经矿产储量国际标准委员会批准，哈萨克斯坦正式引进实施矿产储量公开报告制，成为该委员会第10位成员。为保证该制度的顺利推广实施，哈萨克斯坦投资发展部修改《地下资源开采利用法》，并在欧洲复兴银行资助下，建立向SPE/RMS储量体系国际报告标准过渡工作计划，引入固体矿产储量和石油资源分类系统。哈萨克斯坦还计划在2017年组织相关培训工作，在油气和地质勘探领域引入实施创新生产管理办法。实施该标准，将有助于哈萨克斯坦该领域中小企业发展，增加新矿勘探力度，增加国家矿产储备，保障进入国际矿产交易所信息可靠性和透明度。

### （六）设立“创新技术园”独立集群基金

2016年，哈萨克斯坦政府在阿拉木图IT科技园框架内，设立“创新技术园”独立集群基金。该基金为创新技术园特别经济区管理机构，属于非营利组织。主要任务是巩固和提升创新能力，推动科研成果和初创型企业孵化，吸引高技术企业投资。该基金董事会主席由总统担任，总理领导委员会工作。2016 年，该基金主要开展“哈萨克斯坦创新”国家项目，目标是吸引科技创新领域人才，激活创新经济发展平台，为哈萨克斯坦新经济产业领域培养创新型人才，吸引国内外投资方参与项目建设。该项目已被纳入《国家工业创新发展规划第 2 个五年计划》和“数字哈萨克斯坦 –2020”项目框架内。

### （七）在采矿冶金业引入实施工业 4.0 项目

在“创新技术园”独立集群基金支持下，哈萨克斯坦成立采矿和冶金技术中心，该中心主要工作方向是在哈萨克斯坦采矿冶金业综合企业中落实工业 4.0 试点工作，旨在加快对哈萨克斯坦采矿冶金部门现有企业进行现代化改造，降低资源和能源消耗，提高劳动生产率，引入原料提取和综合加工创新技术，研发新产品，在创新过程中积极提升部门科技潜力。未来，该中心将成为哈萨克斯坦和全球冶金行业技术交流平台，将基于云服务和大数据，优化哈萨克斯坦采矿冶金行业生产链，开展模块应用技能培训，进一步促进该领域创新项目发展。

### （八）实施国家“空间活动、交通和通信领域应用研究”计划

该计划由哈萨克斯坦投资发展部航天委员会、哈萨克斯坦航天技术研究中心、“空间 – 生态”科研中心共同制定，共确定了 26 个重点研发项目，涉及 6 个主要领域，分别是：发展哈萨克斯坦空间地球动力学监测技术；开发基于遥感技术的大气和地球表面研究方法和技术；研发空间技术材料、设备、配套硬件和空间技术系统；开展利用信息技术的深空研究；开展利用信息技术的近空研究；环境风险评估系统开发和减少火箭发射对环境和人类健康负面影响技术研究。

## 三、国际科技创新合作情况

在地质勘探领域，哈萨克斯坦开展了形式多样的国际合作，成果显著。一方面，积极参加国家地质科学竞赛、国际地质大会；另一方面，国家地质勘探股份公司牵头国内地质研究所和企业与土耳其、沙特阿拉伯、伊朗、日本、韩国等地质勘探领域知名公司、研究院所开展合作，合作方式主要是联合在哈萨克斯坦开展固体矿产、稀土矿勘探工作，开展人才技能培训。

在宇航、空间技术和民用航空领域，哈萨克斯坦不断加强与独联体国家空间领域合作，在和平利用空间领域框架内，开展探索和利用外空领域联合活动。同时继续推动“格罗纳斯”导航系统在独联体国家境内推广使用，创建国家间紧

急情况空间监测体系、技术规范。

在节能环保领域，哈萨克斯坦投资发展部与联合国开发计划署签署了意向性协议，将继续推广哈萨克斯坦与联合国开发计划署联合实施“哈萨克斯坦节能照明推广”国际项目及“城市可持续低碳发展”国际项目，吸引在该领域的战略投资者。同时，2016 年哈萨克斯坦还加大对 2017 年“未来能源”阿斯塔纳世博会的宣传力度。

在创新发展体系建设，哈萨克斯坦重视加强与俄罗斯的合作。哈萨克斯坦“创新技术园”独立集群基金携品牌项目“哈萨克斯坦创新”参加 2016 年俄罗斯、东欧创新谷大会。同年 10 月，该基金还与俄罗斯新西伯利亚科学城技术园签署进一步发展两国创新领域合作的战略协议。合作方式主要是在信息和金融技术、大数据、电信、新材料和工业技术领域开展联合创新项目。

（执笔人：苗雪婷）

# 新　西　兰

2016 年新西兰经济总体发展态势平稳，政府财政预算取得了盈余。政府继续加大科学与创新投入力度，整合国家科技资源，多措并举支持企业技术创新和研发投入力度，国际科技合作亮点可圈可点。

## 一、政府发布未来十年国家科学投入声明

新西兰环境独特，知识密集型产业发展迅速且拥有创造性的文化氛围，科技创新是国家经济与社会发展的重要基础之一。为此，时任新西兰科学与创新部部长的乔伊斯宣布启动首个国家科学投资战略——《国家科学投入声明》。该报告为国家科学体系制定了远景目标，为科学投资指明了长期战略方向。

为了抢抓机遇，实现科研和创新领先并促进经济增长，新西兰政府期望到 2025 年能够建立起一套高度动态化的科学体系，通过优秀科研成果促进国家生产力和人民福祉的提升。因此，在未来十年里，政府制定如下发展目标：①投资建设更大、更敏捷和更具影响性的科学体系，着眼于长期影响人民健康、经济、环境和社会的科学研发和创新项目；②企业研发投入占 GDP 比例达到 1%，推动独立研究领域发展；③提升新西兰在科研领域的国际地位，从而吸引、发展和留住有才华的科学家及跨国公司的直接投资。

目前，政府是新西兰国家科学体系中的主要投资者，支持和协调通用技术的发展。科学和创新是提高新西兰经济及生产力的关键点，因此未来的科学创新体系需要全社会的共同参与，并利用国际交流的机会在科学和创新方面吸引更多的投资者与参与者。

## 二、组建食品安全科学与研究中心

2016 年 2 月，梅西大学牵头组建，包括有关皇家研究所、大学等 6 个机构参

与的食品安全科学与研究中心正式投入使用。中心将确保提供食品安全科学和研究，同时将食源性疾病的风险降到最小化，并增加经济增长机会。政府和产业界每年将联合资助该中心至少500万新元。建设该中心的目的是促进、协调和提供食品安全科学与研究，确保未来新西兰在食品安全领域的国际领先地位。该中心将专注于国际认可的顶尖食品安全研究。另外为了能够给该中心集资，食品产业中的重要人士将被邀请成为顾问小组的成员，这将确保该中心的工作直接关系到食品产业。

该中心将聚焦涉及公共利益的食品安全科学和研究活动，涵盖食品的整个价值链，特别包括：生物、化学、物理和放射性的食品安全风险；与食品添加物质有关的风险；食品安全的风险评估、管理及与公众的良好沟通；与国际科学界和现有的国际研究平台开展合作。食品安全科学与研究中心的建设，经过了意向征集通知，入围者研讨会讨论中心功能和结构，面向入围者的正式征集通知等阶段。

## 三、与美国开展航天技术合作

### （一）新西兰与美国签署“技术保障协定”，并从政府层面立法支持开展航天活动

2016年6月，新西兰与美国签署“技术保障协定”（Technology Safeguard Agreement），对航天活动所涉及的火箭发射、载运飞船、卫星等轨道飞行器及其相关组件与系统等各方面实施严格的技术保护措施，对参与相关活动的美国与新西兰技术公司进行规范，严防第三方特别是非美国同盟国参与和技术外泄。该协议为两国技术企业开展排他性双边合作提供了机制化平台，也为在新西兰本土使用美国火箭和宇航技术开展航天活动提供安全保障。

新西兰政府计划分3部分推进火箭发射与相关航天活动。除新美间有关协议外，还将推出全新的外层空间和高海拔活动法案，以期为火箭安全发射制定规则，并将协商加入联合国《关于登记射入外层空间物体的公约》和联合国和平利用外层空间委员会。

### （二）新西兰相关技术公司在政府支持下积极开展全球首枚电动火箭发射准备工作

总部位于奥克兰的“火箭实验室”（Rocket Lab）公司将具体承担首次Electron电动火箭试射任务。有别于传统火箭，该公司研制的全3D打印氧/烃火箭发动机的燃烧器和推进剂供应系统主要零部件几乎都采用3D打印技术，重量只有23吨，可产生21吨推力。涡轮泵使用无刷直流电机和高性能锂聚合物电池取代

了常用的燃气涡轮，对热力学要求更加简单，控制也更精准。

火箭实验室公司总裁彼得·贝克介绍，Electron 电动火箭制造成本低、发射周期短、发射费用低廉。该公司计划使用该型火箭向国际市场提供低成本发射服务平台。经过长期考察，该公司拟在新西兰北岛东海岸霍克斯湾的马希半岛建设火箭发射场。目前该场地火箭发射平台和发射架已安装完毕，将在 2017 年上半年择期发射该型火箭。

### （三）对新西兰的影响

新西兰开展低成本火箭发射等航天活动，既符合新西兰国力水平，又能发挥显著的辐射和拉动作用。据媒体预测，新西兰的火箭发射产业链将在未来 20 年为新西兰带来 8 亿美元产值，并带动包括地区旅游业在内的经济增长。通过与美国开展该领域全面合作，有助于新西兰提升本国火箭发射和航天领域的综合技术实力，为进军国际航天发射市场做好准备，同时也进一步提振其在国际上特别是南太区域的国家影响力。

## 四、建立南极罗斯海保护区

2016 年 10 月，在澳大利亚霍巴特举行的峰会上，南极海洋生物资源保护委员会（CCAMLR）的 25 个成员国一致通过新西兰与美国提出的倡议，在南极罗斯海设立海洋保护区。该保护区覆盖约 155 万平方公里的海域。

新西兰一直将南极和南大洋视为国家利益的重要组成部分。近年来，新西兰政府相继制定了南极科学十年战略，又将南极和南大洋研究列入未来五至十年关乎国家经济社会发展的十大科学挑战之一，并成立南极研究所。

新西兰政府将罗斯海作为南极战略的重中之重，并批准“罗斯海生物资源与生物多样性未来管理战略”，强调寻求海洋捕捞的可持续性管理与海洋生态资源和生物多样性保护两者之间的平衡。为此，新西兰政府采取加强在罗斯海域研究与生态监测，抓紧在南大洋高纬度地区建立海洋资源保护区等措施。同时，新西兰政府十分重视在该领域的国际合作，把南极研究国际合作作为新西兰对外关系的重要组成部分，并与美国、澳大利亚、意大利、韩国等国共同开展南极研究项目，共同承担南极研究计划的后期保障和科研活动。目前新西兰实施的国际合作项目主要有南极钻探项目和罗斯海生物多样性计划。

（执笔人：吴　玮）

# 南　　非

2016 年，为应对经济增速减缓挑战，实现可持续发展，南非努力借助新一轮科技革命和产业变革浪潮，对内出台刺激科技创新的政策举措，加快自身工业化和现代化进程；对外加大国际科技合作，为南非科技创新增添新动力。

## 一、科技领域重大政策及举措

南非科技部部长潘多在 2016 年 2 月发布的国家财政预算报告中称，南非政府将继续利用科技创新促进经济转型，科技创新已成为推进国家再工业化、信息化和现代化建设进程的重要驱动因素。2016—2017 财年南非科技部科技预算为 74 亿兰特，与 2015—2016 财年持平。据南非最新 R&D 统计，2013—2014 财年 GERD 为 0.73%，R&D 投入为 256.6 亿兰特，较 2012—2013 财年增加 7.50%。2016 年，南非科技部围绕着人才、基础设施、高新技术、优势产业等科技创新要素，稳扎稳打，通过重点资助与扶持、成立新型机构与研发中心等举措，有力促进了南非整体科技产业发展和科技创新水平的提高。

### （一）设立多项培养计划，加大青年科学家培养

青年科学家培养已成为南非科技支出最优先领域。潘多指出，南非青年科技人才短缺已成为制约南非科技创新发展的最主要因素，以 SKA 大科学项目为例，预计到 2018 年，南非对深度分析和大数据领域的科研人员需求差距将达到 2.3 万～3.1 万人，按照目前的人才培养速度，约需要 10 年的培养时间，因此青年科学家培养已成为南非科技发展最紧迫议题。2015—2016 财年，南非科技部通过技术创新署设立了“创建小微企业计划”“创新技能培养计划”“国际培训计划”等，共资助了 1000 余名青年科学家从事研发创新活动。2016—2017 财年新的举措包括举办首届知识经济青年大会，为青年科学家提供一个学习交流如何创建企业的平

台；继续支持 mLab Southern Africa 项目研发和创新活动，为青年 ICT 企业家提供孵化器；继续通过 SKA 大科学项目培养科学、技术和工程领域人才；以及与国际研究机构、本地科技公司等联合培训硕博学生；与达·芬奇研究所合作“实习生计划”，安排未就业的研究生到技术 100 强公司进行实习等。

## （二）出台《研究基础设施路线图》，发展以 SKA 大科学项目为重点的研究基础设施

在过去的 8 年中，南非的研究基础设施投资高达 70 多亿兰特，其中，35 亿用于 MeerKAT 射电望远镜及 SKA 大科学项目，15 亿兰特用于网络基础设施。为全面提高科技竞争力，促进科研开放共享、合作研究、人才培养、提升重点领域的科研开发能力，南非于 2016 年 10 月正式发布了《研究基础设施路线图》，战略目标是全面系统打造世界一流的研究基础设施，为提高科研竞争力，吸引世界一流人才奠定基础。其中重点推进 SKA 大科学项目的发展，包括拨款 2.73 亿兰特实施国家综合网络基础设施系统；建立高性能计算中心，以满足高校和科研机构对基础设施的急迫需求；继续扩大南非国家研究网络建设，覆盖南非所有高校和主要公共研究机构，目前该网络已达到 1100 千米黑光纤。《研究基础设施路线图》还提出了将重点资助的 13 个项目，涉及人文研究、卫生、生物和食品研究、地球与环境、材料与制造和能源等领域：1 家数字语言资源国家中心；1 个陆地和淡水环境观测网络；1 个核医学研究设施；1 个健康与人口监测点；1 个自然科学采集收藏实验室；浅海及沿海研究设施；基因组学研究分布式平台（包括基因等相关研究）；生物银行；海洋和南极研究基础设施；纳微制造设施；太阳能研究设施；材料特征研究设施；生物地球化学研究基础设施平台，其中前 7 个项目将于 2016—2017 财年完成，后 6 项预计于 2020—2021 财年完成。

## （三）成立国有公司及研发中心，促进制药、生物经济等高新产业发展

南非将拨款 27 亿兰特用于促进创新型产业，特别是制药业和生物产业的发展。在 2016 年的总统国情咨文中，祖马宣布将建立 1 家国有公司 Ketlaphela，未来 3 年陆续投入 520 万兰特，生产艾滋病等药品所需要的活性药品成分，培养南非的制药业能力。预期社会效益包括：创建工作岗位，技术转移，减少国家在制药业的技术收支不平衡，为南非三大疾病——癌症、肺结核和艾滋病等提供高质量的药品。

生物经济领域，南非科技部于 2014 年 1 月发布了生物经济战略之后，生物经济不仅为 GDP 增加做出重要贡献，而且为南非发展绿色经济、保障食品安全、提高国际竞争力和创造就业提供了支撑。2016 年 5 月，南非在科学工业理事会下

成立了首个生物制造工业研发中心，以支持中小微企业进行生物产品的制造与市场应用，具有先进生物技术的中小微企业将可以利用该中心的先进实验室设施进行企业孵化，同时接受专家指导。预计未来 5 年，南非在具有本土生物资源特色的化妆品、营养用品和其他生物技术产业领域每年可带来 2.5 亿兰特的效益。

### （四）启动多个项目及计划，发展先进制造业

以 3D 打印为代表的先进制造业是南非重点支持的领域。主要项目包括：①技术本地化项目。南非科技部在 2015—2016 财政年为该项目投资 1.05 亿兰特，支持 147 个南非制造业企业发展，其中 32 个企业涉足大型本地化项目。2016—2017 财年，南非科技部将拨款 3300 万兰特继续支持上述公司。②技术站项目。在大学、研究机构附近设立 18 个附属技术站，为 2000 多个中小企业提供广泛技术支持，其特点是利用大学和研究机构的知识经验，为中小企业提供技术、技能和产品生产、出口等咨询服务。③Aeroswift 计划。该计划被称为“下一代添加剂制造机器计划”，由南非私营企业 Aerosud ITC 与南非科学工业理事会国家激光中心共同研发完成，包括世界上最大的粉末添加剂生产机。2016—2017 财年科技部拟继续支持该项目研究，并制定 Aeroswift 商业化战略和发展路线图，为航空、汽车、医疗特别是牙科产业的地方制造业创造收入来源，并逐步进行国际化推广。④投资“氟增长计划”。2016 年度向该计划的承担企业 Pelchem 公司投资 4500 万兰特，该企业目前已经研制多个商业化产品，2019 年前营业额可翻倍至 4 亿兰特。另外，南非科技部 2016 年拟重点发展颠覆性的创新技术，即钛金属粉末生产技术，试点工厂从 2016 年 10 月开始运行。

### （五）制定《多波长天文学国家战略》，引领非洲空间政策与战略发展

南非自 2012 年成功角逐国家 SKA 大科学项目的双址国后，在战略上拟引领非洲的 SKA 8 个成员国协同发展，使非洲在天文学领域跻身世界前沿水平，以带动非洲的经济转型及人力资源发展。为此出台《多波长天文学国家战略》，以更进一步促进非洲天文学特别是 SKA 大科学项目发展，该战略提出了天文学战略目标和重点发展领域，规划了相关前沿交叉领域重点资助项目。南非国家研究基金会目前正在进一步拟定未来实施计划。

在南非的引领下，非盟在空间研究领域迈出了实质性的一步，2016 年 2 月，第 26 届非盟政府首脑会议在埃塞俄比亚首都亚的斯亚贝巴召开，会议正式通过了《非洲空间政策与战略》。非盟会议强调，空间科技将为非洲社会经济发展发挥重要作用，各国应提高认识，积极配合发展空间科技。空间计划主要内容包括设立相关研究机构，提高研发能力，发展空间衍生服务，造福非洲人民。

### （六）启动海洋经济论坛，促进海洋经济发展

南非于2014年7月启动海洋经济战略，总体战略目标是2033年为国内生产总值贡献1770亿兰特，约为2010年的3.3倍，创建100万个就业岗位。海洋经济战略将充分开发海洋潜能，重点发展海洋运输和制造、离岸油气开发、水产养殖、海洋保护和海洋治理4个关键领域。2016—2017财年南非科技部拟拨款2000万兰特资助海洋经济计划，支持水产养殖业的创新增值活动。2016年2月，南非科技部启动了“南非海洋研究与开发论坛”（SAMREF），标志着在离岸油气开发领域从战略层面进入具体实施阶段。该论坛将主要探索海洋资源的潜在开发机遇，与南非离岸石油协会（OPASA）共同促进政府研究机构与私营企业之间的研究与合作。

## 二、优势领域科技进展

### （一）航天领域

2016年6月，全球最大射电天文望远镜阵列SKA的前期阵列“MeerKAT”64座天线中的首批16座MeerKAT天线正式投入使用，首拍便发现了宇宙一个微小角落里1300个星系，远超预期，1300个星系中只有70个是现有已知星系。

2016年2月，1颗超新星被天文学界发现数小时后，南部非洲大型望远镜（SALT）于第一时间获得其光谱，随后迅速与美国达特茅斯大学进行合作分析研究。5月，SALT再一次在天文学研究领域取得进展，探测到首颗脉冲白矮星，引起国际天文学界瞩目。

2016年5月，南非开普敦大学天文科学家Kevin Govender获颁国际天文联盟（IAU）2016年度奖章，这是南非首次获得国际天文学奖章，表明了南非近年来在天文学领域取得了显著的成绩。Kevin Govender于2011年在南非科技部支持下，主持创办IAU驻南非分部，其后成功地主导南非天文学领域的教育与研究。

### （二）信息通信技术领域

位于南非开普敦的南非高性能计算中心研制成功非洲首个超级计算机，命名为“Lengau”，是当地茨瓦纳语中“猎豹”的意思，这标志着南非在高性能计算领域跻身世界先进水平。

### （三）氢经济领域

2016年3月，南非科技部下属的氢南非系统能力中心与南非英美铂业集团（Impala Platinum）共同研制3吨原型氢燃料电池叉车原型车及其配套的加油站，

Impala Platinum 计划未来将其全部33 辆叉车改装为燃料电池驱动。此外，科技部还赞助约翰内斯堡市在约翰内斯堡 Randburg 区启动氢燃料电池用于 TB 疫苗冷藏的备用电源。

### （四）新材料领域

南非在 3D 打印技术领域处于非洲领先水平，2016 年在研发及应用两方面均取得进展。南非 Hans Fouche 公司所研制的大型 Cheetah 3D 打印机已经获得了 3D 打印界的认可，并成功通过了相关权威测试。

### （五）医学领域

南非金山大学病毒学家玛莉亚·帕帕坦纳索普洛斯与病理学教授彭妮·摩尔教授在艾滋疫苗领域获得突破。近年来各国科学家一直在尝试研制有效防艾药物，并推出了 218 种疫苗，但几近全部以失败告终。帕帕坦纳索普洛斯教授在这个领域取得了众多科学家梦寐以求的进展，其把研制出的疫苗注射到兔子体内后，发现在兔子体内产生了正确的广泛中和抗体，可以有效抑制所有的病毒。目前正在计划在猴子体内乃至人体进行实验。

## 三、积极开展国际科技合作，促进本国科技发展

根据《10 年创新规划》，南非将大力发展国际科技合作作为建设知识经济的重要内容，不仅要成为重点领域的国际研发枢纽，还将力争成为非洲首选投资目的地，预计国外直接研发投资 2018 年 GERD 占比达 15%。根据最新发布的 OECD 研究报告，南非与国际作者合著的论文比例在所有金砖国家中排名第一，南非 15% 的研发经费来源于国际合作项目，表明了南非国际科技合作支持力度之大。2016 年南非的国际科技合作有以下特点。

一是南非加大与国际跨国公司合作。Pfizer、Nestlé 和 Hitachi 等大型国际跨国公司已经与南非科技部合作，投资科研、创新和人力资本开发。美国比尔及梅琳达·盖茨基金会是南非最重要的战略合作伙伴和慈善机构，投入巨资支持减贫领域的科技创新。2016 年 7 月中旬，波音公司与南非航空公司合作，首次将航空生物燃料用于非洲航空商务飞行。过去 3 年来，波音公司和南非航空致力于符合市场需求的经济型生物燃油研发并取得进展，预计未来将在降低生物燃油制造成本、完善供应链，以及扩大市场供给等方面有所突破。2016 年 8 月，国际巨头 GE 公司投资 5 亿兰特在南非约翰内斯堡成立首家非洲创新中心，对外展示其先进医疗技术，加强对非创新合作。据报道，该创新中心未来定位于非洲基础设施及医疗市场，同时还将与南非 Transnet 合作投资当地铁路基建项目。

为了促进 ICT 产业发展，南非还广泛与国外大型 ICT 巨头合作，如 IBM、SAP、Nokia、Cisco 等在南非均开设分部或投资项目。南非政府为了吸引投资，2015—2016 财年拨款 4.51 亿兰特帮助南非 ICT 产业与合作伙伴建立研发创新合作关系，2016—2017 财年将继续拨款 2400 万兰特给予支持。

二是通过研究首席项目吸引国际高端科技人才。2006 年，南非启动了首席研究员计划，即在重点研究领域设立 210 名大学研究首席，给予资金和政策倾斜，以广泛吸引国外顶尖科学家，提升南非科技竞争力，同时亦可保留国内高级学术人才。到 2016 年的 10 年间，南非已经广泛与德国、瑞典、英国、意大利、挪威、埃塞、尼日利亚和肯尼亚等国合作，引进顶尖人才。迄今该计划已招募 194 个席位，其中 74% 来自南非国内大学，26% 来自国外。目前政府每年支出 4.04 亿兰特资助，该计划最大特色是与私营部门合作，政府与产业界资助比例为 1∶2。2016 年，南非科技部决定扩大研究首席计划规模，设立人才引进国际合作双边计划。南非还注重加大国际科技合作中的青年人才培训力度，并正在筹划“全球知识伙伴项目”，即通过国际合作培养海外博士研究生，目前已陆续与相关国家开始签订培训协议。

三是打造“南非科学论坛”国际会议品牌，广泛吸引国际合作。南非自 2015 年起，每年 12 月在首都比勒陀利亚举办科学论坛大会，广泛邀请世界各国政府、企业、学术和民间团体参会，为非洲国家与世界各国开展科技合作搭建平台。2016 年第 2 届论坛大会主题为“点亮科学对话——科学在南非和非洲社会中的作用”，来自 40 余个国家的代表达 1600 人。该论坛已经成为南非乃至非洲科技创新的国际合作平台。“南非科学论坛”国际会议作为一个具有非洲特色的会议品牌，未来将致力于吸引更多的国际研发合作。

（执笔人：张　东）

# 埃　　及

2016 年，埃及政府大力发展经济，实施了一批国家开发工程，在促进可再生能源产业发展和推进信息技术园建设等方面加快部署。

## 一、拟定高教和科技创新战略规划

2016 年 3 月，埃及内阁进行调整，新增公共企业部，内阁组成部门由此增至 34 个，同时更换交通、司法、民航、财政、水利、文物、人力、旅游、投资 9 个部的部长。高教和科研部在此次内阁重组中未发生变化。高教和科研部将原有的科技战略规划和高教战略规划进行整合，形成新的 2030 年高教和科技创新战略规划。规划草案仍在征求相关各方意见。

## 二、逐步向绿色经济转型

埃及环境部 2016 年 4 月初发布了《第三次气候变化国家信息报告》，宣布未来化石能源占比将从目前的 95% 降至最高不超过 50%，可再生能源占比将增至 30%，核能占比增至 5%，而燃煤最多占 15%。4 月中旬，埃及环境部与联合国环境署共同发布了《埃及国家绿色经济战略》，提出从水、农业、废物和能源 4 个方面实现绿色经济转型，为此计划实施 28 个项目，其中包括政府采购选用环保产品，如使用纸袋而非塑料袋。

## 三、发展可再生能源产业

埃及电力和可再生能源部 2016 年 5 月与丹麦 Vestas 公司签署谅解备忘录，在尼罗河西岸建设几个风电场，总装机容量达到 2200 兆瓦，预计共耗资 22 亿美元，占地1600平方公里，其中包括扩大和升级Zafarana风电场。埃及电力和可再生能源部还与沙特Acwa Power公司签署谅解备忘录，未来5年，在尼罗河西岸建设数个太阳能电站和风电场，总装机容量1万兆瓦，预计总投资120亿美元。2016年7月，该部与中国特变电工公司签署协议，中方提供33亿美元资金，在埃及建造1座1000兆瓦光伏太阳能电站和1座太阳能板生产厂。

## 四、大力推进信息技术园建设

埃及通信和信息技术部计划到2020年在Assiut、Aswan、Beni Suef、Damietto、Alexandria的博尔阿拉伯城、Sharqeya的斋月十日城、Menoufia的萨达特城7个省份再建7个信息技术园，预计投资总额达200亿埃镑，其中，政府投入14亿美元，吸引私营行业投资186亿美元。目标是把埃及打造成中东地区的“硅谷”，以便从邻近国家吸引信息技术产业的创新者和企业家。此外，埃及通信和信息技术部还计划2017年在开罗新行政首都建设一个知识城市，占地约1.214平方公里，包括各领域的研究、创新和创业设施。此外，埃及高教和科研部也计划未来2年，在开罗、亚历山大和索哈杰分别建设科学园。为此，埃及通信和信息技术部与住房公共事业建设部合作，专门成立Silicon Waha公司，负责技术园和知识城市规划、设计、建造及物流服务和基础设施项目等方面工作，为企业家、初创企业、本土及国际公司提供综合性服务。此外，通信和信息技术部已制订“i集群计划”（iCluster Initiative），以促进技术园的创造和创业，并为此安排1亿埃镑资金。该计划将在Assiut和亚历山大省拟建的技术园内分别建立1个集群，促进通信和信息技术领域经济发展，增加新的就业机会。每个集群都包含综合服务、伙伴关系、地缘区位、组织结构、支撑活动、预期成果及资金计划等要素。

（1）综合服务要素：建立人力资源开发中心，帮助企业和研究机构结成伙伴关系，增加公司出口，创造高价值就业机会。

（2）伙伴关系要素：每个集群至少要与7家非初创机构建立伙伴关系，其中至少要有1所高校或学术机构和3家私营企业。伙伴关系分为三类：第一类是与政府机构合作；第二类是与非政府机构合作，如创投基金、基础投资集团或银行；第三类是与人力资源培训中心、广告和营销机构、设计和前期开发公司、商会等合作。

（3）地缘区位要素：每个集群至少有50%的合作伙伴应位于Assiut、Minya、Suhag和Red Sea 4省。

（4）组织结构要素：负责提供服务和实施活动的团队，代表集群所有伙伴的管理委员会，以及来自非营利机构的集群协调员。

（5）支撑活动要素：研究开发、培训、开发人力资源、发掘创新者和企业家的竞赛、支持初创公司及其第 1 个产品快速原型化、提供资金和办公场所等。

（6）预期成果要素：未来 5 年内，每个集群要有 80 家初创企业毕业，即 18 个月内毕业 10 家企业，30 个月内毕业 30 家企业，42 个月内毕业 50 家企业，60 个月内毕业 80 家企业，发展速度约为 20%。5 年内，这两个集群将培养 2.5 万年青人的企业家精神和初创企业意识，培训 5000 名青年人，帮助 1000 名青年人开发创造设想。企业从集群毕业 5 年内，预计将产生 10 项全球性产品和 10 项专利。

（7）资金计划要素：初创企业或企业家可通过赠款、贷款、投资等方式从集群获得相关资金。每个集群的资金安排分为 3 个阶段，每个阶段最多为期 5 年：第 1 阶段，集群每年最多安排 700 万埃镑，总共不超过 2500 万埃镑；第 2 阶段，每年最多安排 300 万埃镑，总共不超过 1000 万埃镑；第 3 阶段，每年最多安排 200 万埃镑，总共不超过 500 万埃镑。

## 五、加快发展航天技术

2016 年 7 月，埃及内阁通过成立空间局的法律草案，并送交国民议会审议，以求提升空间技术水平，最终实现未来从埃及本土发射卫星的目标。根据法律草案，空间局将服务于国家可持续发展战略，维护国家安全，为人类发展和科学进步做出贡献。空间局将负责起草国家短期、中期和长期空间发展计划，并负责具体实施，以及负责发展空间产业，鼓励空间项目投资，参与全国大学和中学空间科技培训计划筹备工作。这将有助于埃及争取非盟拟成立的空间局落户在埃及。

（执笔人：卫之奇）

# 第四部分

# 附录

本部分介绍了三个方面的内容：一是最新的科技统计数据，其中包括研发投人、研发人员、专利、科技论文等；二是国内外相关媒体评选出的2016年世界重大科技进展；三是2016年诺贝尔科学奖的简要介绍。

# 科技统计表

附表 1-1　2016 年与 2015 年主要经济体全球竞争力排名

| 经济体 | 2016 年 | 2015 年 | 经济体 | 2016 年 | 2015 年 |
|---|---|---|---|---|---|
| 中国香港 | 1 | 2 | 法国 | 32 | 32 |
| 瑞士 | 2 | 4 | 波兰 | 33 | 33 |
| 美国 | 3 | 1 | 西班牙 | 34 | 37 |
| 新加坡 | 4 | 3 | 意大利 | 35 | 38 |
| 瑞典 | 5 | 9 | 智利 | 36 | 35 |
| 丹麦 | 6 | 8 | 拉脱维亚 | 37 | 43 |
| 爱尔兰 | 7 | 16 | 土耳其 | 38 | 40 |
| 荷兰 | 8 | 15 | 葡萄牙 | 39 | 36 |
| 挪威 | 9 | 7 | 斯洛伐克 | 40 | 46 |
| 加拿大 | 10 | 5 | 印度 | 41 | 44 |
| 卢森堡 | 11 | 16 | 菲律宾 | 42 | 41 |
| 德国 | 12 | 10 | 斯洛文尼亚 | 43 | 49 |
| 卡塔尔 | 13 | 13 | 俄罗斯 | 44 | 45 |
| 中国台湾 | 14 | 11 | 墨西哥 | 45 | 39 |
| 阿联酋 | 15 | 12 | 匈牙利 | 46 | 48 |
| 新西兰 | 16 | 17 | 哈萨克斯坦 | 47 | 34 |
| 澳大利亚 | 17 | 18 | 印度尼西亚 | 48 | 42 |
| 英国 | 18 | 19 | 罗马尼亚 | 49 | 47 |
| 马来西亚 | 19 | 14 | 保加利亚 | 50 | 55 |
| 芬兰 | 20 | 20 | 哥伦比亚 | 51 | 51 |
| 以色列 | 21 | 21 | 南非 | 52 | 53 |
| 比利时 | 22 | 23 | 约旦 | 53 | 52 |
| 冰岛 | 23 | 24 | 秘鲁 | 54 | 54 |
| 奥地利 | 24 | 26 | 阿根廷 | 55 | 59 |
| 中国大陆 | 25 | 22 | 希腊 | 56 | 50 |
| 日本 | 26 | 27 | 巴西 | 57 | 56 |
| 捷克 | 27 | 29 | 克罗地亚 | 58 | 58 |
| 泰国 | 28 | 30 | 乌克兰 | 59 | 60 |
| 韩国 | 29 | 25 | 蒙古 | 60 | 57 |
| 立陶宛 | 30 | 28 | 委内瑞拉 | 61 | 61 |
| 爱沙尼亚 | 31 | 31 | | | |

数据来源：瑞士洛桑国际管理学院《2016 年世界竞争力年鉴》。

附表 1-2 2016—2017 年和 2015—2016 年主要经济体全球竞争力排名

| 经济体 | 2016—2017 年 | 2015—2016 年 | 经济体 | 2016—2017 年 | 2015—2016 年 |
|---|---|---|---|---|---|
| 瑞士 | 1 | 1 | 捷克 | 31 | 31 |
| 新加坡 | 2 | 2 | 西班牙 | 32 | 33 |
| 美国 | 3 | 3 | 智利 | 33 | 35 |
| 荷兰 | 4 | 5 | 泰国 | 34 | 32 |
| 德国 | 5 | 4 | 立陶宛 | 35 | 36 |
| 瑞典 | 6 | 9 | 波兰 | 36 | 41 |
| 英国 | 7 | 10 | 阿塞拜疆 | 37 | 40 |
| 日本 | 8 | 6 | 科威特 | 38 | 34 |
| 中国香港 | 9 | 7 | 印度 | 39 | 55 |
| 芬兰 | 10 | 8 | 马耳他 | 40 | 48 |
| 挪威 | 11 | 11 | 印度尼西亚 | 41 | 37 |
| 丹麦 | 12 | 12 | 巴拿马 | 42 | 50 |
| 新西兰 | 13 | 16 | 俄罗斯 | 43 | 45 |
| 中国台湾 | 14 | 15 | 意大利 | 44 | 43 |
| 加拿大 | 15 | 13 | 毛里求斯 | 45 | 46 |
| 阿联酋 | 16 | 17 | 葡萄牙 | 46 | 38 |
| 比利时 | 17 | 19 | 南非 | 47 | 49 |
| 卡塔尔 | 18 | 14 | 巴林 | 48 | 39 |
| 奥地利 | 19 | 23 | 拉脱维亚 | 49 | 44 |
| 卢森堡 | 20 | 20 | 保加利亚 | 50 | 54 |
| 法国 | 21 | 22 | 墨西哥 | 51 | 57 |
| 澳大利亚 | 22 | 21 | 卢旺达 | 52 | 58 |
| 爱尔兰 | 23 | 24 | 哈萨克斯坦 | 53 | 42 |
| 以色列 | 24 | 27 | 哥斯达黎加 | 54 | 52 |
| 马来西亚 | 25 | 18 | 土耳其 | 55 | 51 |
| 韩国 | 26 | 26 | 斯洛文尼亚 | 56 | 59 |
| 冰岛 | 27 | 29 | 菲律宾 | 57 | 47 |
| 中国大陆 | 28 | 28 | 文莱 | 58 | — |
| 沙特 | 29 | 25 | 格鲁吉亚 | 59 | 66 |
| 爱沙尼亚 | 30 | 30 | 越南 | 60 | 56 |

续表

| 经济体 | 2016—2017 年 | 2015—2016 年 | 经济体 | 2016—2017 年 | 2015—2016 年 |
|---|---|---|---|---|---|
| 哥伦比亚 | 61 | 61 | 厄瓜多尔 | 91 | 76 |
| 罗马尼亚 | 62 | 53 | 多米尼加 | 92 | 98 |
| 约旦 | 63 | 64 | 老挝 | 93 | 83 |
| 博茨瓦纳 | 64 | 71 | 特立尼达和多巴哥 | 94 | 89 |
| 斯洛伐克 | 65 | 67 | 突尼斯 | 95 | 92 |
| 阿曼 | 66 | 62 | 肯尼亚 | 96 | 99 |
| 秘鲁 | 67 | 69 | 不丹 | 97 | 105 |
| 马其顿 | 68 | 60 | 尼泊尔 | 98 | 100 |
| 匈牙利 | 69 | 63 | 科特迪瓦 | 99 | 91 |
| 摩洛哥 | 70 | 72 | 摩尔多瓦 | 100 | 84 |
| 斯里兰卡 | 71 | 68 | 黎巴嫩 | 101 | 101 |
| 巴巴多斯 | 72 | 72 | 蒙古 | 102 | 104 |
| 乌拉圭 | 73 | 73 | 尼加拉瓜 | 103 | 108 |
| 克罗地亚 | 74 | 77 | 阿根廷 | 104 | 106 |
| 亚买加 | 75 | 86 | 萨尔瓦多 | 105 | 95 |
| 伊朗 | 76 | 74 | 孟加拉国 | 106 | 107 |
| 塔吉克斯坦 | 77 | 80 | 波黑 | 107 | 111 |
| 危地马拉 | 78 | 78 | 加蓬 | 108 | 103 |
| 亚美尼亚 | 79 | 82 | 埃塞俄比亚 | 109 | 109 |
| 阿尔巴尼亚 | 80 | 93 | 佛得角 | 110 | 112 |
| 巴西 | 81 | 75 | 吉尔吉斯斯坦 | 111 | 102 |
| 黑山 | 82 | 70 | 塞内加尔 | 112 | 110 |
| 塞浦路斯 | 83 | 65 | 乌干达 | 113 | 115 |
| 纳米比亚 | 84 | 85 | 加纳 | 114 | 119 |
| 乌克兰 | 85 | 79 | 埃及 | 115 | 116 |
| 希腊 | 86 | 81 | 坦桑尼亚 | 116 | 120 |
| 阿尔及利亚 | 87 | 87 | 乌拉圭 | 117 | 118 |
| 洪都拉斯 | 88 | 88 | 赞比亚 | 118 | 96 |
| 柬埔寨 | 89 | 90 | 喀麦隆 | 119 | 114 |
| 塞尔维亚 | 90 | 94 | 莱索托 | 120 | 113 |

续表

| 经济体 | 2016—2017 年 | 2015—2016 年 | 经济体 | 2016—2017 年 | 2015—2016 年 |
|---|---|---|---|---|---|
| 波利维亚 | 121 | 117 | 委内瑞拉 | 130 | 132 |
| 巴基斯坦 | 122 | 126 | 利比里亚 | 131 | 129 |
| 赞比亚 | 123 | 123 | 塞拉利昂 | 132 | 137 |
| 贝宁 | 124 | 122 | 莫桑比克 | 133 | 133 |
| 马里 | 125 | 127 | 马拉维 | 134 | 135 |
| 津巴布韦 | 126 | 125 | 布隆迪 | 135 | 136 |
| 尼日利亚 | 127 | 124 | 乍得 | 136 | 139 |
| 马达加斯加 | 128 | 130 | 毛里塔尼亚 | 137 | 138 |
| 刚果民主共和国 | 129 | — | 也门 | 138 | — |

注："—"表示数据为零、暂无、无法获得或太少。以下皆同。

数据来源：世界经济论坛《2016—2017 年全球竞争力报告》。

附表 2　2016 年全球创新指数

| 经济体 | 创新指数 | | 收入情况 | | 地区情况 | | 创新情况 | |
|---|---|---|---|---|---|---|---|---|
| | 得分 | 名次 | 收入群组 | 收入名次 | 所属地区 | 地区名次 | 创新效率 | 效率名次 |
| 瑞士 | 66.28 | 1 | 高收入 | 1 | EUR | 1 | 0.94 | 5 |
| 瑞典 | 63.57 | 2 | 高收入 | 2 | EUR | 2 | 0.86 | 10 |
| 英国 | 61.93 | 3 | 高收入 | 3 | EUR | 3 | 0.83 | 14 |
| 美国 | 61.40 | 4 | 高收入 | 4 | NAC | 1 | 0.79 | 25 |
| 芬兰 | 59.90 | 5 | 高收入 | 5 | EUR | 4 | 0.75 | 32 |
| 新加坡 | 59.16 | 6 | 高收入 | 6 | SEAO | 1 | 0.62 | 78 |
| 爱尔兰 | 59.36 | 7 | 高收入 | 7 | EUR | 5 | 0.89 | 8 |
| 丹麦 | 58.45 | 8 | 高收入 | 8 | EUR | 6 | 0.74 | 34 |
| 荷兰 | 58.29 | 9 | 高收入 | 9 | EUR | 7 | 0.82 | 20 |
| 德国 | 57.94 | 10 | 高收入 | 10 | EUR | 8 | 0.87 | 9 |
| 韩国 | 57.15 | 11 | 高收入 | 11 | SEAO | 2 | 0.80 | 24 |
| 卢森堡 | 57.11 | 12 | 高收入 | 12 | EUR | 9 | 1.02 | 1 |
| 冰岛 | 55.99 | 13 | 高收入 | 13 | EUR | 10 | 0.98 | 3 |
| 中国香港 | 55.69 | 14 | 高收入 | 14 | SEAO | 3 | 0.61 | 83 |
| 加拿大 | 54.71 | 15 | 高收入 | 15 | NAC | 2 | 0.67 | 57 |

续表

| 经济体 | 创新指数 | | 收入情况 | | 地区情况 | | 创新情况 | |
|---|---|---|---|---|---|---|---|---|
| | 得分 | 名次 | 收入群组 | 收入名次 | 所属地区 | 地区名次 | 创新效率 | 效率名次 |
| 日本 | 54.52 | 16 | 高收入 | 16 | SEAO | 4 | 0.65 | 65 |
| 新西兰 | 54.23 | 17 | 高收入 | 17 | SEAO | 5 | 0.73 | 40 |
| 法国 | 54.04 | 18 | 高收入 | 18 | EUR | 11 | 0.73 | 44 |
| 澳大利亚 | 53.07 | 19 | 高收入 | 19 | SEAO | 6 | 0.64 | 73 |
| 奥地利 | 52.65 | 20 | 高收入 | 20 | EUR | 12 | 0.73 | 43 |
| 以色列 | 52.28 | 21 | 高收入 | 21 | NAWA | 1 | 0.81 | 23 |
| 挪威 | 52.01 | 22 | 高收入 | 22 | EUR | 13 | 0.68 | 55 |
| 比利时 | 51.97 | 23 | 高收入 | 23 | EUR | 14 | 0.78 | 27 |
| 爱沙尼亚 | 51.73 | 24 | 高收入 | 24 | EUR | 15 | 0.91 | 6 |
| 中国大陆 | 50.57 | 25 | 中高收入 | 1 | SEAO | 7 | 0.90 | 7 |
| 马耳他 | 50.44 | 26 | 高收入 | 25 | EUR | 16 | 0.98 | 2 |
| 捷克 | 49.40 | 27 | 高收入 | 26 | EUR | 17 | 0.82 | 21 |
| 西班牙 | 49.19 | 28 | 高收入 | 27 | EUR | 18 | 0.72 | 48 |
| 意大利 | 47.17 | 29 | 高收入 | 28 | EUR | 19 | 0.74 | 33 |
| 葡萄牙 | 46.45 | 30 | 高收入 | 29 | EUR | 20 | 0.75 | 31 |
| 塞浦路斯 | 46.34 | 31 | 高收入 | 30 | NAWA | 2 | 0.79 | 26 |
| 斯洛文尼亚 | 45.97 | 32 | 高收入 | 31 | EUR | 21 | 0.74 | 39 |
| 匈牙利 | 44.71 | 33 | 高收入 | 32 | EUR | 22 | 0.83 | 17 |
| 拉脱维亚 | 44.33 | 34 | 高收入 | 33 | EUR | 23 | 0.78 | 28 |
| 马来西亚 | 43.36 | 35 | 中高收入 | 2 | SEAO | 8 | 0.67 | 59 |
| 立陶宛 | 41.76 | 36 | 高收入 | 34 | EUR | 24 | 0.63 | 75 |
| 斯洛伐克 | 41.70 | 37 | 高收入 | 35 | EUR | 25 | 0.74 | 36 |
| 保加利亚 | 41.42 | 38 | 中高收入 | 3 | EUR | 26 | 0.83 | 16 |
| 波兰 | 40.22 | 39 | 高收入 | 36 | EUR | 27 | 0.65 | 66 |
| 希腊 | 39.75 | 40 | 高收入 | 37 | EUR | 28 | 0.61 | 84 |
| 阿联酋 | 39.35 | 41 | 高收入 | 38 | NAWA | 3 | 0.44 | 117 |
| 土耳其 | 39.03 | 42 | 中高收入 | 4 | NAWA | 4 | 0.84 | 13 |
| 俄罗斯 | 38.50 | 43 | 高收入 | 39 | EUR | 29 | 0.65 | 69 |
| 智利 | 38.41 | 44 | 高收入 | 40 | LCN | 1 | 0.59 | 91 |

续表

| 经济体 | 创新指数 | | 收入情况 | | 地区情况 | | 创新情况 | |
|---|---|---|---|---|---|---|---|---|
| | 得分 | 名次 | 收入群组 | 收入名次 | 所属地区 | 地区名次 | 创新效率 | 效率名次 |
| 哥斯达黎加 | 38.40 | 45 | 中高收入 | 5 | LCN | 2 | 0.71 | 50 |
| 摩尔多瓦 | 38.39 | 46 | 中低收入 | 1 | EUR | 30 | 0.94 | 4 |
| 克罗地亚 | 38.29 | 47 | 高收入 | 41 | EUR | 31 | 0.65 | 68 |
| 罗马尼亚 | 37.90 | 48 | 中高收入 | 6 | EUR | 32 | 0.72 | 46 |
| 沙特 | 37.75 | 49 | 高收入 | 42 | NAWA | 5 | 0.61 | 85 |
| 卡塔尔 | 37.47 | 50 | 高收入 | 43 | NAWA | 6 | 0.56 | 97 |
| 黑山 | 37.36 | 51 | 中高收入 | 7 | EUR | 33 | 0.62 | 80 |
| 泰国 | 36.51 | 52 | 中高收入 | 8 | SEAO | 9 | 0.70 | 53 |
| 毛里求斯 | 35.86 | 53 | 中高收入 | 9 | SSF | 1 | 0.57 | 95 |
| 南非 | 35.85 | 54 | 中高收入 | 10 | SSF | 2 | 0.55 | 99 |
| 蒙古 | 35.74 | 55 | 中高收入 | 11 | SEAO | 10 | 0.72 | 47 |
| 乌克兰 | 35.72 | 56 | 中低收入 | 2 | EUR | 34 | 0.84 | 12 |
| 巴林 | 35.48 | 57 | 高收入 | 44 | NAWA | 7 | 0.58 | 92 |
| 马其顿 | 35.40 | 58 | 中高收入 | 12 | EUR | 35 | 0.67 | 56 |
| 越南 | 35.37 | 59 | 中低收入 | 3 | SEAO | 11 | 0.84 | 11 |
| 亚美尼亚 | 37.14 | 60 | 中低收入 | 4 | NAWA | 8 | 0.83 | 15 |
| 墨西哥 | 34.56 | 61 | 中高收入 | 13 | LCN | 3 | 0.63 | 76 |
| 乌拉圭 | 34.28 | 62 | 高收入 | 45 | LCN | 4 | 0.62 | 81 |
| 哥伦比亚 | 34.16 | 63 | 中高收入 | 14 | LCN | 5 | 0.56 | 96 |
| 格鲁吉亚 | 33.86 | 64 | 中低收入 | 5 | NAWA | 9 | 0.65 | 67 |
| 塞尔维亚 | 33.75 | 65 | 中低收入 | 6 | CSA | 1 | 0.66 | 63 |
| 印度 | 33.61 | 66 | 中低收入 | 5 | SEAO | 11 | 0.61 | 111 |
| 科威特 | 33.61 | 67 | 高收入 | 46 | NAWA | 10 | 0.73 | 42 |
| 巴拿马 | 33.49 | 68 | 中高收入 | 16 | LCN | 6 | 0.66 | 61 |
| 巴西 | 33.19 | 69 | 中高收入 | 17 | LCN | 7 | 0.55 | 100 |
| 黎巴嫩 | 32.70 | 70 | 中高收入 | 18 | NAWA | 11 | 0.73 | 41 |
| 秘鲁 | 32.51 | 71 | 中高收入 | 19 | LCN | 8 | 0.51 | 109 |
| 摩洛哥 | 32.26 | 72 | 中低收入 | 7 | NAWA | 12 | 0.66 | 64 |
| 阿曼 | 32.21 | 73 | 高收入 | 47 | NAWA | 13 | 0.53 | 103 |

续表

| 经济体 | 创新指数 | | 收入情况 | | 地区情况 | | 创新情况 | |
|---|---|---|---|---|---|---|---|---|
| | 得分 | 名次 | 收入群组 | 收入名次 | 所属地区 | 地区名次 | 创新效率 | 效率名次 |
| 菲律宾 | 31.83 | 74 | 中低收入 | 8 | SEAO | 12 | 0.71 | 49 |
| 哈萨克斯坦 | 31.51 | 75 | 中高收入 | 20 | CSA | 2 | 0.51 | 108 |
| 多米尼加 | 30.55 | 76 | 中高收入 | 21 | LCN | 9 | 0.62 | 82 |
| 突尼斯 | 30.55 | 77 | 中高收入 | 22 | NAWA | 14 | 0.60 | 86 |
| 伊朗 | 30.52 | 78 | 中高收入 | 23 | CSA | 3 | 0.71 | 51 |
| 白俄罗斯 | 30.39 | 79 | 中高收入 | 24 | EUR | 37 | 0.45 | 116 |
| 肯尼亚 | 30.36 | 80 | 中低收入 | 9 | SSF | 3 | 0.76 | 30 |
| 阿根廷 | 30.24 | 81 | 高收入 | 48 | LCN | 10 | 0.56 | 98 |
| 约旦 | 30.04 | 82 | 中高收入 | 25 | NAWA | 15 | 0.67 | 58 |
| 卢旺达 | 29.96 | 83 | 低收入 | 1 | SSF | 4 | 0.38 | 123 |
| 莫桑比克 | 29.84 | 84 | 低收入 | 2 | SSF | 5 | 0.73 | 45 |
| 阿塞拜疆 | 29.64 | 85 | 中高收入 | 26 | NAWA | 16 | 0.54 | 101 |
| 塔吉克斯坦 | 29.62 | 86 | 低收入 | 10 | CSA | 4 | 0.77 | 29 |
| 波黑 | 29.62 | 87 | 中高收入 | 27 | EUR | 38 | 0.46 | 115 |
| 印度尼西亚 | 29.07 | 88 | 中低收入 | 11 | SEAO | 13 | 0.71 | 52 |
| 牙买加 | 28.97 | 89 | 中高收入 | 28 | LCN | 11 | 0.53 | 104 |
| 博茨瓦纳 | 28.96 | 90 | 中高收入 | 29 | SSF | 6 | 0.42 | 119 |
| 斯里兰卡 | 28.92 | 91 | 中低收入 | 12 | CSA | 5 | 0.70 | 54 |
| 阿尔巴尼亚 | 28.38 | 92 | 中高收入 | 30 | EUR | 39 | 0.40 | 121 |
| 纳米比亚 | 28.24 | 93 | 中高收入 | 31 | SSF | 7 | 0.54 | 102 |
| 巴拉圭 | 28.20 | 94 | 中高收入 | 32 | LCN | 12 | 0.62 | 77 |
| 柬埔寨 | 27.94 | 95 | 低收入 | 3 | SEAO | 14 | 0.59 | 90 |
| 不丹 | 27.88 | 96 | 中低收入 | 13 | CSA | 6 | 0.28 | 128 |
| 危地马拉 | 27.30 | 97 | 中低收入 | 14 | LCN | 13 | 0.62 | 79 |
| 马拉维 | 27.26 | 98 | 低收入 | 4 | SSF | 8 | 0.74 | 38 |
| 乌干达 | 27.14 | 99 | 低收入 | 5 | SSF | 9 | 0.52 | 106 |
| 厄瓜多尔 | 27.11 | 100 | 中高收入 | 33 | LCN | 14 | 0.60 | 87 |
| 洪都拉斯 | 26.94 | 101 | 中低收入 | 15 | LCN | 15 | 0.53 | 105 |
| 加纳 | 26.66 | 102 | 中低收入 | 16 | SSF | 10 | 0.60 | 88 |

续表

| 经济体 | 创新指数 | | 收入情况 | | 地区情况 | | 创新情况 | |
|---|---|---|---|---|---|---|---|---|
| | 得分 | 名次 | 收入群组 | 收入名次 | 所属地区 | 地区名次 | 创新效率 | 效率名次 |
| 吉尔吉斯 | 26.62 | 103 | 中低收入 | 17 | CSA | 7 | 0.50 | 110 |
| 萨尔瓦多 | 26.56 | 104 | 中低收入 | 18 | LCN | 16 | 0.48 | 113 |
| 坦桑尼亚 | 26.35 | 105 | 低收入 | 6 | SSF | 11 | 0.81 | 22 |
| 塞内加尔 | 26.14 | 106 | 中低收入 | 19 | SSF | 12 | 0.66 | 62 |
| 埃及 | 25.96 | 107 | 中低收入 | 20 | NAWA | 17 | 0.63 | 74 |
| 科特迪瓦 | 25.80 | 108 | 中低收入 | 21 | SSF | 13 | 0.82 | 19 |
| 玻利维亚 | 25.24 | 109 | 中低收入 | 22 | LCN | 17 | 0.59 | 89 |
| 埃塞俄比亚 | 24.83 | 110 | 低收入 | 7 | SSF | 14 | 0.83 | 18 |
| 马达加斯加 | 24.79 | 111 | 低收入 | 8 | SSF | 15 | 0.74 | 35 |
| 马里 | 24.77 | 112 | 低收入 | 9 | SSF | 16 | 0.74 | 37 |
| 阿尔及利亚 | 24.46 | 113 | 中高收入 | 34 | NAWA | 18 | 0.49 | 111 |
| 尼日利亚 | 23.15 | 114 | 中低收入 | 23 | SSF | 17 | 0.67 | 60 |
| 尼泊尔 | 23.13 | 115 | 低收入 | 10 | CSA | 8 | 0.58 | 94 |
| 尼加拉瓜 | 23.06 | 116 | 中低收入 | 24 | LCN | 18 | 0.41 | 120 |
| 孟加拉 | 22.86 | 117 | 中低收入 | 25 | CSA | 9 | 0.52 | 107 |
| 喀麦隆 | 22.82 | 118 | 中低收入 | 26 | SSF | 18 | 0.58 | 93 |
| 巴基斯坦 | 22.63 | 119 | 中低收入 | 27 | CSA | 10 | 0.64 | 71 |
| 委内瑞拉 | 22.32 | 120 | 高收入 | 49 | LCN | 19 | 0.46 | 114 |
| 贝宁 | 22.25 | 121 | 低收入 | 11 | SSF | 19 | 0.43 | 118 |
| 布基纳法索 | 21.05 | 122 | 低收入 | 12 | SSF | 20 | 0.28 | 127 |
| 布隆迪 | 20.93 | 123 | 低收入 | 13 | SSF | 21 | 0.39 | 122 |
| 尼日尔 | 20.44 | 124 | 低收入 | 14 | SSF | 22 | 0.36 | 125 |
| 赞比亚 | 19.92 | 125 | 中低收入 | 28 | SSF | 23 | 0.64 | 72 |
| 多哥 | 18.42 | 126 | 低收入 | 15 | SSF | 24 | 0.36 | 124 |
| 几内亚 | 17.24 | 127 | 低收入 | 16 | SSF | 25 | 0.49 | 112 |
| 也门 | 14.55 | 128 | 中低收入 | 39 | NAWA | 19 | 0.34 | 126 |

注：收入分组依据世界银行（2013 年 7 月）。地区划分依据联合国划分法：EUR ＝欧洲；NAC ＝北美；LCN ＝拉美和加勒比海地区；CSA ＝中亚和南亚；SEAO ＝东南亚和大洋洲；NAWA ＝北非和西亚；SSF ＝撒哈拉以南非洲地区。

数据来源：世界知识产权组织、美国康奈尔大学和欧洲工商管理学院《2016 年全球创新指数》。

附表 3　主要经济体研发总支出与研究人员（2014 年或最新数据）

| 经济体 | 国内研发总支出 | | | | | | 研究人员（全时当量）/人年 |
|---|---|---|---|---|---|---|---|
| | 当前平价购买力/亿美元 | 经费来源占比 /% | | 执行部门占比 /% | | | |
| | | 企业 | 政府 | 企业 | 高校 | 政府 | |
| 澳大利亚 | 230.840[c] | 61.9 | 34.5 | 56.3[c] | 29.6[c] | 11.2[c] | 100 414[b] |
| 奥地利 | 131.689[b,p] | 47.8[c,p] | 35.7[c,o,p] | 70.8[c,p] | 24.3[c,p] | 4.4[c,p] | 41 595[c,p] |
| 比利时 | 120.233[c] | 56.9 | 28.5 | 71.2[c] | 20.2[c] | 8.2[c] | 46 880[c] |
| 加拿大 | 258.136[p] | 45.4[p] | 34.9[c,p] | 49.9[g,p] | 40.4[p] | 9.2[p] | 159 190 |
| 智利 | 14.869[p] | 32.0[p] | 44.1[p] | 33.5[p] | 38.9[p] | 8.1[p] | 7602[p] |
| 捷克 | 65.561 | 35.9 | 32.9 | 56.0 | 25.4[p] | 18.2 | 36 040 |
| 丹麦 | 79.209[c] | 57.9[c] | 30.4[c,o] | 64.0[c] | 23.2[c] | 2.3[c] | 40 647[c] |
| 爱沙尼亚 | 5.313 | 37.1 | 49.5 | 43.5 | 44.3 | 11.0 | 4323 |
| 芬兰 | 70.508 | 53.5 | 27.5 | 67.7 | 22.9 | 8.6 | 38 281 |
| 法国 | 587.503[p] | 55.0 | 35.2 | 64.8[p] | 20.6[p] | 13.1[p] | 269 377[p] |
| 德国 | 1088.272 | 65.8 | 28.8 | 67.5 | 17.7 | 14.8[o] | 351 130[c,p] |
| 希腊 | 24.471 | 29.8 | 53.3 | 33.9 | 37.2 | 27.7 | 29 877 |
| 匈牙利 | 33.862 | 48.3 | 33.5 | 71.5[v] | 13.5[v] | 13.7[v] | 26 213 |
| 冰岛 | 2.723 | 39.2 | 35.0 | 56.8 | 35.3 | 6.5 | 1950 |
| 爱尔兰 | 34.024[c] | 54.5[c] | 24.6[c] | 74.7[c] | 20.7[c] | 4.6[c] | 15 243[c] |
| 以色列 | 113.765[d] | 36.5[d] | 12.7[d] | 84.5[d] | 12.5[d] | 1.9[d] | 63 521[c,d] |
| 意大利 | 277.444[p] | 45.2 | 41.4 | 56.7[p] | 26.9[p] | 14.5[p] | 119 977[p] |
| 日本 | 1668.613 | 77.3 | 16.0[b] | 77.8 | 12.6 | 8.3 | 682 935 |
| 韩国 | 722.668 | 75.3 | 23.0 | 78.2 | 9.0 | 11.2 | 345 463 |
| 卢森堡 | 6.880[c,p] | 16.5 | 48.4 | 52.6[c,p] | 18.5[c,p] | 28.9[c,o,p] | 2548[c,p] |
| 墨西哥 | 116.827[c,p] | 23.8[c,p] | 73.6[c,p] | 39.0 | 28.9 | 30.5 | 38 823 |
| 荷兰 | 162.911 | 51.1 | 33.2 | 56.0 | 32.1 | 11.9[o] | 76 229 |
| 新西兰 | 19.028 | 39.8 | 39.8 | 46.4 | 30.4 | 23.2 | 17 900 |
| 挪威 | 57.644 | 43.1 | 45.8 | 53.7 | 31.0 | 15.2 | 29 237 |
| 波兰 | 90.311 | 39.0 | 45.2 | 46.6 | 29.2 | 24.0 | 78 622 |
| 葡萄牙 | 38.499 | 42.3 | 46.4 | 46.4 | 45.6 | 6.3 | 38 155 |
| 斯洛伐克 | 13.603 | 32.2 | 41.4[m] | 36.8 | 34.4 | 28.3[d] | 14 742 |
| 斯洛文尼亚 | 14.961 | 68.4 | 21.8 | 77.3 | 10.5 | 12.2 | 8574 |

续表

| 经济体 | 国内研发总支出 | | | | | | 研究人员（全时当量）/人年 |
|---|---|---|---|---|---|---|---|
| | 当前平价购买力/亿美元 | 经费来源占比/% | | 执行部门占比/% | | | |
| | | 企业 | 政府 | 企业 | 高校 | 政府 | |
| 西班牙 | 192.459 | 46.4 | 41.4 | 52.9 | 28.1 | 18.8 | 122 235 |
| 瑞典 | 138.828[p] | 61.0 | 28.3 | 67.0[p] | 29.0[p] | 3.7[p] | 66 543[m,p] |
| 瑞士 | 135.712 | 60.8 | 25.4 | 69.3 | 28.1 | 0.8[h] | 35 950 |
| 土耳其 | 151.323 | 50.9 | 26.3 | 49.8 | 40.5 | 9.7 | 89 657 |
| 英国 | 441.741[c,p] | 46.5[c,p] | 28.8[c,p] | 64.4[c,p] | 26.1[c,p] | 7.8 | 273 560[c,p] |
| 美国 | 4569.770[j,p] | 60.9[j,p] | 27.7[j,p] | 70.6[j,p] | 14.2[j,p] | 11.2 | 1307 973[b] |
| 欧盟28国（估值） | 3657.754[b] | 54.3[b] | 33.1[b] | 63.2[b] | 23.2[b] | 12.6[b] | 1754 461[b] |
| OECD | 11 814.951[b] | 60.9[b] | 27.8[b] | 68.5[b] | 17.9[b] | 11.2 | 4539 714[b] |
| 阿根廷 | 57.009[p] | 20.4 | 75.4 | 20.1[p] | 30.5[p] | 47.7[p] | 51 665[p] |
| 中国大陆 | 3687.316 | 75.4 | 20.3 | 77.3 | 6.9 | 15.8 | 1524 280 |
| 中国台湾 | 324.404 | 77.2 | 21.7 | 77.2 | 10.0 | 12.6 | 142 983 |
| 罗马尼亚 | 15.054[b] | 32.9 | 48.5 | 41.5 | 15.2 | 43.0 | 18 109 |
| 俄罗斯 | 398.630 | 27.1 | 69.2 | 59.6 | 9.8 | 30.5 | 444 865 |
| 新加坡 | 100.548 | 54.1 | 37.1 | 61.2 | 27.4 | 11.4 | 36 666 |
| 南非 | 48.242 | 38.3 | 45.4 | 44.3 | 30.7 | 22.9 | 21 383 |

注：b. 根据国家（地区）报告秘书处做出的估计或预测；c. 该国家（地区）做出的估计或预测；d. 不含国防部分（全部或几乎全部）；g. 不含人文和社会科学领域的研发；h. 只有联邦或中央政府数据；j. 排除全部或大部分资本支出；m. 低估或依据低估数据；o. 不含其他类别；p. 临时数据；v. 子项之和不计入总数。

数据来源：OECD《主要科技指标2016》，2016年7月。

## 附表4 2014年主要经济体研发支出与排名

| 经济体 | 总支出/亿美元 | 排名 | 总支出GDP占比/% | 排名 | 人均支出/美元 | 排名 |
|---|---|---|---|---|---|---|
| 美国 | 4569.77[a] | 1 | 2.74[a] | 11 | 1444.3[b] | 9 |
| 中国大陆 | 2118.62 | 2 | 2.04 | 17 | 154.9 | 38 |
| 日本 | 1649.25 | 3 | 3.59 | 3 | 1297.9 | 12 |
| 德国 | 1099.41 | 4 | 2.84 | 10 | 1355.6 | 11 |
| 法国 | 638.26 | 5 | 2.23 | 15 | 966.0 | 18 |
| 韩国 | 605.28 | 6 | 4.29 | 1 | 1200.5 | 14 |

续表

| 经济体 | 总支出 / 亿美元 | 排名 | 总支出 GDP 占比 /% | 排名 | 人均支出 / 美元 | 排名 |
|---|---|---|---|---|---|---|
| 英国 | 508.32 | 7 | 1.70 | 22 | 790.4 | 21 |
| 巴西 | 397.27[a] | 8 | 1.61[a] | 24 | 197.6[a] | 33 |
| 澳大利亚 | 323.13[a] | 9 | 2.15[a] | 16 | 1387.7[b] | 10 |
| 加拿大 | 287.72 | 10 | 1.61 | 23 | 810.7 | 20 |
| 意大利 | 275.57 | 11 | 1.29 | 28 | 453.4 | 26 |
| 俄罗斯 | 220.84 | 12 | 1.19 | 33 | 153.7 | 39 |
| 瑞士 | 197.40[b] | 13 | 2.97[b] | 9 | 2481.5[b] | 1 |
| 印度 | 182.60 | 14 | 0.89 | 39 | 14.4 | 56 |
| 瑞典 | 180.52 | 15 | 3.16 | 5 | 1852.0 | 3 |
| 荷兰 | 173.47 | 16 | 1.97 | 19 | 1028.7 | 16 |
| 西班牙 | 168.83 | 17 | 1.22 | 32 | 363.0 | 28 |
| 中国台湾 | 159.21 | 18 | 3.00 | 7 | 679.4 | 22 |
| 比利时 | 131.01 | 19 | 2.46 | 12 | 1168.8 | 15 |
| 奥地利 | 130.46 | 20 | 2.99 | 8 | 1526.9 | 6 |
| 以色列 | 125.59 | 21 | 4.13 | 2 | 1073 | 15 |
| 丹麦 | 105.62 | 22 | 3.05 | 6 | 1877.0 | 2 |
| 芬兰 | 86.40 | 23 | 3.17 | 4 | 1578.3 | 5 |
| 挪威 | 85.34 | 24 | 1.71 | 21 | 1655.2 | 4 |
| 土耳其 | 80.41 | 25 | 1.01 | 37 | 103.5 | 44 |
| 墨西哥 | 69.47 | 26 | 0.54 | 50 | 58.0 | 47 |
| 新加坡 | 67.29 | 27 | 2.20 | 15 | 1230.3 | 13 |
| 波兰 | 51.25 | 28 | 0.94 | 38 | 133.2 | 41 |
| 马来西亚 | 42.69 | 29 | 1.26 | 31 | 139.5 | 40 |
| 捷克 | 41.00 | 30 | 2.00 | 18 | 389.6 | 27 |
| 爱尔兰 | 38.10 | 31 | 1.52 | 25 | 826.4 | 19 |
| 阿根廷 | 36.50[a] | 32 | 0.58[a] | 49 | 86.5[a] | 45 |
| 葡萄牙 | 29.57 | 33 | 1.29 | 29 | 284.7 | 32 |
| 南非 | 29.08[b] | 34 | 0.73[b] | 46 | 55.5[b] | 49 |
| 阿联酋 | 27.96 | 35 | 0.70 | 47 | 307.7 | 29 |
| 新西兰 | 22.02[a] | 36 | 1.18[a] | 34 | 494.5[b] | 24 |

续表

| 经济体 | 总支出 / 亿美元 | 排名 | 总支出 GDP 占比 /% | 排名 | 人均支出 / 美元 | 排名 |
|---|---|---|---|---|---|---|
| 中国香港 | 21.57 | 37 | 0.74 | 45 | 297.9 | 30 |
| 希腊 | 19.66 | 38 | 0.83 | 41 | 178.9 | 35 |
| 泰国 | 19.55 | 39 | 0.48 | 51 | 30.1 | 53 |
| 匈牙利 | 18.96 | 40 | 1.37 | 27 | 192.0 | 34 |
| 乌克兰 | 13.96[a] | 41 | 0.76[a] | 44 | 30.7[a] | 52 |
| 斯洛文尼亚 | 11.81 | 42 | 2.39 | 13 | 573.1 | 23 |
| 智利 | 9.79 | 43 | 0.38 | 54 | 56.1 | 48 |
| 卡塔尔 | 8.94[b] | 44 | 0.47[b] | 52 | 487.9[b] | 25 |
| 斯洛伐克 | 8.88 | 45 | 0.89 | 40 | 163.9 | 37 |
| 卢森堡 | 8.15 | 46 | 1.28 | 30 | 1482.4 | 8 |
| 印度尼西亚 | 7.73[a] | 47 | 0.08[a] | 59 | 3.1[a] | 59 |
| 罗马尼亚 | 7.63 | 48 | 0.38 | 53 | 38.3 | 51 |
| 哥伦比亚 | 7.12 | 49 | 0.19 | 56 | 1294 | 12 |
| 立陶宛 | 4.91 | 50 | 1.02 | 35 | 167.9 | 36 |
| 克罗地亚 | 4.51 | 51 | 0.79 | 42 | 14.9 | 55 |
| 保加利亚 | 4.45 | 52 | 0.78 | 43 | 61.8 | 46 |
| 爱沙尼亚 | 3.80 | 53 | 1.44 | 26 | 289.1 | 31 |
| 菲律宾 | 3.75[a] | 54 | 0.14[a] | 58 | 3.8[a] | 58 |
| 哈萨克斯坦 | 3.70 | 55 | 0.16 | 57 | 21.3 | 54 |
| 冰岛 | 3.22 | 56 | 1.52 | 25 | 978.8 | 17 |
| 约旦 | 2.68[d] | 57 | 1.01[d] | 36 | 43.8[d] | 50 |
| 拉脱维亚 | 2.16 | 58 | 0.69 | 48 | 107.9 | 42 |
| 蒙古 | 0.24 | 59 | 0.20 | 55 | 8.1 | 57 |

注：a. 前 1 年数据；b. 前 2 年数据；d. 前 4 年数据。

数据来源：瑞士洛桑国际管理学院《2016 年世界竞争力年鉴》。

### 附表 5　2009—2014 年主要经济体研发支出占 GDP 比例

单位：%

| 经济体 | 2009 年 | 2010 年 | 2011 年 | 2012 年 | 2013 年 | 2014 年 |
|---|---|---|---|---|---|---|
| 澳大利亚 | — | 2.20[c] | 2.13[c] | — | — | — |
| 奥地利 | 2.61 | 2.74[c] | 2.68 | 2.88[c] | 2.95[c] | 3.07[c,p] |

续表

| 经济体 | 2009 年 | 2010 年 | 2011 年 | 2012 年 | 2013 年 | 2014 年 |
|---|---|---|---|---|---|---|
| 比利时 | 1.98 | 2.05 | 2.15 | 2.24[c] | 2.28[p] | 2.47[c] |
| 加拿大 | 1.92 | 1.84 | 1.78 | 1.71 | 1.62[p] | 1.61[p] |
| 智利 | 0.35[a,y] | 0.33[y] | 0.35[y] | 0.36[y] | 0.39[p,y] | 0.38[p,y] |
| 捷克 | 1.30 | 1.34 | 1.56 | 1.79 | 1.92 | 2.00 |
| 丹麦 | 3.07 | 2.94 | 2.97 | 3.02 | 3.06[c,p] | 3.05[c] |
| 爱沙尼亚 | 1.40 | 1.58 | 2.34 | 2.16 | 1.74 | 1.44 |
| 芬兰 | 3.75 | 3.73 | 3.64 | 3.42 | 3.31 | 3.17 |
| 法国 | 2.21 | 2.18[a] | 2.19 | 2.23 | 2.23[p] | 2.26[p] |
| 德国 | 2.73 | 2.72 | 2.80 | 2.88 | 2.85[c,p] | 2.90 |
| 希腊 | 0.63[c] | 0.50[c] | 0.67 | 0.69 | 0.80 | 0.84 |
| 匈牙利 | 1.14 | 1.15 | 1.20 | 1.27 | 1.41 | 1.37 |
| 冰岛 | 2.66 | — | 2.49[a,1] | — | 1.99[a] | 1.89 |
| 爱尔兰 | 1.63[c] | 1.62[c] | 1.53[c] | 1.58[c] | — | 1.49[c] |
| 以色列 | 4.15[d] | 3.96[d] | 4.10[d] | 4.25[d] | 4.21[d] | 4.11[d] |
| 意大利 | 1.22 | 1.22 | 1.21 | 1.27 | 1.26[p] | 1.29[p] |
| 日本 | 3.36[y] | 3.25[y] | 3.38[y] | 3.34[y] | 3.47[y] | 3.59[y] |
| 韩国 | 3.29 | 3.47 | 3.74 | 4.03 | 4.15 | 4.29 |
| 卢森堡 | 1.72 | 1.50 | 1.41 | 1.16[a] | 1.16[p] | 1.26[c,p] |
| 墨西哥 | 0.43 | 0.45 | 0.43 | 0.43[c,p] | 0.50[c,p] | 0.54[c,p] |
| 荷兰 | 1.69 | 1.72 | 1.90[a] | 1.95[a] | 1.98 | 2.00 |
| 新西兰 | 1.26 | — | 1.25 | — | 1.17 | — |
| 挪威 | 1.72 | 1.65 | 1.63 | 1.62 | 1.65 | 1.71 |
| 波兰 | 0.67 | 0.72 | 0.75 | 0.89 | 0.87 | 0.94 |
| 葡萄牙 | 1.58 | 1.53 | 1.46 | 1.38 | 1.37[p] | 1.29 |
| 斯洛伐克 | 0.47 | 0.62 | 0.67 | 0.81 | 0.83 | 0.89 |
| 斯洛文尼亚 | 1.82 | 2.06 | 2.43[a] | 2.58 | 2.59 | 2.39 |
| 西班牙 | 1.35 | 1.35 | 1.32 | 1.27 | 1.24 | 1.23 |
| 瑞典 | 3.42 | 3.22[c] | 3.22 | 3.28[c] | 3.30[m] | 3.16[p] |
| 瑞士 | — | — | — | 2.97 | — | — |
| 土耳其 | 0.85[y] | 0.84[y] | 0.86[y] | 0.92[y] | 0.94[y] | 1.01[y] |

续表

| 经济体 | 2009 年 | 2010 年 | 2011 年 | 2012 年 | 2013 年 | 2014 年 |
|---|---|---|---|---|---|---|
| 英国 | 1.75[c] | 1.69[c] | 1.69 | 1.63[c] | 1.63[c,p] | 1.70[c,p] |
| 美国 | 2.82[j] | 2.74[j] | 2.76[j] | 2.70[j] | 2.73[j,p] | — |
| 欧盟 28 国 | 1.84[b] | 1.84[b] | 1.88[b] | 1.92[b] | 1.91[b] | 1.95[b] |
| OECD | 2.34[b] | 2.30[b] | 2.33[b] | 2.33[b] | 2.36[b] | 2.38[b] |
| 阿根廷 | 0.48 | 0.49 | 0.52 | 0.58 | 0.58 | 0.61[p] |
| 中国大陆 | 1.70[a,y] | 1.76[y] | 1.84[y] | 1.98[y] | 2.08[y] | 2.05[y] |
| 中国台湾 | 2.83 | 2.80 | 2.89 | 2.94 | 2.99 | 3.00 |
| 罗马尼亚 | 0.46 | 0.45 | 0.49[a] | 0.48 | 0.39 | 0.38 |
| 俄罗斯 | 1.25[y] | 1.13[y] | 1.09[y] | 1.12[y] | 1.12[y] | 1.19[y] |
| 新加坡 | 2.16 | 2.01 | 2.15 | 2.00 | 2.00 | 2.20 |
| 南非 | 0.84 | 0.74 | 0.73 | 0.73 | — | — |

注：a. 序列中断，具备上年数据；b. 根据国家（地区）报告秘书处做出的估计或预测；c. 该国家（地区）做出的估计或预测；d. 不含国防部分（全部或几乎全部）；j. 不含所有或大部分资本支出；l. 高估或依据高估数据；p. 临时数据；y. 依据《1993 年国家账目系统》编辑。

数据来源：OECD《主要科技指标 2016》，2016 年 7 月。

## 附表 6　2009—2014 年主要经济体研发人员数量（全时当量）

单位：人年

| 经济体 | 2009 年 | 2010 年 | 2011 年 | 2012 年 | 2013 年 | 2014 年 |
|---|---|---|---|---|---|---|
| 澳大利亚 | — | 147 809[b] | — | — | — | — |
| 奥地利 | 56 438 | 59 923[c] | 61 171 | 65 088[c] | 65 186 | 68 101[c,p] |
| 比利时 | 59 756 | 60 075 | 62 895 | 67 005 | 67 899 | 68 701[c] |
| 加拿大 | 236 760 | 233 060 | 239 920 | 231 230 | 226 620 | — |
| 智利 | 10 430[m] | 11 491[m] | 13 052 | 14 631 | 13 228 | 15 910[p] |
| 捷克 | 50 961 | 52 290 | 55 697 | 60 329 | 61 976 | 64 444 |
| 丹麦 | 55 918 | 56 623 | 57 585 | 57 734 | 58 246 | 58 745[c] |
| 爱沙尼亚 | 5430 | 5277 | 5724 | 5855 | 5858 | 5796 |
| 芬兰 | 56 069 | 55 897 | 54 526[a] | 54 047 | 52 972 | 52 130 |
| 法国 | 390 214[d] | 397 756[a] | 402 492 | 411 780 | 418 141 | 422 452[p] |
| 德国 | 534 975 | 548 723 | 575 099 | 591 261 | 588 615 | 603 911[c,p] |
| 希腊 | — | — | 36 913[a] | 37 361 | 42 188 | 43 316 |
| 匈牙利 | 29 795 | 31 480 | 33 960 | 35 732 | 38 163 | 37 329 |
| 冰岛 | 3397 | — | 3244[a] | — | 2766[a] | — |

续表

| 经济体 | 2009 年 | 2010 年 | 2011 年 | 2012 年 | 2013 年 | 2014 年 |
| --- | --- | --- | --- | --- | --- | --- |
| 爱尔兰 | 19 705[c] | 19 722[c] | 21 591[c] | 22 607[c] | 24 129[c] | 24 742[c] |
| 以色列 | — | — | 70 401[d] | 77 143[c,d] | — | — |
| 意大利 | 226 527 | 225 632 | 228 094 | 240 179 | 246 764 | 246 423[p] |
| 日本 | 878 418 | 877 928 | 869 825 | 851 132 | 865 523[a] | 895 285 |
| 韩国 | 309 063 | 335 228 | 361 374 | 395 990 | 401 444 | 430 868 |
| 卢森堡 | 4711 | 4972 | 5191 | 4743[a] | 4975[p] | 5061[c,p] |
| 荷兰 | 87 874 | 100 544 | 117 436[a] | 122 215[a] | 123 214 | 124 066 |
| 新西兰 | 23 200 | — | 23 600 | — | 24 900 | — |
| 挪威 | 36 091 | 36 121 | 36 950 | 37 707 | 38 536 | 40 297 |
| 波兰 | 73 581 | 81 843 | 85 219 | 90 716 | 93 751 | 104 359 |
| 葡萄牙 | 47 097 | 47 616 | 49 599 | 47 554 | 46 711 | 46 878 |
| 斯洛伐克 | 15 952 | 18 188 | 18 112 | 18 127 | 17 166 | 17 594 |
| 斯洛文尼亚 | 12 410 | 12 940 | 15 269[a] | 14 974 | 15 229 | 14 866 |
| 西班牙 | 220 777 | 222 022 | 215 079 | 208 831 | 203 302 | 200 233 |
| 瑞典 | 76 711[m] | 77 418[c,m] | 77 950[a,m] | 81 272[c,m] | 80 957[m] | 83 473[m,p] |
| 瑞士 | — | — | — | 75 476 | — | — |
| 土耳其 | 73 521[m] | 81 792[m] | 92 801[m] | 105 122[m] | 112 969[m] | 115 444[m] |
| 英国 | 347 486[c,m] | 350 766[c,m] | 356 258[m] | 356 484[c,m] | 377 343[m] | 387 934[c,m,p] |
| 欧盟 28 国（估值） | 2485 628[b] | 2539 520[b] | 2612 980[b] | 2670 842[b] | 2713 442[b] | 2761 172[b] |
| 阿根廷 | 59 683 | 65 299[a,p] | 69 568[p] | 72 323[p] | 74 866[p] | 76 904[p] |
| 中国大陆 | 2291 252[a] | 2553 829 | 2882 903 | 3246 840 | 3532 817 | 3710 580 |
| 中国台湾 | 197 417 | 211 413 | 222 269 | 229 167 | 234 248 | 240 528 |
| 罗马尼亚 | 28 398 | 26 171 | 29 749[a] | 31 135 | 32 507 | 31 391 |
| 俄罗斯 | 845 942 | 839 992 | 839 183 | 828 401 | 826 733 | 829 190 |
| 新加坡 | 35 896 | 37 013 | 38 996 | 39 459 | 41 582 | 42 543 |
| 南非 | 30 891 | 29 486 | 30 978 | 35 050 | — | — |

注：a. 序列中断，具备上年数据；b. 根据国家（地区）报告秘书处做出的估计或预测；c. 该国家（地区）做出的估计或预测；d. 不含国防部分（全部或几乎全部）；m. 低估或依据低估数据；p. 临时数据。

数据来源：OECD《主要科技指标》，2016 年 7 月。

附表 7 2014 年主要经济体研发人员统计

| 经济体 | 全时当量 / 万人年 | 排名 | 每万人研发人员（全时当量）/ 人年 | 排名 |
|---|---|---|---|---|
| 中国大陆 | 371.10 | 1 | 27.1 | 38 |
| 日本 | 89.53 | 2 | 70.5 | 16 |
| 俄罗斯 | 82.92 | 3 | 57.7 | 23 |
| 德国 | 60.07 | 4 | 74.1 | 13 |
| 印度 | 44.11[d] | 5 | 3.7[d] | 55 |
| 韩国 | 43.09 | 6 | 85.5 | 8 |
| 法国 | 42.25 | 7 | 63.9 | 19 |
| 英国 | 38.79[c] | 8 | 60.3 | 22 |
| 巴西 | 26.67[d] | 9 | 14.0[d] | 48 |
| 意大利 | 24.64 | 10 | 40.5 | 29 |
| 中国台湾 | 24.05 | 11 | 102.6 | 2 |
| 加拿大 | 22.66 | 12 | 64.6[a] | 18 |
| 西班牙 | 19.96 | 13 | 42.9 | 28 |
| 澳大利亚 | 14.78[d] | 14 | 66.7[d] | 17 |
| 荷兰 | 12.31 | 15 | 73.0 | 14 |
| 乌克兰 | 11.79 | 16 | 27.5 | 36 |
| 土耳其 | 11.54 | 17 | 14.9 | 45 |
| 波兰 | 10.44 | 18 | 27.1 | 37 |
| 泰国 | 8.42 | 19 | 13.0[a] | 49 |
| 瑞典 | 8.35 | 20 | 85.6 | 7 |
| 墨西哥 | 7.93[c] | 21 | 6.8[c] | 52 |
| 以色列 | 7.71[b] | 22 | 96.9[b] | 3 |
| 瑞士 | 7.55[b] | 23 | 94.9[b] | 5 |
| 马来西亚 | 7.51 | 24 | 24.5 | 40 |
| 阿根廷 | 7.38[a] | 25 | 17.5[a] | 43 |
| 比利时 | 6.87 | 26 | 61.3 | 20 |
| 奥地利 | 6.71 | 27 | 78.6 | 10 |
| 捷克 | 6.44 | 28 | 61.2 | 21 |
| 丹麦 | 5.87 | 29 | 104.4 | 1 |

续表

| 经济体 | 全时当量 / 万人年 | 排名 | 每万人研发人员（全时当量）/ 人年 | 排名 |
|---|---|---|---|---|
| 芬兰 | 5.21 | 30 | 95.2 | 4 |
| 葡萄牙 | 4.72 | 31 | 45.5 | 26 |
| 希腊 | 4.31 | 32 | 39.2 | 30 |
| 新加坡 | 4.25 | 33 | 77.8 | 12 |
| 挪威 | 4.04 | 34 | 78.3 | 11 |
| 匈牙利 | 3.73 | 35 | 37.8 | 32 |
| 菲律宾 | 3.65[a] | 36 | 3.7[a] | 54 |
| 南非 | 3.51[b] | 37 | 6.7[b] | 53 |
| 罗马尼亚 | 3.14 | 38 | 15.8 | 44 |
| 中国香港 | 2.74 | 39 | 37.8 | 31 |
| 哈萨克斯坦 | 2.58 | 40 | 14.8 | 46 |
| 爱尔兰 | 2.50 | 41 | 54.3 | 25 |
| 新西兰 | 2.49[b] | 42 | 55.9[a] | 24 |
| 保加利亚 | 1.91 | 43 | 26.6 | 39 |
| 阿联酋 | 1.79 | 44 | 19.7 | 42 |
| 斯洛伐克 | 1.76 | 45 | 32.5 | 34 |
| 智利 | 1.59 | 46 | 9.1 | 51 |
| 哥伦比亚 | 1.49 | 47 | 3.1 | 56 |
| 斯洛文尼亚 | 1.49 | 48 | 72.1 | 15 |
| 立陶宛 | 1.11[a] | 49 | 37.3[a] | 33 |
| 克罗地亚 | 9.5 | 50 | 22.4 | 41 |
| 爱沙尼亚 | 5.8 | 51 | 44.0 | 27 |
| 拉脱维亚 | 5.7 | 52 | 28.7 | 35 |
| 卢森堡 | 5.1 | 53 | 92.1 | 6 |
| 蒙古 | 4.4 | 54 | 14.6 | 47 |
| 冰岛 | 2.8[a] | 55 | 85.1[a] | 9 |
| 卡塔尔 | 2.0[b] | 56 | 10.6[b] | 50 |

注：a. 前 1 年数据；b. 前 2 年数据；c. 前 3 年数据；d. 前 4 年数据。

数据来源：瑞士洛桑国际管理学院《2016 年世界竞争力年鉴》。

附表 8 1950—2015 年诺贝尔物理学、化学、生理学或医学、经济学奖获奖统计

| 经济体 | 总数 | 总数排名 | 每百万人获奖数 | 每百万人获奖数排名 |
|---|---|---|---|---|
| 美国 | 285 | 1 | 0.89 | 6 |
| 英国 | 62 | 2 | 0.96 | 4 |
| 德国 | 32 | 3 | 0.39 | 11 |
| 法国 | 20 | 4 | 0.30 | 15 |
| 日本 | 17 | 5 | 1.13 | 18 |
| 瑞士 | 12 | 6 | 1.46 | 2 |
| 俄罗斯 | 10 | 7 | 0.07 | 22 |
| 瑞典 | 10 | 7 | 1.02 | 3 |
| 澳大利亚 | 8 | 9 | 0.33 | 14 |
| 加拿大 | 8 | 9 | 0.22 | 16 |
| 以色列 | 8 | 9 | 0.95 | 5 |
| 荷兰 | 8 | 9 | 0.47 | 8 |
| 挪威 | 8 | 9 | 1.53 | 1 |
| 意大利 | 5 | 14 | 0.08 | 21 |
| 奥地利 | 4 | 15 | 0.46 | 9 |
| 比利时 | 4 | 15 | 0.36 | 12 |
| 丹麦 | 4 | 15 | 0.71 | 7 |
| 中国大陆 | 3 | 18 | 0 | 26 |
| 爱尔兰 | 2 | 19 | 0.43 | 10 |
| 中国台湾 | 2 | 19 | 0.09 | 20 |
| 阿根廷 | 1 | 21 | 0.02 | 23 |
| 中国香港 | 1 | 21 | 0.14 | 17 |
| 捷克 | 1 | 21 | 0.09 | 19 |
| 印度 | 1 | 21 | 0 | 27 |
| 立陶宛 | 1 | 21 | 0.35 | 13 |
| 南非 | 1 | 21 | 0.02 | 24 |
| 土耳其 | 1 | 21 | 0.01 | 25 |

数据来源：瑞士洛桑国际管理学院《2016 年世界竞争力年鉴》。

附表 9-1 2014 年主要经济体专利统计

| 经济体 | 申请数/件 | 排名 | 每十万居民申请数/件 | 排名 | 专利授予数(2012—2014 年均值)/件 | 排名 | 每十万居民有效数/件 | 排名 |
|---|---|---|---|---|---|---|---|---|
| 中国大陆 | 837 897 | 1 | 61.26 | 23 | 161 001 | 3 | 55.6 | 30 |
| 美国 | 509 622 | 2 | 159.69 | 13 | 243 562 | 2 | 651.2 | 11 |
| 日本 | 465 987 | 3 | 366.72 | 4 | 327 075 | 1 | 2128.4 | 1 |
| 韩国 | 230 556 | 4 | 457.27 | 3 | 121 128 | 4 | 1678.5 | 3 |
| 德国 | 179 535 | 5 | 221.37 | 10 | 80 762 | 5 | 739.3 | 8 |
| 法国 | 72 369 | 6 | 109.53 | 15 | 42 308 | 6 | 537.7 | 13 |
| 中国台湾 | 54 476 | 7 | 232.47 | 7 | 36 361 | 7 | 1049.8 | 5 |
| 英国 | 52 612 | 8 | 81.81 | 20 | 20 813 | 9 | 264.2 | 20 |
| 瑞士 | 43 382 | 9 | 532.95 | 2 | 20 293 | 10 | 2067.7 | 2 |
| 荷兰 | 37 738 | 10 | 223.78 | 8 | 16 524 | 12 | 677.7 | 9 |
| 意大利 | 29 298 | 11 | 48.20 | 25 | 17 968 | 11 | 161.2 | 23 |
| 俄罗斯 | 28 515 | 12 | 19.84 | 31 | 24 613 | 8 | 103.6 | 26 |
| 加拿大 | 24 715 | 13 | 69.64 | 22 | 13 167 | 13 | 315.6 | 17 |
| 瑞典 | 23 858 | 14 | 244.77 | 6 | 12 108 | 14 | 1031.2 | 6 |
| 印度 | 22 458 | 15 | 1.77 | 55 | 4354 | 22 | 2.1 | 54 |
| 芬兰 | 14 075 | 16 | 257.11 | 5 | 6234 | 15 | 989.3 | 7 |
| 奥地利 | 13 789 | 17 | 156.96 | 13 | 5761 | 18 | 574.4 | 12 |
| 以色列 | 13 437 | 18 | 161.95 | 11 | 5318 | 20 | 420.4 | 15 |
| 丹麦 | 12 547 | 19 | 222.98 | 9 | 4758 | 21 | 674.7 | 10 |
| 比利时 | 12 188 | 20 | 108.73 | 16 | 6218 | 16 | 383.4 | 16 |
| 澳大利亚 | 11 743 | 21 | 49.74 | 24 | 5807 | 17 | 190.9 | 22 |
| 西班牙 | 10 928 | 22 | 23.50 | 28 | 5743 | 19 | 113.5 | 25 |
| 巴西 | 6717 | 23 | 3.31 | 51 | 1199 | 31 | 2.8 | 53 |
| 土耳其 | 6496 | 24 | 8.36 | 41 | 1583 | 28 | 10.1 | 45 |
| 波兰 | 6172 | 25 | 16.04 | 32 | 2674 | 24 | 6.4 | 48 |
| 新加坡 | 5930 | 26 | 108.41 | 17 | 2336 | 25 | 220.1 | 21 |
| 挪威 | 5877 | 27 | 113.98 | 14 | 2700 | 23 | 424.3 | 14 |
| 爱尔兰 | 4780 | 28 | 103.69 | 18 | 2083 | 26 | 276.1 | 19 |
| 新西兰 | 3429 | 29 | 75.88 | 21 | 1105 | 32 | 136.0 | 24 |
| 卢森堡 | 3142 | 30 | 571.58 | 1 | 1402 | 29 | 1600.7 | 4 |
| 乌克兰 | 2990 | 31 | 6.97 | 43 | 1979 | 27 | 33.5 | 35 |

续表

| 经济体 | 申请数/件 | 排名 | 每十万居民申请数/件 | 排名 | 专利授予数(2012—2014年均值)/件 | 排名 | 每十万居民有效数/件 | 排名 |
|---|---|---|---|---|---|---|---|---|
| 马来西亚 | 2664 | 32 | 13.90 | 35 | 747 | 37 | 15.8 | 39 |
| 哈萨克斯坦 | 2453 | 33 | 14.10 | 34 | 1030 | 33 | 1.0 | 57 |
| 南非 | 2329 | 34 | 4.31 | 49 | 1385 | 30 | 21.4 | 37 |
| 墨西哥 | 2187 | 35 | 1.82 | 54 | 760 | 36 | 4.6 | 49 |
| 捷克 | 2181 | 36 | 20.72 | 30 | 915 | 34 | 46.8 | 31 |
| 中国香港 | 1831 | 37 | 25.28 | 26 | 865 | 25 | 86.1 | 27 |
| 匈牙利 | 1434 | 38 | 14.52 | 33 | 647 | 38 | 42.0 | 33 |
| 泰国 | 1405 | 39 | 2.17 | 52 | 175 | 47 | 3.7 | 50 |
| 葡萄牙 | 1333 | 40 | 12.83 | 35 | 316 | 42 | 23.1 | 36 |
| 希腊 | 1253 | 41 | 11.40 | 36 | 497 | 39 | 41.0 | 34 |
| 罗马尼亚 | 1252 | 42 | 6.29 | 45 | 460 | 40 | 11.2 | 43 |
| 智利 | 998 | 43 | 5.72 | 47 | 307 | 43 | 11.2 | 44 |
| 阿根廷 | 791 | 44 | 1.85 | 53 | 390 | 41 | 3.0 | 51 |
| 印度尼西亚 | 771 | 45 | 0.31 | 60 | 28 | 59 | 0.1 | 61 |
| 菲律宾 | 608 | 46 | 0.61 | 58 | 80 | 55 | 0.5 | 58 |
| 斯洛文尼亚 | 509 | 47 | 24.70 | 27 | 252 | 44 | 73.1 | 28 |
| 保加利亚 | 468 | 48 | 6.50 | 44 | 124 | 50 | 11.5 | 42 |
| 哥伦比亚 | 461 | 49 | 0.97 | 57 | 182 | 46 | 1.4 | 56 |
| 斯洛伐克 | 455 | 50 | 8.40 | 40 | 115 | 51 | 14.1 | 41 |
| 阿联酋 | 387 | 51 | 4.26 | 50 | 82 | 54 | 8.0 | 47 |
| 冰岛 | 302 | 52 | 91.79 | 19 | 137 | 48 | 290.3 | 18 |
| 爱沙尼亚 | 278 | 53 | 21.12 | 29 | 135 | 49 | 42.8 | 32 |
| 克罗地亚 | 259 | 54 | 6.11 | 46 | 89 | 53 | 14.2 | 40 |
| 立陶宛 | 254 | 55 | 8.69 | 39 | 113 | 52 | 18.0 | 38 |
| 拉脱维亚 | 193 | 56 | 9.65 | 37 | 236 | 45 | 56.8 | 29 |
| 卡塔尔 | 175 | 57 | 7.90 | 42 | 10 | 61 | 8.7 | 46 |
| 蒙古 | 140 | 58 | 4.67 | 48 | 68 | 56 | 0.3 | 60 |
| 秘鲁 | 103 | 59 | 0.33 | 59 | 15 | 60 | 0.4 | 59 |
| 约旦 | 83 | 60 | 1.24 | 56 | 36 | 58 | 2.8 | 52 |
| 委内瑞拉 | 62 | 61 | 0.21 | 61 | 44 | 57 | 1.6 | 55 |

数据来源：瑞士洛桑国际管理学院《2016年世界竞争力年鉴》。

附表 9-2　2011—2013 年主要经济体三方专利统计

| 经济体 | 2011 年 | | 2012 年 | | 2013 年 | |
|---|---|---|---|---|---|---|
| | 专利数 / 件 | 占比 /% | 专利数 / 件 | 占比 /% | 专利数 / 件 | 占比 /% |
| 澳大利亚 | 314[b] | 0.60[b] | 314 | 0.59 | 316 | 0.56 |
| 奥地利 | 419 | 0.80 | 456 | 0.85 | 498 | 0.92 |
| 比利时 | 477 | 0.91 | 472 | 0.88 | 467 | 0.87 |
| 加拿大 | 576 | 1.10 | 583 | 1.09 | 593 | 1.10 |
| 智利 | 15 | 0.03 | 13 | 0.02 | 12 | 0.02 |
| 捷克 | 34 | 0.06 | 39 | 0.07 | 45 | 0.08 |
| 丹麦 | 308 | 0.59 | 322 | 0.60 | 331 | 0.61 |
| 爱沙尼亚 | 7 | 0.01 | 7 | 0.01 | 6 | 0.01 |
| 芬兰 | 238 | 0.45 | 248 | 0.46 | 258 | 0.48 |
| 法国 | 2555 | 4.86 | 2521 | 4.71 | 2466 | 4.57 |
| 德国 | 5537 | 10.54 | 5561 | 10.40 | 5525 | 10.23 |
| 希腊 | 11 | 0.02 | 10 | 0.02 | 10 | 0.02 |
| 匈牙利 | 43 | 0.08 | 44 | 0.08 | 43 | 0.08 |
| 冰岛 | 3 | 0.01 | 3 | 0.01 | 3 | 0.01 |
| 爱尔兰 | 70 | 0.13 | 72 | 0.14 | 73 | 0.13 |
| 以色列 | 369 | 0.70 | 396 | 0.74 | 412 | 0.76 |
| 意大利 | 672 | 1.28 | 679 | 1.27 | 685 | 1.27 |
| 日本 | 17 140 | 32.62 | 16 722 | 31.27 | 16 197 | 30.00 |
| 韩国 | 2665 | 5.07 | 2866 | 5.36 | 3107 | 5.75 |
| 卢森堡 | 23 | 0.04 | 21 | 0.04 | 20 | 0.04 |
| 墨西哥 | 17 | 0.03 | 18 | 0.03 | 20 | 0.04 |
| 荷兰 | 958 | 1.82 | 955 | 1.79 | 947 | 1.75 |
| 新西兰 | 51 | 0.10 | 56 | 0.11 | 61 | 0.11 |
| 挪威 | 116 | 0.22 | 118 | 0.22 | 119 | 0.22 |
| 波兰 | 62 | 0.12 | 71 | 0.13 | 78 | 0.14 |
| 葡萄牙 | 25 | 0.05 | 27 | 0.05 | 28 | 0.05 |
| 斯洛伐克 | 13 | 0.02 | 14 | 0.03 | 15 | 0.03 |
| 斯洛文尼亚 | 15 | 0.03 | 15 | 0.03 | 17 | 0.03 |
| 西班牙 | 246 | 0.47 | 243 | 0.45 | 240 | 0.44 |
| 瑞典 | 640 | 1.22 | 633 | 1.18 | 621 | 1.15 |

续表

| 经济体 | 2011 年 | | 2012 年 | | 2013 年 | |
|---|---|---|---|---|---|---|
| | 专利数 / 件 | 占比 /% | 专利数 / 件 | 占比 /% | 专利数 / 件 | 占比 /% |
| 瑞士 | 1108 | 2.11 | 1154 | 2.16 | 1195 | 2.21 |
| 土耳其 | 41 | 0.08 | 41 | 0.08 | 452 | 0.08 |
| 英国 | 1654 | 3.15 | 1693 | 3.17 | 1726 | 3.20 |
| 美国 | 13 012 | 24.77 | 13 709 | 25.64 | 14 211 | 26.32 |
| 欧盟 28 国 | 14 025 | 26.70 | 14 126 | 26.42 | 14 123 | 26.16 |
| OECD | 49 433 | 94.09 | 50 101 | 93.69 | 50 390 | 93.33 |
| 阿根廷 | 9 | 0.02 | 9 | 0.02 | 9 | 0.02 |
| 中国大陆 | 1545 | 2.94 | 1715 | 3.21 | 1897 | 3.51 |
| 中国台湾 | 483 | 0.92 | 474 | 0.89 | 451 | 0.84 |
| 罗马尼亚 | 8 | 0.02 | 11 | 0.02 | 12 | 0.02 |
| 俄罗斯 | 100 | 0.19 | 109 | 0.20 | 111 | 0.21 |
| 新加坡 | 113 | 0.22 | 121 | 0.23 | 137 | 0.25 |
| 南非 | 44 | 0.08 | 44 | 0.08 | 44 | 0.08 |

注：根据国家（地区）报告秘书处做出的估计或预测。

数据来源：OECD 专利数据库，2015 年秋季。

## 附表 10-1 2015 年主要经济体科技论文统计

| 经济体 | 总计 / 篇 | 近 3 年排名 | | | SCIE（2015年）/ 篇 | EI（2015 年）/ 篇 | CPCIS（2015年）/ 篇 |
|---|---|---|---|---|---|---|---|
| | | 2015 年 | 2014 年 | 2013 年 | | | |
| 美国 | 721 792 | 1 | 1 | 1 | 488 618 | 116 194 | 116 980 |
| 中国大陆 | 586 326 | 2 | 2 | 2 | 296 847 | 218 666 | 70 813 |
| 英国 | 208 118 | 3 | 3 | 3 | 143 108 | 34 783 | 30 227 |
| 德国 | 191 949 | 4 | 4 | 4 | 123 890 | 38 896 | 29 163 |
| 日本 | 152 456 | 5 | 5 | 5 | 92 152 | 35 612 | 24 692 |
| 法国 | 136 315 | 6 | 6 | 6 | 85 769 | 30 330 | 20 216 |
| 印度 | 126 174 | 7 | 8 | 9 | 67 596 | 35 547 | 23 031 |
| 意大利 | 125 880 | 8 | 7 | 7 | 80 486 | 23 909 | 21 485 |
| 加拿大 | 113 828 | 9 | 9 | 8 | 76 194 | 22 278 | 15 356 |
| 韩国 | 104 808 | 10 | 10 | 11 | 63 653 | 29 642 | 11 513 |
| 西班牙 | 101 747 | 11 | 11 | 10 | 65 819 | 22 132 | 137 96 |

续表

| 经济体 | 总计 / 篇 | 近 3 年排名 | | | SCIE（2015年）/ 篇 | EI（2015 年 / 篇 | CPCIS（2015年）/ 篇 |
|---|---|---|---|---|---|---|---|
| | | 2015 年 | 2014 年 | 2013 年 | | | |
| 澳大利亚 | 98 080 | 12 | 12 | 12 | 67 979 | 19 369 | 10 732 |
| 俄罗斯 | 68 722 | 13 | 15 | 15 | 36 957 | 20 620 | 11 145 |
| 巴西 | 67 486 | 14 | 13 | 13 | 47 174 | 11 903 | 8409 |
| 荷兰 | 62 540 | 15 | 14 | 14 | 44 545 | 9981 | 8014 |
| 伊朗 | 52 465 | 16 | 18 | 17 | 30 936 | 18 019 | 3510 |
| 瑞士 | 50 817 | 17 | 17 | 16 | 34 766 | 9108 | 6943 |
| 波兰 | 48 908 | 18 | 20 | 19 | 30 180 | 11 375 | 7353 |
| 土耳其 | 48 232 | 19 | 19 | 18 | 33 576 | 9059 | 5597 |
| 中国台湾 | 47 794 | 20 | 16 | — | 27 894 | 13 000 | 6900 |
| 瑞典 | 43 488 | 21 | 21 | 20 | 29 142 | 8713 | 5633 |
| 比利时 | 37 227 | 22 | 22 | 21 | 25 013 | 7107 | 5107 |
| 丹麦 | 29 749 | 23 | 23 | 22 | 21 009 | 4962 | 3778 |
| 奥地利 | 27 859 | 24 | 24 | 25 | 18 366 | 5169 | 4324 |
| 葡萄牙 | 27 345 | 25 | 25 | 23 | 16 241 | 6134 | 4970 |
| 墨西哥 | 25 892 | 26 | 30 | 26 | 17 741 | 4802 | 3349 |
| 以色列 | 25 750 | 27 | 29 | 24 | 18 237 | 4077 | 3436 |
| 新加坡 | 25 305 | 28 | 28 | 27 | 14 339 | 7279 | 3687 |
| 捷克 | 24 755 | 29 | 27 | — | 13 926 | 5028 | 5801 |
| 马来西亚 | 24 051 | 30 | 26 | — | 11 765 | 6840 | 5446 |
| 沙特 | 23 415 | 31 | 33 | — | 14 560 | 6752 | 2103 |
| 芬兰 | 21 343 | 32 | 32 | 29 | 13 459 | 4941 | 2943 |
| 希腊 | 20 972 | 33 | 31 | 28 | 12 866 | 4402 | 3704 |
| 挪威 | 19 699 | 34 | 34 | 30 | 13 250 | 3945 | 2504 |
| 埃及 | 17 708 | 35 | 36 | — | 11 185 | 4429 | 2094 |
| 南非 | 17 203 | 36 | 35 | — | 12 178 | 3087 | 1938 |
| 罗马尼亚 | 16 934 | 37 | 37 | — | 9091 | 3042 | 4801 |
| 阿根廷 | 14 022 | 38 | 38 | — | 9911 | 2664 | 1447 |
| 新西兰 | 13 697 | 39 | 39 | — | 9888 | 2451 | 1358 |
| 匈牙利 | 12 116 | 40 | 40 | — | 8046 | 2165 | 1905 |

注：1. 2013 年将中国台湾地区三系统论文计入中国科技论文，但中国台湾地区论文数未列入中国总数；2. 统计数据含非第一作者单位所在国家（地区）的论文。

数据来源：中国科学技术信息研究所《2016 年度中国科技论文统计与分析（年度研究报告）》。

附表 10–2　2006—2016 年发表 SCI 科技论文数 20 万篇以上国家（地区）论文数及被引情况

| 国家（地区） | 论文数 | | 被引用次数 | | 篇均被引用次数 | |
|---|---|---|---|---|---|---|
| | 篇数 | 排名 | 排名 | 排名 | 次数 | 排名 |
| 美国 | 3 687 391 | 1 | 63 143 934 | 1 | 17.12 | 3 |
| 德国 | 968 336 | 3 | 15 076 164 | 2 | 15.57 | 6 |
| 英国 | 878 899 | 4 | 15 006 328 | 3 | 17.07 | 4 |
| 中国大陆 | 1 742 926 | 2 | 14 898 454 | 4 | 8.55 | 15 |
| 法国 | 682 356 | 6 | 10 098 359 | 5 | 14.80 | 8 |
| 日本 | 807 599 | 5 | 9 402 863 | 6 | 11.64 | 12 |
| 加拿大 | 597 054 | 7 | 9 217 186 | 7 | 15.42 | 7 |
| 意大利 | 577 054 | 8 | 8 076 626 | 8 | 14.00 | 10 |
| 澳大利亚 | 467 675 | 11 | 6 558 372 | 9 | 14.02 | 9 |
| 西班牙 | 496 241 | 9 | 6 419 339 | 10 | 12.94 | 11 |
| 荷兰 | 343 657 | 14 | 6 311 767 | 11 | 18.37 | 2 |
| 瑞士 | 249 897 | 17 | 4 864 850 | 12 | 19.47 | 1 |
| 韩国 | 456 242 | 12 | 4 187 681 | 13 | 9.18 | 14 |
| 瑞典 | 228 091 | 19 | 3 761 245 | 14 | 16.49 | 5 |
| 印度 | 478 250 | 10 | 3 710 262 | 15 | 7.76 | 17 |
| 巴西 | 352 455 | 13 | 2 645 679 | 16 | 7.51 | 18 |
| 中国台湾 | 256 642 | 16 | 2 412 849 | 17 | 9.40 | 13 |
| 波兰 | 220 541 | 20 | 1 756 235 | 18 | 7.96 | 16 |
| 俄罗斯 | 299 670 | 15 | 1 737 229 | 19 | 5.80 | 21 |
| 土耳其 | 239 280 | 18 | 1 563 832 | 20 | 6.54 | 19 |
| 伊朗 | 202 253 | 21 | 1 258 712 | 21 | 6.22 | 20 |

注：数据截至 2016 年 9 月。

数据来源：中国科学技术信息研究所《中国科技论文统计结果 2016》。

附表 11　2014 年主要经济体知识与技术密集型产业附加值 GDP 占比

| 排名 | 经济体 | GDP 占比 /% | 排名 | 经济体 | GDP 占比 /% |
|---|---|---|---|---|---|
| 1 | 以色列 | 40.7 | 6 | 瑞士 | 36.1 |
| 2 | 新加坡 | 39.6 | 7 | 比利时 | 36.0 |
| 3 | 美国 | 39.5 | 8 | 澳大利亚 | 34.3 |
| 4 | 爱尔兰 | 38.1 | 9 | 法国 | 34.1 |
| 5 | 英国 | 36.2 | 10 | 瑞典 | 33.5 |

续表

| 排名 | 经济体 | GDP 占比 /% | 排名 | 经济体 | GDP 占比 /% |
|---|---|---|---|---|---|
| 11 | 丹麦 | 33.1 | 32 | 哥伦比亚 | 23.3 |
| 12 | 中国台湾 | 32.2 | 33 | 斯洛伐克 | 21.5 |
| 13 | 荷兰 | 32.1 | 34 | 希腊 | 21.2 |
| 14 | 加拿大 | 31.0 | 35 | 中国大陆 | 21.2 |
| 15 | 新西兰 | 30.9 | 36 | 捷克 | 20.6 |
| 16 | 日本 | 29.9 | 37 | 波兰 | 20.5 |
| 17 | 德国 | 29.6 | 38 | 印度 | 20.0 |
| 18 | 智利 | 27.8 | 39 | 阿联酋 | 19.5 |
| 19 | 西班牙 | 27.6 | 40 | 墨西哥 | 19.5 |
| 20 | 葡萄牙 | 27.4 | 41 | 泰国 | 19.4 |
| 21 | 芬兰 | 26.4 | 42 | 南非 | 19.2 |
| 22 | 挪威 | 26.2 | 43 | 俄罗斯 | 19.1 |
| 23 | 菲律宾 | 26.2 | 44 | 马来西亚 | 18.7 |
| 24 | 奥地利 | 26.2 | 45 | 巴西 | 18.3 |
| 25 | 意大利 | 25.9 | 46 | 秘鲁 | 16.9 |
| 26 | 阿根廷 | 25.3 | 47 | 罗马尼亚 | 15.0 |
| 27 | 土耳其 | 24.8 | 48 | 卡塔尔 | 13.4 |
| 28 | 匈牙利 | 24.5 | 49 | 保加利亚 | 12.2 |
| 29 | 乌克兰 | 24.0 | 50 | 印度尼西亚 | 12.2 |
| 30 | 韩国 | 23.7 | 51 | 委内瑞拉 | 9.6 |
| 31 | 约旦 | 23.4 | | | |

数据来源：瑞士洛桑国际管理学院《2016 年世界竞争力年鉴》。

### 附表 12-1　2012—2016 财年美国联邦政府研发投入

单位：亿美元

| 年份 | 总计 | 研发合计 | 基础研究 | 应用研究 | 实验开发 | 研发设施 |
|---|---|---|---|---|---|---|
| 2012 | 1406.29 | 1384.83 | 309.59 | 309.86 | 765.38 | 21.46 |
| 2013 | 1272.91 | 1253.86 | 297.79 | 294.19 | 661.88 | 19.05 |
| 2014 | 1324.96 | 1302.79 | 315.88 | 313.21 | 673.70 | 22.18 |
| 2015( 初步数据 ) | 1327.52 | 1294.35 | 319.25 | 314.95 | 660.15 | 33.17 |
| 2016( 初步数据 ) | 1404.79 | 1376.59 | 330.42 | 331.27 | 714.89 | 28.20 |

数据来源：美国国家科学和工程学统计中心《联邦研发投入调查》(2014—2016 财年 )。

附表 12-2 2013 年美国科学家和工程师统计

| 就业领域 | 总计 | 科工学位 | 科工职业 | 科工相关职业 | 非科工职业 |
|---|---|---|---|---|---|
| 总计 / 万人 | 2355.7 | 1244.6 | 574.9 | 743.9 | 1036.8 |
| 企业 /% | 70.1 | 71.8 | 69.7 | 68.8 | 71.1 |
| 营利企业 /% | 52.4 | 58.2 | 61.6 | 45.3 | 52.4 |
| 非营利组织 /% | 11.1 | 7.2 | 4.8 | 18.5 | 9.2 |
| 个体户 /% | 6.6 | 6.4 | 3.3 | 5.0 | 9.5 |
| 院校 /% | 18.9 | 15.6 | 18.2 | 22.6 | 16.8 |
| 4 年制院校 /% | 7.9 | 8.3 | 14.5 | 7.2 | 4.8 |
| 2 年制和预科 /% | 11.0 | 7.3 | 3.7 | 15.4 | 12.0 |
| 政府 /% | 11.0 | 12.5 | 12.2 | 8.6 | 12.1 |
| 联邦政府 /% | 4.3 | 5.1 | 6.4 | 3.3 | 4.0 |
| 州和地方政府 /% | 6.7 | 7.4 | 5.8 | 5.3 | 8.1 |

注：学位指最高学位。

数据来源：美国《2016 年科学和工程学指标》。

附表 13-1 2013—2015 年加拿大研发投入统计

单位：亿加元

| 年份 | | 2013 | 2014 | 2015 |
|---|---|---|---|---|
| 按活动主体分 | 企业 | 160.32 | 158.77 | 154.62 |
| | 高等教育 | 127.15 | 128.60 | 129.88 |
| | 联邦政府 | 27.36 | 26.02 | 26.79 |
| | 省政府和研究机构 | 3.31 | 3.26 | 3.17 |
| | 私营非营利机构 | 1.58 | 1.60 | 1.58 |
| 按来源分 | 企业 | 146.00 | 144.45 | 140.42 |
| | 联邦政府 | 61.86 | 60.87 | 61.99 |
| | 高等教育 | 62.40 | 63.11 | 63.74 |
| | 省政府和研究机构 | 18.83 | 18.89 | 18.91 |
| | 私营非营利机构 | 11.67 | 11.80 | 11.91 |
| | 外国 | 18.97 | 19.14 | 19.07 |

数据来源：加拿大统计局。

### 附表 13-2 2009—2013 年加拿大研发人员统计（全时当量）

单位：人年

| 年份 | 2009 | 2010 | 2011 | 2012 | 2013 |
|---|---|---|---|---|---|
| 研究人员 | 150 220 | 158 660 | 165 100 | 161 590 | 159 190 |
| 技术人员 | 60 380 | 51 930 | 53 710 | 47 840 | 46 540 |
| 辅助人员 | 26 150 | 22 470 | 21 110 | 21 800 | 20 890 |
| 合计 | 236 750 | 233 060 | 239 920 | 231 230 | 226 620 |

数据来源：加拿大统计局。

### 附表 14-1 2013—2015 年欧盟及 10 个非欧盟国家研发投入统计

| 经济体 | 2013 年 | | | 2014 年 | | | 2015 年 | | |
|---|---|---|---|---|---|---|---|---|---|
| | 总投入 / 亿欧元 | 人均投入 / 欧元 | 研发投入强度 /% | 总投入 / 亿欧元 | 人均投入 / 欧元 | 研发投入强度 /% | 总投入 / 亿欧元 | 人均投入 / 欧元 | 研发投入强度 /% |
| 欧盟 28 国 | 2744.50 | 543.4 | 2.03 | 2861.21 | 564.4 | 2.04 | 2993.29$^{p}$ | 588.7$^{p}$ | 2.03$^{p}$ |
| 欧元区 19 国 | 2093.82 | 623.1 | 2.11 | 2170.42 | 643.1 | 2.14 | 2221.47$^{p}$ | 656.3$^{p}$ | 2.12$^{p}$ |
| 比利时 | 95.46 | 855.2 | 2.44 | 98.75 | 881.1$^{e}$ | 2.46$^{e}$ | 100.72$^{p}$ | 894.7$^{p}$ | 2.45$^{p}$ |
| 保加利亚 | 2.67 | 36.6 | 0.63 | 3.40 | 46.9 | 0.79 | 4.33$^{p}$ | 60.1$^{p}$ | 0.96$^{p}$ |
| 捷克 | 29.97 | 285 | 1.9 | 30.91 | 294 | 1.97 | 32.50$^{p}$ | 308.4$^{p}$ | 1.95$^{p}$ |
| 丹麦 | 76.86 | 1371.8 | 3.01 | 78.69 | 1398.4 | 3.02 | 80.54$^{p}$ | 1423.1$^{p}$ | 3.03$^{e}$ |
| 德国 | 797.30 | 990.1 | 2.82 | 844.54 | 1045.6 | 2.89 | 871.88$^{e,p}$ | 1073.8$^{e,p}$ | 2.87$^{e,p}$ |
| 爱沙尼亚 | 3.26 | 247 | 1.73 | 2.87 | 217.9 | 1.45 | 3.03$^{p}$ | 230.5$^{p}$ | 1.5$^{p}$ |
| 爱尔兰 | 28.13$^{e}$ | 612.7$^{e}$ | 1.56$^{e}$ | 29.21$^{e}$ | 634.3$^{e}$ | 1.51$^{e}$ | — | — | — |
| 希腊 | 14.66 | 133.2 | 0.81 | 14.89 | 136.2 | 0.84 | 16.84$^{p}$ | 155.1$^{p}$ | 0.96$^{p}$ |
| 西班牙 | 130.12 | 278.5 | 1.27 | 128.21 | 275.6 | 1.24 | 131.58$^{p}$ | 283.3$^{p}$ | 1.22 |
| 法国 | 474.80 | 723.8 | 2.24 | 479.19 | 727.3 | 2.24 | 486.43$^{p}$ | 732.4$^{p}$ | 2.23$^{p}$ |
| 克罗地亚 | 3.55 | 83.2 | 0.82 | 3.40 | 80.0 | 0.79 | 3.75 | 88.7 | 0.85 |
| 意大利 | 209.83 | 351.6 | 1.31 | 222.91 | 366.7$^{e}$ | 1.38$^{e}$ | 218.92$^{p}$ | 360.1$^{p}$ | 1.33$^{p}$ |
| 塞浦路斯 | 0.84 | 96.8 | 0.46 | 0.84 | 98 | 0.48 | 0.80$^{p}$ | 94.9$^{p}$ | 0.46$^{p}$ |
| 拉脱维亚 | 1.40 | 69.1 | 0.61 | 1.63 | 81.3 | 0.69 | 1.52$^{p}$ | 76.7$^{p}$ | 0.63$^{p}$ |
| 立陶宛 | 3.55 | 111.9 | 0.95 | 3.40 | 128 | 1.03 | 3.75 | 132.5$^{p}$ | 1.04$^{p}$ |

续表

| 经济体 | 2013 年 | | | 2014 年 | | | 2015 年 | | |
|---|---|---|---|---|---|---|---|---|---|
| | 总投入 / 亿欧元 | 人均投入 / 欧元 | 研发投入强度 /% | 总投入 / 亿欧元 | 人均投入 / 欧元 | 研发投入强度 /% | 总投入 / 亿欧元 | 人均投入 / 欧元 | 研发投入强度 /% |
| 卢森堡 | 6.06 | 1127.9 | 1.31 | 6.30 | 1145.8 | 1.28 | 6.71[p] | 1192[p] | 1.31[p] |
| 匈牙利 | 14.16 | 142.8 | 1.39 | 14.29 | 144.7 | 1.36 | 15.11 | 153.3 | 1.38 |
| 马耳他 | 0.59 | 140.1 | 0.77 | 0.61 | 142.3 | 0.75 | 0.68[p] | 157.5[p] | 0.77[p] |
| 荷兰 | 127.46 | 759.5 | 1.95 | 132.68 | 788.4 | 2.00 | 136.30[p] | 806.5[p] | 2.01[p] |
| 奥地利 | 95.71 | 1132.4 | 2.97 | 101.00[e] | 1187.2[e] | 3.06[e] | 104.44[e,p] | 1217.8[e,p] | 3.07[e,p] |
| 波兰 | 34.36 | 90.3 | 0.87 | 38.64 | 101.6 | 0.94 | 43.17 | 113.6 | 1.00 |
| 葡萄牙 | 22.58 | 215.4 | 1.33 | 22.32 | 214.1 | 1.29 | 22.89[p] | 220.6[p] | 1.28[p] |
| 罗马尼亚 | 5.58 | 27.9 | 0.39 | 5.75 | 28.8 | 0.38 | 7.82 | 39.4 | 0.49 |
| 斯洛文尼亚 | 9.35 | 454.1 | 2.60 | 8.90 | 431.9 | 2.38 | 8.53[p] | 413.5[p] | 2.21[p] |
| 斯洛伐克 | 6.11 | 112.9 | 0.82 | 6.70 | 123.6 | 0.88 | 9.27 | 171 | 1.18 |
| 芬兰 | 66.84 | 1231.7 | 3.29 | 65.12 | 1194.6 | 3.17 | 60.71 | 1109.5 | 2.90 |
| 瑞典 | 144.06[e] | 1507.6[e] | 3.31[e] | 136.12[p] | 1411.3e | 3.15[e] | 145.81[p] | 1495.9[p] | 3.26[p] |
| 英国 | 339.99 | 532.0 | 1.66 | 379.60[e] | 589.9[e] | 1.68[e] | 438.28[e,p] | 676.3[e,p] | 1.70[e,p] |
| 冰岛 | 2.05 | 638.0[p] | 1.76[b] | 2.61 | 801.0 | 2.01 | 3.32 | 1007.5 | 2.19 |
| 挪威 | 65.01 | 1286.9 | 1.65 | 64.48 | 1262.3 | 1.72 | 67.39 | 1304.3[p] | 1.93[p] |
| 黑山 | 0.13 | 20.3 | 0.37 | 0.13 | 20.2 | 0.36 | — | — | — |
| 塞尔维亚 | 2.49 | 34.7 | 0.73 | 2.56 | 35.9 | 0.77 | — | — | — |
| 土耳其 | 58.45 | 77.3 | 0.94 | 60.55 | 79.0 | 1.01 | — | — | — |
| 俄罗斯 | 177.10 | — | 1.06 | 166.34 | 115.8 | 1.09 | 134.37 | 91.9 | 1.13 |
| 美国 | — | 1087.3[d,p] | 2.73[d,p] | — | — | — | — | — | — |
| 中国（不含香港数据） | 1450.97 | 106.6 | 2.01 | 1590.04 | — | 2.05 | — | — | — |
| 日本 | 1286.45 [p] | 1010.3[p] | 3.48[b] | 1245.31 | 979.6 | 3.59 | — | — | — |
| 韩国 | 407.87 | 812.2 | 4.15 | 455.85 | 904.0 | 4.29 | — | — | — |

注：b. 序列中断；d. 定义不同；e. 估值；p. 临时数据。

数据来源：欧盟统计局。

附表 14-2　2012—2014 年欧盟及 12 个非欧盟国家研究人员统计（全时当量）

单位：人年

| 经济体 | 2012 年 | 2013 年 | 2014 年 |
|---|---|---|---|
| 欧盟 28 国 | — | 2 706 928 | — |
| 欧元区 19 国 | — | 1 827 032 | — |
| 奥地利 | — | 71 448 | — |
| 比利时 | — | 66 724 | — |
| 保加利亚 | 15 219 | 16 095 | 17 795 |
| 塞浦路斯 | 1914 | 2209 | 2127 |
| 捷克 | 47 651 | 51 455 | 54 493 |
| 德国 | — | 549 283 | — |
| 丹麦 | 57 520 | 57 654 | 59 287 |
| 爱沙尼亚 | 7634 | 7515 | 7721 |
| 希腊 | — | 53 744 | — |
| 西班牙 | 215 544 | 208 767 | 210 104 |
| 芬兰 | 56 704 | 56 720 | 55 515 |
| 法国 | 356 445 | 366 299 | — |
| 克罗地亚 | 11 402 | 11 168 | 10 726 |
| 匈牙利 | 37 019 | 37 803 | 39 190 |
| 爱尔兰 | 11 780 | 25 393 | — |
| 意大利 | 157 960 | 163 925 | 168 064 |
| 立陶宛 | 17 677 | 18 083 | 19 371 |
| 卢森堡 | — | 2713 | — |
| 拉脱维亚 | 7995 | 7448 | 7939 |
| 马耳他 | 1442 | 1384 | 1347 |
| 荷兰 | 107 184[b] | 110 536 | 111 795 |
| 波兰 | 103 627 | 109 611 | 115 375 |
| 葡萄牙 | 81 750 | 78 290[b] | 78 736 |
| 罗马尼亚 | 27 838 | 27 600 | 27 535 |
| 瑞典 | — | 101 820[b,e] | — |
| 斯洛文尼亚 | 12 362 | 12 111 | 12 155 |
| 斯洛伐克 | 25 069 | 24 441 | 25 080 |
| 英国 | 442 385[e] | 466 689 | 489 181[e] |
| 瑞士 | 60 278 | — | — |
| 冰岛 | — | 3456[b] | — |

续表

| 经济体 | 2012 年 | 2013 年 | 2014 年 |
|---|---|---|---|
| 黑山 | — | 1617 | 1708 |
| 马其顿 | 2231 | — | — |
| 挪威 | 46 747 | 47 795 | 50 025 |
| 塞尔维亚 | 13 249 | 14 643 | 15 163 |
| 土耳其 | 155 133 | 166 097 | 181 544 |
| 波黑 | 799 | 1245 | 1831 |
| 中国（不含香港数据） | 2 069 650 | — | — |
| 日本 | 887 067 | 892 406 | 926 671 |
| 韩国 | 401 724 | 410 333 | 437 447 |
| 俄罗斯 | 372 620[e] | 369 015[e] | 373 905[e] |

注：b. 序列中断；e. 估值。
数据来源：欧盟统计局。

## 附表 15-1 2014 年英国研发投入统计

单位：亿英镑

| 资金来源 | 执行部门 | | | | | 合计 | 海外 |
|---|---|---|---|---|---|---|---|
| | 政府 | 研究理事会 | 高等院校 | 企业 | 私营非营利机构 | | |
| 政府 | 9.44 | 0.83 | 4.36 | 18.56 | 0.75 | 33.90 | 6.17 |
| 研究理事会 | 0.62 | 5.99 | 21.43 | 0.02 | 1.38 | 29.44 | 2.08 |
| 高等教育拨款委员会 | — | — | 23.41 | — | — | 23.41 | — |
| 高等院校 | 0.04 | 0.12 | 3.07 | — | 0.56 | 3.79 | — |
| 企业 | 2.37 | 0.29 | 3.36 | 140.83 | 0.17 | 147.02 | 56.32 |
| 私营非营利机构 | 0.10 | 0.39 | 10.97 | 1.36 | 1.90 | 14.72 | — |
| 海外 | 1.44 | 0.58 | 12.28 | 38.59 | 0.78 | 53.67 | — |
| 合计 | 14.02 | 8.20 | 78.88 | 199.35 | 5.54 | 306.00 | — |
| 民口 | 12.44 | 8.20 | 78.48 | 188.31 | 5.52 | 288.46 | — |
| 国防 | 1.58 | — | 0.40 | 15.54 | 0.02 | 17.54 | — |

注：私营非营利机构合计使用了 2013 年数据。
数据来源：英国国家统计局《2014 年英国国内研发总投入》。

## 附表 15-2　2014 年英国科学家和工程师统计

单位：万人

| | 学历情况 | | | 男性 | | | 女性 | | |
|---|---|---|---|---|---|---|---|---|---|
| | 总数 | 大学 | 科学或工程 | 总数 | 大学 | 科学或工程 | 总数 | 大学 | 科学或工程 |
| 16~64 岁人群 | 3950.0 | 1084.3 | 472.9 | 1961.1 | 527.7 | 237.5 | 1988.9 | 556.6 | 235.4 |
| 具备就业能力 | 3080.9 | 958.8 | 410.9 | 1633.4 | 482.7 | 212.8 | 1447.5 | 476.1 | 198.1 |
| 就业人数 | 2905.1 | 930.1 | 401.7 | 1536.2 | 467.5 | 207.7 | 1368.9 | 462.6 | 194.0 |

注：数据截至 2014 年 9 月。

数据来源：英国国家统计局《2014 年英国科学、工程与技术政府支出》。

## 附表 16　2012—2014 年德国研发投入和人员统计

| 类型 | 2012 年 | | 2013 年 | | 2014 年 | |
|---|---|---|---|---|---|---|
| | 研发投入/亿欧元 | 研发人员（全时当量）/人年 | 研发投入/亿欧元 | 研发人员（全时当量）/人年 | 研发投入/亿欧元 | 研发人员（全时当量）/人年 |
| 公立和私营非营利机构 | 113.41 | 95 882 | 118.62 | 98 161 | 125.27 | 101 005 |
| 高等院校 | 139.80 | 127 900 | 143.02 | 130 079 | 143.42 | 131 200 |
| 企业 | 537.90 | 367 478 | 535.66 | 360 375 | 569.96 | 371 706 |
| 合计 | 791.11 | 591 260 | 797.30 | 588 615 | 838.65 | 603 911 |

数据来源：德国联邦统计局。

## 附表 17　2012—2014 年俄罗斯研发投入与人员统计

| 项目 | | 2012 年 | 2013 年 | 2014 年 |
|---|---|---|---|---|
| 研发人员/万人 | | 72.63 | 72.70 | 73.23 |
| 联邦科技投入 | 基础研究/亿卢布 | 866.232 | 1122.309 | 1215.995 |
| | 应用研究/亿卢布 | 2692.969 | 3130.708 | 3156.738 |
| | 合计/亿卢布 | 3559.201 | 4253.017 | 4372.733 |
| | 财政投入占比/% | 2.76 | 3.19 | 2.95 |
| | GDP 占比/% | 0.53 | 0.60 | 0.56 |
| 科研内部经费 | 现行货币/亿卢布 | 6998.698 | 7497.976 | 8475.270 |
| | GDP 占比/% | 1.05 | 1.06 | 1.09 |

数据来源：俄罗斯联邦统计局《2016 年国家统计年鉴》。

附表 18 2013—2015 年中国研发投入与人员统计

| 项目 | | 2013 年 | 2014 年 | 2015 年 |
|---|---|---|---|---|
| 研发总投入 / 亿元 | | 11 846.6 | 13 015.6 | 14 169.9 |
| 研发投入强度 /% | | 1.99 | 2.02 | 2.07 |
| 研发人员（全时当量）/ 万人年 | | 360.0 | 371.1 | 375.9 |
| 研发人员人均经费 / 万元 | | 32.9 | 35.1 | 37.7 |
| 投入分配 | 各类企业 / 亿元 | 9075.8(76.6%) | 10 060.6(77.3%) | 10 881.3(76.8%) |
| | 政府属研究机构 / 亿元 | 1781.4(15.0%) | 1926.2(14.8%) | 2136.5(15.1%) |
| | 高等学校 / 亿元 | 856.7(7.2%) | 898.1(6.9%) | 998.6(7.0%) |
| | 其他事业单位 / 亿元 | 132.7(1.1%) | 130.7(1.0%) | 153.5(1.1%) |
| 国家财政科技投入 / 亿元 | | 6184.9 | 6454.5 | 7005.8 |
| 财政科技投入比重 /% | | 4.41 | 4.25 | 3.98 |

注：“投入分配”中括号内数据为各部门研发投入占总额之比。

数据来源：中国国家统计局《全国科技经费投入统计公报》。

附表 19-1 2012—2014 年新加坡研发投入统计

| 年份 | 总额 / 亿新加坡元 | 复合年增长率 /% | 研发投入强度 /% | 企业研发投入强度 /% | 公共研发投入强度 /% |
|---|---|---|---|---|---|
| 2012 | 72 | 7.8（2002—2012 年） | 2.1 | 1.3 | 0.8 |
| 2013 | 76 | 8.2（2003—2013 年） | 2.0 | 1.2 | 0.8 |
| 2014 | 85 | 7.7（2004—2014 年） | 2.2 | 1.3 | 0.8 |

数据来源：新加坡科技研究局《2013 年国家研发调查》。

附表 19-2 2012—2014 年新加坡研发人员统计

| 年份 | 总数 | 复合年增长率 % | 研究人员 | 复合年增长率 /% | 科学家和工程师 | 复合年增长率 /% |
|---|---|---|---|---|---|---|
| 2012 | 45 001 | 5.3（2002—2012 年） | 32 508 | 6.2（2002—2012 年） | 30 109 | 6.8（2002—2012 年） |
| 2013 | 47 275 | 5.1（2003—2013 年） | 34 373 | 5.9（2003—2013 年） | 31 943 | 6.5（2003—2013 年） |
| 2014 | 47 902 | 4.4（2004—2014 年） | 34 930 | 5.0（2004—2014 年） | 32 835 | 5.7（2004—2014 年） |

数据来源：新加坡科技研究局《2014 年国家研发调查》。

### 附表 20　日本 2015 年研发投入与 2016 年研发人员统计

| 部门 | 研发组织数 / 个（2016 年数据） | 研发投入 / 亿日元（2015 年数据） | 研发人员（全时当量）/ 人年（2016 年数据） |
|---|---|---|---|
| 企业 | 15 375 | 136 857 | 486 198 |
| 非营利组织 | 456 | 2323 | 8553 |
| 公立研究机构 | 494 | 13 772 | 30 242 |
| 高校 | 3645 | 36 439 | 322 100 |
| 合计 | 19 970 | 189 391 | 847 093 |

数据来源：日本总务省《科学技术研究调查》。

### 附表 21　2012—2017 年澳大利亚政府科研创新投入统计

单位：亿澳元

| 项目 | 2012—2013 年 | 2013—2014 年 | 2014—2015 年 | 2015—2016 年（预计） | 2016—2017 年（预算） |
|---|---|---|---|---|---|
| 内部科研创新活动 | 18.364 | 18.742 | 18.552 | 18.359 | 19.081 |
| 联邦科学与工业研究组织 | 7.338 | 7.782 | 7.453 | 7.502 | 7.873 |
| 国防科技组织 | 4.341 | 4.257 | 4.398 | 4.643 | 4.381 |
| 政府其他研发活动 | 6.685 | 6.703 | 7.001 | 6.213 | 6.827 |
| 外部科研创新活动 | 77.619 | 81.441 | 80.140 | 82.885 | 81.537 |
| 企业 | 29.854 | 31.191 | 30.117 | 34.014 | 33.289 |
| 高校 | 27.815 | 34.917 | 35.225 | 35.343 | 33.791 |
| 其他机构 | 19.909 | 15.323 | 14.786 | 13.512 | 14.457 |
| 海外 | 0.019 | 0.010 | 0.011 | 0.015 | — |
| 合计 | 95.983 | 100.183 | 98.992 | 101.244 | 100.618 |

数据来源：2016—2017 年澳大利亚政府科研创新预算表。

### 附表 22　2011—2014 年南非研发投入与人员统计

| 年份 | 国内研发总投入 / 亿兰特 | GDP 占比 /% | 研发人员（全时当量）/ 人年 | 每万名就业者研发人员（全时当量）/ 人年 |
|---|---|---|---|---|
| 2011—2012 | 222.09 | 0.73 | 30 978 | 23 |
| 2012—2013 | 238.71 | 0.73 | 35 050 | 24 |
| 2013—2014 | 256.61 | 0.73 | 37 957 | 25 |

数据来源：南非科技部《2013—2014 财年国家研究与实验发展调查报告》。

# 美国《科学》杂志评选出 2016 年世界十大科学突破

美国《科学》杂志于 2016 年 12 月 23 日公布了其评选的 2016 年十大科学突破，首次直接探测到引力波当选 2016 年头号突破。

## 1. 时空涟漪引力波

引力波获得最佳突破可谓当之无愧，之前“自然”等各大网站的年度盘点，引力波都榜上有名。美国加州理工学院、麻省理工学院及“激光干涉引力波天文台”（LIGO）的研究人员 2016 年 2 月宣布，他们利用 LIGO 探测器在 2015 年 9 月 14 日探测到来自两个黑洞合并的引力波信号，证明了爱因斯坦广义相对论预言中的引力波。来自中国清华大学的研究者也参与了这项研究。时隔 4 个月，LIGO 再次放出重磅消息，宣布“又探测到了一个引力波事件”。人类第 2 次探测到被称为“时空涟漪”的引力波，此消息一出，立刻在学界激起“千层浪”。科学家称，这次探测进一步印证了爱因斯坦广义相对论的正确性，同时也是天文学的一个里程碑。

## 2. 比邻星

发现这颗“地球 2.0”类地行星的天文学家团队（包括来自 8 个国家的 31 位科学家）利用欧洲南方天文台的望远镜及其他天文观测设施，确凿地证明有一颗类地行星比邻星 b 正围绕着距离太阳最近的恒星——半人马座的比邻星运转。比邻星 b 的质量只比地球略重一点，或许是离地球最近的系外生命可能存在的地方。

这一发现于 2016 年 8 月 25 日发表在《自然》杂志上。研究结果称，比邻星 b 是恒星比邻星的行星之一，它有着岩石地表，大概是地球体积的 1.3 倍，距离地球仅 4.22 光年。比邻星 b 与比邻星之间的距离比较接近，仅仅是太阳与地球之间距离的1/20。它围绕比邻星转一圈的时间是11.2天，这意味着在比邻星b上的“一年”是11.2天。

如果比邻星b的“太阳”——比邻星，像我们的太阳发出那么强热的光，那么比邻星b上也不可能有生命，但比邻星属红矮星，所散发的红外辐射远不及太阳，液态水不易蒸发也不易冰冻，所以比邻星b仍处于宜居带，“只不过比邻星b的天空不是蓝的，而是暗橙红色的，永远像日落时那样”。

## 3. 人工智能 AlphaGo

要说2016年人工智能领域最震惊世界的一件事，那就是3月的AlphaGo大战世界围棋高手李世石了，最终李世石以1∶4败给AlphaGo，AlphaGo也因此进入世界围棋榜，取代李世石排名第四，距世界围棋第一——我国天才少年柯洁仅不足百分，而柯洁也表示没有百分百的把握战胜AlphaGo，这次AlphaGo的胜利可谓是人工智能发展的一个里程碑。这不是第一次AI超越了人类对游戏的掌握。毕竟，20年前，IBM的Deep Blue在一场国际象棋比赛中第一次击败Garry Kasparov，第二年在一场6局比赛中打败了世界冠军。

AlphaGo由伦敦的谷歌子公司Deep Mind设计，研究了成千上万的人类在线游戏，使用这些序列的移动作为机器学习算法的数据。然后，AlphaGo一遍又一遍地反对自己（或者说，稍微不同的版本的自己），用一种称为深加强学习的技术微调其策略。最终的结果是，AI不仅胜过暴力计算，而且还有一些看起来非常像人类的东西。

## 4. 杀死旧细胞重返青春

延长寿命是人类的梦想和愿望，延长寿命的有效策略是延缓衰老，科学家们一直在探寻延缓衰老的方法，但有效的却寥寥无几。2016年2月发表在《自然》的一项里程碑式的新研究，让我们看到了希望。通过删除“衰老的”细胞（随着我们衰老而不断积累的功能失调细胞，这些细胞会导致组织损伤），研究人员成功地将小鼠的寿命延长了25%。关键是，这些小鼠寿命变长的原因是它们变得更健康了。

10月，Unity Biotechnology宣布获得1.16亿美元B轮融资。该公司计划利用本轮融资扩大目前正在进行中的细胞衰老研究计划，并推进公司首个临床前项目进入人体试验阶段。该公司致力于寻找方法帮助人体选择性清除这些会引发炎症和其他衰老相关疾病的老化细胞，从而帮助人体减缓与年龄相关疾病的影响。

## 5. 人类不是唯一会读心术的

《科学》杂志2016年11月7日发表的一项新研究显示，猿类可能也能揣测他人心思，甚至知道他人的看法是不正确的，这意味着猿类可能比我们此前认为的更像人类。

研究人员制作了2个简短视频，让黑猩猩、倭黑猩猩和猩猩3种猿类观看，并用眼红外跟踪器对它们的注视焦点进行追踪。结果发现，猿类能对人类认为假猩猩或石头藏在什么地方做出正确的判断，它们了解人的想法。研究人员在一份声明中说："这是非人类动物第一次通过'错误信念'测试。"

这项发现表明，了解别人想法不正确的能力并不是人类所独有的，而是至少从1300万～1800万年前，人类与黑猩猩、倭黑猩猩和猩猩的最后共同祖先就可能开始拥有。如果能进一步实验证实这些发现，那么科学家可能需要重新思考猿类对彼此的了解有多深。

### 6. 定制蛋白质

蛋白质是生命的主力。它们加速维护生命所必需的化学反应，使肌肉能够拉伸，在细胞之间和细胞内进行通信，并防御入侵者。鉴于蛋白质的特点，研究人员一直想创建自身版本的蛋白质。他们通过对生物体的DNA代码进行小的调整，修改了许多现有的蛋白质，但2016年，他们将蛋白质修饰、改造到了一个全新的水平：创造了一套不同于自然界中发现的设计蛋白质，为新药设计提供了材料和方向。

编写任何所需的DNA代码很容易，但研究人员无从了解如何由这种DNA编码的氨基酸的新型字符串折叠成复杂的3D形状。这是一个问题，因为对于蛋白质，形状决定功能。然而，最近计算生物学家在设计计算机程序方面取得了令人瞩目的进展，设计者准确预测了蛋白质将如何折叠。这些进展使2016年大批量设计蛋白质成为可能。

2016年2月，由华盛顿州的研究人员领导的一个团队使用这样的程序设计了可能成为普遍流感疫苗的蛋白质，这个蛋白质能够同时为所有流感病毒引发免疫防御。7月，包括许多相同研究人员的团队创建了自组装成中空笼子的蛋白质，或许在未来某一天，它们可以装满药物或DNA片段，以治疗一系列疾病。另一个团队使用类似的程序来产生3D，折叠的RNA分子，其呈现类似于蛋白质的折叠问题，以及RNA－蛋白复合物，开辟新的研究可能性。

### 7. 实验室做的老鼠卵子

给"试管婴儿"一词带来新的意义。2016年，日本的研究人员从完全在实验室皿盘中生长的卵细胞中繁殖出了小鼠幼崽。这个成就为研究人员提供了一种新的方法来研究卵子的发展，并提出了更加遥远的发展前景——在实验室中利用几乎任何类型的细胞（包括遗传改变的细胞）来制造人类卵子。这种可能性激发了新的治疗不育的希望，但它也恢复了对“婴儿设计师”的恐惧。

在2012年，同样的研究人员采取了第一个关键步骤：他们利用干细胞制作卵细胞。然而，该方法仍然需要将未成熟的卵植入到活体小鼠中以继续发育。2016年，研究人员发现了一种完全在实验室中生产卵细胞的方法。这次不是将未成熟的卵植入小鼠，而是将它们放在取自胎儿小鼠卵巢的细胞簇中培养。然后，团队将实验室培养的卵与小鼠精子混合，并将所得胚胎植入寄养母体。只有3%成长为足月幼仔，但那些幼崽会成长为肥肥的、表面健康的成年老鼠。

如果科学家能将人类干细胞执行类似的壮举，甚至可能将来自人的干细胞转化为卵子，那就有可能增加治疗女性不育症的新选择。但这种可能性距离实现还有很长的路要走。

## 8. 人类如何从非洲移民到全世界

2016年10月，《自然》上发表了4篇文章，试图探究人类是如何从非洲移民到全世界的。

其中3项新研究扩大了目前人类已经分析的DNA列表。结果表明，大多数非非洲人的基因遗传自50 000～75 000年前离开非洲的同一批种群。一个研究小组从142个不同的人群中研究DNA，提出了非洲移民在分裂成欧洲或亚洲组之前与尼安德特人在中东异种繁殖。其他科学家的数据集包括148个不同人种，结论是，大约在12万年前，非洲有一个大迁徙，这段时间擦除了大多数遗传痕迹。第3个论文发现，土著澳大利亚人和新几内亚的原生巴布亚人被一个独特组合的欧亚人群突然造访，这些欧亚人群像其他的非非洲人祖先，追溯到约72 000年前非洲人离开了故土。

但是，这些迁移的时间可能会关闭。第4项研究，根据气候和海平面的数据，确定了60 000～72 000年前这段时间，是沙漠基本上阻断了人类走出非洲的时间。计算机模型表明了洲际旅行的几个有利时期，其中一个是大约从59 000年前开始的。但考古研究表明，当时人类已经在亚洲蔓延。

## 9. 纳米孔基因测序

基因组测序可能即将成为生物学中无处不在的工具。它在2016年首次被广泛使用，并且已经产生了数十篇研究论文。

该装置使用称为纳米孔测序的突破性技术直接读取DNA的字面意思：当DNA链通过窄孔时，碱基以独特、可读的方式改变离子电流。与传统测序相比，大的优点是纳米孔测序仪的启动成本相对较低，并且理论上可以解码不限长度的DNA；基因组不必被切碎，并且随后可以通过计算机将序列拼接在一起。因为它是快速和便携的（该设备可以在几个小时内搅拌序列），可以潜在地用于生物监测、临床诊断和现场疾病暴发的调查。

基于该设备已经产生了30多篇论文。研究人员在短短几个小时内就发现了埃博拉和其他病毒，在肠道中对微生物进行了测序，解读了玉米真菌害虫的5300万基因组，正如他们在早些时候宣布的，测序了一个人类基因组。甚至宇航员在国际空间站可以使用它来排序土壤中的微生物的混合物。该领域的资深研究人员指出，这些进展已经很少记录在同行评议的出版物中。

### 10. 金属镜片

玻璃镜片是人类较早的高科技创新之一。它们让伽利略看见了木星的卫星，让安东尼·卢文虎克（Antonie van Leeuwenhoek，荷兰显微镜学家，微生物之父）去观察微生物，使数以百万计的人都能清楚地看到。但镜头制造方式仍然几乎是相同的，因为几个世纪前就是通过研磨和抛光玻璃和其他透明材料，使它们聚焦光线。现在，镜头技术准备迈出一大步。2016年，研究人员使用计算机芯片图案化技术来创建第一个超材料透镜，或金属透镜，可以聚焦全光谱的可见光。因为金属制品生产成本低，可以薄如纸片，远比玻璃轻，所以这是促进显微镜、虚拟现实显示器到摄像机（包括智能手机中的显示器）进步的一个革命性技术。

超材料由微小柱、环和其他材料排列组成，它们共同工作以在光波通过时操纵光波。近年来，研究人员已经设计了基于超材料的“隐形屏蔽”，可以引导光绕过物体，甚至滤光器和天线的周围。但以前的努力，只对红外和其他长波长的光可行；图案化技术不能用对可见光透明的材料工作。

2016年，研究人员提出了如何使用称为原子层沉积的传统芯片图案化技术，精确地图案化二氧化钛柱阵列。柱子只有600纳米高，对可见光是透明的，这种技术可以聚焦它产生高达170倍的放大——与最先进的玻璃光学一样好。该团队通过使用它们制作全息图并进行详细的光谱学测试其金属透镜技术，为其他潜在应用开辟了道路。探索高科技光学，使手机更加时尚，导致新的科学仪器，并改造虚拟现实耳机。

# 《科技日报》评出 2016 年国内、国际十大科技新闻

2016 年 12 月 27 日，由科技日报社主办，部分两院院士、中央主流媒体负责人和资深科技记者共同评选出的奥科杯《科技日报》2016 年国内、国际十大科技新闻在京揭晓。

## 一、国内十大科技新闻

### 1. 大亚湾实验测得最精确反应堆中微子能谱

在深圳大亚湾的核电站旁，粒子物理学家 2016 年再次发现，中微子的确是个奇怪的家伙。

基本粒子中，小小中微子是唯一人们完全摸不透的。目前的粒子标准理论模型中，赋予所有粒子质量的是希格斯粒子，但中微子质量较之低了 15 个数量级，这“很不自然”。为了解释中微子为何如此轻，理论学者都倾向于相信一种跷跷板机制，认为有一种重的中微子还没有被发现，叫作惰性中微子，它也可能是暗物质的组成部分。越高的侦测精度，越能帮助科学家理解中微子的本质。2016 年 2 月发布的一份报告中，大亚湾中微子实验测得了迄今为止最精确的反应堆中微子能谱，并发现这一能谱与以前的理论预期存在两处偏差。

中微子几乎能穿透一切阻挡物，最不好拦下来测量。核反应堆发电时会释放副产品中微子。20 世纪 50 年代，科学家正是在反应堆旁首次探测到了中微子。而大亚湾实验现在测量出了最精确的、与模型无关的反应堆中微子能谱。能谱好比中微子的手相，大亚湾中微子探测器能瞄出平滑的掌纹上细小的皱褶，在此基础上道出中微子的本性。

科学家测量和分析了包含 30 多万个中微子的数据，发现在大部分能量范围

内，中微子能量达到了前所未有的精度——好于 1% 。新发现的两处偏差，为未来反应堆中微子实验提供了重要的测量数据。

### 2.《国家创新驱动发展战略纲要》印发

2016 年 5 月，中共中央、国务院印发了《国家创新驱动发展战略纲要》（以下简称《纲要》），并发出通知，要求各地区各部门结合实际认真贯彻执行。这是对中央关于创新驱动发展的系列部署和要求进行的顶层设计和系统谋划，是落实创新发展理念的具体行动。

党的十八大提出实施创新驱动发展战略，强调科技创新是提高社会生产力和综合国力的战略支撑，必须摆在国家发展全局的核心位置。随后，十八届五中全会提出，创新是引领发展的第一动力，必须把发展基点放在创新上，塑造更多依靠创新驱动、更多发挥先发优势的引领型发展。习近平总书记强调，抓创新就是抓发展，谋创新就是谋未来，要深入实施创新驱动发展战略，推动以科技创新为核心的全面创新，加快形成以创新为主要引领和支撑的经济体系和发展模式。

创新驱动发展是立足全局、面向全球、聚焦关键、带动整体的国家战略，是党中央综合分析国内外大势、立足我国发展全局做出的重大战略抉择，契合我国发展的历史逻辑和现实逻辑。《纲要》部署了未来几十年的发展目标：提出到 2020 年进入创新型国家行列、2030 年跻身创新型国家前列、2050 年建成世界科技创新强国“三步走”目标。

评论认为，《纲要》是新时期推进创新工作的纲领性文件，是实施创新驱动发展战略、加快建设创新型国家的基本遵循和行动指南，对于指导新时期我国经济社会和科技事业发展具有非常重大的现实意义和深远的历史意义。

### 3. 我国科学家领衔绘制全新人类脑图谱

中国科学院自动化研究所脑网络组研究中心蒋田仔团队联合国内外其他团队，经过 6 年努力，成功绘制出全新的人类脑图谱：脑网络组图谱。它比目前最常用的由德国神经科学家布罗德曼在 100 多年前绘制的脑图谱精细 4 ～5 倍，第一次建立了宏观尺度上的活体全脑连接图谱。

大脑是人体最精密的器官，但人类对这个器官的了解还远远不够。例如，布罗德曼图谱还是 100 多年前，德国神经科学家布罗德曼在单个人的尸体组织标本上利用细胞构筑绘制的。之后虽然陆续出现了许多类型的脑图谱，但存在诸多问题：有些脑图谱未考虑个体变异；基于细胞构筑学构建的脑图谱仍然是对尸体标本的研究，而且只包含局部的分区信息；许多功能复杂的脑区的功能亚区边界并不明确；现有的大部分脑图谱基本来源于西方人的数据，不具备东方人的特征。

我国科学家的努力改变了这一现状。

蒋田仔团队绘制的全新脑图谱包括246个精细脑区亚区，以及脑区亚区间的多模态连接模式，突破了100多年来传统脑图谱绘制思想，引入了脑结构和功能连接信息对脑区进行精细划分和脑图谱绘制的全新思想和方法，具有客观精准的边界定位，第一次建立了宏观尺度上的活体全脑连接图谱。

人类脑图谱是理解脑的结构和功能的基石。全新的脑图谱为在宏观尺度上研究脑与行为的关系提供了不可或缺的工具，将加深对于人类精神和心理活动的认识，为理解人脑结构和功能开辟了新途径，并对未来类脑智能系统的设计提供重要的启示，能让临床神经精神疾病治疗技术取得跨越式发展。

## 4. “探索一号”首次万米深渊科考

2016年8月12日，中国4500米载人潜水器及万米深潜作业的工作母船——“探索一号”科考船结束TS01－01航次，首航凯旋。本航次取得的成果，表明了万米深海已不再是我国海洋科技界的禁区，这是继“蛟龙号”7000米海试成功后又一个海洋科技的里程碑。

在6月22日—8月12日，“探索一号”科考船在马里亚纳海沟挑战者深渊开展了我国第一次综合性万米深渊科考活动，航次历时52天，其中作业37天，共执行作业任务84项。

该航次是我国在万米深海进行的第一次深潜科考尝试，是为实现国家“十三五”重点研发计划部署的万米载人/无人深潜科技目标所做的先期努力，为最终全面实现我国的万米深潜迈出了具有重要意义的一步。它的成功缩短了我国与美国、日本、英国等世界海斗深渊科考先驱国家在万米科考能力上的差距，标志着我国的深潜科考开始进入万米时代。

此次航次所获得的深度序列完整的原位探测数据及水体、沉积物和大生物样本，填补了我国长期以来无法获得超大深度特别是万米海底数据和样品的空白，这将极大地促进我国深海深渊科学研究的发展，并有效推动我国海斗深渊科学研究体系的建立。

## 5. 中国发射多颗先进科学卫星

继1年前的暗物质探测卫星发射升空，中国2016年又发射了一系列先进的科学卫星，令世界瞩目。

8月，世界首颗量子科学实验卫星“墨子号”发射，成为各大媒体的热点话题。“墨子号”的作用，是在太空中分发纠缠光子给地面站，就好像扔出一个旋转的硬币，掉进地面上的存钱罐的扁口里，难度极大。纠缠的光子蕴含着密码，而且这种密码一旦被拦截窃听，就会被发射者发现。我国欲通过量子卫星建立天地一体的量子绝对保密通信网。这是欧洲科学家推动多年却不能上马的事，现在被中国抢先了。

12 月，中国首颗碳卫星发射，成为许多国内媒体的头条。这颗卫星将监测全球和中国的二氧化碳浓度，精度达到 0.0001%～0.0004%，中国二氧化碳监测水平跻身世界前列。今后全球排放多少二氧化碳，中国也有自己的话语权了。从设计能力上来讲，这款探测仪可以为研究雾霾提供重要数据支撑。

4 月发射和成功返回的实践十号卫星是中国第一个专用的微重力实验卫星。它包含 19 项科学实验，涉及微重力流体物理、微重力燃烧、空间材料科学、空间辐射效应、重力生物效应、空间生物技术六大领域。这也是中国迄今为止最复杂的一次空间微重力实验行动。它携带了一些专门设计的实验器材，如像左轮手枪一样的多材料棒熔炉，很可能制造出地球上没有的奇葩神器。

### 6. 中国航空发动机集团公司成立

作为“现代工业皇冠上的明珠”的航空发动机，是衡量一个国家综合科技水平、科技工业基础实力和综合国力的重要标志。

2016 年 10 月 28 日，中国航空发动机集团公司在北京成立。习近平总书记做出重要指示强调，党中央做出组建中国航空发动机集团公司的决策，是从富国强军战略高度出发，对深化国有企业改革、推进航空工业体制改革采取的重大举措。

这是举全国之力突破发动机核心技术的决心和举措。2016 年 1 月，国务院正式批复中国航空发动机集团的组建方案；3 月，中组部和国资委先后宣布了主要领导及董事、监事的任职决定；5 月，集团完成工商注册；8 月，集团总部正式入驻北京海淀区。

中国航空发动机集团在北京挂牌成立，标志着中国航空发动机产业将形成全新格局，对中国航空工业未来发展具有重要意义。中国航空发动机集团是由国务院、北京市人民政府、中国航空工业集团公司、中国商用飞机有限责任公司共同出资组建的国有控股集团公司。注册资本 500 亿元人民币，下辖职工 9.6 万人，包括两院院士 6 名、“千人计划”专家 6 人。

新成立的中国航空发动机集团将集中致力于发动机设计、制造、试验、相关材料研制等方面，建立中国航空动力研制和生产的完整产业链，以提升中国航空发动机整体水平，立足自主创新解决中国航空动力。

### 7. 神舟十一号与天宫二号成功对接

“在广阔宇宙的一隅，还有一艘宇宙飞船，和两名宇航员。这一画面让我激动。”在听到神舟十一号发射成功消息时，国际空间站的一名宇航员写下了这些话。2016 年 10 月 17 日，神舟十一号载人飞船在酒泉发射升空后准确进入预定轨道。航天员景海鹏、陈冬跟随“神十一”上天，飞行3天后，进驻先前一个月发射的天宫二号飞行器，在太空驻留了30天，创造了中国航天员太空驻留时间的新纪录，完成多项空间科学实验和技术试验。11月18日，神舟十一号飞船返回舱在内蒙古中部着陆，景海鹏和陈冬身体良好，任务成功。

天宫二号实验室从天宫一号的备份改造而来，全长达到10.4米，直径3.35米，中国用十多年的时间独立研发出了这一较高水准的空间站，包括锻炼区和一个医疗实验间。还有消息称，中国已开发出了全球独有的低轨道太空电磁驱动设备，就安装在天宫二号上。

未来几年，中国将把大得多的轨道实验室发射上空；2020年国际空间站退役后，天宫将是太空中唯一的人类住所。

12月，景海鹏被颁发“一级航天功勋奖章”，陈冬获得“三级航天功勋奖章”。颁奖词中说，天宫二号和神舟十一号载人飞行任务圆满成功，首次实现了我国航天员中期在轨驻留，标志着我国载人航天工程取得新的重大进展，展示了我国建设创新型国家和世界科技强国的最新成果，展示了中国人民攀登世界科技高峰的最新成就。

### 8. FAST 望远镜启用

我国500米口径球面射电望远镜FAST于2016年9月25日在贵州省黔南州平塘县大窝凼竣工落成。在经历了22年从构想、预研、开工建设到反复调试的过程后，终于启用，迈向试运行阶段。从此，黔南大地“生长”出的这只巨大“天眼”，将承载着人们对于浩瀚宇宙的无限想象，日夜无休地望向璀璨星空。

群山拥抱的一个巨大的天坑里，由4450块、186种大小不同的三角形反射板拼成的银灰色“大碗”坐落其中。沿着碗的边缘走一圈需要40分钟左右，而这只碗的面积，足足有30个足球场那么大。

为什么需要一台如此大口径的望远镜？科学家们说，来自宇宙天体的无线电信号极其微弱，半个多世纪以来，所有射电望远镜收集的能量尚翻不动一页纸。只有让望远镜的灵敏度变得更高，探测微弱无线电的能力才能更强，而要想提高灵敏度，就需要扩大射电望远镜的口径。

FAST的口径达到了世界之最——500米。理论上，FAST能接收到137亿光年以外的电磁信号，这个距离接近于宇宙的边缘。从射电望远镜诞生至今，人类共发现了约2500颗脉冲星，如果FAST的工作时间全部用于观测脉冲星，它一年时间内就有望将这个数量翻倍。因此，FAST加盟大口径望远镜家族，将大大加快人类认识宇宙的速度。

### 9. 大火箭长征五号首飞成功

中国航天发射历史上，还从未有如此忐忑的一次发射经历。2016年11月3日，中国首枚大型运载火箭长征五号预定在海南文昌升空。发射准备的最后时刻，由于出现异常，几次暂缓，甚至在倒数 10 秒期间，仍有 3 次暂停，并重置倒数 10 秒。

“长五”最终首飞成功，标志着中国运载火箭升级换代，运载能力进入国际先进行列，开始由航天大国迈向航天强国。载人登月和去火星的念想，曾经很缥缈，有了“长五”之后就踏实了。大火箭研发是 1986 年起步的，近几年它的进度之快令很多国外观察家没想到。

“长五”也被称为“胖五”。有了它，中国液体火箭直径由 3. 35 米跨越到 5 米。“长五”捆绑 4 枚 3. 35 米直径助推器，全长约 57 米，起飞重量约 870 吨，起飞推力超过 1000 吨。

“长五”90% 的技术都是新试用的，如液氢液氧发动机、液氧煤油发动机和新型不锈钢、钛合金等。中国甚至应用了一种史无前例的新型隔热材料——纳米气凝胶。这种材料是最轻的固体，它被用于隔绝燃气管路的余热，保护外围元件。

计划中的 2017 年嫦娥五号落月采样返回、2018 年发射空间站核心舱、2020 年发射火星探测器等任务都将依靠长征五号来实现。大推力火箭技术也可以应用于洲际导弹，增加战略威慑力。

6 月，“长五”的小兄弟，中国新一代中型火箭长征七号在海南文昌首飞成功。“长七”是为发射货运飞船而研制的新一代中型火箭。和“长五”一样，它也使用无毒无污染的煤油液氧及液氢液氧发动机，运载力超过现役火箭。

### 10. “神威·太湖之光”两度摘得世界超算冠军

全球超级计算机 500 强（TOP 500）榜单 2016 年 11 月 14 日公布，中国“神威·太湖之光”以较大的运算速度优势轻松蝉联冠军。TOP 500 榜单每半年发布 1 次。2016 年 6 月的排行榜上，中国国家并行计算机工程技术研究中心研制的“神威·太湖之光”横空出世，以每秒 9. 3 亿亿次的浮点运算速度出人意料地夺冠。这个速度是原冠军中国“天河二号”的近 3 倍，更重要的是“神威·太湖之光”实现了包括处理器在内的所有核心部件全部国产化。

“神威·太湖之光”的峰值计算速度和持续计算速度都位居世界第一。它占据了国家超级计算无锡中心一间约 1000 平方米的房间，包括 40 个运算机柜和 8 个网络机柜。每个运算机柜比家用的双门冰箱略大，1 台机柜就有 1024 块处理器，整台“神威·太湖之光”共有 40 960 块处理器，用的是国产的核心处理器“申威 26010”。

此前，由中国国防科技大学研制的“天河二号”超级计算机已在 TOP 500 榜单上连续六度称雄。中国目前还在研制比“神威·太湖之光”还快几倍的超级计算机。从六连冠的“天河”到新霸主“神威”，超级计算机的屋顶已经由中国人撑起。

## 二、国际十大科技新闻

### 1. 人类首次实现火箭海上回收

大西洋海面上，一艘驳船等待着“猎鹰9号”的回归。船身上用巨大字体写着“当然，我依旧爱你”，这是它的名字。它和它的火箭已失败了4次。上一回，它被等来的火箭砸出一个大坑。然而，它依然爱它。

这件事的技术难度就好比发射了一根铅笔，让它飞越纽约帝国大厦后，再精准笔直地落在一块漂浮的橡皮上。但再棘手，太空探索技术公司（SpaceX）也不曾放弃海上着陆的打算。虽然陆地回收既能简化过程，又能缩短重启时间，却需要携带更多的燃料，同时会相应减少货物运输量。海上着陆就灵活多了，节省下来的费用也更为可观——这才是长久之计。

2016年4月9日已是SpaceX的第5次尝试。在“猎鹰9号”升空8分26秒后，脱离飞船自主下降的火箭第一级进入监控画面，9秒后，火箭第一级已稳稳地站立在了驳船上，没有倾倒，没有爆炸。佛罗里达控制中心欢声一片。

人类历史上首次海上火箭回收由此实现。这意味着，火箭回收除陆地外，又多了一个新的选择，低成本太空运输时代从此开启。这是人类探索火箭可重复利用技术的一个重要里程碑，也是迈进宇宙的一大步。更重要的是，它不仅将对航天产业产生影响，也对未来的人类创新意义深远。

### 2. 人工智能AlphaGo击败人类围棋高手

人类与机器两种不同的智慧形式再次短兵相接。

人工智能程序AlphaGo 2016年挑战围棋世界冠军李世石，经5局鏖战，人类1∶4不敌人工智能。然而，此役最终赢家仍是人类，无关棋局胜负。

围棋一向被认为是人工智能领域标志性的大挑战。换作国际象棋，现在人类顶尖选手都会被电脑杀得丢盔弃甲，因为国际象棋走法有限，电脑算出最佳排列组合只是时间问题。围棋则不然，其很难估计局面和下子，传统的人工智能算法几乎不可能解决。所以，此次电脑程序的胜利，不但演绎出人工智能的新飞跃，还给该领域其他看似难以实现的高级别人类智力项目带来巨大希望——而这就是此次人机大战的最大收获。

人工智能无疑正试图模仿并超越人类智慧，这是它自始至终的设计核心，但并不是它的“人生目标”。它们模拟人脑神经网络、进行深度学习，却远达不到

“自我存在意识”这种高度。我们迎来的是人工智能时代，而非人工智能统治时代。

不过，像 AlphaGo 一类的人工智能已经可以提醒那些傲睨万物的“人类至上主义者”，要学会接受和包容这个世界的变化，机器已经在很多方面比人类强。我们马上需要面对的问题是，在人工智能时代，个人如何改变传统知识结构和技能来适应。剩下的，作为人工智能制造者的我们，请为机器，也为自己鼓掌。

### 3. 人类首次直接探测到引力波

从 16 世纪伽利略的望远镜发现天空中原本一片黑暗之处竟蕴藏着丰富细节，到全球联网的射电望远镜群敢于向遮蔽我们视野的天幕发起挑战，人类从未放弃对星空的展望。但此前的努力，呈现出来的是一部部默片，只有引力波，能让我们聆听到宇宙隐匿起来的音律。

渺小的人类一直渴望捕捉这段捉摸不定的涟漪，凭借现代技术的成功，我们一步步走向检验它的边缘——在 13 亿光年外，两个黑洞不断旋转靠近，最终相撞，合并成一个相当于 62 个太阳质量的大黑洞，其中相当于 3 个太阳质量的物质，在不到 1 秒的时间内，被转化为引力波向四周辐射，扫过太阳系——“激光干涉引力波天文台”（LIGO）攫取了这一信号，为人类首次提供了直接的引力波存在证据。

毫无疑问，天文学会经历一次革命，起点就是人类探测到引力波。这就像一个失聪的人突然获得听觉，从此打开感知世界的全新方式。接下来，我们只要静候宇宙的有声电影上演就好。

### 4. 人类胚胎基因编辑实验首获许可

如何平衡科技进步与伦理实践，是整个科学界面临的永恒命题。当新技术的支持者与反对者都以“人类福祉”立论的时候，与其剑拔弩张，不如且行且自律。

2015 年，中国中山大学科学家利用 CRISPR/Cas9 基因编辑技术，修改了几个胚胎的地中海贫血基因，引发广泛关注，成为 2015 年重大科学事件之一。自诞生以来，这项被誉为“基因剪刀”的新技术不断被证实，比同类方法更高效、更精准，但与此同时，将之用于编辑人类胚胎引发的伦理争议也从未止息。

2016 年 2 月 1 日，英国人工授精与胚胎学管理局（HFEA）发表一份声明，“准许伦敦弗兰西斯·克里克研究所凯茜博士更新其实验室有关研究的许可证，包括胚胎的基因编辑”——首次批准了“在人类胚胎上使用基因编辑技术”。科学家由此可以深入了解健康人类胚胎发育中的变化，改善体外人工授精培养胚胎的发育质量，为不孕患者提供更好的治疗方法。赞成者有之，批判者亦有之。

5月，干细胞研究领域最大的国际学术团体——国际干细胞研究学会（ISSCR）推出了研究指南，其核心是：所有涉及对人类胚胎进行人为操纵的研究，都应接受特殊的“胚胎研究监督”程序；呼吁科研人员继续遵守在体外培养人类胚胎不超过14天的惯例；支持在实验室中对人类精子、卵子或胚胎进行基因编辑，但现阶段不能应用于临床……

两机构旗帜鲜明、前呼后应，在力促相关研究按科学规范进行的同时，缓解了国际社会的忧虑。

## 5. “薛定谔猫”首次实现同处两地

爱因斯坦和玻尔说得好，量子力学就是“上帝跟宇宙玩掷骰子”。

它已经带来太多违反常识的结论——相隔千里的粒子可以瞬间联系（量子纠缠）；不确定的光子可以同时去向两个方向（海森堡测不准原理）；更别提那只世界上最难缠的猫，居然说它既死了又活着（薛定谔的猫）……

但科学家不得不和量子力学打交道，一部分原因是他们太想实现量子计算机了。而迄今不能达成心愿的首要问题，是无法操纵微观量子态。

如此高难度是有原因的，这种量子态形式十分奇异。埃尔温·薛定谔创立的理论或可对其描述一二：将一只猫关在装有少量镭和氰化物的密闭容器里，若镭发生衰变，将触发机关打碎装有氰化物的瓶子，猫就会死；若镭不发生衰变，猫就存活；而根据量子力学，镭可处于衰变和没有衰变两种状态的叠加，猫就应处于死猫和活猫的叠加状态。如此荒谬，但建立量子计算机的首要任务就是控制一种既非此态又非彼态的量子态。

2016年5月，科学家在实验中制造出一种状态更奇异的“薛定谔猫”，它同时存在于两个箱子之中。

箱子其实是两个微波超导空腔，而“猫”就是空腔内由几十个光子组成的驻波。两个空腔内的光子虽然频率不同，但跨空腔关联，如同一只“猫”同时存在于两个箱子中。科学家们可以测量“猫”的大小，还能使用控制脉冲产生更大的尺寸。

这表明我们已可以操纵复杂的量子态，并在一个大范围内实现量子相干性。即是说，双模式猫态让我们朝着研制实用可靠的量子计算机又迈出了一步。

## 6. 中国500米口径球面射电望远镜启用

世界天文史上从来不缺中国人的身影。2016年9月，中国500米口径球面射电望远镜FAST的落成，再次惊艳全球。

贵州省黔南州平塘县大窝凼里，FAST刚一竣工，就向世界宣告——已经成功接收到了一颗脉冲星发出的信号。在业界已经发现的2500颗脉冲星基础上，增补这类星体的数量，是 FAST 的应用目标之一。

除了聆听宇宙深处的声音，它还能看到 137 亿光年外的宇宙边缘；除了脉冲星，它还能研究中性氢、黑洞、吞噬、小天体、星体演化；或许，它也能搜索定位外星文明……

FAST 的建成，直接把中国天文学带到世界第一梯队。中国科学家将成为相关研究的主导力量，中国天文学研究水平也将得到整体提升。

此前，世界上有两个超大的射电“天眼”：德国 100 米直径的“埃菲尔斯伯格”和美国 300 米直径的“阿雷西博”。为了在地球的电波环境被彻底破坏之前真正看一眼初始的宇宙，弄清宇宙结构是如何形成和演化的，天文学界的梦想，是建造更大口径、更高灵敏度的望远镜。

中国人成了梦想建造师。从提出构想，到筹备、选址，最终建设落成，20 年，弹指一挥间；从“吃”国外望远镜观测数据的“冷饭”，到单起炉灶、重振雄风，抬望眼，天际已无边。

## 7. 量子计算机首次成功模拟高能物理实验

与传统计算机只用 0 和 1 储存与处理数据不同，量子计算机的量子比特既可以是 0 和 1，又可以是二者的叠加态。因此，理论上，量子计算机的处理速度要远远大于传统计算机。

2016 年 6 月，奥地利物理学家在《自然》杂志上撰文称，他们利用 4 个“量子比特”组成的量子计算机，实现了第一个高能物理实验的完整模拟。所谓高能物理实验，研究的是比原子核更深层次的微观世界中物质的结构性质，在很高的能量下，观察物质间相互转化的现象，以及相应的原因和规律。

这次，在真空电磁场中，4 个离子排成一行，每个离子编码为 1 个量子比特，组成了一台“菜鸟”量子计算机。研究人员用激光束操控离子的自旋，诱导离子执行逻辑运算。100 多步计算后，科学家们成功对量子电动力学的一个简化版预测进行了证实：能量转化成物质，制造出一个电子和其反粒子（一个正电子）。

模拟结果让人兴奋，但我们对量子计算机所抱有的期望——更强大、更高速、更节能，在这台只有 4 个量子比特的计算机中还不可见。

即便如此，谁能说未来实用型量子计算机的基础，不能从这个“菜鸟”级量子计算机开始呢。“星星之火，可以燎原”，我们只需坚定地相信，科学家一定能够成功。

## 8. “朱诺号”探测器成功进入木星轨道

“朱诺”是罗马神话中天神朱庇特的妻子，朱庇特施展法力用云雾遮住自己，但朱诺却能透过这些云雾看清朱庇特的真容。

美国国家航空航天局（NASA）的“朱诺号”木星探测器取这个名字，也是借用其寓意，希望它能解开这颗云遮雾绕的气态巨行星隐藏的秘密。

美国东部时间2016年7月4日，“朱诺号”探测器在离开地球后的第5年，顺利进入木星轨道，成为2003年“伽利略号”结束木星探测任务后，13年来首颗绕木星工作的探测器。从此，人类开启了太阳系研究新纪元。

按计划，“朱诺号”将在入轨后的20个月内绕木星飞行37圈，用搭载的9台科学载荷仪器分别探测木星的内部结构、大气成分、大气对流状况、磁场等，当然，它还会观察木星表面著名的“大红斑”。

实际上，由于几个小故障，“朱诺号”没能如期进行轨道微调，收集的各类数据也比计划慢了些，但这并不影响它成为2016年太空探测领域最出彩的“明星”！或许，好戏还在后头呢。

## 9. 距太阳系最近恒星系发现类地行星：比邻星 b

我们的蓝色星球被过度开发得已嫌狭窄，有必要未雨绸缪人类的下一个家园。而且，身为宇宙中一个好奇的文明，人类会仅满足于探索本地物种的生存与种族延绵吗?

一个意外合适的目标出现了——比邻星 b（Proxima b），距太阳系仅4.2光年，质量为地球的1.3倍，正位于宜居带，理论上允许液态水存在。这是近年出现的最有望成为人类未来家园的类地行星。作为“下一个地球”的候选者，几乎是压倒一切的优势，比邻星 b 毫无疑问会成为星际航行锁定之目的地。

研究团队利用欧洲南方天文台两架望远镜在2000—2016年收集到的一系列多普勒测量数据发现了它，并已经排除了可能造成的不真实信号。

由于拥有“强劲的证据”，该发现被称为过去30年天文探索的巅峰之作。比邻星 b 也将会成为未来几十年内人类在宇宙搜寻生命证据的首要目标。但我们的反应远没有霍金和大富豪尤里·米尔纳快，就在消息公布的第二天，他们二人联合启动的1亿美元“突破摄星”计划，已宣布将目标对准比邻星 b。他们预计在20～30年发射飞行器，经20年飞行后抵达比邻星 b，拍摄到照片时应为2060年。由于距离实在遥远，照片传回地球可能需要4年多时间。

## 10. 首例纺锤体核移植技术“三父母”男婴出生

2016年9月底，一个4个月大的男婴吸引了全世界的目光。他是全球首例利用“线粒体置换技术”诞生的拥有3个父母遗传信息的婴儿。

男婴的约旦籍母亲因卵细胞线粒体携带雷士综合征变异基因，导致此前生下的孩子相继夭折。美国著名华裔医生张进带领的团队，利用纺锤体核移植技术，成功扮演了一次“送子观音”。最重要的是，男孩很健康，这一家人不会再陷入惶惶不可终日的悲惨境地。

然而，耐人寻味的是，男婴出生在墨西哥一家生育诊所。因为在美国，对胚胎进行类似的“干预”是因宗教信仰而被禁止的。

与此对比鲜明的是，一向保守传统的英国人，决定第一个“吃螃蟹”。

11 月 30 日，英国人工授精与胚胎学管理局（HFEA）宣称，经过 20 年的研究，“线粒体置换疗法”已经做好进行临床试验的准备。12 月 15 日，英国做出了谨慎而重要的决定——允许“三父母”婴儿出生，成为史上第一个明确允许开展“线粒体置换疗法”的国家。

好消息接踵而至，应验了诺贝尔获奖者、脱氧核糖核酸重组技术先驱、美国人大卫·巴尔的摩的判断：“这是基于基因疗法的重大技术突破。”他曾明确表示，在法律禁令和延续生命二者中，“会毫不犹豫地选择后者”。

# 2016 年诺贝尔科学奖

## 1. 2016 年诺贝尔生理学或医学奖

瑞典卡罗林斯卡医学院 2016 年 10 月 3 日在斯德哥尔摩宣布，2016 年诺贝尔生理学或医学奖授予日本分子生物学家大隅良典，以表彰他在发现并阐明细胞自噬机制方面所取得的杰出成就。

细胞自噬是其内部自我消化、自我降解的过程，它广泛存在于真核细胞生物和哺乳动物间，在细胞稳态、生长、肿瘤形成和感染过程中发挥着重要作用。了解自噬的发生机制，搞清自噬与疾病发生的相互关系对于预防与治疗肿瘤、糖尿病、神经性病变和感染等多种人类重大疾病具有重要意义。大隅良典目前是东京工业大学的教授，他将获得 800 万瑞典克朗（约合 93 万美元）的奖金。

1945 年 2 月 9 日，大隅良典出生于日本福冈，1967 年毕业于东京大学，1974 年获得东京大学理学博士学位。他曾在美国洛克菲勒大学做过 3 年博士后研究，1988 年在东京大学组建了自己的课题研究小组，遂开始将研究的重点转向细胞中的液泡，探究液泡这种可参与自噬的生物结构在降解细胞中有害物质上发挥的作用。20 世纪 90 年代，大隅良典带领其研究团队以酵母菌作为生物细胞的模板，在研究细胞自噬的启动和进展过程获得重大突破，证明了酵母菌内存在细胞自噬现象，找到了识别和描述细胞自噬过程中重要基因的方法，并确认了细胞自噬机制上的 15 个起关键作用的基因。这些开拓性的研究成果为当今癌症和肿瘤的防治奠定了坚实的基础。

## 2. 2016 年诺贝尔物理学奖

2016 年 10 月 4 日，诺贝尔物理学奖评选委员会在斯德哥尔摩的瑞典皇家科学院宣布，2016 年诺贝尔物理学奖授予 3 位美国科学家：戴维·索利斯、邓肯·霍尔丹和迈克尔·科斯特利茨，以表彰他们在拓扑相变和拓扑相研究领域做出的重要理论发现。索利斯和科斯特利茨两位科学家是在20世纪70年代最早从事拓扑相变研究，在经典系统中发现所谓的拓扑相变；霍尔丹则在电子物理材料系统中研究拓扑超导。诺贝尔基金会的官员们使用没有洞的肉桂卷、一个洞的面包圈和两个洞的碱水面包解释起了抽象难懂的拓扑是怎么回事。他们解释：在拓扑上，这几种因为洞的数量不一样而结构完全不同的物质，或许能在未来的材料科学和电子学中找到用武之地。

诺贝尔奖评选委员会这样写道：今年的3位诺贝尔物理学奖得主采用先进的数学方法研究了物质的不寻常阶段的奇异状态，如超导体、超流体或磁性薄膜等。他们的先驱性工作为搜寻物质的奇异新状态奠定了基础，或许能在未来的材料科学和电子学中找到用武之地。

2016年的物理学奖获奖人开启了通往奇异物质状态研究的未知世界的大门，其成果促成了物质科学理论方面的突破并带来了新型材料研发方面的崭新视野。剑桥大学物理学者丹尼斯·艾伦解释：这一领域中拓扑绝缘体、拓扑超导体和拓扑金属如今已成为热议话题。而在过去的10年中，这些技术一直处于凝聚态物理研究的前沿，人们希望拓扑材料能被应用于新一代电子超导体或未来的量子计算机中。目前的研究就正在揭示2016年的诺贝尔奖获得者们所发现的这种物质的秘密。“比如以前我们认为，物体只有‘导体’和‘绝缘体’之分，然而‘拓扑绝缘体’是‘第三类物质’，科学家认为它能给计算机领域带来进一步革命性进步。”人类的计算机技术已经到达发展瓶颈。比如说，我们经常遇到电脑发烫、难以散热的困扰。如果从经典热力学的观点来看，封闭系统中的运动总是从有序到无序，因此电路中电子的有序运动最终才会转换成无规则的热运动耗散掉。而“拓扑绝缘体”的表面导电现象是无损耗的，因此如果能加以利用，将给计算机领域带来质的飞跃。

### 3. 2016年诺贝尔化学奖

瑞典皇家科学院2016年10月5日宣布，将2016年诺贝尔化学奖授予让-皮埃尔·索瓦日、弗雷泽·斯托达特、伯纳德·费林加3位科学家，以表彰他们在分子机器设计与合成领域的贡献。分子机器是指在分子层面的微观尺度上设计开发出来的机器，在向其提供能量时可移动执行特定任务。诺贝尔奖评选委员会在声明中说，这3位获奖者发明了“世界上最小的机器”，将化学发展推向了一个新的维度。19世纪30年代，当电动马达被发明出来时，科学家未曾想过它会在电气火车、洗衣机、电风扇上等被广泛运用。而分子机器正如当年的电动马达一样，未来很可能将用于开发新材料、新型传感器和能量存储系统等。

3位获奖者完成了分子机器设计与合成的“三步走”：第一步，索瓦日成功合成了一种名为“索烃”的2个互扣的环状分子，而且这2个分子能够相对移动；第二步，斯托达特合成了“轮烷”，即将一个环状分子套在一个哑铃状的线形分子轴上，且环状分子能围绕这个轴上下移动，并成功实现了上升高度达 0.7 纳米的“分子电梯”和可以弯折黄金薄片的“分子肌肉”；第三步，费林加设计出了在构造上能向一个特定方向旋转的分子马达，这个马达可以让一个 28 微米长、比马达本身大 1 万倍的玻璃缸旋转起来。有了这三步，分子机器就可以动起来了。